Profiling zwischen sozialer Praxis und technischer Prägung

Ich sehe was, was Du nicht siehst! – Eine vergleichende Skriptanalyse zur Untersuchung der Einflussverteilung in unterschiedlich technisierten sozio-technischen Profiling-Konstellationen

vorgelegt von
Dipl.-Soz. tech.
Fabia Schäufele
geb. in Stuttgart

von der Fakultät VI – Planen, Bauen, Umwelt
der Technischen Universität Berlin

zur Erlangung des akademischen Grades

Doktor der Philosophie
– Dr. phil. –

genehmigte Dissertation

Promotionsausschuss:

Vorsitzende: Prof. Dr. Nina Baur
Gutachter: Prof. Dr. Werner Rammert
Gutachter: Dr. habil. Nils Zurawski

Tag der wissenschaftlichen Aussprache: 7. Juni 2016

Berlin 2017

Fabia Schäufele

Profiling zwischen sozialer Praxis und technischer Prägung

Ein Vergleich von Flughafensicherheit und Credit-Scoring

Springer VS

Fabia Schäufele
Berlin, Deutschland

Dissertation an der Technischen Universität Berlin, 2016
Originaltitel: Ich sehe was, was Du nicht siehst! Eine vergleichende Skriptanalyse zur Untersuchung der Einflussverteilung in unterschiedlich technisierten sozio-technischen Profiling-Konstellationen

ISBN 978-3-658-16968-8 ISBN 978-3-658-16969-5 (eBook)
DOI 10.1007/978-3-658-16969-5

Die Deutsche Nationalbibliothek verzeichnet diese Publikation in der Deutschen Nationalbibliografie; detaillierte bibliografische Daten sind im Internet über http://dnb.d-nb.de abrufbar.

Springer VS

Gedruckt auf säurefreiem und chlorfrei gebleichtem Papier

Springer VS ist Teil von Springer Nature
Die eingetragene Gesellschaft ist Springer Fachmedien Wiesbaden GmbH
Die Anschrift der Gesellschaft ist: Abraham-Lincoln-Str. 46, 65189 Wiesbaden, Germany

Inhaltsverzeichnis

Tabellenverzeichnis

Abbildungsverzeichnis

1 Einleitung

Als ich im Dezember 2010 anfing, über aktuelle Debatten zu neuen Sicherheitstechniken zu recherchieren,[1] gab es in Deutschland ein Ereignis, das mich – und dem Medien-Echo nach zu urteilen auch die Öffentlichkeit – besonders aufhorchen ließ: Es wurde damals laut darüber nachgedacht, sogenanntes *Passagier-Risiko-Profiling* auch an deutschen Flughäfen einzuführen.

> „Der künftige Chef des Flughafenverbands regt Kontrollen nach israelischem Vorbild an: Christoph Blume will Passagiere in Risikogruppen einteilen." (süddeutsche.de 2010)
>
> "The incoming head of Germany's main airport lobby group is demanding the nation's transit authorities use racial profiling to weed out terrorists at security checks" (theLocal.de 2010)
>
> "Controversial Idea: German Airports Mull Passenger Profiling – German airports are considering assigning passengers to risk categories based on their age and ethnicity, and checking them accordingly, under a proposal by the designated head of the country's airports federation." (spiegel.de 2010)
>
> „Entschuldigung - sind Sie Terrorist? – Angesichts der Terrorgefahr in Deutschland wird darüber nachgedacht, Passagiere in Risikogruppen zu teilen und entsprechend zu kontrollieren." (stern.de 2010)

Passagiere sollten aufgrund ihres Verhaltens in Risiko-Gruppen eingeteilt und dann entsprechend der getroffenen Einschätzung unterschiedlich (stark) kontrolliert werden. Zwar wurde der Vorschlag des neuen Vorsitzenden des Flughafenverbandes von politischer Seite recht schnell verworfen –

> „Reisende nach Herkunft, Aussehen und Alter in Sicherheitskategorien aufzuteilen, schadet mehr, als es nützt. Sicherheitsexperten und Politiker lehnen das Profiling ab." (zeit.de 2010)
>
> „Der Vorschlag, Flugpassagiere in Risikogruppen einzuteilen, ist umstritten. Polizeivertreter warnen vor Fehlern, die Linke vor rechtlichen Problemen." (welt.de 2010)

---

[1] als damals einzige sozialwissenschaftlich ausgebildete Stipendiatin der *Helmholtz Research School on Security Technologies*, ein gemeinsames Programm der Technischen Universität Berlin und des Deutschen Zentrums für Luft- und Raumfahrt e.V.. Für die Förderung meiner Arbeit möchte ich mich an dieser Stelle sehr bedanken.

„Terrorabwehr ja, aber nicht mit ‚Profiling': Die Polizeigewerkschaft reiht sich in die Riege derer ein, die eine Fluggastkontrolle nach Herkunft ablehnen." (n-tv.de 2010)

– die Diskussion darum war jedoch erst einmal entfacht.

Auch auf internationaler Ebene begann man etwa zur selben Zeit, neue Sicherheitskonzepte für Flughäfen zu diskutieren, wie beispielsweise den *Checkpoint-of-the-Future,*[2] durch die Risiko-basierte Sicherheitskonzepte an Flughäfen eingeführt bzw. weiter ausgebaut werden sollten. Anstatt, wie bisher, Luftsicherheitsassistenten mit Scannern und Sensoren nach ‚riskanten Objekten' suchen zu lassen, setzen diese neuen technischen Konzepte bei der Suche nach ‚riskanten Personen' auf die massenhafte Auswertung von Passagierinformation und eine möglichst hohe Automatisierung der notwendigen Prozessschritte.

"We need a process that responds to today's threat. It must amalgamate intelligence based on passenger information and new technology. That means moving from a system that looks for bad objects, to one that can find bad people." (IATA Press Release 2011)

„IATA zeigt System für vollautomatisierte Fluggastkontrolle [...] Der Weltluftfahrtverband IATA hat bei seiner Jahrestagung am Dienstag in Singapur den Prototyp einer vollautomatischen Sicherheitskontrolle vorgestellt – den ‚Checkpoint of the Future'." (aero.de 2010)

Während der Vorschlag des Flughafenverbandschefs Blume, Risiko-Profiling von Passagieren auch an deutschen Flughäfen einzuführen, bezüglich seiner konkreten Umsetzung noch sehr allgemein gehalten war und sich am Vorbild Israels zu orientieren schien (Details hierzu nachfolgend), bringen Konzepte wie der Checkpoint-of-the-Future mit der Automatisierung einen weiteren Aspekt – über den der Passagierdifferenzierung hinaus – mit in die Diskussion um neue Sicherheitskonzepte für Flughäfen. Vor allem in den USA werden stark automatisierte Profiling-Ansätze mit Interesse verfolgt und vorangetrieben. Die Notwendigkeit dafür wird mit der großen Menge an Passagieren und der dadurch noch größeren Menge an anfallenden Passagierdaten begründet, welche ohne ‚smarte' Technik nicht ausreichend auf ‚riskante Personen' hin analysiert

---

2 Genau genommen heißt der Checkpoint-of-the-Future seit Dezember 2013 nicht mehr so. Er ist seitdem Teil des Programms *Secure Security* (auch genannt *SecureS*) der *International Air Transport Association* (IATA) und des *Airport Council International* (A-CI) (vgl. IATA Press Release 2013). Ich werde jedoch weiterhin vom Checkpoint-of-the-Future sprechen, wenn ich mich auf die technologische Umsetzung des Checkpoints und nicht auf das Gesamtprojekt beziehe.

werden können – ganz im Gegensatz zu beispielsweise Israel, einem verhältnismäßig kleinen Land mit geringem Passagieraufkommen, das sich bei der Suche nach Terroristen vor allem auf menschliche Arbeitskraft und deren Analysefähigkeiten verlässt.

Vergleicht man das weniger technisierte Profiling, wie es in Israel betrieben wird, mit dem stärker automatisierten Vorgehen, welches für Sicherheits-Checkpoints in den USA (und in der Folge vermutlich auch weltweit) vorgesehen ist, so stellt sich aus sozialwissenschaftlicher Perspektive die Frage, welche Folgen die fortschreitende Technisierung solcher Sicherheitsprozesse für gesellschaftliche Strukturen haben kann. Dieser Frage haben sich in den Sozialwissenschaften vor allem die *Surveillance Studies* angenommen (s. Kapitel 2.5). Sie beschäftigen sich mit dem Funktionieren, den Rahmenbedingungen und den Auswirkungen ‚neuer' Überwachungstechniken – zu denen sie auch Profiling zählen – in der heutigen Gesellschaft. Wie die Surveillance Studies betrachte auch ich Profiling und seine fortschreitende Technisierung im größeren Kontext von Überwachungssituationen, insbesondere in Sicherheitsprozessen an Flughäfen. Der Gegenstand meiner Arbeit ist damit thematisch im Kontext der Surveillance Studies verankert. Aus diesem Kontext heraus stelle ich jedoch eine techniksoziologische Frage, die in den Surveillance Studies bisher (zu) wenig Beachtung findet. Die fortschreitende Technisierung von Sicherheitsprozessen wirft aus Sicht der Techniksoziologie die Frage auf, welche Rolle eigentlich die beteiligten Techniken in den Prozessen spielen und auf welche Weise sie dabei wirken. Welche Folgen Automatisierung von Überwachung für soziale Strukturen und Prozesse haben kann, haben andere bereits gezeigt (s. Kapitel 2.5); auch dass neue Techniken in der Durchführung der an sie delegierten Aktivitäten genauso ‚biased'[3] seien können wie die menschlichen Akteure, die sie ersetzen, konnte an anderer Stelle bereits deutlich gemacht werden (s.a. Kapitel 2.5).

> "The potential for discrimination, and indeed for transgression, has effectively been given to the designers, builders and programmers of such systems, who are able to embody their prejudices and desires in the architecture itself." (Murakami-Wood und Graham 2006:186)

Beide Beobachtungen werden in meine Arbeit als Grundannahme einfließen (s.a. Kapitel 3.2.1), jedoch nicht den zentralen Kern der Arbeit

---

3 Ein aus dem Englischen übernommener Begriff, der eine befangene, verzerrte oder auch gefärbte Grundhaltung beschreibt.

bilden. Ich möchte stattdessen herausfinden, ob und wenn ja wie sich die fortschreitende Technisierung von Profiling-Prozessen in einer veränderten Wirk- bzw. Handlungsmacht für am Profiling beteiligten Techniken (und damit auch ihrer Entwickler) niedergeschlagen hat. Vom konkreten Fall abstrahiert lässt sich die Forschungsfrage wie folgt formulieren: **Wie verändert die Technisierung von Tätigkeiten wie bspw. Profiling die Einflussverteilung in den sie umsetzenden sozio-technischen Konstellationen?** Diese Frage knüpft theoretisch an den techniksoziologischen Diskurs der Handlungsfähigkeit von Technik an. Die Betrachtung des Forschungsgegenstandes aus dieser Perspektive ermöglicht es, sich differenzierter als bisher in den Surveillance Studies üblich mit den betrachteten Techniken und ihrem Wirken beschäftigen zu können (s. Kapitel 2.5.3). Für die Beantwortung der Forschungsfrage werde ich zwei unterschiedlich stark technisierte Technik-Nutzer-Konstellationen betrachten – eine im Flughafen-Sicherheitskontext und eine andere im Credit-Scoring-Kontext –, beobachten, wer der beteiligten Akteure und Techniken dabei an welchen Stellen wie viel Einfluss auf das Profiling-Ergebnis hat und durch einen anschließenden Vergleich versuchen, Ursachen der Einflussverteilung zu finden. Es soll also letztendlich darum gehen herauszufinden, welche Dimensionen von Technik dazu beitragen, dass sie in einer Technik-Nutzer-Konstellation selbstbestimmt Aktivitäten ausführen und Nutzern bestimmte Aktivitäten zuweisen.

Um dieses Vorhaben umsetzen zu können, muss jedoch vorher die methodologische Frage geklärt werden, wie man Techniken bzw. ihr Wirken denn eigentlich vergleichen kann. Benötigt wird ein analytischer Rahmen, um die Handlungsbeteiligung von *unterschiedlichen* technischen Instanzen in konkreten Situationen systematisch fassen zu können. Methodologisch gesehen knüpfe ich dabei an ein Konzept der Akteur-Netzwerk-Theorie (ANT) an – genauer gesagt an das Skript-Konzept von Madeleine Akrich (s. Kapitel 3.2.1) –, betrete darüber hinaus jedoch ‚Neuland'. Zwar gibt es in der Techniksoziologie einige Konzepte, die sich theoretisch mit dem Wirken von Technik befassen, es gibt jedoch bisher keinen Ansatz, der versucht, Techniken in ihrer Wirkung differenziert zu vergleichen. Auch Akrichs Skript-Konzept fehlen dafür systematische Vergleichsdimensionen. Um eine vergleichende Technikstudie möglich zu machen, setze ich deshalb auf eine Weiterentwicklung des Konzepts der Skriptanalyse – u.a. mithilfe des techniksoziologischen Konzeptes des graduellen Handelns von Werner Rammert und Ingo Schulz-Schaeffer (s. Kapitel 3.1).

Der Flughafen ist für eine solche Untersuchung vor allem deshalb interessant, da viele der für den Sicherheitskontext neuen Techniken oft als erstes an Flughäfen ausprobiert werden und dann aus diesem Bereich in andere, ähnliche Bereiche diffundieren.

> "The use of technologies such as detention centres, CCTV, Internet cafes, GPS systems, iris-recognition security, WiFi hotspots and intermodal traffic interchanges are first trialled within airports before moving out as mundane characteristics of cities, places of fear and highly contingent ordering within the new world disorder." (Hannam, Sheller und Urry 2006:6)

Darüber hinaus bietet sich der Flughafen-Sicherheitskontext auch deshalb als Untersuchungsbereich an, da hier (international gesehen) unterschiedliche Technisierungskonzepte ausgemacht werden können: stärker automatisierte Profiling-Konstellationen, wie man sie zwar noch nicht flächendeckend an Flughäfen findet, wie sie jedoch z.B. in den USA bereits teilweise umgesetzt wurden, und weniger stark automatisierte Varianten, wie sie vor allem aktuell an europäischen Flughäfen anzutreffen sind. Es existieren derzeit also mindestens parallel zwei verschieden stark automatisierte Sicherheitsprozesse an Flughäfen, die theoretisch miteinander verglichen werden können – aus forschungstechnischen Gründen (s. Kapitel 4.1) ist die stark automatisierte Konstellation allerdings nur schwer zugänglich. Die Kategorisierung von Personen anhand in Datenbanken gespeicherter Verhaltensspuren mithilfe ‚intelligenter' Analysesoftware ist jedoch ein Vorgehen, welches bereits seit Längerem in anderen Bereich als dem (Flughafen-)Sicherheitskontext – nämlich dem *Consumer-Marketing* oder dem *Banken- und Versicherungs-Business* – beispielweise unter den Namen *Customer Profiling*, *Customer Analytics*, *Credit Scoring* oder auch *Risk Assessment* zum Einsatz kommt. Auch wenn es hierbei vordergründig nicht um ‚Sicherheit' geht, so kommen doch sehr ähnliche Techniken und Konzepte zum Einsatz. Da sich der Zugang zu diesem Kontext als leichter herausgestellt hat und dort stattfindende Prozesse denen am Flughafen sehr ähnlich sind bzw. bereits heute in der Art und Weise ablaufen, wie man sich die Sicherheitsprozesse beispielsweise für den Checkpoint-of-the-Future ausmalt, wird deshalb eine Konstellation aus dem Credit-Scoring-Bereich in dieser Arbeit als Vergleichskonstellation herangezogen.

Doch was ist Profiling nun eigentlich genau? Wer interessiert sich (in der Wissenschaft) bisher dafür? Und was können diese Disziplinen zur Beantwortung meiner Frage beitragen bzw. warum beantworten sie meine Frage bisher nicht?

2 Profiling

Den Begriff des *Profilings* hat heutzutage wahrscheinlich jeder zumindest schon einmal gehört. Unter den Schlagwörtern des *Customer Profilings*[4], *Offender Profilings*[5] oder *Risk Profilings*[6] – meist unübersetzt direkt aus dem Englischen übernommen – hat er sich in den letzten Jahren in der Öffentlichkeit einen Namen gemacht. Dies bedeutet jedoch nicht, dass auch allgemein bekannt ist, was Profiling eigentlich ist. Wie schon die obige Aufzählung vermuten lässt, wird Profiling in unterschiedlichen gesellschaftlichen Bereichen eingesetzt. Das Ziel ist jedoch immer das Gleiche: ausgehend von beobachtbarem menschlichem Verhalten auf zukünftiges Verhalten zu schließen und auf dieser Grundlage ‚mehr Sicherheit'[7] bzw. eine sicherere, weniger riskante Entscheidungsgrundlage zu generieren. Profiling hat also immer irgendwie mit Sicherheit und mit Risiko zu tun. Über dieses sehr allgemeine Ziel hinaus, scheint es jedoch keinerlei festgelegte Definition zu geben. Häufig ist von Profiling als einer Technik – in Form von Hard- oder Software – die Rede. Theoretisch kann Profiling jedoch auch gänzlich auf menschlichen Beobachtungs- und Analysetechniken basieren – so wie es beispielsweise schon seit Jahren an israelischen Flughäfen eingesetzt wird:

> "[At Tel Aviv's Ben Gurion airport] departing passengers are questioned by highly trained security agents before they reach the check-in counter. These interviews could last as little as one minute or as long as an hour, based on such factors as age, race, religion and destination." (Wagner und Bell 2012, nicht paginiert)

Profiling erscheint also erst einmal als sehr heterogen (vom menschli-

---

4 Ein Marketinginstrument, das auf der Analyse des Kaufverhaltens von Kunden basiert.

5 Ein Instrument der Kriminalistik, das beispielsweise bei ungeklärten (Serien-) Gewaltverbrechen eingesetzt wird, um neue Anhaltspunkte und Informationen über den Verbrecher herauszufinden. In Deutschland wird hier meist von operativer Fallanalyse (OFA) gesprochen.

6 Ganz allgemein, im Sinne einer Risikoanalyse, ist Risk Profiling ein Instrument zur Bewertung von Personen, Systemen, Ereignissen oder Situationen in allen möglichen Lebensbereichen. Bewertet (und verhindert) werden sollen Risiken, welche beispielsweise ein neuer Kunde für ein Unternehmen, ein neues Kraftwerk für das nahegelegene Dorf oder die Veröffentlichung bestimmter Informationen für einen Börsenkurs mit sich bringt.

7 Sicherheit (lat. *securus*, ‚frei von Sorge') kann nicht als ein fixer Zustand einfach hergestellt werden. Sie ist immer gefühlte Sicherheit und damit relativ. ‚Mehr Sicherheit erzeugen' ist jedoch ein Ziel der Akteure im Feld, weshalb dies hier so formuliert wird.

chen ‚Abchecken', über die Nutzung mechanischer Sensoren, bis hin zum Einsatz von ‚intelligenter' Software). Ich werde in diesem Kapitel deshalb erstens definieren, was ich in dieser Arbeit unter Profiling verstehe; ich werde zweitens beschreiben, wie Profiling aus Perspektive unterschiedlicher Disziplinen bisher gefasst wird bzw. gefasst werden kann; und ich werde drittens darauf eingehen, warum diese Ansätze nicht (vollständig) zur Beantwortung meiner Forschungsfrage geeignet sind und zeigen, inwieweit techniksoziologische Konzepte hier weiterhelfen können.

2.1 Profiling – Eine (praktische) Definition

Das in dieser Arbeit betrachtete Profiling hat nur noch wenig mit der klassischen Bedeutung des Wortes – im Sinne der Darstellung einer Person in einem persönlichen *Einzel-Profil* beispielsweise in Jahrbüchern oder in sozialen Netzwerken – zu tun, sondern beschreibt vielmehr die Tätigkeit der Einordnung von einzelnen Personen in *Gruppen-Profile* mit dem Ziel, deren Handeln zu beeinflussen. Die Unterscheidung in Gruppen- und Einzelprofile findet sich immer wieder in der Literatur (z.B. Hildebrandt 2008). Aus soziologischer Perspektive kann die Verwendung des Begriffs Gruppen-Profil jedoch leicht irreführend sein, da die Beziehungen zwischen den durch ein Gruppen-Profil repräsentierten Personen nicht mit denen der Gruppe im soziologischen Sinne geleichzusetzen sind. In einem Gruppen-Profil können nämlich, im Gegensatz zur sozialen Gruppe, auch Entitäten zusammengefasst werden, die in keinerlei sozialer Beziehung zueinander stehen und lediglich auf Basis ihrer geteilten Merkmale gruppiert werden. Für die Zuordnung zu einem Profil werden also analytisch gesehen erst einmal keine sozialen Beziehungen und keine räumliche Nähe der zugeordneten Individuen vorausgesetzt. In seiner Funktion der Einordnung von Individuen in Gruppen-Profilen möchte ich deshalb, um Missverständnisse zu vermeiden, für Profiling den Begriff der *Kategorisierung*[8] einführen. Kategorisierung beschreibt

---

[8] Es wird an dieser Stelle bewusst nicht der Begriff der *Klassifizierung* oder *Klassifikation* verwendet. Dies hat folgenden Grund: Zwar werden die Begriffe im Alltagsgebrauch oft gleichbedeutend verwendet, in der Soziologie ist die Klasse im Gegensatz zur Kategorie jedoch ein häufig verwendeter und ‚theoretisch vorbelasteter' Begriff. Die soziale Klasse wird in der Soziologie zur Charakterisierung der objektiv bestimmten und/oder subjektiv empfundenen vertikalen Lage bestimmter Teile der Bevölkerung innerhalb der Gesamtgesellschaftsstruktur verwendet (z.B. Karl Marx' *Das Kapital* (1867-94)). Im Gegensatz zur Kategorie sind bei der Klasse soziale Beziehungen und/oder räumliche Nähe zwischen den zugehörigen Individuen also immer schon in der Definition enthalten. Ein weiterer Grund, warum ich mich gegen den Begriff der Klassifizierung oder Klassifi-

die komplementären Prozesse der Generierung von Kategorien sowie der Einteilung von Entitäten in diese Kategorien.[9] Es geht darum, verschiedene Entitäten auf Grundlage von Abstraktionen in (Systemen von) Kategorien zusammenzufassen. Eine Kategorie repräsentiert dabei eine Menge an Entitäten, welche in bestimmten wesentlichen Erscheinungs- und Seinsmerkmalen gleich oder ähnlich sind. Einzelne Informationen verschiedener Entitäten werden gesammelt, analysiert und zu einer zusammenhängenden, kohärenten Kategorie verdichtet. Dabei finden immer gewisse Reduktionen von Informationen statt; ansonsten müsste jede Entität einer eigenen Kategorie zugeordnet werden (basierend auf der Annahme, dass keine Person der anderen völlig gleicht), wodurch es zu einem methodischen Over-Fitting[10] käme. Die Informationen von einzelnen Entitäten, welche es in das übergreifende, aggregierte Profil geschafft haben, charakterisieren dann stellvertretend die Menge an zugeordneten Entitäten. Die Einordnung in eine Kategorie grenzt eine Person damit in Bezug auf Entitäten in anderen Kategorien ab und setzt sie mit Personen derselben Kategorie gleich. Dabei findet einerseits eine Differenzierung von Individuen in unterschiedliche Kategorien statt; gleichzeitig kommt es zu einer Generalisierung innerhalb der Kategorie. Die Generalisierung besagt, dass alle Personen einer Kategorie in gewissen, wesentlichen Aspekten gleich sind.[11] In dieser Arbeit betrachte-

---

kation entschieden habe, ist, dass in manchen wissenschaftlichen Kontexten (wie in der Statistik und dem Maschinellen Lernen) der Begriff der Klassifikation bereits ein feststehender Begriff ist (s. Kapitel 5.2). Um das hier beschriebene Phänomen nicht mit den im Feld beschriebenen Klassifikationsmethoden zu vermischen, ist es sinnvoll, sich von dem Begriff auch sprachlich abzusetzen. Die Unterscheidung zwischen beiden Begriffen scheint ansonsten überwiegend disziplinärer Natur zu sein: Kategorisierung ist häufiger in Psychologie und Philosophie anzutreffen (vgl. die Kategorien des Aristoteles), Klassifizierung eher in der Mathematik oder in technischen Bereichen gebräuchlich.

9 Kategorisierung wird natürlich nicht nur zur Ordnung von sozialen Akteuren eingesetzt, sondern kann auch auf Objekte angewandt werden. Die Kategorisierung von Dingen ist für diese Arbeit aber nur insofern interessant, wie diese Kategorien Teil sozialer Interaktion sind. Profiling, welches sich auf ‚nicht soziale Kategorisierung' bezieht, findet man bspw. in der Biologie (z.B. Gen-Expressions-Profiling, Protein-Profiling oder miRNS-Profiling) oder der Informatik (Profiler sind hier Programmierwerkzeuge zur Analyse des Laufzeitverhaltens von Software).

10 In der Statistik verweist der Begriff auf ein Modell, das zu viele erklärende Variablen enthält, so dass es viel zu spezifisch wird. Das Ergebnis eines solchen Over-Fittings beim Kategorisieren wäre beispielsweise eine Sammlung von Einzel-Profilen; jede Kategorie beschriebe dann genau eine Person.

11 Wenn die Entitäten einer Kategorie in allen Aspekten ihres Seins gleich wären, könnte man von universellen Generalisierungen sprechen. Diese existieren jedoch nur in der

tes Profiling wird in diesem Sinne mit Kategorisierung gleichgesetzt, wodurch Differenzierung und Generalisierung als zentrale Aspekte von Profiling ausgemacht werden können.

Auf dieser Grundlage können nun Aussagen über alle einer Kategorie zugeordneten Entitäten getroffen werden. Wenn nämlich bekannt ist, wie sich Personen einer Kategorie in bestimmten Situationen zu einem früheren Zeitpunkt verhalten haben, kann man – so die zugrundeliegende Annahme – mit einer gewissen Wahrscheinlichkeit davon ausgehen, dass neu der Kategorie zugeordnete Personen sich in ähnlichen Situationen ähnlich verhalten werden. Profiling hat also über Differenzierung und Generalisierung hinaus auch immer etwas mit der Möglichkeit von Vorhersagen zu tun. Darauf weist auch der erste Eintrag zum Begriff Profiling in der Online-Enzyklopädie Wikipedia hin.[12]

> "Profiling, the extrapolation of information about something, based on known qualities" (en.wikipedia.org 2007, Überarbeitung vom 5. Juli 2007)

Wie sich mit Profiling Vorhersagen treffen lassen, lässt sich sehr gut an einem bekannten Fall aus dem Bereich des Kunden-Marketing illustrieren, einem Fall, in dem die US-Warenhauskette *Target* gezielt Einkaufsprofile von schwangeren Frauen erstellt hat, um bei neuen Kundinnen, aufgrund des Inhalts ihres Einkaufskorbes, feststellen zu können, ob diese auch schwanger sind und sie dann dementsprechend bewerben zu können.[13]

> "Lots of people buy lotion, but one of Pole's colleagues noticed that women on the baby registry were buying larger quantities of unscented lotion around the beginning of their second trimester. Another analyst noted that sometime in the first 20 weeks, pregnant women loaded up on supplements like calcium, magnesium and zinc. Many shoppers purchase soap and cotton balls, but when someone suddenly starts

---

Theorie. In der Empirie sind Generalisierungen „not universal" (Schauer 2006:9), da die kategorisierten Entitäten immer auf die eine oder andere Weise voneinander abweichen.

12 Das Zitat ist der erste Eintrag zum Begriff Profiling auf in der Online-Enzyklopädie Wikipedia. Dies kann als Indikator für die steigende Bedeutung des Begriffs unter dieser Definition in der Gesellschaft gedeutet werden.

13 Der Fall wurde vor allem deshalb bekannt, weil ein aufgebrachter Vater sich bei *Target* über Werbung beschwerte, die man seiner noch minderjährigen Tochter zusandte: nämlich Werbung für schwangere Frauen. Was der Vater zu diesem Zeitpunkt noch nicht wusste, war, dass seine Tochter tatsächlich schwanger war, die *Target*-Marketingabteilung also richtig lag und er selbst derjenige war, der nicht über aktuelle Informationen über den Zustand seiner Tochter verfügte.

buying lots of scent-free soap and extra-big bags of cotton balls, in addition to hand sanitizers and washcloths, it signals they could be getting close to their delivery date. As Pole's computers crawled through the data, he was able to identify about 25 products that, when analyzed together, allowed him to assign each shopper a 'pregnancy prediction' score." (Duhigg 2012, nicht paginiert)

Durch systematische Bezüge auf in der Vergangenheit gesammelte Informationen und Erfahrungen, die in Kategorien verdichtet wurden, konnten so gegenwärtig verfügbare (Teil-)Informationen über jemanden, der gerade seinen (virtuellen) Warenkorb füllt, genutzt werden, um Aussagen über dessen mögliche Sensibilität für bestimmte Werbung und dessen wahrscheinliches Interesse an anderen Produkten zu treffen – also Aussagen über Eigenschaften dieser Person, die zuvor nicht bekannt waren. Es können also fehlende Informationen einer Person durch ihre Zuordnung zu einer Kategorie (mit einer relativ hohen Wahrscheinlichkeit) anhand bekannter Informationen (von anderen ‚gleichen' Entitäten) ergänzt werden und Vermutungen darüber angestellt werden, wie sich die Person (vermutlich) in Zukunft verhalten wird – basierend auf den Analysen vergangenen Verhaltens sehr ähnlicher Personen derselben Kategorie. Man spricht in diesem Zusammenhang auch von Extrapolation. Bezogen auf Menschen geht es beim Profiling also meist darum, in gesammelten Informationen (d.h. mehr oder weniger großen Mengen an Handlungsspuren von Individuen) relevante Informationen zu entdecken, die Rückschlüsse auf zukünftiges Verhalten der Individuen zulassen. Als solches wird Profiling u.a. in Sicherheits- und Überwachungskontexten eingesetzt, um Menschen zu kategorisieren (d.h. um sich vermutlicher Weise ‚riskant' verhaltende von sich ‚nicht-riskant' verhaltenden Subjekten zu trennen) und diese dann in ihrem Handeln zu beeinflussen, d.h. einer gesonderten Behandlung zu unterziehen oder im Zweifelsfall auch zu identifizieren. Die aus Profiling ableitbare Vorhersagekraft verleiht diesem somit eine handlungsleitende Funktion, die jeglicher Art von sozialem Handeln zugrunde liegt. Davon ausgehend kann Profiling folgendermaßen definiert werden: **Profiling besteht aus den komplementären (Handlungs-)Prozessen der Erstellung von Kategorien und der Einordnung von Entitäten in diese Kategorien zur Ableitung neuer handlungsrelevanter Informationen. Es beinhaltet die Elemente der Differenzierung, der Generalisierung und der Vorhersage.** Von Akteuren eingesetzt wird Profiling mit dem Ziel, einen Informationsvorteil zu schaffen und so das eigene Handeln gegenüber anderen zu optimieren. Bezogen auf das jeweilige Gegenüber können die Ziele des Akteurs praktisch recht unterschiedlich aussehen – nicht kreditwürdigen Kunden soll möglichst kein teures Handy auf Raten verkauft werden oder Flugpassagiere mit terroristischen Absichten sollten tunlichst daran gehindert werden, an Bord zu gelangen – sie sind jedoch immer auf die Beeinflussung des Handelns des jeweiligen Gegenübers ausgerichtet.

Diese Definition von Profiling ist als ein analytisches Konstrukt anzusehen, welches unterschiedliche Aspekte des Phänomens in einer kohärenten Definition zusammenbringt. Sie geht damit über einzelne Definitionen in den besprochenen Forschungsrichtungen (s. Kapitel 2.2 bis 2.5) hinaus, entspricht aber auch nicht unbedingt der Definition der in dieser Arbeit untersuchten Felder, wo der Begriff sehr unterschiedlich, oft nur sehr vage in seiner Bedeutung und teilweise auch widersprüchlich verwendet wird. Von wem Profiling letztendlich umgesetzt wird – d.h. ob von menschlichen Akteuren, Hardware oder Software –, ist für die theoretische Definition erst einmal egal. In der Praxis lässt sich jedoch beobachten, dass Profiling-Tätigkeiten immer gemeinsam von menschlichen Akteuren und technischen Instanzen durchgeführt werden. Wie das Verhältnis von Profiling und Technik theoretisch anzugehen ist möchte ich nun im Folgenden besprechen.

2.2 Profiling als Sicherheitstechnik – Sicherheit durch Technik[14]

Als Forschungsgegenstand begegnet einem Profiling zuallererst einmal als ‚simple' Sicherheitstechnik. Profiling wird nämlich, in der ingenieurwissenschaftlich geprägten Sicherheitsforschung, als eine mögliche Technik oder Strategie gesehen, Sicherheit herzustellen. Auf der Webseite des Bundesministeriums für Bildung und Forschung (BMBF) wird die deutsche Sicherheitsforschung[15] mit folgenden Worten beschrieben:

> „Im Bereich der ‚Sicherheitsforschung' werden Strategien entwickelt, um die Grundwerte des europäischen Raums gegen Gefahren wie organisierte Kriminalität, Terrorismus, Naturkatastrophen und Industrieunfälle zu schützen. Zu den wichtigen Forschungsgebieten gehören unter anderem die Entwicklung und Verbesserung von Sicherheitssystemen,

---

14 Wenn nicht explizit darauf hingewiesen, wird der Begriff ‚Technik' in den zitierten Ansätzen und Konzepten im Sinne von Hard- oder Software verwendet (s.a. Kapitel 3.1.2).

15 Das erste nationale Forschungsprogramm zu diesem Thema läuft seit 2007 – dem Jahr, in dem Sicherheit auch als eigenständiger Themenbereich zum ersten Mal in das Forschungsrahmenprogramm der Europäischen Kommission aufgenommen wurde (BMBF 2014). 2013 wurde das Forschungsprogramm in das Rahmenprogramm der Europäischen Union für Forschung und Innovation ‚Horizont 2020' integriert und dort weitergeführt (horizont2020.de).

die Analyse bestehender Infrastrukturen sowie insbesondere der Grenzübergänge und die Konzeptionierung von Notfallstrategien. All dies geschieht vor dem Hintergrund eines freien, gerechten und sicheren Europas und in Hinblick auf den Schutz der Privatsphäre und die Bürgerrechte des Einzelnen." (BMBF 2013)

Es fällt auf, dass an keiner Stelle (auch nicht anderswo auf der Webseite des BMBF) gesagt wird, was Sicherheit (die mit den durch Sicherheitsforschung geförderten Techniken und Strategien erreicht werden soll) eigentlich ist. Herauszulesen ist, dass Sicherheit etwas mit Gefahren und dem Schutz davor, mit Rechten und mit Freiheiten zu tun hat. Diese Art der Sicherheitsforschung beschäftigt sich also mit verschiedenen Arten von Gefährdungen (u.a. Terrorismus) und möglichen Lösungen zum Schutz davor. Der Einsatz von beispielsweise Profiling-Algorithmen ist eine mögliche Variante zum Schutz der EU-Bevölkerung gegen solche Gefahren, wie das im Rahmen des 7. Forschungsrahmenprogramms finanzierte EU-Forschungsvorhaben INDECT zeigt.[16] INDECT steht für ‚*Intelligent information system supporting observation, searching and detection for security of citizens in urban environment*' und möchte Kriminalität durch automatisiertes Verhaltens-Profiling bekämpfen, genauer gesagt durch Software, die in Bildern von Überwachungskameras und von fliegenden Kamera-Drohnen vollautomatisch ‚abnormal' handelnde Menschen erkennen kann. Ziel dieser Art von Sicherheitsforschung scheint vor allem die Praktikabilität der entwickelten Sicherheitstechniken und -strategien und weniger deren wissenschaftliche Betrachtung zu sein. Für meine Arbeit lässt sich aus dieser praktisch orientierten Disziplin demnach nur eines ableiten: Die Sicherheitstechnik Profiling scheint mit der Absicht entwickelt zu werden, menschliches Verhalten beeinflussen zu wollen, um so mehr Sicherheit herzustellen.

2.3 Profiling als Sicherheitspraktik – Praktiken des Sicherns

Dieser Richtung der Sicherheitsforschung (s. Kapitel 2.2) steht eine überwiegend politikwissenschaftlich geprägte Sicherheitsforschung gegenüber – häufig als *Security Studies* bezeichnet –, welche (über die Erforschung des technologischen Fortschritts hinaus) um eine wissenschaftliche Analyse von Sicherheit bemüht ist. Interessanter Weise ist der Sicherheitsbegriff aber auch hier ein sehr unklarer.[17] Dies ist umso erstaunli-

---

16 www.indect-project.eu

17 „Sicherheit ist eine der wesentlichen Voraussetzungen aller Bereiche des öffentlichen Lebens sowie Grundbedarf aller natürlichen und sozialen Systeme. Als konstitutiver

cher, wenn man bedenkt, dass der Begriff dort bereits seit Mitte des letzten Jahrhunderts diskutiert wird.[18] Sicherheit wird hier häufig nur ganz allgemein als Schutz von Nationalstaaten (oder anderen territorialen Gebiete wie beispielsweise der EU) – deren Grenzen und deren Bürgern – vor (internen und externen) Gefahren betrachtet.[19] Da Sicherheit jedoch in unterschiedlichen sozialen Gruppen, an unterschiedlichen geografischen Ort und in unterschiedlichen historischen Epochen höchst unterschiedlich wahrgenommen und konstruiert bzw. gedeutet wird (vgl. Evers und Nowotny 1987), kann diese ‚außer-soziale' Begriffsdefinition nicht ausreichen, um die praktisch beobachtbare Vielschichtigkeit von Sicherheitsphänomenen auch theoretisch angemessen zu erfassen. Darauf hat u.a. Christopher Daase hingewiesen. Unter dem Begriff der „Sicherheitskulturen" (Daase 2009, 2010, 2011)[20] versucht er, Wandlungsprozesse des Begriffs systematisch zu analysieren[21] und stellt dabei auch die

---

Bestandteil des demokratischen Staatsauftrages ist sie Basis für Handeln und Planen und eine enorme Herausforderung […]. Obwohl sich viele Forschungsbereiche mit ‚Sicherheit' auseinandersetzen und sie Bestandteil verschiedener Diskurse ist, bleibt sie begrifflich eine unklare Größe, die einem permanenten Wandel unterlegen ist." (Endreß und Petersen 2012 auf bpb.de)

18 Die Beschäftigung mit Sicherheit (von Staaten) war lange die alleinige Angelegenheit des Militärs: "When international security studies emerged in the 1940s as an independent field, a key novelty was to establish civilian expertise on matters military [...]. Previously it was taken for granted that the military provided the relevant expertise." (Waever 2010:651f) In ihrer Fortführung entwickelten sich die daraus abgespaltenen Security Studies zu einer Teildisziplin der Politikwissenschaften und dort insbesondere der International Relations Studies. Dabei unterhielten sie durchgängig enge Beziehungen zum eher praktisch-orientierten (und weniger theoretisch-orientierten) Bereich der Politikgestaltung (vgl. C.A.S.E.-Collective 2006).

19 Im englischsprachigen Forschungskontext wird Sicherheit (im Sinne von *Security*) darüber hinaus von *Safety* abgegrenzt. Security kann dabei mit Angriffssicherheit und Safety mit Betriebssicherheit beschrieben werden (vgl. Thoma et al. 2011). Bei Ersterem geht es um den Schutz vor (oft vorsätzlich) zerstörerischen Aktivitäten und Ereignissen, die auf Staaten oder die Bürger dieser Staaten gerichtet sind; bei Letzterem geht es um das sichere Funktionieren technischer Systeme und um den Schaden, den diese ihrer Umwelt (unbeabsichtigt) zufügen können.

20 „Unter ‚Sicherheitskultur' soll die Summe der Überzeugungen, Werte und Praktiken von Institutionen und Individuen verstanden werden, die darüber entscheiden, was als eine Gefahr anzusehen ist und wie und mit welchen Mitteln dieser Gefahr begegnet werden soll." (Daase 2010:9)

21 Daase macht vier Dimensionen aus, mit denen sich die Verschiebungen systematisch fassen lassen (Daase 2009:138f): die Sachdimension (Welchem Problembereich wird eine Gefahr vor der geschützt werden soll zugeordnet? z.B. militärisch, ökologisch, humanitär, ökonomisch), die Referenzdimension (Wer soll gesichert werden? z.B. der Staat oder einzelne Individuen), die Raumdimension (Welche Gebiete/Räume sollen

Praktiken der Sicherung (und nicht lediglich das Ziel dieser Prozesse) theoretisch zur Diskussion. Es kommen damit zunehmend die an Sicherheitsprozessen beteiligten Akteure und ihr Handeln in den Blick.

Um die Analyse solcher Sicherheitspraktiken geht es auch den Vertretern der *Critical Security Studies*[22] (vgl. C.A.S.E.-Collective 2006) – anfangs zwar noch lediglich auf sprachlicher Ebene im Sinne sogenannter Sprechakte[23] (Waever 1998), in kritischer Überarbeitung der eigenen Konzepte[24] haben sich die unterschiedlichen Schulen der Critical Security Studies jedoch vor einigen Jahren zusammengetan, um gemeinsam die Ausweitung des Sicherheitsbegriffs und seiner Analyse durch soziologische Theorien voranzutreiben (Balzacq et al. 2010). Der so entstandene erweiterte Sicherheitsbegriff soll helfen "[... to] encourage researchers to take both discursive and non-discursive practices seriously, by focusing on patterns of security practices" (ebd., nicht paginiert). Der analytische Schwerpunkt auf den Sicherheitspraktiken macht das Phänomen Sicherheit auch aus soziologischer Perspektive interessant. Es geht verstärkt um das ‚Wie' (Wie wird Sicherheit diskursiv hergestellt?) und nicht mehr um das ‚Womit' (Mit welchen Mitteln kann Sicherheit hergestellt wer-

---

gesichert werden? z.B. regional, national, global) und die Gefahrendimension (Wie wird das Problem konzeptioniert? z.B. als konkrete Bedrohung oder als diffuse Risiken).

22 Dazu gehören unter anderem die Kopenhagener Schule um Barry Buzan und Ole Waever, die Pariser Schule um Didier Bigo und die Aberystwyth Schule.

23 Ausgehend vom theoretischen Konzept der *Securitization* bzw. *Versicherheitlichung* von Ole Waever, einem Konzept zur Beschreibung und Analyse eines (politischen) Prozesses, in dem immer mehr gesellschaftliche Bereiche und soziale Phänomene unter dem Aspekt der (Un-)Sicherheit betrachtet werden und somit aus dem ‚normalen' Politikalltag ausgeschlossen und einer ‚Ausnahmepolitik' untergeordnet werden.

24 Die Kritik bezieht sich darauf, dass durch den ursprünglichen Fokus (auf die rein diskursiven Praktiken einiger Sicherheitsexperten) die Bedingungen, welche Sicherheitshandeln möglich machen und das Wirken der Sprechakte gar nicht mit betrachtet werden: "Discursive formations and speech acts are not sufficient to understand how security operates. Scholars need not only to account for the performative nature of utterances, but also to examine the (perlocutionary) effects of these words, as well as the conditions of possibility of security practices. These conditions are obviously ideational; but they are also physical, technical, material, and historical (Bigo 2006, zitiert nach Balzacq et al. 2010)." (Balzacq et al. 2010, nicht paginiert) Diese Kritik ähnelt der Argumentation von Christopher Daase. Auch er bemängelt die bisherige Vernachlässigung nicht-sprachlicher und materieller Aspekte von Sicherheit und versucht ihre Überwindung: „So verständlich der Fokus auf Sprache und Diskurse als Reaktion auf die Reifizierungen realistischer Sicherheitskonzepte ist, so sehr hat diese Fixierung den Blick für die Materialität von Sicherheit und Unsicherheit, die Bedeutung nicht-sprachlichen Handelns und die Rolle materialer Artefakte getrübt." (Daase 2011:63).

den?). Auch mir geht es in dieser Arbeit um das ‚Wie'. Technik als Teil dieser Prozesse scheint Vertreter der politikwissenschaftlich geprägten Sicherheitsforschung jedoch nicht zu interessieren. Die bisher vorgestellten theoretischen Ansätze – seien sie nun ingenieur- oder politikwissenschaftlich geprägt – können demnach nicht zur Beantwortung meiner Forschungsfrage beitragen. Wie sieht es demgegenüber mit stärker soziologisch geprägten Ansätzen aus?

2.4 Profiling als Kontrolltechnik – Die (Un-)Möglichkeit der Kontrolle von Risiken

Eine systematische Beschäftigung mit (Un-)Sicherheit gibt es in der Soziologie nur über die Risikosoziologie (z.B. Beck 1986; Douglas und Wildavsky 1982; Giddens 1996a; Luhmann 1991), auch wenn der Sicherheitsbegriff hier hin und wieder in anderen Kontexten verwendet wurde und wird.[25] Die multidisziplinär angelegte Forschungsrichtung ist in den 1970er und -80er Jahren vor dem Hintergrund der zunehmenden Beschäftigung mit „großtechnischen" (Perrow 1984) Gefährdungslagen (wie beispielsweise ‚Bhopal', ‚Harrisburg', oder ‚Tschernobyl') entstanden. Anders als in den Politikwissenschaften ist Technik also ganz klar

---

25 Zur Definition von *Sicherheit* wird oft auf ‚Sicherheit als soziologisches und sozialpolitisches Problem' von Franz-Xaver Kaufmann (1973) zurückgegriffen, allerdings sollte dabei beachtet werden, dass es Kaufmann dabei um die Frage ging, „wie es mit den psychologischen Sicherheitswirkungen der Sozialpolitik bestellt sei" (ebd.:344). Dabei versucht er (in einer Zeitdiagnose), Sicherheit aus einer Veränderung des Verhältnisses der inneren, psychischen Stabilität von Individuen und den Möglichkeiten der äußeren Sicherung zu erklären und schreibt den Wandel in diesem Verhältnis gesellschaftlichen Entwicklungen der Neuzeit, vor allem der gesellschaftlichen Differenzierung und der Krise um traditionell Sicherheit gewährende Institutionen, zu (ebd.:VII). Unter dem Begriff der *Unsicherheit* ist Sicherheit in der Soziologie darüber hinaus schon länger bekannt, war jedoch lange nicht eigentlicher Gegenstand der Analyse. Im Zuge ihrer alles übergreifenden Frage nach der Ordnung der Gesellschaft hat sich die Soziologie immer schon mit Unsicherheiten und deren Kontrolle beschäftigt: „Erinnert sei nur an Thomas Hobbes, dessen Version eines Gesellschaftsvertrages eine Reaktion auf tiefgreifende Verunsicherungen angesichts der Krise vormoderner Ordnungsgewißheiten [sic] darstellt. Hierauf hat bereits Talcott Parsons (1937) aufmerksam gemacht." (Bonß 1995:12) Die diagnostizierte Unsicherheit dient in diesem Kontext jedoch lediglich als Voraussetzung für die Frage nach der Ordnung (vgl. Bonß 1996): „Soziologisches Denken, so Parsons, kreise stets um das ›hobbsche Problem‹, nämlich um die Frage, wie soziale Ordnung in einer Welt möglich sei, für die nicht mehr umstandslos von einer kosmologischen Strukturierung ausgegangen werden könne." (Bonß 1995:12). Während zu Parsons Zeiten noch die Suche nach der versteckten, alles bestimmenden gesellschaftlichen Ordnung im Vordergrund stand, drängte sich zu Zeiten der Industriegesellschaft dann immer mehr das Interesse am handelnden, gestaltenden Subjekt und die das Handeln prägende Unsicherheit in den Fokus der Analyse (vgl. Risikoforschung).

Teil dieser Analysen. Das Motiv der Un-/Sicherheit wird hier – unter dem Begriff des Risikos – vor allem in zeitdiagnostischen Analysen über moderne Gesellschaften behandelt.[26] An prominenter Stelle sind Ulrich Beck und Anthony Giddens mit ihren Texten zur *Reflexiven Moderne* (Beck 1986; Giddens 1996a) sowie auch Niklas Luhmann (Luhmann 1991) zu nennen. Zeitdiagnosen haben in der Regel zum Ziel, das Charakteristische einer Gesellschaft aufzuzeigen und bestenfalls auch zu erklären. Die Reflexive Moderne beispielsweise zeichnet sich nach Meinung der Autoren durch eine neue Form von Risiken aus, deren Ursprung im Erfolg technischer Entwicklung liegt und die als größtenteils menschengemacht betrachtet werden.[27] Solche systemischen Risiken sind in der Risikogesellschaft allgegenwärtig und ihr Einfluss dehnt sich zunehmend sozial und geographisch aus.[28] Die sozialwissenschaftliche

---

[26] Es soll an dieser Stelle nicht darum gehen, eine passende Definition für solche Gesellschaftsformen bzw. die jeweilige Epoche zu finden (von der *Reflexiven Moderne*, über die der *Postmoderne*, bis hin zur *Informationsgesellschaft*), sondern darum, die diese (in anderen Dimensionen wie auch immer gearteten) Gesellschaften prägenden Phänomene Risiko und Unsicherheit näher zu beleuchten. Die Begriffe der Post-/Moderne werden hier deshalb ohne direkten Bezug auf eine Theorierichtung verwendet.

[27] Dem liegt theoretisch das Motiv der sozialen Konstruiertheit von Risiken zugrunde, welches vor allem im Bereich sozial- und kulturanthropologischer Risikoforschung sehr stark gemacht wird. So betonen beispielsweise Mary Douglas und Aaron Wildavsky, dass Risiken immer von einer kulturbedingten Wahrnehmung abhängen (Douglas und Wildavsky 1982). – Die Risiken der Reflexiven Moderne sind nicht mit Risiken im allgemeinen, meist ökonomisch geprägten Gebrauch des Begriffs identisch (vgl. Frank Knight 1921, der Risiken und Gefahren im Kontext rationaler Entscheidungsprozesse thematisiert). Während man sich gegen ‚natürlich' verursachte Gefahren (bzw. gegen die Gott gehorchende Natur oder gegen die Willkür eines durch Gott eingesetzten Herrschers) nur bedingt wehren kann, kann ein Risiko (im Sinne einer ‚säkularisierten Gefahr') und sein potentieller Schaden durch seine mathematische Berechnung (bis zu einem gewissen Grad) vorhergesagt und die Auswirkungen damit kontrolliert werden, um eine ‚sicherere' Situation zu erreichen. – „Deshalb sind bei dem für die Tendenzen der Moderne zentralen Begriff des Risikos zwei Stadien zu untersuchen. Zunächst scheint er nur Bestandteil einer grundlegenden Berechnungsart zu sein, ein Mittel zur Absicherung beim Vordringen in die Zukunft. In dieser Form ist Risiko von Versicherungsgesellschaften statistisch berechnet, und die hohe Präzision bei solchen Risikoberechnungen scheint auf eine erfolgreiche Beherrschung der Zukunft hinzudeuten. [...] Wenn die menschliche Gesellschaft jedoch die Natur durchdringt und womöglich ihr ›Ende‹ herbeiführt und wenn zugleich die Tradition sich auflöst, entstehen neue Typen von Unkalkulierbarkeit." (Giddens 1996b:116f)

[28] Ein Defekt in einen Atomkraftwerk beispielsweise betrifft alle sozialen Gruppen und macht auch vor nationalen Grenzen nicht halt; was jedoch nicht heißt, dass eine globalisierte Neuverteilung von Gefährdungslagen keine neuen Ungleichheiten mit sich bringt (vgl. Beck 1986).

Risikoforschung geht außerdem davon aus, dass sich die Risiken der Reflexiven Moderne nicht mehr (wie noch in der Moderne angenommen) durch mathematische Verfahren und das Anhäufen von immer mehr Wissen über die einzelnen Teilprozesse kalkulieren und kontrollieren lassen, da sie ihren Ursprung ja in genau dieser bisherigen Vorgehensweise haben: in den Nebenfolgen der technisch-ökonomischen Entwicklung, also dem eigenen Wirken, welches sich selbst zum Problem wird. Profiling, das, wie bereits erwähnt (s. Kapitel 1), in vielen Kontexten eingesetzt wird, um ebenso solche Probleme zu verringern (d.h. um Entscheidungen eine informiertere Grundlage zu geben und sie damit weniger riskant zu machen), würde vermutlich auch darunter fallen, wird aber nicht explizit angesprochen. Die Folge ist Verunsicherung: Um den reflexiven Risiken zu begegnen, muss gehandelt werden, die Grundlagen und die Folgen für dieses Handeln sind jedoch nicht ausreichend bekannt.

> „[Es geht] um Entscheidungen [...], mit denen man Zeit bindet, obwohl man die Zukunft nicht hinreichend kennen kann; und zwar nicht einmal die Zukunft, die man durch die eigenen Entscheidungen erzeugt.“ (Luhmann 1991:21)

Das Problem wird noch dadurch verstärkt, dass die Anzahl an Entscheidungssituationen für viele Individuen mit der Moderne enorm zugenommen hat (vgl. Individualisierungsthese von Beck 1986). In solchen Situationen gibt es keine eindeutigen Lösungen, sondern immer nur uneindeutige und risikobehaftete Entscheidungen.

> „[Es geht ...] darum, die Folgeprobleme zu handhaben, oder wie Anthony Giddens es ausdrückt: ‚to ride the tiger'. Dies ist ohne Frage selbst ein riskantes Unterfangen, zumal sich der Tiger nicht in eine Hauskatze verwandeln läßt [sic]. Aber in einer kontingenzorientierten Gesellschaft, in der Unsicherheit und Offenheit ein entscheidendes Strukturmerkmal sind, gibt es keine risikofreien Optionen.“ (Bonß 2002:12)

Die Risikoforschung selbst bietet keine nennenswerten theoretischen Ansätze, dem Problem zu entkommen (vgl. Wiesenthal 1994). Es wird deshalb von manchen Autoren (z.B. Krücken 1996) gefordert, (vor allem die bundesdeutsche) Risikoforschung problemorientierter zu gestalten – da ja die Empirie gezeigt habe, dass (in den Jahrzehnten seit der Entstehung der Risikoforschung) Gesellschaften auch mit den neuen Unsicherheiten weiter ‚funktionierten':

> „Die Beschäftigung mit technischen Unfällen, vor allem solchen spektakulärer Art, darf jedoch nicht davon ablenken, daß [sic] viele soziotechnische Systeme gut – wenn man überlegt, was alles schief gehen kann, sogar überraschend gut – funktionieren. Auch Charles Perrow

> [...] stellte sich in einem neueren Beitrag selbstkritisch die[se] Frage [...]. Das forschungsleitende Erstaunen bestand darin, daß [sic] man [...] die Kontrollprobleme und -defizite sozio-technischer Systeme zwar theoretisch zwingend herleiten kann, sich gleichzeitig jedoch mit dem empirischen Faktum ihrer außergewöhnlich hohen Zuverlässigkeit konfrontiert sieht." (ebd.:187)

Eine problemorientiertere Risikoforschung schaut nicht mehr so sehr auf die theoretische (Un-)Möglichkeit, Risiken zu minimieren, sondern fragt, wie Individuen dieser Gesellschaften mit der Situation praktisch umgehen. Im Umgang mit Unwägbarkeiten und Risiken spielen traditionell verschiedene gesellschaftliche Kontrolltechniken eine Rolle.[29] Während es der klassischen Risikosoziologie darum geht zu erklären, warum die Gesellschaft so ist, wie sie ist, und dabei vor allem die theoretische Unmöglichkeit der Kontrolle von Risiken betont, setzen andere Ansätze am anderen Ende an und wollen herausfinden, warum gesellschaftliche Strukturen trotz aller Unmöglichkeit weiter funktionieren und welche Kontrollmechanismen dabei zum Einsatz kommen. Aus einer historischen Perspektive hat das beispielsweise auch James R. Beniger getan. In seinem Buch *The Control Revolution* (1986) illustriert er am Beispiel gesellschaftlicher Entwicklungen zur Zeit der Industrialisierung den Umgang mit sogenannten „Kontrollkrisen".[30] Diese treten in unsicheren

---

29 Zur Organisation sozialer Gebilde existieren in der Regel eine Reihe an institutionell und materiell gefestigte Strukturen (d.h. soziale Normen, rechtliche Regelungen sowie technische Standards), welche die Aufrechterhaltung eben dieser Ordnung garantieren sollen. Sie sind einerseits dazu da, den Mitgliedern der Gesellschaft ein sichereres Leben zu bieten, als diese es außerhalb der gesellschaftlichen Ordnung hätten; um die Gesellschaft als Ganzes zusammenzuhalten, müssen Institutionen aber auch dafür sorgen, dass die Devianz von der Ordnung nicht überhandnimmt (vgl. Durkheim 1897; Merton 1938). Es geht also um die Sicherung der sozialen Struktur, um somit den Mitgliedern wiederum Sicherheiten anbieten zu können. Die Kontrolle der Ordnung wird überwiegend durch soziale Institutionen garantiert und, wenn nötig, zusätzlich durch explizite Sanktionierung untermauert: „Durch die bloße Tatsache ihres Vorhandenseins halten Institutionen menschliches Verhalten unter Kontrolle. [...] Dieser Kontrollcharakter ist der Institutionalisierung als solcher eigen. Er hat Priorität vor und ist unabhängig von irgendwelchen Zwangsmaßnahmen, die eigens zur Stütze einer Institution eingesetzt werden oder worden sind. Derartige Sanktionsmechanismen, deren Gesamtheit das ist, was man ein soziales Kontrollsystem nennt, gibt es selbstverständlich in vielen Institutionen und in all den Institutionsballungen, die wir Gesellschaft nennen." (Berger und Luckmann 1977:58f)

30 Mit seiner Arbeit möchte er die These belegen, dass die Informationsgesellschaft (eine von vielen Interpretationen der Postmoderne, welche einen gesellschaftlichen Wandel vor allem in der Art und Weise der Erstellung, Verbreitung und Analyse von Informationen sieht) nicht durch ein Technology-Push-Modell erklärt werden kann, sondern nur durch das gleichzeitige Auftreten einer Krisensituation im Bereich der Kontrolle sozialer Struktu-

gesellschaftlichen Umbruchzeiten auf, wenn bestehende soziale Strukturen infrage gestellt werden und die zur Verfügung stehenden sozialen und technischen Mechanismen zur Kontrolle des Handelns innerhalb der bestehenden Strukturen nicht mehr ausreichen. Seine Bespiele zeigen, dass es historisch gesehen vor allem Veränderungen in den gesellschaftlichen Subsystemen der Wirtschaft und Logistik waren – wie beispielsweise die zunehmende Globalisierung und die zunehmende Dynamik der Handelsbeziehungen durch schnellere und größere Schiffe, bessere Navigationssysteme, usw. –, welche traditionelle Handelsstrukturen (und im Anschluss auch andere gesellschaftliche Bereiche) in Bedrängnis brachten. In Abwesenheit moderner Kontrollsysteme[31] verließen sich Händler anfangs noch auf das bewährte Vorgehen: Kontrolle durch die Institution der Familie.

> "The problem of distributed control, in the absence of telecommunications sufficient to keep a constant check in one's agent [...] was to find agents one could trust. [...] An even better solution was to distribute the most dependable information processors available: an immediate family member, relative, or at least a legal partner, friend, or close acquaintance." (ebd.:126)

Mit Beginn der Industrialisierung im 19. Jahrhundert, welche sich vor allem durch die enorme Beschleunigung und geographische Verteilung bzw. Verbreitung nahezu aller gesellschaftlicher Prozesse auszeichnete, reichten diese traditionellen und vor allem an kleine Gruppen von Menschen gebundenen Kontrollmechanismen jedoch nicht mehr aus.

> "[Before,] the world distributional system, [...] simply did not require anything approaching the degree of control that would become necessary under rapid industrialization. [...] The difference, in a word, was *speed*." (ebd.:167, Hervorhebung i. O.)

---

ren und das Vorhandensein technischer und organisatorischer Lösungsmöglichkeiten entstehen konnte.

31 In Anlehnung an Giddens (1996a) kann man auch von „abstrakten Systemen" sprechen. Abstrakte Systeme, wie symbolische Zeichen und Expertensysteme, müssen in der *Reflexiven Moderne* Beziehungen über zunehmende Raum-Zeit-Spannen stabilisieren, um so das größtenteils abhanden gekommene Vertrauen in bekannte, anwesenden Personen in der einfachen Moderne zu ersetzen. Anders als Vertrauensbeziehungen, die in und durch face-to-face Situationen bestehen, werden Vertrauensbeziehungen, die über räumliche Distanzen hinweg ent- und bestehen, durch die Anwesenheit abstrakter Systeme unterstützt: „Vertrauen in abstrakte Systeme ist die Vorbedingung der raumzeitlichen Abstandsvergrößerung und der umfassenden Sicherheitsbereiche des alltäglichen Lebens, die die modernen Institutionen im Gegensatz zur traditionalen Welt bieten." (ebd.: 142)

"The need for sharply increased control that resulted from the industrialization of material processes [...] accounts for the rapid development of automatic feedback technology in the early industrial period." (ebd.:174)

Es mussten andere Mechanismen her, die mit der Geschwindigkeit und der Ausdehnung der sozialen Beziehungen in Raum und Zeit fertig werden und diese Beziehungen in ihrem Risiko minimieren konnten.[32] Beniger geht dabei sowohl auf neue institutionelle Strukturen (wie die Bürokratie) wie auch auf innovative technische Systeme (wie Fernsprechnetze, Radio und später auch Computer) ein. Die Krise der traditionellen Gesellschaftsform und das Auftreten neuer Risiken und Unsicherheiten, die nicht mehr mit den bewährten Institutionen bewältigt werden konnten, führte so zu einem Umbruch, einem Wandel hin zu neuen sozialen Strukturen mit modernen Institutionen.

"From its origins in the last decades of the nineteenth century the Control Revolution has continued unabated to this day and in fact has accelerated recently with the development of microprocessing technologies." (ebd.:427)

Auch in unserer heutigen Gesellschaft werden solche Kontrollkrisen diagnostiziert.

„Ich behaupte, [die elektronische Rundumerfassung] wird gebraucht, um neuartige Steuerungsprobleme des wirtschaftlichen und politischen Lebens durch einen Wechsel von kollektiven zu individualisierten Formen sozialer Kontrolle in den Griff zu bekommen. [...] [D]as Individuum [erscheint] vor allem in seiner zu steuernden Potentialität: als Konsument oder als Terrorist.“ (Streeck 2014:16)

Zu den Kontrolltechniken unserer „fragmentierten Moderne“ (Baumann und Lyon 2013), die eingesetzt werden, um globalisierte, reflexive, verflüssigte, fragmentierte und individualisierte Gesellschaften zu strukturieren und unter Kontrolle zu bekommen, zählt auch das in dieser Arbeit untersuchte Profiling. Auch auf Profiling basierende Entscheidungen basierten früher einmal auf dem Bekanntheitsgrad des Profilers mit der einzuschätzenden Person (s. Kapitel 5.2.2); in einer globalisierten und verflüssigten Gesellschaft kann man sich auf solche Beziehungen zwischen den Akteuren jedoch nicht mehr verlassen. Um Entscheidungen herbeizuführen, werden stattdessen andere Informationsquellen heran-

---

[32] Zum Thema ‚Individualisierung' bzw. zur gleichzeitigen Herauslösung aus bestehenden Sozialformen und -bindungen und dem Entstehen einer neuen Art der sozialen Einbindung, die wiederum neue Formen der sozialen Kontrolle mit sich bringt, vgl. Beck 1986.

gezogen und mithilfe verschiedener Algorithmen analysiert. Auch die derzeit viel diskutierten Überwachungssysteme der US-amerikanischen National Security Agency (NSA) passen in dieses Bild.

Zusammenfassend lässt sich sagen, dass sich (Kontroll-)Techniken, zu denen man auch Profiling zählen kann, mit dem soeben vorgestellten Ansatz wesentlich besser analysieren lassen als mit den theoretischen Ansätzen der Sicherheitsforschung – allerdings lässt auch die durch Zeitdiagnosen geprägte Risikoforschung eine konkrete Beschäftigung mit den jeweiligen (Kontroll-)Praktiken vermissen. Ich möchte deshalb im nächsten Kapitel die *Surveillance Studies* vorstellen, welche die in Kapitel 2.2 bis 2.4 vorgestellten Betrachtungsweisen von Profiling auf vielversprechende Weise vereinen und dabei auch auf einige der angesprochenen Kritikpunkte eingehen.

2.5 Profiling als Überwachungstechnik – Beeinflussung menschlichen Verhaltens durch Überwachung

Die Surveillance Studies sind eine recht junge, multidisziplinäre Forschungsrichtung, deren Vertreter sich mit dem Funktionieren, den Rahmenbedingungen und den Auswirkungen ‚neuer' Überwachungstechniken (wie Profiling) in der heutigen Gesellschaft beschäftigen.[33] Überwachung wird durch David Lyon prominent definiert als "any collection and processing of personal data, whether identifiable or not, for the purposes of influencing or managing those whose data have been garnered." (Lyon 2001:2). Es geht bei Überwachung also um das Sammeln von Informationen über Personen und deren Nutzung, um das Verhalten der beobachteten Personen (egal ob diese beispielsweise vorher identifiziert wurden oder nicht) zu beeinflussen und zu kontrollieren. Die Idee der Beeinflussung menschlichen Verhaltens durch Techniken wird also auch hier wieder aufgegriffen (s.a. Kapitel 2.2). Die in Überwachung enthaltenen Tätigkeiten des Beobachtens, der Informationsverarbeitung und der anschließenden Handlungskontrolle können von unterschiedlichen Instanzen (beispielsweise dem Staat, aber auch von Firmen oder Privatpersonen) zu unterschiedlichen Zwecken (wie z.B. zur Aufrechterhaltung einer bestimmten sozialen Ordnung) durchgeführt werden. Ein Blick auf die Verwendung des Begriffs in der Vergangenheit zeigt, dass die Bedeu-

---

[33] Kontroll- und Überwachungstechniken können durchaus auch in Form von Handlungstechniken (zum Beispiel durch Gefängniswärter oder Streifenpolizisten) umgesetzt werden, die in den Surveillance Studies aktuell analysierten Techniken sind jedoch meist Sach- und Zeichentechniken.

tung und die Dimensionen von Überwachung (wie schon im Fall der Sicherheit) historischen Wandlungen unterliegen (vgl. Zurawski 2007). Während Überwachung anfangs vor allem als Kontrolle des Bürgers durch den Staat begriffen wurde und auf die Beobachtung und Steuerung von einzelnen devianten Individuen und kleineren Gruppen von Abweichlern gerichtet war, beinhaltet der Begriff der Überwachung heute auch (wenn nicht sogar überwiegend) die massenhafte Beobachtung und Überprüfung aller sowie die Suche nach interessanten Mustern und Kategorien in den erfassten Daten durch staatliche und wirtschaftliche Akteure und Privatpersonen mithilfe (neuer) Überwachungstechniken. Profiling wird in diesem Kontext als eine mögliche Überwachungstechnik unter vielen angesehen.

> "New technologies for collecting personal information [...] are constantly appearing. [...] The last half of the twentieth century has seen a significant increase in the use of technology for the discovery of personal information. Examples include video and audio surveillance, heat, light, motion, sound and olfactory sensors, night vision goggles, electronic tagging, biometric access devices, drug testing, DNA analysis, computer monitoring including email and web usage and the use of computer techniques such as expert systems, matching and profiling, data mining, mapping, network analysis, and simulation." (Marx 2004:18f)

In den Surveillance Studies werden also ganz explizit Techniken und ihre Wirkung auf die Gesellschaft betrachtet, was sie für meine Fragestellung interessant macht. Ich möchte sie deshalb im Folgenden etwas detaillierter vorstellen.

2.5.1 *Das Neue der „Neuen Überwachung" – Kategorisierung & Technisierung*

Eine der selbstgesetzten Aufgaben der Surveillance Studies ist es, die veränderte Wirkung von Überwachung durch den Einsatz neuer Technologien zu analysieren. Neue Überwachungstechniken erleichterten es beispielsweise, immer größere Mengen an Informationen parallel aufzunehmen und zu verarbeiten und somit sehr große Gruppen an Individuen gleichzeitig zu überwachen. Zur Illustration der Auswirkungen neuartiger Überwachungstechniken werden in den Surveillance Studies gerne Fälle aus dem Bereich der Mobilität angeführt, wie beispielsweise die Analyse des (veränderten) Verhaltens von Flugpassagieren durch Überwachung (z.B. Adey 2004; Lyon 2003a). Eine umfassende systematische Beschreibung dieser „New Surveillance" findet sich bei Gary T. Marx (2004). Zwei seiner Punkte möchte ich an dieser Stelle besonders hervorheben. Marx zeigt einerseits, dass die neue Überwachung sich nicht mehr mit der

Überwachung einzelner Individuen begnügt, sondern auf parallele Beobachtung und Kategorisierung möglichst vieler Personen ausgerichtet ist.

> "[T]oday many of the new surveillance technologies are not '*especially*' applied to 'a *suspected person.*' They are commonly applied *categorically.*" (ebd.:20, Hervorhebungen i. O.)

> "The subject of data collection goes beyond the individual suspect to categories of interest." (ebd.:24)

Während Überwachung in vielen (vor allem polizeilichen) Kontexten auf Identifizierung aus sein kann, zeichnet sich die neue Überwachung durch die ständige Kategorisierung all derer aus, deren Verhaltensspuren sie erfassen kann (ohne dass dabei das Ziel der Identifizierung zwingendermaßen vernachlässigt werden müsste).

> "Surveillance is no longer merely a matter of deliberate, individual scrutiny and consequent fears for personal privacy. [...] Numerous data – now including biometric, genetic and video data – are abstracted from embodied persons and manipulated to create profiles and risk categories in a networked, rhizomic system. The resulting classifications are intended to influence and to manage populations and persons." (Lyon 2002b:242)

Dieses Phänomen wird in den Surveillance Studies meist unter dem Begriff des *Social Sortings*[34] diskutiert. Die sortierende bzw. kategorisierende Wirkung von Überwachungstechnik ist beim Einsatz von Profiling besonders stark ausgeprägt (s.a. Kapitel 2.1), was es zu ‚der' prototypischen Überwachungstechnik der heutigen Zeit macht.

Über den Aspekt der Kategorisierung hinaus geht Marx in seinem Vergleich der alten und der neuen Überwachung außerdem auf deren fortschreitende Technisierung ein.

> "The new surveillance relative to traditional surveillance extends the senses and has low visibility or is invisible. [...] Data collection is more likely to be automated involving machines rather than (or in addition to) involving humans. It is relatively inexpensive per unit of data collected. Data collection is often mediated through remote means rather than on scene and the data often resides with third parties. Data is available in real time and data collection can be continuous and offer information on the past, present, and future." (Marx 2004:24)

---

[34] Der Begriff wurde von David Lyon (vgl. Lyon 2003b) geprägt, fand darüber hinaus jedoch eine weite Verbreitung; z.B. Marx' *Categorical Suspicion* (1988) und Gandys *Panoptic Sort* (1993).

Während Überwachung lange Zeit vor allem in direktem (Blick)Kontakt stattfand, kann sie heute durch neue Techniken räumlich, zeitlich, quantitativ und qualitativ immer weiter ausgedehnt werden: Auf einer quantitativen Ebene erlauben es neue Techniken, schlicht mehr Informationen in einer kürzeren Zeit zu sammeln, aufzubereiten, zu verarbeiten und zu speichern; durch immer billiger werdende Sensoren kann außerdem eine immer dichter werdende Menge an Informationen von immer mehr Akteuren gesammelt werden (s.a. Kapitel 5.2.3). So kann es zur Erstellung immer detaillierterer Profile kommen. Profile können durch neue Techniken außerdem immer dynamischer angepasst/weiterentwickelt und Individuen immer zügiger (oft in Echtzeit) in bestehende Profile eingeordnet werden. Räumlich gesehen ermöglichen es neue Techniken (dadurch, dass die gleichzeitige körperliche Anwesenheit der beteiligten Personen nicht mehr vonnöten ist), dass Profiling nicht mehr im direkten Kontakt durchgeführt werden muss. Dies macht es leichter, die ‚Geprofilten' über das Stattfinden der Profiling-Prozesse im Unklaren zu lassen, da die Prozesse einerseits versteckter und andererseits aus der Distanz ausgeführt werden können; andererseits wird es zeitlich gesehen möglich, durch immer besser werdende Speicherungstechnik Informationen aus der Vergangenheit in die Analysen mit einzubeziehen. Hinzu kommt außerdem die Verfügbarkeit völlig neuer Datenarten, wie maschinengenerierte und -lesbare Daten, die lediglich zur Kommunikation zwischen unterschiedlichen technischen Einheiten gedacht waren. Analysesoftware soll diese erweiterte Datenbasis verwenden, um neue Profile und damit dann bis dato unbekannte Informationen zu generieren (s.a. Kapitel 5.2.3). Dadurch erhält Profiling in seiner Ausführung und seinen Effekten eine neue qualitative Dimension. Auch wenn Technisierung von Überwachung damit vor allem in den letzten Jahren immer stärker geworden zu sein scheint, spielt sie in den Surveillance Studies schon lange eine Rolle. Für Überwachung, die immer stärker technisiert und automatisiert zu werden scheint, prägten Norris und Armstrong (1999) bereits Ende der 1990er Jahre den Begriff der „algorithmic surveillance".[35] Diese zeichnet sich ihrer Meinung nach durch Automatisierung und die Integration be-

[35] Algorithmisch ist nicht gleichbedeutend mit automatisch, Automatisierung basiert jedoch zu großen Teilen auf Algorithmen. Ein Algorithmus besteht aus einer endlichen Folge eindeutig ausführbarer Anweisungen zur Lösung eines Problems; er legt damit fest, wie eine bestimmte technische Tätigkeit abläuft. In Form von Programmen (bestehend aus verknüpften Algorithmen) können Algorithmen von Computern dann automatisch ohne menschliches Zutun ausgeführt werden. Sie bilden so die Grundlage für Automatisierung, die selbsttätige Ausführung technischer Teilprozesse ohne weiteres menschliches Zutun.

stehender Überwachungssysteme zu größeren Systemen aus. Studien, die sich vor allem mit digitalen Techniken der Überwachung beschäftigen, finden sich beispielsweise bei Murakami-Wood und Graham (2006) oder Introna und Wood (2004).

> "Surveillance is a powerful technology for social control, however, when surveillance becomes digitised then a there is a 'step change in power, intensity and scope' (Graham and Wood, 2003)[36]." (Introna und Wood 2004:177)

In ihrem Artikel zur Auswirkung solcher Entwicklungen auf Mobilität sprechen Wood und Graham (2006) dann dementsprechend auch nicht mehr vom Social Sorting, sondern vom sogenannten „software-sorting".[37]

2.5.2 *Theoretische Ansätze der Surveillance Studies*

Die Multi-Disziplinarität der Forschungsrichtung ist vor allem durch das Forschungsobjekt angelegt, denn Techniken der Überwachung durchziehen heute nahezu alle Bereiche der Gesellschaft (vgl. ‚Versicherheitlichungstheorie' in Anmerkung 23) und werden durch sehr unterschiedliche Disziplinen entwickelt. Eine einheitliche theoretische Schule ist nicht auszumachen. Mit ihrem Fokus auf der Wirkung von Überwachung auf unsere Gesellschaft kann man jedoch einen theoretischen Fokus im Bereich der Sozialwissenschaften und insbesondere der Soziologie ausmachen (wobei der international wahrgenommene Diskurs überwiegend durch Beiträge aus Nordamerika und Großbritannien geprägt ist)

> "Surveillance studies involves a number of disciplines, among which sociology offers some distinctive perspectives." (Lyon 2007:19)

> "The question of surveillance is seen here as an issue of sociological interest because it contributes to the very ordering of society." (Lyon 2001:3)

Das sozialwissenschaftliche Interesse am Forschungsobjekt – den modernen Technologien der Überwachung – wird vor allem mit deren ständig wachsendem Einflusspotential auf gesellschaftliche Strukturen begründet. Über das Interesse an denselben beobachtbaren Phänomenen hinaus ist den Autoren der Surveillance Studies eine eher kritische, meist normative Haltung gegenüber dem Einsatz von Überwachungs- bzw. Kontrolltechniken gemeinsam. Die Kritik zielt dabei zum einen auf den Verlust an Autonomie und Privatsphäre der Überwachten durch neue,

---

36 Zitiert nach Introna und Wood (2004:177).

37 Aufbauend auf Jones' *Digital Rule* (2000) und seine Ausführungen zu algorithmischer Entscheidungsfindung.

veränderte und erweiterte Möglichkeiten der Überwachung (z.B. Bennett 2011; Gutwirth 2002; Hildebrandt und Koops 2010; Lyon und Zureik 1996). Zum anderen zielt sie auf neue, erweiterte Möglichkeiten der Diskriminierung und die daraus resultierende soziale Ungleichheit, welche meist unter dem eben genannten Begriff des Social Sortings gefasst wird. Außerdem wird kritisiert, dass in stark automatisierten Kategorisierungsprozessen häufig gar nicht mehr klar ist (weder den ‚Überwachern' noch denen, die überwacht werden), wie das jeweilige Ergebnis eigentlich genau zustande gekommen ist (z.B. Introna und Wood 2004). Dabei setzen sich die Autoren in ihrer Kritik häufig von eher optimistischen, meist ökonomisch geprägten Einschätzungen der betrachteten Überwachungstechniken ab. Im Unterschied zu eher theoretisch-orientierten soziologischen Studien wollen Arbeiten aus dem Bereich der Surveillance Studies außerdem häufig explizit Einfluss auf politische Entscheidungsprozesse nehmen (um beispielsweise die Privatsphäre von Individuen besser zu schützen).[38]

Ähnlich wie technische Katastrophen in den 1970er und 80er Jahren die Risikoforschung antrieben (s. Kapitel 2.4), trugen im Fall der Surveillance Studies die aktuellen Auseinandersetzungen mit Terroranschlägen, Geheimdiensten, Cyberattacken und ähnlichem zur gesteigerten Wahrnehmung der Bedeutung dieser Forschungsrichtung bei.

> "The field of surveillance studies came to increased public and academic attention after 9/11 (Monaghan 2006)[39]. But the topic in its modern form has been of interest to scholars at least since the 1950s." (Ball, Haggerty und Lyon 2012:xxvii)

Zwar wurde Überwachung auch vorher schon von einigen Wissenschaftlern analysiert, jedoch nicht in systematischen und zusammenhängenden Diskursen.

> "From the late 1970s and into the 1980s the study of surveillance remained an occasional thing, a sideline of those studying media, policing or prisons." (Murakami-Wood 2009:54)

Als ‚Urväter' der heutigen Surveillance Studies sind u.a. der Soziologe James Rule (1973)[40] sowie prominent der Philosoph und Soziologe

---

38 "Because [surveillance] has implications for inequality and for justice, surveillance studies also has a policy and a political dimension." (Lyon 2002a:1)

39 Zitiert nach Ball, Haggerty und Lyon (2012:xxvii).

40 Die Arbeiten von James Rules zur Rolle früher computerbasierter Datenbanksysteme in der Überwachung stehen nicht in der Tradition des Panopticons; er analysiert stattdes-

Michel Foucault (1975) und der *Panoptismus*[41] zu nennen. Auch wenn Foucault seinerzeit noch keine Stellung dazu beziehen konnte, inwiefern auch moderne und insbesondere digitale Techniken und die durch sie ausgeübten Machtbeziehungen mit seiner Metapher analysiert werden können, wird in den Surveillance Studies bis heute immer wieder auf ‚sein' Panopticon zur Analyse auch aktueller Überwachungsstrukturen zurückgegriffen; es wird auf der Metapher aufgebaut, sie wird weiterentwickelt und versucht, sie an aktuelle Phänomene anzupassen bzw. sich von ihr abzusetzen: z.B. Gilles Deleuze (1990) zur *Kontrollgesellschaft*, Mark Poster (1990) zum *Superpanopticon* in seiner Analyse von Datenbanken oder Oscar Gandy (1993) über den *Panoptic Sort* in seiner Studie zur Kundenüberwachung. Darüber hinaus finden sich Arbeiten, die, wiederum an Deleuze anschließend, mit weniger hierarchischen Begriffen wie dem des Netzwerks und heterogenen Machtzentren arbeiten: so beispielsweise Kevin Haggerty und Richard Ericson (2000) mit ihrer *Surveillant Assemblage* oder auch Didier Bigo (2006) mit seinem *Banopticon*. Ein großer Teil der theoretischen Forschung in den Surveillance Studies bewegt sich damit innerhalb eines durch die Theorien von Foucault und Deleuze (bzw. durch die Lesarten dieser Theorien) abgesteckten Feldes: von der Disziplinar- über die Kontroll- zur Überwachungsgesellschaft.

"There are of course other theoretical approaches [...] But a relatively

---

sen institutionalisierte Machtstrukturen in Anlehnung an Orwells Vision einer Überwachungsgesellschaft. Bemerkenswert ist vor allem seine Auseinandersetzung mit neuen Technologien wie Computern in bürokratischen Strukturen unter dem Gesichtspunkt der Überwachung, was in den damaligen Diskussionen um die Informationsgesellschaft sonst oft nur am Rande thematisiert wurde.

41 Das Panopticon ist ein Konzept zum Bau von Gefängnissen aus dem späten 18. Jahrhundert (entworfen von Jeremy Bentham), das von Foucault in seinen Studien zu Machtbeziehungen als Metapher verwendet wurde: Das Panopticon wird hier stellvertretend und idealtypisch als wesentliches Ordnungsprinzip westlicher Gesellschaften des 18. Jahrhunderts verwendet. Materialisiert in einem Rundbau – in dem alle Zellen immer zentral durch Wärter einsehbar sind, während diese jedoch unsichtbar bleiben und die Insassen im Unklaren darüber lassen, ob sie überwacht werden oder nicht – führt das Prinzip des Panopticons zu einer Disziplinierung des Körpers bzw. zu einer Anpassung des Verhaltens an die erwartete Norm durch das Individuum selbst (Foucault 1975), unabhängig davon, ob es tatsächlich überwacht wird, und weitgehend ohne eine tatsächliche Bestrafung, wie sie noch in der feudalen Monarchie üblich war. (Für eine detaillierte Analyse von Foucaults Buch *Überwachen und Strafen* vgl. Murakami-Wood 2007). Dieses disziplinäre Dispositiv sieht Foucault sich zu dieser Zeit auch in anderen gesellschaftlichen Institutionen wie Schulen oder Fabriken ausbreiten, weshalb er von einer neuen Form der Gesellschaft, der Disziplinargesellschaft, spricht.

smooth story can be told of the movement from Foucault's panopticism to a 'surveillance society' (Lyon, 1993, 1994)[42]." (Murakami-Wood 2007:245)

Überwachung, in ihren vielfältigen Ausprägungen, kann jedoch auch anders als über diese stark philosophisch geprägte Perspektive betrachtet werden. Die empirische Dimension von Überwachung, die im konkreten praktischen Umgang mit Überwachungstechniken in alltäglichen und professionellen Kontexten zum Ausdruck kommt, wurde durch den Fokus auf Überwachungs- bzw. Machtbeziehungen auf der gesellschaftlichen Makroebene lange vernachlässig. Dies wurde zuletzt häufiger von Forschern aus dem Feld der Surveillance Studies kritisiert, so zum Beispiel von Torin Monahan, der den Standpunkt vertritt, dass die Surveillance Studies stärker auf „individuals in local contexts" (Monahan 2011:496) und auf die jeweiligen Überwachungspraktiken in den unterschiedlichen Kontexten eingehen sollen:

> "As with all scholarly fields, surveillance studies has for a long time privileged certain theoretical frames over others. [...] There have been remarkable growths and mutations [...] but a focus on institutional-level power dynamics has been a gravitational force, pulling other scholarly approaches into its orbit and sometimes eclipsing promising alternative modes of inquiry. [...] [M]uch of the accepted theoretical apparatus of surveillance studies has contended with institutional-level power dynamics, as witnessed by the influence of Michel Foucault's (1977)[43] treatment of the panopticon [...]." (ebd.:495f)

Um Überwachung zu verstehen, müssen auch die konkreten Aushandlungen der am Überwachungsprozess Beteiligten genauer unter die Lupe genommen werden. Dieser Ansicht ist auch Nils Zurawski, der z.B. mit dem Sammelband *Überwachungspraxen* (2011b) genau diese „Lücke in der Betrachtung von Überwachung und Kontrolle" (ebd.:16) anspricht.

> „Die Perspektive auf die Praktiken von Überwachung (Kontrolle, Überprüfung) bzw. solche Praktiken, die an Überwachungs- und Kontrollregime anschlussfähig sind, ist deshalb so wichtig, weil hierdurch die tatsächlichen Aushandlungsprozesse deutlich werden können, die es braucht um Überwachung im Großen zu analysieren. [...] Will man verstehen, warum Überwachung funktioniert, [...] dann kommt man an den quantitativen und qualitativen Analysen von Praktiken der Überwachung und Kontrolle nicht vorbei." (ebd.:12f)

---

[42] Zitiert nach Murakami-Wood (2007:245).

[43] Zitiert nach Monahan (2011:495f).

Zu dieser Strömung der Surveillance Studies haben Norris und Armstrong (1999) und McCahill (2002) mit ihren Arbeiten zu Abläufen und Strukturen in Videoüberwachungs-Kontrollräumen schon relativ früh einen wichtigen Beitrag geleistet.[44] Über den Kontext von Polizei und Wachdiensten hinaus verlagerte sich die Forschung in der letzten Zeit mehr und mehr auf das ‚Monitoring' von Alltagspraktiken bzw. Praktiken des „Everyday Life“ (Lyon 2001), wie beispielweise auf den Themenkomplex ‚Einkaufen-und-Werben' (z.B. Zurawski 2011a) oder ‚Entertainment' (z.B. Andrejevic 2004). Dabei stellt sich jedes Mal die Frage nach der konkreten Rolle der mitwirkenden Akteure in den verschiedenen Überwachungskontexten und die Frage danach, durch wen oder was das Wirken der Akteure dort beeinflusst wird. Während im Kontext der früheren (polizeilichen) Überwachung (s. Kapitel 2.5.1) der analytische Fokus meist auf den Praktiken der ‚Überwacher' lag (vgl. Ericson und Haggerty 2002; Smith 2004, 2007), wird mit der Ausweitung der Betrachtung auf unterschiedliche Überwachungskontexte auch der Überwachte als Akteur immer wichtiger. So beschreibt beispielsweise Gary T. Marx (z.B. 2003, 2009) – in Anlehnung an Goffmans *Strategic Interaction* (1970) – mögliche ‚Moves', mit denen Überwacher und Überwachte auf das jeweilige Handeln des Gegenübers in Überwachungssituationen reagieren können.

> "The strategic actions of both watchers and the watched can be thought of as moves in a game, although unlike traditional games, the rules may not be equally binding on all players." (Marx 2003:374)

Marx weist in diesem Zitat, über die Wechselseitigkeit von Überwachungsbeziehungen hinaus, auch darauf hin, dass die Beziehungen (wenn auch als potentiell gleich angelegt) immer Machtaspekte beinhalten. Unterschiedlichen Akteuren (beispielsweise einem Sicherheitsagenten und einem Einkäufer in einem Einkaufzentrum) sind in ihrem Handeln unterschiedliche Einschränkungen (in Bezug auf die Möglichkeiten der Beobachtung, der Informationsgewinnung und der Steuerung des Gegenübers) auferlegt. Es geht demnach auch bei der Analyse von Überwachungspraktiken auf der gesellschaftlichen Mikro-Ebene um Machtbeziehungen zwischen den betrachteten Akteuren (und nicht nur auf der

---

44 Erwähnenswert, wenn auch meist nicht explizit den Surveillance Studies zugeordnet, sind in dieser Stelle auch Arbeiten aus dem Bereich der ethnographisch geprägten *Workplace Studies*, "research which places the situated and contingent character of new technologies at the heart of the analytic agenda" (Heath, Knoblauch und Luff 2000:299). Besonders interessant im Kontext der Überwachung sind die Arbeiten von Christian Heath und Paul Luff zu Arbeitspraktiken von Sicherheitspersonal in der Londoner U-Bahn (Heath, Luff und Svensson 2002; Heath und Luff 1992, 1996).

Makro-Ebene). Die Überwachungspraktiken auf der gesellschaftlichen Mikro-Ebene können sehr gut mit handlungstheoretischen Konzepten der Soziologie betrachtet werden. Doch wie sieht es darüber hinaus mit der technischen Beteiligung an den analysierten Überwachungsprozessen aus?

2.5.3 *Technik-Analyse in den Surveillance Studies*

Überwachungstechniken sind wesentlicher Teil der Überwachungspraktiken auf der gesellschaftlichen Mikro-Ebene; die Verteiltheit der Praktiken auf unterschiedliche Instanzen in sozio-technischen Konstellationen erfährt in den Surveillance Studies jedoch nach wie vor zu wenig Aufmerksamkeit. Zwar beschäftigt man sich hier explizit mit Technik und Technisierungsprozessen; als wirkender Instanz wird Technik jedoch in der Regel wenig Bedeutung zugemessen. Eine techniksoziologische Herangehensweise an das Forschungsobjekt Überwachung (damals vor allem der Videoüberwachung) hat deshalb vor einigen Jahren beispielsweise der Techniksoziologe Werner Rammert angeregt:

> „Gegenüber dem groben Zugriff großer Diskurs- oder Gesellschaftsanalysen auf das Problem einer panoptischen Beobachtung und eines technisch bewaffneten Blicks schlage ich hier den Weg einer technografischen Feinanalyse ein. Mit ihrer Hilfe soll es gelingen, die Ambivalenzen des Sehens und die Vielfalt soziotechnischer Beobachtungsverhältnisse aus den Reziprozitätsbeziehungen visueller Interaktionen und aus den institutionalisierten Ordnungen, wie die Interaktivitäten zwischen Menschen, Zeichen und technischen Objekten verteilt sind, herzuleiten." (Rammert 2002:6)

Rammert hat diesen Vorschlag dann jedoch bis 2014 selbst nicht weiter verfolgt.[45] Zwar wird den untersuchten Überwachungstechniken auch in den Surveillance Studies mittlerweile immer öfter eine situationell und kontextabhängig unterschiedliche Nutzung zugestanden; wie genau dabei technische, in der Überwachung eingesetzte Instanzen die Situation und ihr Gegenüber unterschiedlich beeinflussen können (d.h. welche Möglichkeiten der Einflussnahme an sie delegiert wurden), wird dabei jedoch meist vernachlässigt. Das kritisieren aktuell auch Nils Zurawski –

[45] In einem Arbeitspapier von 2014 (Rammert 2014), das zeigen soll, warum Sicherheitstechniken nicht unbedingt zu mehr Sicherheit führen, greift Rammert das Konzept der komplexen sozio-technischen Konstellationen wieder auf und geht darüber hinaus auf die Kontextabhängigkeit des Begriffs Sicherheit und auf Praktiken des Sicherns ein. Er plädiert für eine pragmatistische Perspektive in der Risiko- und Sicherheitsforschung, welche die Suche nach einem ‚sicheren' Sicherheitsbegriff aufgibt und stattdessen die Praktiken und Beziehungen in den Konstellationen zum Forschungsgegenstand macht.

„Technik als materielle Kultur [...] [ist] [...] im Zusammenhang mit Überwachung und Kontrolle längst überfällig. Dann wäre es möglich zu sehen, was die ‚Dinge', die uns umgeben und die Teil vieler Praktiken sind, eigentlich machen und wie sie unsere Praktiken und Vorstellungen von Überwachung, Abweichung und Kontrolle beeinflussen bzw. überhaupt erst möglich machen [...].“ (Zurawski 2011:9)

– Torin Monahan, –

“Rather than analyzing surveillance technologies, for instance, as exogenous tools that are mobilized by actors to deal with perceived problems or needs, studying surveillance as cultural practice would understand these technologies a priori as agential (as 'actants' within a social system) and constitutive of knowledge, experience, and relationships.” (Monahan 2011:496)

– und David Murakami-Wood –

“[D]espite the spread of ANT through the social sciences, my own collaborative work (Donaldson and Wood, 2004; Murakami Wood and Graham, 2006)[46], and one paper by Ball (2002)[47] appear to be the only detailed consideration of ANT for surveillance.” (Murakami-Wood 2007:256).

Trotzdem fand bisher nur die Akteur-Netzwerk-Theorie (ANT), als einzige Vertreterin der Techniksoziologie, ihren Weg in eine kleine Anzahl an Arbeiten, die sich mit dem Wirken von Technik beschäftigen und die den Surveillance Studies zugeordnet werden können. In meinen Recherchen stieß ich auf einen Artikel von Donaldson und Wood (2004), einen von Wood und Graham (2006), einen von Peter Adey (2004), einen von Kristie Ball (2002) sowie einen Beitrag von Lynsey Dubbeld (2006). Donaldson und Wood beschäftigen sich zwar mit dem ‚Nichtmenschlichen' in Überwachung, analysieren es allerdings nicht als kategorisierende Instanz, sondern als das, was (neben Menschen auch) kategorisiert werden kann und wird:

“[A]cknowledgments that the nonhuman can be subject to surveillance are rare in the social sciences.” (Donaldson und Wood 2004:375).

Ähnlich argumentiert auch Adey:

“[T]here seems to be a tendency to limit our understanding of mobility to humans – to sort the human from the non-human. This paper could

46 Zitiert nach Murakami-Wood (2007:256).

47 Zitiert nach Murakami-Wood (2007:256).

examine the mobility of passengers passing through airports and the associated methods of surveillance and control. However, to do this would be to ignore the orbiting movement of non-humans that are also subjected to the airport's controlling gaze. It is in this respect that we may turn to Actor Network Theory (ANT)". (Adey 2004:502f)

Wood und Graham bemühen die ANT hingegen, um Beziehungen in hybriden Netzwerken von menschlichen und nicht-menschlichen Aktanten zu erklären und gehen dabei auch auf das ANT-Konzept der Handlungsdelegation (s.a. Kapitel 3.1.2) ein:

> "These nonhumans and inhumans are not merely passive in the sense of being things imbued with value by society; rather, they carry, change and produce power and value in a symmetrical relationship with individuals and groups of human beings. Thus, human societies do not exist solely by the interactions of individuals, but only because of the crucial role of nonhumans and inhumans in making these interactions last beyond their specific occurrence in time and space." (Murakami-Wood und Graham 2006:179)

In ihrer Analyse der Auswirkungen neuer automatisierter Überwachungssysteme beschäftigen sie sich jedoch nicht systematisch mit der Frage, woher die technischen Handlungsprogramme kommen und wie sie wirken – wenn man von einer kurzen Erwähnung der Software-Designer absieht:

> "The potential for discrimination, and indeed for transgression, has effectively been given to the designers, builders and programmers of such systems, who are able to embody their prejudices and desires into the very functioning code and architecture of the systems themselves." (ebd.:186)

Auch der Artikel von Kristie Ball – in dem sie für eine neue Konzeptualisierungsmöglichkeit von Überwachung über einen interaktionalen Ansatz plädiert – beschäftigt sich zwar mit den Beziehungen zwischen menschlichen und nicht-menschlichen Aktanten in Überwachungsnetzwerken –

> "The central argument of this article is that in order to understand how surveillance works, it is necessary to understand how the elements of surveillance, in different contexts of application, are bound together and become stable." (Ball 2002:386)

–, geht dabei jedoch nicht so weit, die in ihrem letzten Kapitel gestellten

Fragen zum Wirken von Technik[48] auch zu beantworten.

Das Paper von Lynsey Dubbeld (mit einer Fallstudie zu Fernüberwachung im medizinischen Bereich am Beispiel von ambulanten EKG Rekordern) ist das einzige, das sich aus einer methodischen Perspektive mit Konzepten der ANT und deren Potential zur Analyse von Überwachungspraktiken beschäftigt:

> "Perspectives on the surveillance society [...] have little to say about how to conduct empirical studies that will contribute to examinations of telemedical practices. Therefore, what surveillance theory needs is a set of theoretical and methodological notions that allow for recognition that the use of surveillance-enabling devices is changeable rather than inherently negative, and a number of methodological starting points for conducting balanced studies of surveillance practices. [...] [U]ser research in the field of STS provides insights that enable such analyses." (Dubbeld 2006:199)

Dubbeld geht dabei vor allem auf das Konzept der *Co-Construction* von Technik und Nutzer ein und betont, dass sich Nutzer Techniken einerseits aktiv aneignen, dass jedoch andererseits auch die Techniken auf das Verhalten der Nutzer einwirken:

> "At the same time, technological designs and material artefacts are able to influence user behaviour and impact what users can (and cannot) do [...]." (ebd.:190)

Dabei erwähnt sie in einer Fußnote auch Akrichs Konzept des *Skriptes* –

> "Some STS scholars have conceptualized the capacities of non-human actors to shape human actors' conduct in terms of the notion of a script (Akrich 1992; Latour 2000)[49]." (ebd.:200)

–, geht im Weiteren jedoch nicht genauer auf die Entstehung bzw. das Wirken von technischen Skripten ein. Es lässt sich demnach sagen, dass in den zitierten Arbeiten zwar auf die Notwendigkeit hingewiesen wird, Technik und ihre Beteiligung an Überwachungspraktiken genauer zu

---

48 Zum Beispiel: "* How do the social and technical interact in different surveillance domains? * Do more technologically advanced surveillance practices create new, significantly different social orders, when compared with less technologically advanced ones? * What kind of processes determine the categories used by individuals who design software which sorts through surveillance-generated information? * What kind of power relations are created under different alignments of the elements of surveillance?". (Ball 2002:587)

49 Zitiert nach Dubbeld (2006:200).

analysieren, jedoch in keinem der Fälle tatsächlich systematisch darauf eingegangen wird. Hier kann die Techniksoziologie helfen.

2.6 Profiling aus techniksoziologischer Perspektive

Je nach Kontext ist Profiling also theoretisch mit den vorgestellten Konzepten fassbar, keines der Konzepte geht jedoch näher darauf ein, wie die jeweils dabei zum Einsatz kommenden Techniken in den betrachteten Kontexten eigentlich genau wirken. Es werden (wenn überhaupt) lediglich die Praktiken der menschlichen Akteure genauer analysiert. Den Techniken wird dabei teilweise kontext- und situationsabhängige Verwendung zugestanden; was der eigenständige Beitrag der fraglichen technischen Instanzen zur Sicherung, Kontrolle oder Überwachung ist, interessiert hingegen nicht. Die von Überwachungstechnik ausgehende Beeinflussung ist allerdings nicht nur auf deren Nutzer zurückzuführen, sondern wird durch die Techniken selbst mitgeprägt. Techniken werden nicht einfach nach Belieben eingesetzt, sondern ‚handeln' immer mit. Eine auf solche Weise erweiterte Betrachtung von Überwachungstechnik hilft deshalb, deren Funktionieren und Wirken besser erklären zu können.

Um die aufgezeigte theoretische Lücke weiter zu schließen, möchte ich die Überwachungstechnik Profiling deshalb aus techniksoziologischer Perspektive betrachten. In der techniksoziologischen Diskussion sind Profiling und auch Überwachung kein großes Thema, analytisch gesehen kann die Erforschung des Phänomens Profiling durch die Einbindung eines mikrosoziologischen Theorie-Ansatzes aus der Techniksoziologie jedoch nur gewinnen.

Ziel der Arbeit ist eine detaillierte Rekonstruktion von Profiling-Prozessen in sozio-technischen Konstellationen, um auf dieser Grundlage den Kausalmechanismus aufdecken zu können, der die Kategorisierungsmacht der einzelnen am Profiling-Prozess mitwirkenden technischen Instanzen (zumindest in Teilen) erklären kann. Es geht darum, auf der Mikro-Ebene sozialer Interaktion Dimensionen herauszufinden, die den Zusammenhang zwischen Skript, technischer Wirkmacht und der daraus folgenden Einflussverteilung in der Konstellation erklären können – denn es ist dort, im konkreten *gemeinsamen* Handeln menschlicher Akteure und nicht-menschlicher Instanzen, dass der Einfluss oder anders gesagt die potentielle Handlungsträgerschaft von Technik und damit das Potential zur Veränderung zum Tragen kommt. Der Fokus dieser Arbeit liegt damit nicht (wie so häufig in der Überwachungsforschung) auf den gesamtgesellschaftlichen Effekten von Sicherheits- bzw. Überwachungstechnik auf der Makroebene. Es soll jedoch auch nicht nur der situationelle Umgang mit Technik aus der Nutzerperspektive (in Form einer Einzelfallstudie) analysiert werden. Um das Wirken unterschiedlicher technischer Instanzen systematisch fassen zu können, reicht es nicht, auf die Mikroebene gesellschaftlicher Beziehungen hinabzusteigen, denn kausale Erklärungen erhält man erst durch den Vergleich verschiedener Fälle. Um die Handlungsbeteiligung von *unterschiedlichen* technischen Instanzen in konkreten Profiling-Situationen zu analysieren, d.h. das soziotechnische Handeln „deutend verstehen und dadurch in seinem Ablauf und in seinen Wirkungen ursächlich erklären“ (Weber 1922:§1, WG1) zu können, bedarf es eines theoretischen Rahmens, der diesen Vergleich möglich macht. Diesen Rahmen werde ich im nächsten Kapitel vorstellen.

3 Technik, Akteure, Handeln und Skripte

Um das Wirken von Überwachungstechnik wie Profiling und die jeweilige Einflussverteilung der Akteure in Profiling-Konstellationen analytisch differenziert betrachten zu können, werde ich in diesem Kapitel als erstes auf die Beantwortung der Frage nach der Handlungsträgerschaft von Technik eingehen (Kann Technik menschliches Handeln aktiv beeinflussen?), um mich dann der Frage nach der Differenzierung unterschiedlicher Arten von Technik in Bezug auf die Handlungsträgerschaft zu widmen. Die erste Frage stellen sich Techniksoziologen schon seit längerem. Die zweite Frage hat bisher in der Theorie weniger Beachtung gefunden, ist aber für die Beantwortung meiner Forschungsfrage von großer Bedeutung. Deshalb werde ich in Kapitel 3.2 ein erweitertes Konzept der *Skriptanalyse* vorstellen, welches im Folgenden – zusammen mit dem Konzept des gradualisierten Handelns – Grundlage für den empirischen Teil meiner Arbeit ist.

Technik war nicht immer Bestandteil der soziologischen Forschung – sie ist jedoch schon seit Langem integraler Bestandteil gesellschaftlicher Strukturen. Sachtechniken (wie z.B. Werkzeuge), Zeichentechniken (wie z.B. Schrift oder Softwareprogramme) und Handlungstechniken (wie z.B. Marschieren) prägen alle uns bekannten Gesellschaften. Technik – von Werner Rammert sehr breit definiert als „die Gesamtheit der in der Gesellschaft kreativ und künstlich eingerichteten Wirkzusammenhänge, die aufgrund ihrer Form, Funktionalität und Fixierung in verschiedenen Trägermedien zuverlässig und dauerhaft erwünschte Effekte hervorbringen" (Rammert 2007:17)[50] – war deshalb auch seit Entstehung der wissen-

---

50 Diese weite Definition von Technik stellt gegenüber anderen Definitionen den Prozess der Technisierung in den Vordergrund und macht Technik nicht an ihrer Materialität fest. Technisierung kann nach Rammerts Definition in verschiedenen Trägermedien zum Ausdruck kommen und so neben Sachtechnik (Artefakten) auch in Form von Zeichentechnik (z.B. Software) oder Handlungstechniken (z.B. Balletttanz) auftreten. Aus forschungspraktischen Gründen – da nämlich die theoretischen Ansätze, auf die ich meine Arbeit aufbaue, wenn sie von Technik sprechen, sich lediglich auf technische Artefakte und damit verbundene Software beziehen – werde ich den Begriff ‚Technik' im Folgenden nicht als Überbegriff für alle drei möglichen Technikarten (Sach-, Zeichen- und Handlungstechnik) verwenden, sondern lediglich technische Objekte und in Zeichenform vorliegende Programme sowie kombinierter Systeme darunter zusammenfassen (also einen engeren Technikbegriff zugrunde legen). Ich möchte den Technikbegriff damit jedoch nicht grundsätzlich auf Sach- und Zeichentechnik reduzieren, sondern lediglich eine bessere Vergleichbarkeit mit anderen theoretischen Ansätzen und deren Beispielen gewährleisten. Handlungstechniken und ihre Besonderheiten werden, wo

schaftlichen Disziplin *Sozialwissenschaften* als Forschungsgegenstand präsent. Vor allem unter dem Eindruck der industriellen Revolution stellte (hauptsächlich Sach-)Technik ein wichtiges Thema dar. So interessierte sich beispielsweise Karl Marx für Technik als Teil einer Theorie gesellschaftlichen Wandels, in der sich Produktivkräfte und Produktionsverhältnisse wechselseitig bedingen. Fragen danach, welche Rolle in diesem Wirken die spezielle Gestalt von Technik, ihr Entstehungskontext und ihr Verwendungszusammenhang spielen, wurden allerdings erst mit der neuen Technikxsoziologie Bestandteil sozialwissenschaftlicher Forschung. Nach einer längeren Phase der „Technikvergessenheit" in der Soziologie (Rammert 2000:14ff, vgl. auch Linde 1972[51]) führten in den 1980er Jahren technische Katastrophen, wie die in Tschernobyl (1986), und die steigende Geschwindigkeit des technischen Wandels und dessen Auswirkungen auf Alltag und Beruf jedoch dazu, dass das Thema Technik in der sozialwissenschaftlichen Forschung wieder eine wachsende Bedeutung erhielt. Die steigende gesellschaftliche Nachfrage nach gesichertem Wissen über neue Technologien und nach möglichst weit vorausschauenden Einschätzungen über deren Auswirkungen und Risiken führte zunächst zur Entstehung des interdisziplinären Forschungsbereiches der Technikfolgenabschätzung (TA). Die ersten interdisziplinären Zentren entstanden in den 1970er Jahren vor allem in den USA, aber auch in Europa. Methodische Probleme der TA (wie die Frage nach dem ‚richtigen' Zeitpunkt und nach dem erforderlichen Detaillierungsgrad)[52] machten es jedoch nötig, die anfangs einseitig auf Technikfolgen ausgerichtete Technikforschung in Richtung einer Technikgeneseforschung auszuwei-

---

notwendig, explizit als solche angesprochen. Da Handlungstechniken in Kapitel 5 noch eine Rolle spielen werden, soll die theoretische Dreiteilung des Begriffs deshalb hier zumindest erwähnt werden.

51 Eine der bekanntesten Kritiken an der Technikvergessenheit der Soziologie.

52 Setzt eine TA im Entstehungsprozess einer neuen Technik zu früh an, kann sie nur sehr vage (oder im schlechtesten Fall sogar völlig falsche) Aussagen machen, da wichtige Parameter zur Abschätzung der Folgen noch fehlen. Setzt eine TA jedoch zu einem späten Zeitpunkt im Innovationsprozess an (an dem die benötigen Parameter vorliegen), hat die Entwicklung bereits einen bestimmten Pfad eingeschlagen und kann nicht mehr bzw. nur noch sehr schwer umgesteuert werden. Bezüglich des Detaillierungsgrades besteht außerdem die Gefahr, dass bestimmte Aspekte der möglichen Wirkung einer neuen Technik übersehen werden, wenn sie nicht im Detail betrachtet wird. Wenn die TA jedoch stattdessen sehr umfassend durchgeführt wird, kann es dazu kommen, dass einzelne Aussagen über die potentielle Wirkung dieser Technik bloß zusammenhangslos nebeneinander stehen und sich womöglich sogar widersprechen. In allen Fällen lassen sich keine verlässlichen Informationen generieren, die dann Grundlage für eine informierte Entscheidung sein könnten.

ten. Unter dem Begriff der STS (Science, Technology & Society) wurde schließlich neben Fragen nach den Auswirkungen von Technik auf Gesellschaft auch auf (sozialkonstruktivistisch geprägte) Fragen über die Entstehungsprozesse von Technik und die gesellschaftlichen Einflussfaktoren eingegangen.[53] Die sich herausbildende neue Technikforschung ist heute geprägt von einem Programm, das Technisches sowie Soziales gleichermaßen zur Erklärung von Gesellschaft ‚und' Technik heranzieht. Dazu Bruno Latour:

> "According to some physicists, there is not enough mass in the universe to balance the accounts that cosmologists make of it. They are looking everywhere for the 'missing mass' that could add up to the nice expected total. It is the same with sociologists. They are constantly looking, somewhat desperately, for social links sturdy enough to tie all of us together or for moral laws that would be inflexible enough to make us behave properly. When adding up social ties, all does not balance. Soft humans and weak moralities are all sociologists can get. The society they try to recompose with bodies and norms constantly crumbles. Something is missing, something that should be strongly social and highly moral. Where can they find it? Everywhere, but they too often refuse to see it in spite of much new work in the sociology of artifacts." (Latour 1992:227).

Die aktuelle Techniksoziologie (z.B. Rammert 2007) betrachtet Technik dementsprechend als integralen Teil der Gesellschaft, legt jedoch zugleich den theoretischen Fokus auf die Besonderheiten, die das Handeln mit Technik und das technische Wirken in der Gesellschaft ausmachen. Vor diesem theoretischen Hintergrund soll nun die soziologische Beschäftigung mit der Handlungsträgerschaft von Technik näher erläutert und der in dieser Arbeit dazu eingenommene Standpunkt geklärt werden.

3.1 Handlungsträgerschaft von Technik

Techniken, d.h. alle „in der Gesellschaft kreativ und künstlich eingerichteten Wirkzusammenhänge, die [...] zuverlässig und dauerhaft erwünschte Effekte hervorbringen" (Rammert 2007:17), sind Resultate menschlichen Handelns. Dabei werden sie in ihrer Gestalt jedoch nicht nur durch die Ideen und Handlungen einzelner Personen, sondern darüber hinaus auch

---

[53] Teilweise schoss man dabei auch über das Ziel hinaus. Um den häufig in TA-Ansätzen zu findenden Technikdeterminismus wettzumachen, ersetzten ihn manche Ansätze lediglich durch eine Art Sozial-Determinismus (vgl. Bijker, Hughes und Pinch 1989; Pinch und Bijker 1984).

durch weitere Faktoren des Konstruktionsprozesses bedingt, wie beispielsweise die jeweilige Ingenieurskultur oder die aktuelle Gesetzeslage (s.a. Kapitel 3.2.1). Neue Techniken, die so entstehen, wirken wiederum auf menschliches Handeln zurück. Dabei kann Technik menschliches Handeln in ihrem Wirken jedoch niemals eindeutig festlegen, sondern nur zu einem gewissen Grad beeinflussen.[54] Technik kann also einen gewissen Zwang auf menschliches Handeln ausüben, welcher dem Zwang, der in sozialen Interaktionen entsteht, nicht unähnlich ist. Techniken können durch Aktionen und teilweise auch durch ihre bloße Anwesenheit etwas bewirken und einen Unterschied im Handeln von menschlichen Akteuren hervorrufen; kann man deshalb jedoch schon von technischer Handlungsträgerschaft sprechen? Ist die bloße Beeinflussung menschlichen Handelns ausreichend, um Technik den Status eines Akteurs zu verleihen? Die Antwort auf diese Frage kann selbst innerhalb der Techniksoziologie recht unterschiedlich ausfallen. Um die Fragen jedoch überhaupt beantworten zu können, muss erst einmal geklärt werden, wie Handeln und Akteure in der Soziologie bisher definiert wurden. Das Kapitel behandelt deshalb einleitend den traditionellen Handlungsbegriff der Soziologie (3.1.1), um dann die Möglichkeiten der Verwendung und der Anpassung dieses Handlungsbegriffs für die Beschreibung und Erklärung von technischem Wirken zu erörtern (3.1.2). Das Kapitel schließt mit der Vorstellung des Konzepts des graduellen Handelns, welches verteiltes Handeln in sozio-technischen Konstellationen betrachtet (3.1.3).

3.1.1 *Handeln menschlicher Akteure*

In der Soziologie bauen Definitionen von Handeln meist auf Max Weber (1922), einem der Mitbegründer der Disziplin, auf. Individualistische Ansätze gehen dabei im Allgemeinen davon aus, dass menschliche Akteure intentional handeln, d.h. dass sie gewisse Ziele haben und versuchen, diese mit den ihnen zur Verfügung stehenden Mitteln umzusetzen. Um ihre Ziele zu erreichen, können die Akteure zwischen unterschiedlichen Mitteln und Wegen wählen. Die Gründe, warum ein Akteur einen Weg bzw. bestimmte Mittel wählt, lassen sich nach Weber in vier idealtypische Bereiche einteilen. Er unterscheidet zwischen zweckrationalem, wertrationalem, affektuellem bzw. emotionalem und traditionalem

---

[54] Zu den Wechselwirkungen von Handlung und Struktur vgl. Peter Berger und Thomas Luckmann 1977 oder Anthony Giddens 1984.

Handeln.[55] Welches Handeln jeweils das ‚richtige' ist, wird durch die Sozialisation der Handelnden beeinflusst. Handeln ist damit durchaus durch soziale Strukturen geprägt, der Akteur ist jedoch in seinem Handeln nicht vollständig durch diese Strukturen festgelegt (im Gegensatz zu den Rollenerwartungen beispielsweise bei Parsons (1951)). Akteure verfügen also über einen gewissen Freiraum, der das Handeln eines Akteurs immer kontingent hält. Wichtig für Weber ist aber vor allem die Tatsache, dass Handeln immer sinnhaft motiviert ist:

> „'Handeln' soll dabei ein menschliches Verhalten (einerlei ob äußeres oder inneres Tun, Unterlassen oder Dulden) heißen, wenn und insofern als der oder die Handelnde mit ihm einen subjektiven Sinn verbindet." (Weber 1922:§1, WG1)

Weber trennt Handeln so vom Verhalten. Während sich Verhalten – von Thomas Luckmann auch als „ein körperliches Geschehen in Raum und Zeit" bezeichnet (1992:38) – auf alle möglichen menschlichen Aktionen bezieht, muss eine Handlung mit einer für den Akteur stimmigen, subjektiven Sinnhaftigkeit ausgestattet sein. Zwar kann auch Verhalten (das ebenso bei Tieren beobachtbar ist) ursächlich erklärt werden, der sich Verhaltende schreibt dieser Tätigkeit jedoch keine Bedeutung zu. Es ist eine gelernte Reaktion auf einen Reiz der Umgebung, deren Motivation ein Akteur nicht erklären kann bzw. können muss. Nimmt er jedoch eine Handlung vor, so kann der Akteur in der Regel rechtfertigen, warum er dieses oder jenes getan hat. Handeln ist also, im Unterschied zum Verhalten (zusätzlich zum Aspekt der Ursächlichkeit), durch Sinnhaftigkeit bestimmt. Diese Sinnhaftigkeit von Handeln steht bei Weber immer in direktem Verhältnis zum *sinngebenden Subjekt* und dessen Bewusstsein. Er spricht deshalb vom *subjektiven Sinn*, den ein Akteur mit seinem Handeln verbindet. Wenn nun der subjektive Sinn einer Handlung auf einen anderen menschlichen Akteur bezogen ist, dann spricht Weber von sozialem Handeln:

> „'Soziales' Handeln aber soll ein solches Handeln heißen, welches sei-

---

[55] Wenn jemand zweckrational handelt, setzt er ganz bestimmte Mittel ein, um einen bestimmten Zweck zu erreichen. Er wägt dabei Mittel und Zweck sorgfältig ab, um zu einer bestmöglichen Lösung zu kommen. Ein wertrational Handelnder hingegen wählt die Mittel, um ein bestimmtes Ziel zu erreichen, auf Grundlage persönlicher Werte, ohne Rücksicht auf mögliche Folgen, auch wenn es eine ‚objektiv gesehen' bessere Lösung gibt, sein Ziel zu erreichen. Traditionales Handeln ist das Ergebnis eingelebter Gewohnheiten. Es fragt nicht mehr, warum bestimmte Mittel eingesetzt werden, um einen Zweck zu erfüllen. Affektuelles Handeln schließlich stützt sich vor allem auf Emotionen, ohne nach rationalen Motiven zu fragen.

nem von dem oder den Handelnden gemeinten Sinn nach auf das Verhalten anderer bezogen wird und daran in seinem Ablauf orientiert ist." (Weber 1922:§1, WG1)

Der Sinn einer Handlung bezieht sich beim sozialen Handeln also immer auf ein (wenn auch nicht zwingendermaßen im Moment anwesendes) Gegenüber und dessen Handeln bzw. dessen Handlungsintentionen.

Weil sinnhaftes Handeln nach Weber immer auch nachvollziehbares, verstehbares Handeln ist, können Akteure (in Interaktionen, d.h. der wechselseitigen Fortsetzung sozialen Handelns) versuchen herauszufinden, welcher Sinn dem Handeln des anderen jeweils zugrunde liegt. Das interaktionistische Handlungskonzept (z.B. Mead 1934) geht dabei insoweit über das Handlungskonzept Webers hinaus, als es nicht so sehr auf den einzelnen Handelnden (und dessen Handlungsentwürfe) schaut, sondern das wechselseitig aneinander orientierte Handeln der Interaktionsteilnehmer zu seinem Gegenstand macht. Das Antizipieren des Handelns eines Gegenübers und des damit verbundenen Sinns befähigt den Akteur, seine eigenen Handlungen daran anzupassen. Den gemeinten Sinn des Gegenübers herauszufinden, ist jedoch keine leichte Aufgabe. Erstens weil die Intentionen, Erwartungen und Motive des Handelnden kontingent, also prinzipiell ungewiss und nur möglicherweise so sind wie erwartet (vgl. Parsons 1951, *doppelte Kontingenz*). Zweitens kann der subjektiv gemeinte Sinn nie direkt, sondern immer nur in objektivierter Form (z.B. durch sprachliche Symbole) vermittelt werden. Da das Bewusstseinserleben des Gegenübers in seiner Komplexität nicht nachvollziehbar ist, ist Fremdverstehen durch Nachempfinden unmöglich. Wenn man jedoch sein Gegenüber als relativ gleich anerkennt, d.h. wenn man erstens davon ausgeht, dass dieser, wenn er den eigenen Standort einnehmen würde, die Dinge genauso wahrnehmen würde wie man selbst, und wenn man zweitens davon ausgeht, dass eine hinreichende Überlappung der Situationsdefinition und eine identische Situationsauffassung vorhanden ist, wird Fremdverstehen zumindest eingeschränkt möglich (vgl. Schütz' *Generalthese der Reziprozität der Perspektiven* (1971), Meads *Rollenübernahme* (1934) oder Cooleys *Spiegelungseffekt* (1902)). Es kann dann zumindest auf den gemeinten Sinn des Gegenübers geschlossen werden.[56] Da Sinn auf diese Weise jedoch lediglich in

[56] Was das Fremdverstehen angeht, so gibt es in der soziologischen Handlungstheorie zwei unterschiedliche theoretische Ansätze: den phänomenologischen und den pragmatistischen. In phänomenologischer Tradition geht vor allem Alfred Schütz davon aus, dass Sinn zunächst einmal nur auf das individuelle Bewusstsein bezogen ist und dort

objektivierter Form übermittelt werden kann, geht der subjektive Sinn dabei immer verloren. Der Sinn wird so vom Akteur und dessen Bewusstsein gelöst und sozial zugängig gemacht. Eine solche Definition von Handeln und Akteuren liegt den meisten Handlungstheorien der Soziologie zugrunde. Weber selbst macht dabei vor allem die (subjektive) Sinnhaftigkeit von Handeln stark. Seine Definition enthält jedoch implizit noch weitere Eigenschaften menschlichen Handelns. Indem er Akteuren eine gewisse Freiheit bei der Auswahl ihrer Handlungsentwürfe zugesteht, führt er den Aspekt der Kontingenz in die Definition menschlichen Handelns ein. Während Weber jedoch vor allem auf die Kontingenz der den Handlungen zugrundeliegenden Motive eingeht, beschäftigen sich andere Theoretiker auch mit der Kontingenz tatsächlicher Handlungen, so zum Beispiel Anthony Giddens:

> "Agency concerns events of which an individual is the perpetrator, in the sense that the individual could, at any phase in a given sequence of conduct, have acted differently." (Giddens 1984:9)

Giddens macht außerdem explizit auf eine weitere Eigenschaft von Handeln aufmerksam, die bei Weber nur implizit angesprochen wird: die der Kausalität. Akteure haben durch ihre Handlungen nämlich immer die Möglichkeit, in ihrer Umwelt einen Unterschied zu erwirken.

> "Action depends upon the capability of the individual to 'make a difference' to a pre-existing state of affairs or course of events." (ebd.:14)

Handeln menschlicher Akteure kann hier also zusammenfassend als ein spezielles menschliches Verhalten definiert werden, das mit Sinnhaftigkeit ausgestattet, das intentional auf eine bestimmte Wirkung bzw. ein Ziel ausgerichtet ist (welches nicht immer erreicht wird, aber auch in seinem Nicht-Erreichen eine Wirkung haben kann) und das in seiner Planung und seinem Ablauf einen gewissen Spielraum aufweist. Dabei lässt sich feststellen, dass die in diesem Kapitel erwähnten Autoren Handeln in der Regel von Vorneherein so definieren, dass die Frage nach nicht-menschlichem Handeln überhaupt nicht auftaucht. Es gibt jedoch in der Techniksoziologie Versuche, die Konzepte des Handelns und des Akteurs auch auf Technik auszuweiten. Die Möglichkeiten der Übertragung und/oder der Anpassung der Konzepte auf/an das Wirken dieser ‚technischen Akteure' möchte ich nun diskutieren.

---

entsteht. Vertreter des Pragmatismus (z.B. George Herbert Mead) nehmen stattdessen objektive Bedeutungsstrukturen von Gesten und Symbolen als Ausgangspunkt der Analyse und zeichnen dann die Prozesse der Verinnerlichung und Versubjektivierung nach.

3.1.2 *Handeln technischer Instanzen*

- *Akteure der ANT – Ursächlichkeit und Sinnhaftigkeit technischen Handelns*

Der kausale Aspekt menschlichen Handelns – die Fähigkeit, eine Veränderung in der Umwelt hervorrufen zu können – wurde bereits in den 1980er Jahren durch die Akteur-Netzwerk-Theorie (ANT) (z.B. Akrich, Callon und Latour 2006) in die Techniksoziologie übertragen. Innerhalb der Technikforschung bezieht die ANT den radikalen Standpunkt, dass menschliche und nicht-menschliche Instanzen allesamt *Aktanten* seien. Aktant ist der in der ANT verwendete Begriff zur symmetrischen Beschreibung jeglicher Art von Akteuren, die nicht unbedingt menschlich sein müssen. Die Zuschreibung des Akteursstatus' basiert auf der Beobachtung, dass Techniken – meist in Form von Artefakten[57] – durch die ihnen eingeschriebenen Handlungsprogramme menschliche Handelnde und ihre Handlungen ersetzen und stellvertretend auf andere Handlungsentwürfe in der jeweiligen Umwelt einwirken können.

> "If action is limited a priori to what 'intentional', 'meaningful' humans do, it is hard to see how a hammer, a basket, a door closer, a cat, a rug, a mug, a list, or a tag could act. [...] By contrast, if we stick to our decision to start from the controversies about actors and agencies, then any thing that does modify a state of affairs by making a difference is an actor – or , if it has no figuration yet, an actant." (Latour 2005:71)

Die ANT legt dabei einen Handlungsbegriff zugrunde, der nur manche der besprochenen Aspekte von menschlichem Handeln auf technische

---

57 Die bekanntesten ANT-Studien ziehen in der Regel Technik in Form von Sachtechnik zur Illustrierung heran: z.B. der Berliner Schlüssel (Latour 1993), der Schüsselanhänger (Latour 1991) oder der Türöffner/-schließer (Latour 1992). Konzeptuell gesehen könnte Handlungsträgerschaft in der ANT jedoch auch weiter gefasst werden; denn wie dieses Zitat von Callon zeigt, werden Inskriptionen auch in der ANT in unterschiedlichem ‚Material' vorgenommen:

> "The notion of translation implies definition. But definitions are inscribed in intermediaries [...], which come in many forms. Accordingly, it makes little sense to speak of translation 'in general'. We have to define the medium, the material into which it is inscribed: roundtable discussions, public declarations, texts, technical objects, embodied skills, currencies – the possibilities are endless. [...] And when they [the translations] are embodied in texts, machines, bodily skills and the rest, the latter [the intermediaries] become their support, their more or less faithful executive." (Callon 1991:143)

> "[There are] four main types of intermediary: First, there are texts, or more generally literary inscriptions [...]. Second there are technical artefacts. [...] Third and obviously, there are human beings, and the skills, the knowledge and the know-how that they incorporate. And fourth there is money in all its different forms." (ebd.:135)

Aktanten überträgt. Besonders hervorgehoben wird der Aspekt der Ursächlichkeit. In einem weiteren Konzept der ANT, dem der *Delegation*, wird jedoch indirekt auch auf die Sinnhaftigkeit von Handeln durch Aktanten eingegangen. Delegation basiert auf der Idee, dass Handlungsprogramme einerseits an andere menschliche Akteure, aber auch genauso gut an nicht-menschliche, technische Instanzen delegiert werden können. In einem seiner Texte illustriert Latour das am Beispiel eines automatischen Türschließers:

> "[The groom] substitutes for the actions of people and is a delegate that permanently occupies the position of a human;" (Latour 1992:235)

Die Sinnhaftigkeit einer an die Technik delegierten Handlung (wie z.B. das Schließen einer Tür, wenn gerade keiner hindurch möchte, um Wind und Wetter draußen zu halten) wird hier implizit mit übergeben. Der Sinn der Handlung ist immer noch gegeben, auch wenn sie nicht mehr durch einen menschlichen Akteur durchgeführt wird. Der Aspekt der Intentionalität (welcher Akteure in der Soziologie traditionell auszeichnet) wird zur Beschreibung und Definition von Aktanten in der ANT nicht herangezogen (dazu gleich noch mehr).

- *Differenzierung technischer Aktivitätsniveaus –Handlungsebene der Kontingenz*

Nun sind Ursächlichkeit und Sinnhaftigkeit zwar entscheidende Elemente bei der Beschreibung von Handeln, auf dieser Ebene stehen zu bleiben hieße jedoch auch, Unterschiede zwischen technischen und menschlichen *Aktanten* ex ante aufzuheben. Eine solche Symmetrisierung kann als methodischer Trick dabei helfen, technische und menschliche Aktanten nicht bereits im Vorhinein zu definieren und dadurch einer vorgefertigten Erklärung zu entrinnen; wenn man menschliche Akteure und technische Aktanten jedoch als funktionale Äquivalente sieht, steht man vor dem Problem, in der Erklärung von Handlungszuschreibungen nicht mehr zwischen beiden differenzieren zu können.[58] Die Aufhebung dieser Grenze führt dazu, keine Aussage mehr darüber treffen zu können, inwieweit sich menschliche Akteure und technische Aktanten unterscheiden. Mit einem solch schwachen Handlungsbegriff wie von der ANT vorgeschlagen lässt sich außerdem auch das Wirken unterschiedlicher Arten von Technik nicht differenziert analysieren. Sach- und Zeichentechniken

---

[58] Die praktische Umsetzung dieser Forderung der ANT scheint in der Praxis außerdem nicht so einfach zu sein. Vgl. Ingo Schulz-Schaeffer 2000 für eine theorieimmanenten Kritik.

haben sich jedoch in den letzten Jahrzehnten immer weiter ausdifferenziert: „von einer stationären Einrichtung zu einem mobilen Gerät,vom passiven Instrument zu einem aktiven Automatismus,von einem fest verdrahteten Artefakt zu einer flexibel programmierbaren Maschine und von einem sturen und stummen Apparat zu einer intelligenten und informativen Agentur" (Rammert 2009:34). Unterschiedlichen Techniken werden damit unterschiedliche Grade an Kontingenz zugestanden. Es ist deshalb sinnvoll, zwischen einfachen Techniken, wie beispielsweise Werkzeugen, und avancierten Techniken, wie beispielsweise Smartphones, zu differenzieren. Rammert (ebd.) unterscheidet diesbezüglich fünf Aktivitätsniveaus: 1. *passiv* (passive technische Objekte müssen von außen bewegt oder verändert werden, um etwas bewirken zu können; z.B. ein Handschraubenzieher), 2. *aktiv* (aktive Kombinationen aus Objekten und/oder Zeichensystemen können einzelne Teiloperationen einer Handlung selbsttätig ausführen; z.B. eine Bohrmaschine), 3. *re-aktiv* (re-aktive Kombinationen aus Objekten und/oder Zeichensystemen können durch eine integrierte Rückkoppelung einfache Anpassungen selbsttätig vornehmen; z.B. Bohrmaschinen mit Sensoren, die automatisch abschalten, wenn das Bohrloch eine bestimmte Tiefe erreicht hat), 4. *ko-operativ* (ko-operative technische Systeme können sich mittels wechselseitiger Abstimmung bis zu einem gewissen Grad selbst koordinieren; unter diese Kategorie fallen sogenannte ‚smarte' Objekte/Systeme in Zusammenhang mit intelligenten Infrastrukturen, z.B. technische Systeme in Haushalten oder Unternehmen, die Waren je nach Bedarf, Vorrat, Preis, Wetterlage und ähnlichen Faktoren selbständig ordern) und 5. *trans-aktiv* (mit reflexiver Kapazität ausgestattete technische Systeme, die jedoch bisher nur in *Science Fiction* existieren, z.B. HAL in Kubricks *Odyssee im Weltraum* (1986); sie sind ansonsten in realer Form vermutlich im Bereich der Künstlichen Intelligenz zu erwarten). Mit einem Handlungsbegriff, der vor allem nach der Möglichkeit zur Veränderung durch einen Aktanten fragt (Ursächlichkeit), dabei jedoch den Spielraum im jeweiligen Handlungsprogramm außer Acht lässt (Kontingenz), lassen sich solche Unterschiede mit der ANT nicht fassen. Die analytische Differenzierung von technischer Handlungsträgerschaft hinsichtlich des Aktivitätsniveaus wird erst möglich, wenn man auch den Aspekt der Kontingenz menschlichen Handelns auf technisches Wirken überträgt. Zwar folgen Techniken in ihrem Ablauf immer einem Algorithmus,[59] sie verfügen jedoch – entsprechend ihres Aktivitätsniveaus – über

---

[59] Ein Algorithmus besteht aus einer endlichen Folge eindeutig ausführbarer Anweisungen

eine Menge an Handlungsalternativen in Bezug auf ihre Informations-, Entscheidungs- und Verhaltensautonomie (Schulz-Schaeffer 2008b). Die Handlungsalternativen der Technik beziehen sich demnach auf die Fähigkeit, relevante Informationen aus der Umwelt aufzunehmen, auf dieser Grundlage eine Entscheidung über die ‚beste' Handlungsalternative zu treffen und daran anschließend eine bestimmte, an sie delegierte Aktivität selbsttätig auszuführen. Ein Beispiel für solch avancierte technische Systeme, welche (wenn sie mit neuen Informationen in neuen Kontexten konfrontiert werden, darauf aufbauend) selbständig neue Handlungsregeln erzeugen und danach handeln können, ist der Mond-Rover *Asimov* (dlr.de 2012), der über eine vom Nutzer unabhängige Navigationseinheit mit integrierter Umgebungswahrnehmung verfügt. Der Mensch gibt dem Roboter lediglich einen oder mehrere Zielpunkte in einem Kamerabild vor; der Rover sucht sich dann – ohne dass Mensch oder Roboter die Umgebung vorher kennen – selbständig einen sicheren Weg über die Mondoberfläche zu diesen Punkten, wobei er selbst auf Grundlage der Umgebungsinformationen entscheidet, welche Mittel und Wege er wählt, um sicher ans Ziel zu gelangen. Mit aufsteigendem Aktivitätsniveau stehen Techniken also unterschiedliche Grade an alternativen Handlungsmöglichkeiten zur Verfügung und können die Handlungsbedingung der Kontingenz damit mal mehr und mal weniger gut erfüllen.[60]

Ähnlich wie Maschinen und Programme in ihren Abläufen eine Menge an Algorithmen ‚abarbeiten', so folgen auch menschliche Akteure in ihrem Handeln (in einer Vielzahl von Situationen) einer Art Algorithmus. Bei sehr stark strukturierten Abläufen könnte menschliches Handeln daher auch als Handlungstechnik bezeichnet werden (s. Einleitung Kapitel 3). Anders als Sach- und Zeichentechniken haben Menschen jedoch immer die Möglichkeit, aus dem strukturellen Rahmen des Algorithmus herauszutreten und anders zu handeln, als dieser es vorgibt. Wenn menschliche Akteure in ihren Routinen plötzlich mit neuen Bedingungen konfrontiert werden, mit denen sie nicht gerechnet haben, können sie ihr Handeln

---

zur Lösung eines Problems. Er ist eine Art Plan, der festgelegt abläuft. Computer-Programme beispielsweise bestehen aus lauter verknüpften Algorithmen. In Form solcher Programme können diese dann automatisch d.h. ohne weiteres menschliches Zutun, ausgeführt werden. Einen Algorithmus kann man nach dieser Definition auch in menschlichen Routinen, also in Handlungstechnik, wiederfinden, welche ebenso aus einer festgelegten Abfolge einzelner aufeinander folgender Aktivitäten besteht.

60 Auch wenn sie dabei wohl niemals vollständig Giddens' Anspruch an Akteure gerecht werden, theoretisch jederzeit anders handeln zu können.

(teilweise besser, teilweise schlechter) an diese neuen Bedingungen anpassen. Sach- und Zeichentechniken hingegen haben in solchen Situationen – wenn diese nicht im Vorhinein von den Entwicklern bedacht worden sind – keine alternativen Wahlmöglichkeiten, da sie nur die Handlungsprogramme durchführen können, die ihnen zuvor eingeschrieben wurden. Auch beim menschlichen Akteur kann dieser Handlungsfreiraum unterschiedlich groß sein. Er hängt von der Festigkeit, d.h. von der Unumgehbarkeit der den Akteur in seinem Handeln beeinflussenden Strukturen, ab. Die Kontingenz menschlichen Handelns kann dabei einerseits durch soziale Institutionen[61] in der Interaktion mit anderen menschlichen Akteuren eingeschränkt, andererseits aber auch durch das Wirken technischer Instanzen beeinflusst werden. Wie stark dieser Einfluss ist, wird durch die jeweilige Festigkeit der Technik bestimmt.[62]

Es kann also festgehalten werden, dass menschliches Handeln in Bezug auf die Ebene der Kontingenz teilweise technisiert werden kann, dass die Kontingenz bei menschlichem Handeln jedoch eine zusätzliche Qualität besitzt: Der menschliche Handelnde kann im Gegensatz zur Sach- und Zeichentechnik (theoretisch) völlig aus den Vorgaben von Handlungstechniken ausbrechen. Menschliches Handeln kann also nicht vollständig durch technische Instanzen übernommen werden. Außerdem lassen sich bestimmte (vor allem routinierte) Handlungen besser technisieren als andere.

- *Der kleine Unterschied zwischen Sinnhaftigkeit und Intentionalität*

Eine ähnliche Unterscheidung zwischen menschlichen Akteuren und technischen Instanzen wie bezüglich der Kontingenz lässt sich auch bezüglich der Sinnhaftigkeit von Handeln feststellen. Wie Vertreter der ANT gezeigt haben, kann der Sinn menschlicher Handlungen an Technik delegiert werden. Dies ist vor allem deshalb möglich, weil Sinn außerhalb des handelnden Individuums immer in objektivierter Form vorliegt (s. Kapitel 3.1.1). Die Erkenntnis, dass Sinn an Technik delegiert werden kann, ist in der Soziologie nicht neu (wenn ihr auch lange wenig Aufmerksamkeit geschenkt wurde); sogar Max Weber lässt sich bereits so interpretieren. In seinem Grundriss der verstehenden Soziologie stellt er fest:

---

61 Von Durkheim „faits sociaux“ bzw. ‚soziale (Tat)Sachen’ genannt (1961).

62 Es wird fälschlicherweise oft angenommen, dass diese Festigkeit mit dem Material einer solchen strukturierenden Tatsache zusammenhängt. Die Stärke der Handlungsbeeinflussung durch Technik liegt jedoch quer zur Unterscheidung der Technik nach unterschiedlichen Trägermedien (s. Kapitel 3.1.3).

„›Sinnfremd‹ ist nicht identisch mit ›unbelebt‹ oder ›nichtmenschlich‹. Jedes Artefakt, z.B. eine ›Maschine‹, ist lediglich aus dem Sinn deutbar und verständlich, den menschliches Handeln (von möglicherweise sehr verschiedener Zielrichtung) der Herstellung und Verwendung dieses Artefakts verlieh (oder verleihen wollte); ohne Zurückgreifen auf ihn bleibt sie gänzlich unverständlich." (Weber 1922:§1, WG3)

Leicht an Technik delegieren (und in Sach- oder Zeichentechnik einschreiben) lassen sich vor allem die schon erwähnten menschlichen Routinehandlungen bzw. Handlungstechniken. In Routine- oder regelgeleiteten Handlungen von Menschen – die praktisch fast nie abweichend durchgeführt werden und die vom Akteur mehr oder weniger unbewusst durchgeführt werden – liegen die Intentionen und der subjektiv gemeinte Sinn dem Akteur nicht mehr bewusst vor; stattdessen wurde der jeweilige Sinn (durch die Technisierung der Handlung zu Routinen) in die Routine selbst eingeschrieben. Die Sinnzuweisung muss deshalb nicht mehr aktiv bzw. reflektiert durch den Akteur vorgenommen werden, sondern passiert quasi ‚mechanisch' oder ‚automatisch'.[63] Dass Handeln im Alltag selten so bewusst abläuft wie in seiner idealtypischen Definition beschrieben (s. Kapitel 3.1.1), war auch Weber bewusst:

„Das reale Handeln verläuft in der großen Masse seiner Fälle in dumpfer Halbbewußtheit oder Unbewußtheit seines ›gemeinten Sinns‹. Der Handelnde ›fühlt‹ ihn mehr unbestimmt als daß er ihn wüßte oder ›sich klar machte‹, handelt in der Mehrzahl der Fälle triebhaft oder gewohn-

[63] Auf einer ähnlichen Unterscheidung – zwischen Handlungen die von Technik durchgeführt werden können, und solchen, bei denen das nicht möglich ist – baut auch das Handlungskonzept von Collins und Kusch auf (Collins und Kusch 1998; Collins 1990). Sie unterscheiden zwischen mimeomorphischen und polimorphischen Handlungen. Mimeomorphische Handlungen sind solche, die von jemandem, der eine Handlung gesehen, aber nicht verstanden hat, trotzdem mit dem gleichen Ergebnis reproduziert werden können (Collins und Kusch 1998:22f). Solche Handlungen können auch von Maschinen übernommen werden. Der Sinn der Handlung liegt hier sozusagen offen für jedermann sichtbar vor. Polimorphes Handeln hingegen kann nur von sozialisierten Mitgliedern einer Gesellschaft verstanden und nachgeahmt werden. "The distinction between polymorphic actions and mimeomorphic actions can be seen, as has been remarked, as a distinction between who (in principle) is able to see the order in it; who is able to make reasonable judgments of sameness about the behaviors they see. In the case of polymorphic actions, inly the enculturated can see sameness properly;" (ebd.:29) Man könnte auch sagen, die Sinnhaftigkeit der Handlung ist dieser nicht *ein*geschrieben, sondern muss aus dem jeweiligen Kontext heraus *zu*-geschrieben werden. Das geht nur, wenn man auf die gleiche Weise sozialisiert wurde wie der Handelnde, den man beobachtet. Diese Fähigkeit sprechen Collins und Kusch der Technik grundsätzlich ab.

heitsmäßig. Nur gelegentlich, und bei massenhaft gleichartigem Handeln oft nur von Einzelnen, wird ein (sei es rationaler sei es irrationaler) Sinn des Handelns in das Bewußtsein gehoben. Wirklich effektiv, d.h. voll bewußt und klar, sinnhaftes Handeln ist in der Realität stets nur ein Grenzfall." (ebd.:§1, WG10, alte Rechtschreibung i. O.)

Sehr viele menschliche Handlungen laufen demnach routiniert, quasi ‚technisch' ab. Diese Art von Handlungen lassen sich relativ einfach in Sach-/Zeichentechnik übersetzen, da sie nachvollziehbaren und gleichbleibenden Regeln bzw. Algorithmen folgen und der Sinn bereits objektiviert wurde. Je komplexer, d.h. je weniger ‚routinisierbar' die zu ersetzenden Handlungen sind (man denke zum Beispiel an kreative Handlungen und Handlungen in komplexen Kontexten), desto schwieriger wird es, die Handlungen an Sach- und Zeichentechnik zu delegieren. Bei der Übersetzung von routinierten Handlungen in Sach- oder Zeichentechnik übernehmen diese gleichzeitig auch den in die Routinen eingeschriebenen Sinn. Stellvertretende Ausführung menschlichen Handelns kann also – genauso wie der ersetzte menschliche Handlungsablauf – sinnhaft beschrieben werden.

> „Die jeweilige Gestalt des Ineinandergreifens der mechanischen Komponenten eines technischen Artefaktes oder der Algorithmen seines computertechnischen Steuerungsprogramms ist Ausdruck erzeugter Selektivität. Seine technischen Abläufe sind sinnhafte Abläufe – aus der Perspektive seines Konstrukteurs, der sie eingerichtet hat, um dem Artefakt eine bestimmte Funktionalität zu verleihen, ebenso wie aus der Perspektive des Nutzers, der auf diese Funktionalität zugreift." (Schulz-Schaeffer 2008a:3142)

Sinn kann Technik somit nicht nur zu-, sondern er kann auch in Technik eingeschrieben werden. Die Sinnhaftigkeit technischer Abläufe wird dabei im Konstruktionsprozess (zu Teilen; s.a. Kapitel 3.2) durch die Entwickler in die Technik eingebaut und an das Artefakt oder den Algorithmus übergeben. Am Beispiel eines Verkehrspolizisten und den verschiedenen Arten technischer ‚Ersatzpolizisten' (Latour 1992:243; Schulz-Schaeffer 2008a:3142) lässt sich zeigen, dass eine Ampel oder ein anders geformter Roboter (z.B. ein Flaggen-schwingender humanoider Roboter) den Verkehr genauso gut und mit (nahezu) dem gleichen Ergebnis regeln kann, wie ein Polizist aus Fleisch und Blut. Eine Aktivität, die zuvor beim Menschen eindeutig als Handlung galt, wird hier an eine Sach-/Zeichentechnik delegiert und von dieser stellvertretend ausgeführt. Dass diese Delegation in beide Richtungen funktioniert, lässt sich dadurch nachweisen, dass beim Ausfall einer Ampel ein Polizist den Platz, den er einst an die Technik abgetreten hat, relativ reibungslos wieder einnehmen kann.

> „Die Signale der Ampelanlage besitzen dabei nicht nur die gleiche Bedeutung wie die Armbewegungen des Verkehrspolizisten. Darüber hinaus unterstellen wir normalerweise, dass sie auch den gleichen Sinn haben, den nämlich, den Verkehr in einer bestimmten Weise zu regeln. An die Ampelanlage delegiert wird, mit anderen Worten, nicht allein der Verhaltensaspekt sinnhaften Handelns [...], sondern die Handlung als sinnhaftes Verhalten insgesamt.“ (ebd.:3143)

Sinnhaftigkeit geht durch die Delegation also nicht verloren, allerdings kann dieser Sinn von der Technik niemals subjektiv gemeint sein oder von ihr intentional verändert werden. Einige Autoren, wie beispielsweise Collins und Kusch (1998), sprechen Technik deshalb einen möglichen Akteursstatus grundsätzlich ab. In einem ihrer Texte illustrieren sie das an einem Computer-Sprachassistenz-System:

> “[Voice-operated computers] *cannot* do the same sort of interpretative, contextualizing work on humans’ varying vocalizations that we can do on theirs.” (ebd.:122, Hervorhebung i. O.)

Während menschliche Akteure in der Lage seien, ‚Äußerungen’ technischer Sprachassistenzsysteme in einen sinnvollen Kontext zu setzen – z.B. “when one hears the strange accents and intonations of a voice generating chip [...] insisting that ‘a door is a jar’ (a phrase frequently evinced by some cars built in the 1980s).)” (ebd.:122) –, fehle technischen Systemen im Gegenzug die Fähigkeit menschliche Äußerungen sinnvoll zu kontextualisieren (ebd.:114). Maschinen würden erst dann „humanlike“ (ebd.:134), wenn sie die Fähigkeit der Re-Kontextualisierung (Collins und Kusch nennen es „repair“-Arbeit; ebd.:121ff) mitbrächten.[64] Das können jedoch laut Autoren nur intentional agierende Akteure:

> “Action, as we have stressed, however, is for us a term that connotes intention, and machines do not have intentions.” (ebd:126)

Auch wenn damit gezeigt werden konnte, dass durchaus wichtige Unterschiede zwischen technischen Instanzen und menschlichen Akteuren existieren, wurde jedoch die Tatsache, dass gemeinter Sinn prinzipiell an Sach- und Zeichentechnik delegiert werden kann (und dass technisches

---

64 Interessanterweise versuchen Experten auf dem Gebiet des *Machine Learning* und der Big-Data-Analyse genau das zu erreichen. Und im Vergleich zu den Beispielen, die Collins und Kusch in den 1990er Jahren heranziehen, ist die technische Entwicklung hier auch einen großen Schritt weitergekommen.

Agieren eine Wirkung auf die sie nutzenden Akteure hat), nicht widerlegt.

- *Handelnde Technik oder Technik als Akteur?*

Wenn also die in Kapitel 3.1.1 besprochenen Aspekte von Handeln – Ursächlichkeit, Kontingenz und Sinnhaftigkeit – in technischem Wirken wiedergefunden werden können (zumindest in dem mancher Sach- und Zeichentechniken), sollte dann dieses technische Wirken nicht auch analytisch gleich behandelt werden? Ja und Nein. Da technisches und menschliches Wirken in vielen Fällen denselben Effekt haben kann, ist es durchaus sinnvoll, es mit einem einzigen Instrument zu betrachten, anstatt völlig unterschiedliche Maßstäbe anzulegen. Doch auch wenn technischen Instanzen somit Handlungsträgerschaft zugesprochen werden kann, so sind sie doch nicht mit menschlichen Akteuren gleichzusetzen. Sach- und Zeichentechnik kann ursächliches, kontingentes, sinnvolles, am Gegenüber orientiertes Handeln vollziehen, dieser Sinn kann jedoch nicht subjektiv gemeint sein – denn ein technischer ‚Akteur' hat im Vergleich zum menschlichen Akteur kein Bewusstsein.[65] Zwar kann in objektivierter Form vorliegender Sinn an Technik delegiert werden, mit dem jeweiligen Bewusstsein eines Individuums verknüpfte Intentionalität und Reflexivität bleiben jedoch menschlichen Akteuren vorbeihalten, d.h. eine bewusste Entscheidung für eine Handlung bzw. ein bewusstes Ausbrechen aus den Routinen bleibt Technik verwehrt. Wenn auch „bewußt [sic] und klar, sinnhaftes Handeln [...] in der Realität stets nur ein Grenzfall [ist]" (Weber 1922:§1, WG10), so sind menschliche Akteure zumindest theoretisch dazu in der Lage, technische Instanzen jedoch nicht. Ähnlich wie schon beim Aspekt der Kontingenz muss hier also eine Unterscheidung zwischen handelnden menschlichen Akteuren und handelnden technischen Instanzen vorgenommen werden – eine Unterscheidung, die so in der ANT (wie auch schon bezüglich der Kontingenz) nicht zu finden ist. Solange der Akteursbegriff in der Soziologie mit dem des Bewusstseins verknüpft bleibt, kann Sach- und Zeichentechnik deshalb zwar Handlungsträgerschaft, jedoch kein voller Akteursstatus zugeschrieben werden. Lediglich trans-aktive Technik – d.h. technische Systeme, die mit reflexiver Kapazität ausgestattet sind, die jedoch in dieser Form bisher noch nicht existiert – könnte diese Bedingungen theoretisch erfüllen. Solange es keine Technik mit Bewusstsein gibt, lässt sich der Akteursbegriff nicht auf Technik übertragen; der Hand-

---

[65] Für eine differenzierte Analyse der Begriffe Subjekt, Intersubjektivität, Identität und Bewusstsein siehe Hubert Knoblauch (2005).

lungsbegriff (definiert über die drei Aspekte der Ursächlichkeit, der Kontingenz und der Sinnhaftigkeit) hingegen schon. Wenn man Handeln also von dem mit Bewusstsein ausgestatteten menschlichen Subjekt abkoppelt und damit auf ein sinnhaftes, an einem Gegenüber orientiertes und in bestimmten Grenzen kontingentes Verhalten verkürzt, lässt sich dieser neue Handlungsbegriff sehr gut auf menschliche Akteure sowie technische Instanzen gleichermaßen anwenden.

An diesem Punkt setzen Werner Rammert und Ingo Schulz-Schaeffer (2002; vgl. Rammert 2007) an und behaupten, dass Handeln ohnehin nie alleine von ‚souveränen' menschlichen Akteuren durchgeführt werde, sondern immer in Konstellationen aus menschlichen Akteuren und technischen Instanzen. Die Frage danach, ob Technik ein Akteur ist, stellt sich vor diesem Hintergrund gar nicht mehr, da der Akteur immer die Konstellation ist. In ihrem gradualisierten Handlungskonzept haben sich Rammert und Schulz-Schaeffer der Aufgabe angenommen, ein Instrument zu entwickeln, mit dem sich technisches und menschliches Handeln differenziert und in Bezug zueinander analysieren lässt.

3.1.3 *Gradualisiertes Handeln in sozio-technischen Konstellationen*

Das gradualisierte Handlungskonzept basiert auf der Annahme, dass Handlungen nicht allein durch einen menschlichen Akteur geplant und durchgeführt werden, sondern dass Handeln etwas ist, das in Konstellationen aus menschlichen Akteuren und technischen Instanzen vollzogen wird. Es fragt nicht ‚Tötet die Pistole oder tötet der Mensch?', sondern ‚Welcher Anteil der Handlung wird durch den Menschen und welche durch Technik ausgeführt?'. Es will weg von der Frage ‚Wer ist eigentlich der Akteur?', hin zu ‚Welche Teile von Handlungen lassen sich technisieren?' – wodurch Techniken quasi zu ‚Mit-Handelnden' und menschliche Akteure zu ‚Mit-Funktionierenden' innerhalb einer größeren handelnden Einheit werden.

> „Wir betrachten Technik als Ergebnis eines Prozesses der Technisierung von Ereignisketten, wobei Formen fixiert werden, die erwünschte Effekte erwartbar und berechenbar machen [...]. Diese Auffassung erlaubt es, Technisierungsformen im menschlichen Handeln wie auch bei sachlichen Verkettungen und Zeichenformationen festzumachen. Vor diesem Hintergrund erscheint es sinnvoll und geboten, nicht mehr getrennt nach dem Handeln des Menschen oder dem Funktionieren der Maschine zu fragen, sondern nach dem gemeinsamen Geflecht ‚vermischter' Aktivitäten. Wir beziehen die Frage nach der Technik und dem Handeln damit auf sozio-technische Konstellationen verteilten Handelns." (Rammert und Schulz-Schaeffer 2002:13)

Handeln wird demnach in sozio-technischen Konstellationen [66] aus menschlichen Akteuren und technischen Instanzen vollzogen. Ob diese Instanzen ein Bewusstsein haben bzw. über reflexive Kapazitäten verfügen (oder nicht), ist für die Teilhabe am Handlungsprozess nicht von Bedeutung. Handlungen sind hier keine singulären Operationen bzw. Aktivitäten, sondern Vorgänge, die auf eine Vielzahl solcher Aktivitäten unterschiedlicher Instanzen verteilt sind.[67] Eine sozio-technische Konstellation besteht dabei aus allen an einer Handlung beteiligten menschlichen Akteuren und aus unterschiedlichen Arten von Techniken (im Falle des Schießens: Mensch und Pistole). Der analytische Fokus des Konzepts liegt auf den Beziehungen zwischen den einzelnen Elementen. Mögliche interne Beziehungskonstellationen sind: 1. *Interaktion* zwischen menschlichen Akteuren im Sinne wechselseitig aufeinander bezogenen sozialen Handelns (s.a. Kapitel 3.1.1); 2. *Intra-Aktion* zwischen sach- und zeichentechnischen Elementen, welche sich hinsichtlich der Koppelung zwischen den Elementen unterscheidet (fest gekoppelte vs. eher locker gekoppelte, verteilte technische Systeme; vgl. Perrow 1984); und 3. Beziehungen zwischen technischen Instanzen und menschlichen Akteuren, welche zwei unterschiedliche idealtypische Ausprägungen annehmen können: die der *Instrumentalität* und die der *Interaktivität*. Welche der beiden letztendlich auftritt, hängt laut Rammert entscheidend vom technischen Aktivitätsniveau (s. Kapitel 3.1.2) ab:

> „Je höher das Eigenniveau der technischen Elemente ist, desto mehr verschiebt sich die Beziehung zwischen Menschen, Wirk- und Zeichenobjekten von der einfachen Instrumentalität zur vielfältigen Interaktivität." (Rammert 2009:26)

Mit einer Veränderung der Beziehungen zwischen den Elementen einer Konstellation geht auch immer eine Neuverteilung der Handlungsanteile einher.

Sozio-technische Konstellationen entstehen durch Technisierungsprozesse vormals nicht-institutionalisierter Handlungsabläufe und die Kombination vormals unzusammenhängender technischer Elemente: vom

---

66 Vorläufer des Begriffs der sozio-technischen Konstellation (und auch des Hybrid-Begriffs der ANT) sind der *soziotechnische Ansatz* des Londoner Travistock Institutes (Trist 1981), das *soziotechnische System* von Günter Ropohl (1979:181f) und das *technische System* des Historikers Thomas P. Hughes (1989).

67 Die Begriffe der ‚Operation' und der ‚Aktivität' können als Untereinheiten von Handlungen betrachtet werden, die zur Beschreibung einer Handlung (bzw. der jeweiligen Anteile der Akteure/Instanzen daran) verwendet werden können.

Ausprobieren zu Routinen, von ‚praktischen Dingen' zu technischen Standards, von ‚nichts-sagenden Zeichnungen' zu einer symbolischen Sprache. Technik ist dabei nicht einfach ‚Alles-was-aus-Eisen-Holz-oder-Ähnlichem-von-Menschen-gefertigt-wurde', sondern umfasst alle Konstruktionen, die es ermöglichen eine Tätigkeit wiederholt und mit der immer gleichen erwünschten (und gesteigerten) Wirkung durchführen zu können. Die Technisierung kann nach dieser Definition in unterschiedlichen Trägermedien ihren Ausdruck finden: in menschlichem Handeln bzw. dem menschlichen Körper, in sachlichen Artefakten oder in Form von symbolischen Zeichen. Die Technisierung von menschlichem Handeln, auch bekannt als *Habitualisierung*, ist dabei durch systematische Zerlegung, Schematisierung und die wiederholte Durchführung von Handlungen gekennzeichnet, so dass diese schließlich routiniert durchgeführt werden können und so immer dieselbe erwünschte (gesteigerte) Wirkung erzielen. Wenn in dieser Form technisierte Handlungen auf technische Artefakte übertragen und maschinell ausgeführt werden, spricht man von *Mechanisierung*. Durch *Algorithmisierung* werden Schematisierungen stattdessen in formale Zeichensysteme wie beispielsweise Computerprogramme übersetzt. Der Ablauf wird einerseits durch eine Einschreibung in materielle Substanzen, andererseits durch die Festlegung einer aus eindeutigen Zeichen bestehenden, ausführbaren Handlungsvorschrift vorgegeben. In der Praxis vermischen sich diese unterschiedlichen Technikarten zu unterschiedlichen Anteilen miteinander. Mit der Festigung von Technik in unterschiedlichen Trägermedien festigt sich auch der Umgang mit ihr und somit die Beziehung der Instanzen in einer sozio-technischen Konstellation.[68] Die Aufzählung der Trägermedien stellt dabei, wie schon gesagt (s. Kapitel 1.2), keine Steigerung der Festigkeit der Technik dar, auch wenn in sachlichen Artefakten gefestigte Technisierung auf den ersten Blick ‚fester' erscheint. Eine Handlungstechnik kann in einem menschlichen Körper so tief verankert sein, dass es dem Akteur nahezu unmöglich ist anders zu handeln, als in der erlernten Art und Weise, während eine Sachtechnik so konstruiert sein kann, dass ein menschlicher Akteur nicht weiß, wie er sie nutzen soll, oder er sie absichtlich in einer (von den Konstrukteuren) nicht intendierten Art und Weise umgeht. Mit Festigkeit einer Technik ist also nicht die Härte des

68 Diese Position vertritt in ähnlicher Weise auch die ANT mit ihrem Netzwerk- bzw. Hybrid-Begriff – mit dem Unterschied, dass sie von einem symmetrischen statt von einem graduellen Handlungsbegriff ausgeht und neben künstlich erzeugten technischen Objekten auch natürliche Dinge als Aktanten mit einbezieht (z.B. Latour 2001).

Materials gemeint, sondern die ‚Durchsetzungsfähigkeit' der Technik.[69]

Nicht alle Elemente einer sozio-technischen Konstellation sind jedoch immer auf die gleiche Weise am Handlungsvollzug beteiligt. Um den jeweiligen Anteil der menschlichen Akteure und technischen Instanzen an der Handlung angemessen beschreiben zu können, setzt das Konzept auf einen graduellen Handlungsbegriff, der es erlaubt, auf drei Ebenen nach dem Grad des jeweiligen (Mit-)Handelns zu differenzieren, ohne eine Handlungsbeteiligung von vorneherein begrifflich zu determinieren. Somit schließt es voraussetzungsärmere und voraussetzungsreichere Aspekte des Handelns mit ein. In ihrem gradualisierten Handlungsbegriff übersetzen Rammert und Schulz-Schaeffer die drei (in Kapitel 3.1.1 und 3.1.2) herausgearbeiteten Aspekte von Handeln in ein Modell, welches drei Ebenen von Handeln und (je Ebene) verschiedene Grade menschlicher und technischer Handlungsträgerschaft kennt.

> „Der gradualisierte Handlungsbegriff erlaubt es uns, die beiden entgegengesetzten Reduktionismen bei der Bestimmung des Verhältnisses von menschlichem Handeln und technischem Operieren zu umschiffen, ohne im begrifflichen Niemandsland der Akteur-Netzwerk-Theorie zu stranden [...]. Weder sind wir gezwungen zu behaupten, dass technische und menschliche Aktivitäten in einem reduktionistischen Sinne dasselbe Verhalten sind. Noch müssen wir davon ausgehen, dass technisches Operieren und menschliches Handeln in einem grundsätzlichen Sinne voneinander unterschieden sind." (Rammert und Schulz-Schaeffer 2002:48)

Unter Bezugnahme auf Giddens (s.a. Kapitel 3.1.1) wird Handeln aufsteigend vom Bewirken von Veränderungen (*Kausalität*), über das Auch-anders-handeln-Können (*Kontingenz*), bis hin zum intentional motivierten, sinnvollen Handeln (*Intentionalität*) definiert. Anders als bei Giddens muss Handeln hier, um als solches zu gelten, jedoch nicht immer alle drei Aspekte vollständig aufweisen. Das Konzept des gradualisierten Handlungsbegriffs ermöglicht es, Handlungsträgerschaft nicht nur auf den drei Ebenen auszumachen, sondern auch verschiedene Grade der Handlungsträgerschaft innerhalb einer Ebene zu beschreiben:

Die erste Ebene des Handlungsmodells ist dem Handlungsbegriff der ANT sehr ähnlich (s. Kapitel 3.1.2), welcher Handeln erst einmal als die

---

[69] Rammert unterscheidet diesbezüglich an anderer Stelle zwischen drei Wirkungsgraden: „Zwang, Druck und Drift" (Rammert 2007:23); er geht jedoch nicht detailliert darauf ein, wie genau Technik es schafft, Zwang, starken Druck oder sanften Druck auszuüben.

Möglichkeit zum Bewirken von Veränderungen betrachtet. Die Wirkkraft der technischen Instanzen hängt dabei von der schon erwähnten Festigkeit ab. Handeln auf dieser Ebene lässt sich zwischen einem kurzzeitigen veränderten Bewirken oder einer leicht umgehbaren Einschränkung auf der einen Seite und einer dauerhaften Veränderung von Handlungszusammenhängen auf der anderen Seite verorten. Die Wirkung einer Technik kann dabei bisheriges Handeln entweder dadurch verändern, dass versucht wird, es einzuschränken; durch Technik können aber auch neue Handlungsmöglichkeiten angeboten werden. Handeln wird in letzterem Fall nicht durch eine Einschränkung, sondern durch eine Ermöglichung verändert. Sobald jedoch komplexere Handlungsabläufe und aktivere Sach- und Zeichentechniken mit ins Spiel kommen, reicht diese eine Beschreibungsebene nicht mehr aus.

Mit steigendendem Aktivitätsniveau (s. Kapitel 3.1.2) stehen technischen Instanzen immer mehr Möglichkeiten zur Verfügung, bei Veränderungen der Umwelt anders handeln zu können. Handeln auf der zweiten Ebene kann dabei für den Akteur entweder stark vordefiniert sein oder aber geprägt durch eine große Anzahl an wählbaren Handlungsalternativen in einem Handlungsraum. Dies gilt für alle Elemente einer Konstellation. Wenn es in den Routinen jedoch zu unerwarteten Änderungen kommt, treten in Bezug auf die Handlungsträgerschaft erste Differenzen in Erscheinung. Technische Instanzen können den vorgegebenen Handlungsraum nicht einfach verlassen; menschliche Akteure hingegen können sich über die Regeln und Normen, welche ihre Handlungen beeinflussen, hinwegsetzen. Auch wenn also Bewusstsein nicht vonnöten ist, um in einer sozio-technischen Konstellation mit-handeln zu können, so macht dieses doch einen entscheidenden Unterschied zwischen menschlicher und technischer Handlungsbeteiligung aus.

Eine ähnliche Unterscheidung lässt sich auch auf der dritten Handlungsebene ausmachen, auf der es um Intentionalität geht.[70] Zwar kann Intentionalität in Form objektivierten Sinns an Sach- und Zeichentechnik delegiert und in diese eingeschrieben werden; ähnlich wie schon in Bezug auf das Ausbrechen aus definierten Handlungsräumen besprochen, können sich technische Instanzen der dem Sinn zugrundeliegenden Intentionen jedoch nicht bewusst werden oder sie verändern (s. Kapitel 3.1.2). Da bislang keine Bespiele von mit einem Bewusstsein ausgestatteten Techniken bekannt sind (vgl. Aktivitätsniveau 5), schlagen

[70] Die Autoren sprechen ganz explizit von Intentionalität und Reflexivität und nicht von Sinnhaftigkeit.

die Autoren vor, sozio-technisches Handeln auf dieser Ebene nicht – wie auf den anderen beiden Ebenen – aus der Perspektive der handelnden Instanzen zu betrachten, sondern stattdessen die alltagsweltlichen und professionellen Zuschreibungen und die Verwendung eines intentionalen Vokabulars bei der Verhaltenssteuerung zum Kriterium für Handlungsträgerschaft zu machen. Gestützt wird diese Position mit dem Argument, dass auch der menschliche Akteur nicht einfach existiert, sondern ebenso konstruiert werden muss:

> „Ist nicht auch die intentionale Deutung des Verhaltens unserer Mitmenschen eine Interpretation des Verhaltens von ‚black boxes'[71] auf der Grundlage äußerer Anzeichen, mittels derer wir auf nicht direkt beobachtbare interne Zustände (Bewusstseinszustände) zurückschließen?" (Rammert und Schulz-Schaeffer 2002:47)

Auch technische Instanzen könnten also einmal in Zukunft als gesellschaftliche Akteure anerkannt werden, die menschliches Handeln so gut imitieren können, dass sie von uns als Akteure wahrgenommen und als solche behandelt werden.[72] Die bloße Wahrnehmung technischer Systeme als Akteure sagt jedoch nichts darüber aus, ob auch die Qualitäten und Eigenschaften einer technischen Instanz eine Übertragung des Akteursstatus' in der Theorie rechtfertigen. Da die an das Bewusstsein eines Akteurs gekoppelte Intentionalität sich nicht auf technische ‚Akteure' übertragen lässt, plädiere ich an dieser Stelle dafür, Intentionalität vom Handlungsbegriff zu entkoppeln und nur noch den Begriff der Sinnhaftigkeit zu verwenden, welcher auch zur Beschreibung technischer Hand-

---

71 Eine Black Box ist ein Ding, dessen ‚Innenleben' nicht (mehr) einsehbar ist. Sichtbar ist nur das äußere Verhalten. Wie ein ‚Input' in der Black Box in einen ‚Output' umgewandelt wird, mag zwar theoretisch nachvollziehbar sein, ist im Fall der Black Box aber nicht (mehr) bekannt. In den Science and Technology Studies wird dieses Prinzip bei der Erklärung der Entstehung und Verwendung von Technik herangezogen. *Black-Boxing* passiert dann, wenn die Gemachtheit von Technik unsichtbar und die Funktionsweise dieser Technik unhinterfragt hingenommen wird. Der technische Handlungs- und Entscheidungsanteil in einer Situation verschwindet aus dem Bewusstsein der Anwender und die Menschengemachtheit der technischen Strukturen sowie die ihnen zugrundeliegenden Aushandlungsprozesse treten in den Hintergrund. Technik wird nicht mehr hinterfragt, sondern als objektiv hingenommen.

72 Regelmäßig wird im sogenannten Turing-Test die Ähnlichkeit aktueller technischer Systeme zu einem menschlichen Akteur getestet. Der Test gleicht einem von Alain Turing vorgeschlagenen „imitation game" (Turing 1950), und wird eingesetzt, um herauszufinden, ob ein System in der Interaktion mit einem menschlichen Akteur erfolgreich vorgeben kann, auch ein menschlicher Akteur zu sein. Eines der bekanntesten Beispiele ist das von Joseph Weizenbaum entwickelte Computerprogramm ELIZA (Weizenbaum 1966).

lungsträgerschaft verwendet werden kann. Der Begriff der Sinnhaftigkeit lässt sich zwischen den beiden Polen einer subjektiv gemeinten und einer objektiviert vorliegenden Sinnhaftigkeit aufschlüsseln und so gut in das graduelle Handlungskonzept einfügen – ohne dabei auf Zuschreibungen ausweichen zu müssen. Das Konzept des gradualisierten Handlungsbegriffs ermöglicht es, über diesen Kritikpunkt hinaus, jedoch sehr gut, den Anteil, den menschliche Akteure und technische Instanzen an Handlungen haben, angemessen zu beschreiben und zu analysieren.

Ich bin mithilfe des graduellen Handlungskonzeptes nun also in der Lage, die Beteiligung von menschlichen Akteuren und technischen Instanzen an Handlungszusammenhängen differenzierter zu betrachten – wo handelt der Mensch, wo die Technik und wie hoch ist der relative Anteil der Handlungsbeteiligung in einer sozio-technischen Konstellation? Doch wie komme ich darüber hinaus zu einer Antwort auf die Frage nach der jeweiligen Handlungs- bzw. Wirkmacht *unterschiedlicher* technischer Instanzen in Profiling-Situationen? Es stellt sich die Frage, wie es möglich ist, die jeweilige *Eigenwirkung*[73] von Technik vergleichend zu analysieren. Zwar wird die Wirkung einer Technik immer auch durch das Handeln des Nutzers, den Nutzungskontext und die kulturelle Einbettung beeinflusst, die Wirkung wird jedoch ebenfalls durch das technische Design bzw. ihre Eigenschaften geprägt. Technik kann ihre Nutzung also bis zu einem gewissen Grad selbst vorgeben. Dies geschieht durch das „Skript" (Akrich 2010, s. Kapitel 3.2). Skripte – in Technik eingeschriebene Handlungsträgerschaft – sind das Medium der Beeinflussung, durch welches Technik Einfluss ausüben kann. Technische Skripte bieten damit eine Möglichkeit, das handlungsbeeinflussende Wirken von Technik zu vergleichen.

3.2 Die Skriptanalyse und ihre Erweiterung

Um die in Technik eingeschriebene Handlungsträgerschaft bezüglich der Eigenschaften der handelnden Instanzen sinnvoll vergleichen zu können, bedarf es eines analytischen Rahmens. Die sogenannte Skriptanalyse bietet hier einen ersten möglichen theoretischen Zugang, da sie es zulässt (vor allem in der hier vorgestellten erweiterten Version), die (handlungs-)beeinflussende Wirkung von Technik über rein materielle

---

73 Vgl. Rammerts Begriff des Eigenniveaus (s. Kapitel 3.2.3). Der Begriff der Eigenwirkung soll ausdrücken, dass es um die Erklärung der ‚Handlungsleistung' von Technik geht, welche ihr nicht bloß zugeschrieben wird, sondern welche sie durch ihr Skript durchsetzen kann.

Aspekte hinaus zu vergleichen. Ein Vergleichsrahmen, der allein auf materiellen Unterschieden aufbaut, ließe sich nur schwer operationalisieren und könnte potentiell unendlich viele Vergleichsdimensionen enthalten. Technik als beeinflussende Instanz aus einer handlungstheoretischen Perspektive heraus zu vergleichen, scheint deshalb um einiges vielversprechender zu sein. Die von Madeleine Akrich (im größeren theoretischen Rahmen der ANT) in die Wissenschafts- und Technikforschung eingeführte Skriptanalyse (2010) stellt dabei den Ausgangspunkt für den konzeptionellen Rahmen zur vergleichenden Analyse eingeschriebener Handlungsträgerschaft in Technik dar, welchen ich im Folgenden diskutieren und erweitern werde.[74]

3.2.1 *Akrichs Skripte – Forschungsinteresse, Definition und Entstehung*

Akrich hat das Konzept der Skriptanalyse (teilweise gemeinsam mit Bruno Latour) Ende der 1980er Jahre vorgestellt. In ihrem ersten Artikel zur Skriptanalyse – *Comment décrire les objets techniques?* (Akrich 2010)[75] – geht sie auf die Frage ein, wie man die Rolle, die technische Objekte[76] in hybriden Konstellationen spielen, angemessen(er) beschreiben kann.

> „[...] Maschinen und Geräte sind offensichtlich zusammengesetzt, heterogen und physikalisch lokalisiert. Obwohl sie auf einen Zweck hinweisen, eine Verwendung, die für sie erdacht wurde, bilden sie auch einen Teil einer langen Kette von Menschen, Produkten, Werkzeugen, Maschinen, Geld usw. Sogar die Erforschung der technischen Komponenten von Geräten produziert kein fokussiertes Bild, weil es immer einen unklaren Kontext oder Hintergrund mit verschwommenen Grenzen gibt. [...] Technische Objekte verkörpern und messen gleichermaßen eine Reihe von Beziehungen zwischen heterogenen Elementen. [...] Aber

---

74 Denn wenn auch der Handlungsbegriff der ANT für meine Zwecke nicht ausreicht, so kann das aus der ANT entlehnte Skriptkonzept hier trotzdem einiges zur Beantwortung meiner Fragestellung beitragen. Das Konzept des Skripts stellt anschaulich dar, wie technische Handlungsträgerschaft konstruiert wird und wirkt. Allerdings fehlt auch hier wieder die analytische Tiefe. Die Kritikpunkte werden im Folgenden diskutiert.

75 Der Artikel wurde erstmalig (auf Französisch) im Jahr 1987 und dann (unverändert) noch einmal im Jahr 2010 veröffentlicht; es existieren außerdem Übersetzungen ins Englische (1992) und ins Deutsche (2006a).

76 In den folgenden Abschnitten wird, aufbauend auf Akrichs Ausführungen (und anders als bei Rammert und Schulz-Schaeffer), ein enger Technikbegriff zugrunde gelegt (s.a. Anmerkung 50). Zwar kann der Skriptbegriff theoretisch auch für Routinen verwendet werden, diese Möglichkeit wird bei Akrich jedoch nicht betrachtet.

wie können wir die spezifische Rolle, die sie innerhalb dieser Netzwerke spielen, beschreiben?“ (Akrich 2006a:407f)

Eine gute Beschreibung der Rolle, die technische Objekte in einem Hybrid spielen, baut für Akrich auf dessen Skript auf.[77] Die wissenschaftliche Beschreibung technischer Objekte muss es sich laut Akrich zur Aufgabe machen, dieses im Entstehungsprozess in die Technik eingeschriebene (d.h. in-skribierte) Skript aufzudecken, da es diese in das Material eingeschriebenen Skripte sind, welche die Technik (als wirkenden Instanz) ausmachen. Doch was sind Skripte eigentlich?

Der Begriff des Skripts ist keine Erfindung von Akrich und wird in den Sozialwissenschaften prominent vor allem in der Psychologie verwendet – von wo aus er es auch in die allgemeine Soziologie geschafft hat, nämlich in die Handlungstheorie von Hartmut Esser. Skripte sind in der Psychologie schon länger ein feststehender Begriff. Sie werden dort als kognitive Strukturen betrachtet, die einer Person helfen, ihr Handeln in einer bestimmten Situation zu organisieren und sich jeweils angemessen zu verhalten:

> “A script, as we use it, is a structure that describes an appropriate sequence of events in a particular context. [...] For our purposes, a script is a predetermined, stereotyped sequence of actions that define a well-known situation.” (Schank und Abelson 1975:151)

Ein Skript enthält also Handlungsanweisungen für Akteure, die sich in bestimmten, bekannten Situationen befinden. Sie sind damit Schemata, die sich auf ein ganz bestimmtes soziales Wissen beziehen: die Organisation von Handlungssequenzen.

> „Skripte nun [in der Sozialpsychologie] stellen besondere Formen sozialer Schemata dar. Ihre Besonderheit besteht darin, dass sie sich auf Abfolgen gezielter Handlungen beziehen, die miteinander verknüpft sind und mit bestimmten Typen, Objekten und Orten verbunden sind. Es handelt sich um zeitliche Abläufe oder soziale Ereignisse, die eine Abfolge von Handlungen enthalten.“ (Knoblauch 2005:321)

In dieser Form kann man Skripte auch in der Soziologie antreffen. In seinem Konzept der *Frame-Selektion* (das neben soziologischen Theorien vor allem Konzepte der Sozialpsychologie einbezieht) interessiert sich Esser für die Vorgänge, die zu einer Definition der Handlungssituation führen und damit ein bestimmtes Handlungsmodell nahelegen. Als

---

77 Anders als im Deutschen verweist der französische Begriff für Beschreibung – ‚la description' – auch semantisch auf dieses Skript.

relevant macht Esser zwei Arten von handlungsleitenden Deutungsschemata aus – die schon besprochenen Skripte und sogenannte Frames (dt. Rahmen)[78] – und verknüpft sie logisch miteinander:

> „Das Framing beginnt mit der *Beobachtung* der in der Situation *objektiv* vorhandenen Objekte bzw. deren Eigenschaften. Die Objekte werden zunächst *physisch* wahrgenommen. Im Prozeß der *Kognition* aktiviert und ‚konstruiert' das Gehirn danach ein im Gedächtnis des Akteurs gespeichertes mentales Muster, ein bestimmtes inhaltliches *Modell* der Situation, also. Dieses gedankliche Modell ist der *Frame* der *Situation.* [...] Es bildet die Grundlage der *Orientierung* des Akteurs [...]. Mit der Orientierung an einem Frame ist das Handeln aber noch nicht bestimmt. Erst wird noch gedanklich geprüft, ob es ein im Reaktionsrepertoire gespeichertes inhaltliches Modell auch des *Handelns* für den betreffenden Frame der Situation gibt. Dieses gedankliche Modell ist das *Skript* des Handelns." (Esser 2002b:261, alte Rechtschreibung und Hervorhebungen i. O.)

Skripte sind also sowohl in der Psychologie als auch bei Esser Handlungsanweisungen für Akteure in bestimmten Situationen bzw. Settings. An anderer Stelle bezeichnet Esser Skripte auch als soziale Drehbücher und entlehnt damit seine Metapher (ebenso wie Akrich, die teilweise auch

---

78 Auch der Begriff des Rahmens ist von Esser aus der Psychologie entlehnt. Wie Skripte sind dort auch Rahmen kognitive Modelle. Rahmen dienen dabei speziell der Orientierung der Akteure in bestimmten Situationen: "A *frame* is a data-structure for representing a stereotyped situation, like being in a certain kind of living room, or going to a child's birthday party. Attached to each frame are several kinds of information. Some of this information is about how to use the frame. Some is about what one can expect to happen next. Some is about what to do if these expectations are not confirmed." (Minsky 1975:212, Hervorhebung i. O.). Frames werden von Akteuren verwendet, um sich in Situationen zurechtzufinden und um ihr Handeln an diese anzupassen. Darüber hinaus bezieht sich Esser scheinbar auch auf Goffman und dessen Begriff der Rahmung (Goffman 1977). Diese Bezüge sind jedoch eher semantischer Natur als konzeptionell und tauchen außerdem meist ohne direkte Verweise auf (vgl. Hitzler 2010:17). Es ist vor allem die Sprache (auch Esser zieht, wie Goffman, immer wieder die Metapher des Theaters heran, für die in der Soziologie vor allem Goffman bekannt ist), die auf einen Bezug zwischen den Esserschen und den Goffmanschen Rahmen hinweist. Wenn es auch einige sprachliche Parallelen gibt, so meinen beide doch nicht ganz dasselbe mit ihren Rahmen. Während sich Esser mit dem Framing-Konzept auf die Suche nach einer Erklärung für die Wahl kognitiver Modelle durch Akteure macht, ist Goffman eher darauf aus, die Entstehung und Verwendung von Rahmen im interaktiven Miteinander zu verstehen. Auch bei Goffman sind Rahmen (wie bei Esser) dazu da, Situationen zu definieren. Goffman geht es dabei jedoch niemals nur um die kognitiven Leistungen von einzelnen Akteuren, sondern immer um die Einbindung der Schemata in soziale Prozesse (vgl. Knoblauch 2005:198).

von *Szenario* anstatt von Skript spricht, z.B. Akrich 2006a:411) dem Film bzw. dem Theater:[79]

> „Ein soziales Drehbuch ist ein Sonderfall eines Schemas. Es ist ein Schema, das sich auf die zeitliche, räumliche, sachliche und soziale Organisation einer *Sequenz des Handelns* bezieht:'In sum, a script is a hypothesized cognitive structure that when activated organizes *comprehension* of event-based situations.' (Abelson 1981, S. 717; Hervorhebung nicht im Original)[80]." (Esser 2002a:202, Hervor-hebungen i. O.)

Skripte oder Drehbücher sind demnach Hilfsmittel, mit denen Akteure in bestimmten Alltagssituationen ihr Handeln ausrichten und koordinieren. Die Wahl eines Skriptes durch den Akteur hängt bei Esser, wie schon gesagt, wesentlich vom Framing der Situation ab. Skripte werden passend zu der Situation gewählt, in der die Akteure sich befinden. Wie auch im Film oder im Theater werden die Drehbücher nicht von den Akteuren selbst geschrieben, sondern gehören zu dem ‚Repertoire', das der Akteur erlernt hat (ebd.:212) – der Akteur kann (und muss) die Drehbücher jedoch immer auch zu einem gewissen Grad ausgestalten.

Im Unterschied zu Esser schaut sich Akrich Skripte an, die materiell anstatt institutionell gefestigte sind. Hier zeigt sich auf den ersten Blick kein großer Unterschied, denn auch materiell gefestigte Skripte sind prinzipiell dazu da, menschliches Handeln anzuleiten und zu koordinieren. Da Technik immer auch Teil der Umwelt eines Akteurs ist, die der

---

79 Die Metapher des Theaters wird in der Soziologie meist mit Goffman in Verbindung gebracht (z.B. *The presentation of everyday life* (1959) bzw. *Wir alle spielen Theater* (1985)). In diesem Zusammenhang spricht auch Goffman manchmal von Skripten. Das Skript (im Deutschen übersetzt mit *Manuskript*) als eigenständiges ‚Bild' wird dabei jedoch nur sehr selten herangezogen. Explizit wird es nur an einigen wenigen Stellen in seinen Texten (mehr oder weniger beiläufig) erwähnt (z.B. Goffman 1985:79). Wohl in der Erwartung, dass Skripte und Film/Theater irgendwie zusammengehören, wurde Goffman der Begriff jedoch teilweise durch andere in den Mund gelegt, so z.B. auch durch die beiden Soziologen Peter Kivisto und Dan Pittman in ihrem Kapitel über Goffmans „Dramaturgical Sociology" (2013:302): "Goffman's sociology, then, is the study of how people get other people to see things in a certain way. They do this, he claims, by using a variety of theatrical tools. Perhaps the most important means of getting an audience to understand a role is a script". Ein solches Skript ist also ein Mittel, um Akteuren zu helfen, Situationen zu definieren und eine zugewiesene Rolle ‚rüberzubringen'. In seinen Arbeiten dazu, wie sich Akteure gegenseitig (mal mehr und mal weniger performativ) anzeigen, wie sie die aktuelle Situation definieren, greift Goffman selbst jedoch nicht auf Skripte zurück. Goffman geht es vielmehr darum, wie im „ständigen Strom wechselseitiger Inszenierungen" (Hitzler 2010:28) Situationsdefinitionen interaktiv ausgehandelt werden.

80 Zitiert nach Esser (2002a:202).

Akteur in einer Situation vorfindet, könnte man theoretisch sogar die dem Akteur auf diese Weise ‚angebotenen' technischen Skripte mit der psychologischen Skriptanalyse betrachten. Akrich betrachtet Skripte jedoch aus einer ganz anderen Perspektive und mit einem anderen Forschungsinteresse. Es geht ihr nicht darum, welches Skript ein Akteur aus dem ‚technischen Werkzeugkasten' auswählt, sondern darum, wie an Technik delegierte Handlungsprogramme das Handeln des jeweiligen Interaktionspartners beeinflussen (können). Während bei Esser die Wahl der Skripte durch menschliche Akteure (auf Grundlage eines identifizierten Frames) betrachtet wird, die diese vornehmen, um ihr eigenes Handeln angemessen koordinieren zu können, werden Skripte bei Akrich stattdessen als Mittel betrachtet, um (stellvertretend durch die Technik) auf einen potentiellen Nutzer, d.h. Interaktionspartner der Technik, einzuwirken. Wie es dazu kam, dass Technik und Nutzer miteinander interagieren (wieso also ein Nutzer sich für die Befolgung eines bestimmten Skriptes entschieden hat), ist nicht Teil der Analyse; diese setzt bei Akrich erst einen Schritt später an mit der Frage, wie das jeweilige technische Skript das Handeln des Gegenübers steuert. Umgekehrt scheinen sich Esser und die Psychologie nicht sonderlich für die Frage zu interessieren, wie Gesellschaft es ‚schafft', ihre Mitglieder zu skripten, sondern mehr für die Perspektive des selegierenden Akteurs; es interessiert, wie (und warum) Skripte ausgewählt werden – und nicht wie sie wirken. Für eine Skriptanalyse, um technisches Wirken zu vergleichen (wie ich sie in dieser Arbeit vornehmen möchte), können von Esser & Co. demnach keine weiteren Erkenntnisse gewonnen werden. Bei der Definition von Skripten halte ich mich deshalb an Akrich und Latour. Da die handlungsanleitenden technischen Skripte im Entstehungsprozess der Technik in diese inskribiert werden, definiert Akrich Skripte als das Ergebnis eines Prozesses der Einschreibung von Visionen bzw. Vorstellungen über erwartete Akteure und Settings[81] durch die Entwickler (hier als Designer be-

81 Ein *setting* (engl.) oder *dispositif* (franz.) ist bei Akrich und Latour die Verteilung von Kompetenzen und Performanzen auf Menschen und nicht-menschlichen Aktanten in einer konkreten Konstellation. Ein solches Setting sollte nach Akrich und Latour das Objekt der Analyse sein, wenn man versucht, technische Objekte und ihre Wirkungsweisen zu erforschen, da Technik nie unabhängig von ihrer Nutzung betrachtet werden kann: „Eine Maschine kann genauso wenig wie ein Mensch betrachtet werden, weil es sich bei dem, womit der Analytiker konfrontiert wird, um Konstellationen von Menschen und nicht-menschlichen Aktanten handelt, bei denen Kompetenzen und Performanzen verteilt sind." (Akrich und Latour 2006:399) Der Begriff wird in dieser Definition also äquivalent zu der hier eingeführten ‚soziotechnischen Konstellation' verwendet.

zeichnet) in die Technik:[82]

> „Designer definieren [...] Akteure mit besonderem Geschmack, besonderen Kompetenzen, Motiven, Zielen, politischen Vorurteilen und vielem anderen, und sie nehmen an, dass Moral, Technik, Wissenschaft und Ökonomie sich auf bestimmte Weisen entwickeln werden. Ein großer Teil der Arbeit von Innovatoren ist der des ›*Inskribieren*‹' dieser Vision der Welt (oder der Vorhersagen darüber) in den technischen Inhalt des neuen Objekts. Ich nenne das Endprodukt dieser Arbeit ein ›Skript‹ oder ein ›Szenario‹. Die technische Realisierung der Vorstellungen des Innovators [...] ist also ein Versuch der Vorherbestimmung eines Settings [...]." (Akrich 2006a:411, Hervorhebungen i. O.)

Nach dieser Definition enthält das Skript einer Technik Details über die ‚Rolle' bzw. die Eigenschaften des zukünftigen Nutzers, über das erwartete ‚Bühnenbild' bzw. Setting, in der die Nutzung stattfindet, und es legt die Handlungsaufteilung zwischen Technik und Benutzer im Falle der Nutzung fest. Entwickler entscheiden während der Entstehung von technischen Innovationen also neben funktionalen Aspekten auch darüber, welche Nutzungsmöglichkeiten einem zukünftigen Nutzer zugeteilt und welche Entscheidungen und Aktivitäten an die Technik delegiert werden (wobei sie jedoch nicht immer ganz bewusst vorgehen). Die im ‚technical content' verewigten Handlungsanweisungen (Vorschriften, Aufforderungen und Zugeständnisse) geben dem potentiellen Nutzer (zu einem gewissen Grad) vor, wie er zusammen mit der Technik zu handeln hat. Akrich spricht deshalb auch von „moralischen" Technologien, d.h. von Techniken mit Skripten, welche von den Entwicklern eingeschrieben wurden, um das Verhalten der Nutzer zu kontrollieren (ebd.:421). Während also Technisierung von Abläufen dazu führen soll, dass ein erwünschter Effekt erwartbar und widerholbar eintritt, ist es die Aufgabe des Skriptes, dem Nutzer mitzuteilen, wie gemeinsam zu handeln ist, um

---

82 Ein Skript entwickelt sich so lange weiter, wie sich auch das Objekt verändert; Da keine Technik jemals wirklich ‚geschlossen' wird (vgl. „closure" und „interpretative flexibility" in Bijker et al. 1989), ist auch ein Skript theoretisch immer für Veränderungen offen. Eine Skriptanalyse kann deshalb gezwungenermaßen immer nur eine Momentaufnahme sein. Um eine Skriptanalyse durchführen zu können, wird deshalb immer eine Momentaufnahme als empirischer Bezugspunkt genommen. Schließung wird so zu einem analytischen Konzept und darf nicht als empirische Beobachtung missverstanden werden. Die Umgestaltung und Umnutzung von Skripten in die Analyse mit einzubeziehen bedeutet methodisch gesehen, über eine Momentaufnahme hinauszugehen und das Skript einer Technik zu mindestens zwei unterschiedlichen Zeitpunkten zu betrachten und diese zu vergleichen.

einen gewünschten Effekt hervorzurufen.

Mit zunehmender Komplexität der Handlungsprogramme differenzieren sich auch die jeweiligen Skripte aus. Komplexe Skripte (worunter ausgedehnten Skripte mit mehreren Phasen fallen, s. Kapitel 3.2.3) werden oft von einer besonderen Art von Präskriptionen begleitet:

> „Die technischen Realisierungen der Vorstellungen des Innovators [...] [sind] also ein Versuch der Vorherbestimmung der Settings, die Benutzer sich für ein bestimmtes Stück Technik vorstellen sollen, und die Präskriptionen (Notizen, Verträge, Ratschläge usw.), die es begleiten." (ebd.:411)

Aus diesem (auch im Original und der englischen Übersetzung) recht sperrigen Satz ist herauszulesen, dass es Sammlungen von Nutzer-Handlungsanweisungen gibt, die manche Techniken begleiten. Meistens liegen diese externen Präskriptionen in Textform vor – was jedoch nicht heißt, dass jede in Textform vorliegende Präskription außerhalb des Skriptes einer Technik liegt und dass darüber hinaus auch nicht alle externen Präskriptionen in Textform vorliegen müssen.

> "Codes, checklists, maintenance manuals and user handbooks, all of these escort objects on their travels [...], and sometimes texts are inscribed in the machines themselves." (Callon 1991:137)

Über schriftliche Handlungsanweisungen hinaus – wie Notizen, Verträge, Checklisten, Handbücher, Bedienungsanleitungen oder Code-Kommentare – können Handlungsanweisungen auch mündlich (in Form von Ratschlägen oder Anekdoten (Schubert 2006:162)) weitergetragen werden oder in Sprach- und Bildform vorliegen (wie beispielsweise in Erklärvideos). Solch ergänzende Präskriptionen werden in der Regel zur besseren Vermittlung zwischen Technik und Nutzer in die sozio-technische Konstellation integriert.[83] Das externe, explizierte Skript kann vermutlich niemals alle in der Technik eingeschriebenen Präskriptionen abdecken; es kann aber auf Präskriptionen eingehen, die nicht in die Technik inskribiert werden können, weil die Handlungsanweisungen zu kompliziert sind.

Ein Skript ist also definierbar als die Materialisierung intendierter Handlungsprogramme für erwartete Nutzer in erwarteten Settings. Durch die Analyse technischer Skripte kann man so die „spezifische Rolle, die [Techniken] innerhalb [eines] Netzwerke[s] spielen, beschreiben" (Akrich

83 In der ANT würde man hier von *Enrolement* sprechen, d.h. vom Rekrutieren weiterer Aktanten zum Hybrid und der Zuweisung bzw. Aushandlung einer Rolle in diesem Netzwerk zum gemeinsamen Erreichen eines Handlungsziels (z.B. Callon 2006:156ff).

2006a:408). Man kann durch Betrachtung des Skripts ‚informierte Vermutungen' darüber anstellen, was die Aufgabe der Technik in einer Konstellation ist und wie sie auf potentielle Nutzer wirkt. Da es sich bei Inskriptionen immer um die Delegation sinnvollen Handelns an Technik handelt, kann man jedoch nicht jegliche Wirkung von Technik erfassen. Nicht mit dem Skriptbegriff erfasst werden kann technisches Wirken, welches einzig die Bedingung der ersten Handlungsebene erfüllt. Die Wirkungsebene von Handeln wird zwar vorausgesetzt, ist jedoch nicht hinreichend. Die theoretisch mögliche Wirkung des Skripts ist demnach immer kleiner als die Wirkung, die Technik durch alle ihre (materiellen) Eigenschaften erzielen kann. So kann beispielsweise ein Tisch vor einer Tür die Wirkung entfalten, den Durchgang der Tür zu versperren; der Tisch wurde allerdings nicht für diese Nutzungsweise konstruiert.

Solche Sinnhaftigkeit muss allerdings auch nicht immer völlig bewusst in die Technik eingeschrieben worden sein. Wie in allen sozialen Situationen spielt bei der Einschreibung von Skripten auch die soziale und kulturelle Prägung der beteiligten Akteure eine Rolle. Das Handeln der Entwickler im Einschreibungsprozess wird nicht nur intentional durch bewusste Absichten und Ziele, sondern auch durch die während der Sozialisierung inkorporierten sowie in der Ausbildung erlernten Wahrnehmungs-, Deutungs- und Handlungsschemata geprägt. Ein Beispiel für den Einfluss solch impliziter Annahmen der Akteure auf die eingeschriebene Nutzerrepräsentation beschreibt Akrich in einem ihrer späteren Artikel über Nutzerrepräsentationen (1995). Sie geht hier auf die sogenannte *Ich-Methodologie* ein. Das Bild des späteren Nutzers einer Technik wird in diesem Fall ganz wesentlich durch die Erfahrungen der Entwickler mit der Technik im Labor geprägt. In Abwesenheit explizierter Spezifikationen über den Nutzer (weil sich die technische Entwicklung beispielswiese in einem noch sehr frühen Stadium befindet) verwenden Entwickler häufig (und vermutlich meist, ohne eigentlich darüber nachzudenken) ihre eigenen Kompetenzen, Eigenschaften, Bedürfnisse sowie Wünsche als Grundlage für die Nutzerrepräsentation. Dies ist den Entwicklern in der Regel nicht bewusst; den Schemata, auf welche Entwickler während des Inskriptionsprozesses unbewusst zurückgreifen, ist Sinnhaftigkeit jedoch bereits eingeschrieben. Auch in dem von Akrich beschriebenen Fall kann die eingeschriebene Nutzerrepräsentation sinnhaft beschrieben werden. Die Analyse von in Technik eingeschriebenen Skripten erlaubt es also grundsätzlich, jegliche sinnhafte und an einem Gegenüber ausgerichtete technische Handlungsbeteiligung zu erfassen, auch wenn der Sinn bei der Einschreibung nicht explizit, sondern nur implizit vorlag.

Zu unbewussten, aber trotzdem sinnhaften Einschreibungen kann es auch noch auf eine andere Weise kommen: durch die am Entwicklungsprozess beteiligten und für die Technik verwendeten technischen Komponenten und die in früheren Entwicklungsprozessen an die Techniken delegierten Handlungsprogramme. Während die unbewusste Komponente in oben beschriebenem Fall durch Entwickler in den Prozess einfließt, sind es in diesem Fall die Techniken, welche im Entwicklungsprozess unbemerkte Einschreibungen vornehmen. Auch diese Einschreibungen können ausschlaggebend für eine spätere Nutzerrepräsentation sein. Der tatsächliche Nutzer einer Technik ist damit auch davon abhängig, welche Kompetenzen und sinnhafte Inskriptionen die jeweils beteiligte Technik (aus früheren Delegationen) mitbringt. Merkwürdigerweise geht Akrich (als Vertreterin der ANT) in ihrem Konzept nicht auf das Mitwirken dieser Instanzen am Skript-Entstehungsprozess ein; an einem Beispiel aus der Biometrie lässt sich das Phänomen jedoch gut erklären.[84] Die bekannte Spielkonsole *Kinect* sowie auch eine Webcam des Herstellers *Hewlett-Packard*, beide mit integrierter Gesichtserkennung, haben 2009/2010 Schlagzeilen gemacht aufgrund der Tatsache, dass dunkelhäutige Nutzer immer wieder nicht erkannt wurden, während hellhäutige Nutzer keine Probleme bei der Erkennung hatten (cnn.com 2009, 2010; gamespot.com 2010). Nun kann man davon ausgehen, dass keine der Firmen bei der Herstellung ihrer Produkte rassistische Absichten hatte, sondern dass (ganz im Gegenteil) beide wollten, dass möglichst viele Nutzer ihre Produkte verwenden. Die Differenzierung der Nutzer in unterschiedliche Gruppen aufgrund ihrer Hautfarbe wurde also in den Beispielen von menschlichen Entwicklern nicht bewusst eingebaut; sie beruht nur indirekt auf von den Entwicklern getroffenen Entscheidungen. In diesem Fall hat die ‚Rekrutierung' unterschiedlicher technischer Bauteile und Softwareprogramme dazu geführt, dass die Nutzergruppen auch durch diese Techniken mitdefiniert wurden. Das wiederholte Auftreten des Problems bei unterschiedlichen Herstellern legt nahe, dass die verwendete Bildverarbeitungssoftware Probleme hat, bestimmte Kontraste in Gesichtern zu erkennen:

> "'The technology we use is built on standard algorithms that measure the difference in intensity of contrast between the eyes and the upper cheek and nose,' wrote Tony Welch, the lead social media strategist for

[84] Über dieses Beispiel hinaus kann man sich auch am Entwicklungsprozess beteiligte Software o.ä. vorstellen, die ebenso das Skript der zu gestaltenden Technik mit beeinflussen kann. Ich verzichte an dieser Stelle jedoch auf diese weiterführende Ebene, da sie außerhalb des Betrachtungsbereichs meiner Arbeit liegt.

HP's Personal Systems Group. 'We believe that the camera might have difficulty 'seeing' contrast in conditions where there is insufficient foreground lighting.'" (cnn.com 2009)

Das Beispiel zeigt, dass die Kompetenzen der technischen Instanzen einer Konstellation das Nutzerverhalten über die (intentional und unbewusst) durch die Entwickler eingeschriebenen Skriptanweisungen hinaus beeinflussen können. Zwar können nicht alle Wirkungen einer Technik als sinnhafte Handlungen interpretiert werden (s. Kapitel 3.2.1), wenn jedoch die Wirkungen einer Technik in einer sozio-technischen Konstellation das Ergebnis einer früheren, intentional motivierten Einschreibung sind, nehmen diese Teil am Entwicklungsprozess. Auch wenn eine bestimmte Wirkung einer Technik in einer Konstellation den anderen Akteuren möglicherweise zufällig und sinnlos erscheint, so kann sie doch auf einer früheren Delegation einer sinnhaften Handlung basieren. Auch im Fall der biometrischen Gesichtserkennung ließe sich das theoretisch so beschreiben. Üblicherweise werden für solche Techniken nicht alle Komponenten neu erfunden, sondern schon bestehende Teiltechniken an- oder eingepasst. Es ist also wahrscheinlich, dass die Kamera und der Auswertungsalgorithmus zu einem etwas anderen Zweck entwickelt wurden und die Sensitivität und die benötigten Lichtverhältnisse bewusst an diesen Zweck angepasst wurden. Durch die Veränderung des Settings (bei gleichzeitiger ‚Nicht-Anpassung' der technischen Kompetenzen) kann es so zu den beschriebenen Folgen kommen – einer nicht-intendierten Folge der vormals sinnhaften Einschreibung. Das Skript der Konsole wird in diesem Beispiel wiederum durch ein Skript beeinflusst, das mit bestimmten Intentionen in eine Technik eingeschrieben wurde, die nun an der Konstruktion des Konsolen-Skriptes ‚mitschreibt'. Handlungsanweisungen müssen also nicht unbedingt bewusst durch menschliche Akteure in die Technik eingeschrieben werden. Die Einschreibungen werden einerseits durch explizite Absichten und Erwartungen der Entwickler festgelegt; dies wird darüber hinaus aber auch durch routiniertes Handeln der Entwickler (bei dem keine bewusste Sinnhaftigkeit mehr vorliegt) und durch technische Instanzen (an die zu einem früheren Zeitpunkt sinnhaftes Handeln delegiert wurde) beeinflusst. Am Entwicklungsprozess partizipieren also alle Akteure und technischen Instanzen, die technische Handlungsbeteiligung so in die Materialität der Technik einschreiben, dass damit den zukünftigen Nutzern (immer wieder auf dieselbe Art und Weise) angezeigt wird, wie sie gemeinsam mit der Technik in einem bestimmten Kontext zu handeln haben.

Die tatsächliche Wirkung einer Technik in der Nutzungssituation kann jedoch niemals vollständig durch die Analyse des Skriptes vorhergesagt werden. Skripte wirken nicht deterministisch, sind jedoch auch nicht beliebig durch den Nutzer umformbar. Dies impliziert, dass auch die Gestaltung der Skripte mit dem Übergang in die Nutzung nicht abgeschlossen sein muss. Auch in der Nutzungsphase einer Technik können ‚Design-Momente' auftreten, in denen das Skript umgeschrieben wird. Neben der offiziellen ‚Entwickler-Gruppe' können also theoretisch auch Nutzer zu ‚Entwicklern' werden. In ihrem bekanntesten Text zur Skriptanalyse (2010) und den diversen Übersetzungen (1992, 2006a) geht Akrich auf diesen Aspekt, d.h. den Anteil, den Nutzer an der Formung von Skripten haben können, nur am Rande (2006a:420), in einem späteren Text zur Rolle des Nutzers in Innovationsprozessen (Akrich 2006b)[85] jedoch genauer ein. Nutzer sind hier nicht nur passive ‚Verwender', sondern immer auch aktive ‚Mitgestalter' einer Technik:

> „[L]es usager [...] peuvent être encore plus actifs que nous ne l'avons suggéré et prendre une part importante dans la définition des fonctionnalités d'un dispositif[86] ou d'un produit, mais aussi dans les choix techniques qui déterminent sa physionomie définitive." (ebd.:3)

Auch wenn Akrich die Skriptanalyse in diesem Text eher beiläufig erwähnt, so kann man diesen doch als eine Art Erweiterung ihres Skriptkonzeptes auffassen. Veränderungen des Skripts durch Nutzer (die damit per Definition zu Entwicklern werden) treten immer im Kontext von Umnutzungen der Technik auf. Die verbreitete ‚Massennutzung' von Techniken folgt zwar meist dem intendierten Skript, Techniken können aber immer auch anders genutzt werden als vorgesehen. Akrich bespricht in ihrem Text vier mögliche Arten der (Um-)Nutzung technischer Objekte, jedoch kommt es nur bei zweien potentiell zu einer Umschreibung des Skripts: bei der ‚Anpassung' (l'adaption) und der ‚Abwendung' (le détournement).[87] Im Fall der ‚Anpassung' erfährt das Objekt kleinere Veränderung, wenn es in einem anderen Kontext eingesetzt wird, die Hauptfunktion der Technik wird dabei aber nicht verändert.

> „On parlera d'adaptation lorsqu'il s'agit d'introduire quelques modifications dans le dispositif qui permettent de l'ajuster aux caractéristiques

---

[85] Erstveröffentlichung im Jahr 1998.

[86] Bei Akrich im Deutschen oder Englischen auch als ‚Setting' bezeichnet (z.B. Akrich 2006a:411).

[87] Umnutzung, die lediglich die Flexibilität des Skripts ausnutzt oder das Skript komplett ignoriert, ohne es zu verändern (wie bei der Verschiebung (le déplacement) oder der Erweiterung (l'extension)), interessiert an dieser Stelle nicht weiter.

de l'utilisateur ou de son environnement sans pour autant toucher à sa fonction première." (ebd.:5)

Solche Anpassungen sind allerdings in vielen Fällen bereits von den Entwicklern in die Technik eingeschrieben (z.B. bei einem Reisefőhn mit verstellbarer Stromspannung) und müssen nicht unbedingt vom Nutzer erwirkt werden. Wenn man aber beispielsweise die Beine eines Tisches, der vorher in einer Schule gestanden hat und der nun in einen Kindergarten wandern soll, etwas kürzer sägt, so verändert man das Objekt und damit potentiell auch sein Skript (denn nun können Erwachsene nicht mehr daran sitzen). Eine solche Anpassung stellt den intendierten Nutzungszweck des Tisches (daran zu sitzen und auf ihm zu essen, zu spielen oder zu arbeiten) nicht grundsätzlich infrage; sie schreibt der Technik jedoch ein verändertes Nutzerbild mit anderen Präskriptionen ein. Wenn solche Anpassungen also nicht durch die Entwickler vorhergesehen sind, sondern vom Nutzer umgesetzt werden, kann man auch zu einer Re-Inskription durch den Nutzer kommen. Die vom Skript abweichende Nutzung bei der ‚Abwendung' verändert ein technisches Objekt hingegen meist auf solche Weise, dass man es nicht mehr zur ursprünglich intendierten Nutzung verwenden kann.

> „La notion de détournement renvoie à un concept assez répandu, en particulier dans le domaine de l'art : un dispositif est détourné lorsqu'un utilisateur s'en sert pour un propos qui n'a rien à voir avec le scénario prévu au départ par le concepteur et même annihile du coup toute possibilité de retour à l'usage précédent." (ebd.:8)

So verhält es sich beispielsweise mit einer abgeschlagenen Weinflasche, die in dieser Form zwar als Waffe, jedoch nicht mehr als Weinflasche verwendet werden kann. Über die in der Flexibilität des Skripts und der Eigenschaften der Technik angelegten Nutzungsmöglichkeiten hinaus können bei der ‚Abwendung' (und im kleineren Rahmen auch bei der ‚Anpassung') durch die Veränderung der Eigenschaften der Technik neue Einschränkungen und Möglichkeiten geschaffen und in das Objekt eingeschrieben werden.[88]

---

[88] Eine solche Umgestaltung einer Technik durch den Nutzer kann, muss jedoch nicht zwingendermaßen zu einer Re-Inskription (im theoretischen Sinne) führen. Theoretisch gesehen nehmen ‚Um-Nutzer' nur dann eine mit der Skriptanalyse erfassbare Re-Inskription vor, wenn sie eine Technik mit der Intention verändern, dass sie von jemandem (von anderen oder von ihnen selbst) wiederholt auf diese Weise genutzt werden soll. Nutzer können durch Veränderungen der Technik neue Möglichkeiten und Einschränkungen schaffen, die auch noch auf Nutzer wirken, welche nach ihnen mit den

Da ein in eine Technik eingeschriebenes Skript also nie vollständig abgeschlossen und das tatsächliche Handeln der Nutzer damit auch nicht einfach determiniert werden kann, kann auch die tatsächliche Wirkung einer Technik niemals einfach durch die Analyse des Skripts vorhergesagt werden. Auch eine Skriptanalyse liefert kein absolutes Maß für technisches Wirken; sie kann aber technisches Wirken vergleichbar und so (durch die generierte Varianz) zumindest in Teilen erklärbar machen. Um diesem Ziel näher zu kommen, gilt es im Folgenden konkrete Analyse-Dimensionen für die Skriptanalyse ausfindig zu machen.

3.2.2 *Implizite Analyse-Dimensionen bei Akrich*

Die Frage, die sich nun stellt, ist, wie man die Beschreibung von Skripten noch weiter systematisieren kann. Dass eine systematische Beschreibung und Analyse von technischen Objekten wünschenswert ist, war auch Akrich bewusst (2006a:408). Trotz des vielversprechenden Ansatzes bleibt Akrichs Konzept hinsichtlich konkreter Analyse-Dimensionen jedoch leider recht unscharf. In welchen Dimensionen sich Skripte unterschiedlicher Techniken unterscheiden könn(t)en, wird nicht klar herausgearbeitet. Erst der systematische Vergleich lässt uns jedoch die handlungsbeeinflussende Wirkung von Technik genauer verstehen und im Anschluss daran über einzelne Fallstudien hinaus auch erklären. Wenn man das Skriptkonzept also dazu verwenden möchte, intendierte Handlungsbeeinflussung durch Eigenschaften von Technik vergleichend zu erklären, benötigt man vergleichbare Analyse-Dimensionen, welche die Techniken in ihrer Vielfältigkeit differenziert und vor allem systematisch erfassen können.

Da es bisher keine theoretische Basis für ein solches Unterfangen gibt (und sich auch in anderen theoretischen Richtungen keine übertragbaren Konzepte finden lassen, die helfen würden, das Wirken technischer Skripte in konkreten Konstellationen systematisch zu fassen und damit

---

Objekten in Interaktion treten: Wenn ich die abgeschlagene Weinflasche nach dem Kampf zu Seite lege und wegrenne und ein anderer sie aufhebt, kann auch dieser sie, in der von mir intendierten Funktion der Waffe, nutzen. Inwieweit ich diese Weiternutzung ‚designt' habe, ist jedoch eine andere Frage. Was ist, wenn ich in einer gefährlichen Situation eine abgeschlagene Weinflasche auf dem Boden finde und sie als Waffe nutze: Wurde diese Flasche dann von einem anderen für solch eine Situation als Waffe intendiert? Wahrscheinlich in den meisten Fällen nicht. Das Besondere an solchen Re-Inskriptionen durch ‚Nutzer-Designer' ist auch, dass sich die Umschreibungen meist nur auf einzelne oder einige wenige Exemplare einer Technik beziehen.

vergleichbar zu machen),[89] muss die Frage empirisch angegangen werden. Welche Analyse-Dimensionen sinnvoll sind und welche nicht, lässt sich in diesem Fall mit ihrem jeweiligen Beitrag zur Beantwortung meiner Forschungsfrage begründen. Der Frage, welche Skript-Dimensionen für einen solchen Vergleichsrahmen grundsätzlich infrage kommen, bin ich gemeinsam mit dem *Berlin Script Collective*[90] nachgegangen. Mit unserer Suche nach vergleichbaren Skript-Dimensionen haben wir also bei Akrich selbst begonnen und die Suche dann nach und nach auf andere Fallstudien ausgeweitet. Das Ergebnis – ein empirisch gewonnener Rahmen aus mehreren Analyse-Dimensionen für Skripte (Berlin Script Collective 2014) – werde ich im Folgenden im Detail erläutert. Als erstes stelle ich die implizit in Akrichs Ansatz enthaltenen Analyse-Dimensionen vor. Welche Dimensionen dies im Detail sind, möchte ich an einem längeren Zitat von Akrich illustrieren. Im Zitat wird eine „fotoelektrische Lichtanlage" (2006a:413) beschrieben, die in Frankreich entwickelt wurde und in einem afrikanischen Land zum Einsatz kommen sollte. In den nachfolgenden Kapiteln möchte ich darüber hinaus zeigen, wie weitere Analyse-Dimensionen aus bestehenden Konzepten und Diskussionen in der (Technik-)Soziologie und den Surveillance Studies abgeleitet werden können und wie sich diese Dimensionen systematisieren lassen.

> „Als ich die Industriellen und Designer das erste Mal über die Lichtanlage sprechen hörte, schien es eine sehr simple Anordnung mit drei funktionalen Elementen zu sein. Es gab ein Solarpanel zur Produktion von Elektrizität, einen Akkumulator und eine Lampe, die die Elektrizität verbrauchte.
>
> Als ich jedoch in Afrika ankam und damit begann, die Arten zu erforschen, in denen solche Anlagen tatsächlich verwendet wurden, wurde das Bild schnell komplizierter. Diejenigen, die für die Installation und Wartung der Anlagen verantwortlich waren, wurden mit beträchtlichen Schwierigkeiten konfrontiert.
>
> Die erste von diesen war, dass die Drähte, die die verschiedenen Kom-

---

89 Über technisches Wirken lassen sich bisher nur sehr allgemeine Theorien finden, die nicht dazu geeignet sind, technisches Wirken empirisch genauer zu analysieren. Da sich die benötigten Vergleichsdimensionen somit nicht ‚top-down' ableiten lassen, bleibt an dieser Stelle nichts Anderes übrig, als ein solches Unterfangen pragmatisch anzugehen.

90 Beim Berlin Script Collective handelt es sich um eine Gruppe techniksoziologisch orientierter Forscher, die seit einiger Zeit an einem theoretischen Konzept für vergleichende Analysen von Technik arbeiten. Ich möchte mich an dieser Stelle für die umfangreiche und fruchtbare Zusammenarbeit bedanken.

ponenten verbanden – das Solarpanel, die Batterien und die Leuchtstoffröhre – der Länge nach befestigt waren und nicht einfach verändert werden konnten, weil die Verbindungen mit Steckern hergestellt wurden, die nicht dem Standard entsprachen. Dies bedeutete, dass es schwierig war, die Anlagen zur Verwendung in Räumen verschiedener Größe anzupassen.

Die Komponenten mit kurzer Lebensdauer wie z.B. Lampen oder Batterien zu ersetzen, stellte eine zweite Schwierigkeit dar. Weder passende Leuchtstoffröhren noch die wasserdichten Batterien, die gewählt worden waren, um sicherzustellen, dass Wartungsprobleme nicht die Lebensdauer des Systems verkürzten, waren auf dem Markt außerhalb der Hauptstadt erhältlich. Lokale Versorgungsquellen waren für den Benutzer also keine Hilfe. Trotz der Tatsache, dass es ein Hauptelement in ihrer technischen Umwelt war, verloren die Benutzer als Ergebnis die Kontrolle über die Installation. [...]

[Eine dritte Schwierigkeit bezieht sich auf] die Tatsache, dass der Vertragshändler, der die Anlage installiert, den Benutzern untersagt, sich im Fall eines Defekts an einen örtlichen Elektriker zu wenden. Stattdessen sagte er zu, dass er zwei Mal im Jahr in die Gegend komme, um fehlerhafte Installationen zu reparieren. Der Grund für dieses Embargo gegen örtliche Reparaturen war die Empfindlichkeit des Solarpanels. Wie die Anleitung es formulierte, ›wandelt [sie] Sonnenenergie direkt in elektrische Energie um‹. Die Tatsache jedoch, dass dies die Form von Gleichstrom mit nichtäquivalenten Polen annahm, bedeutete – zumindest nach Ansicht des Vertragshändlers –, dass es riskant wäre, einen örtlichen Elektriker hinzuzuziehen, der Erfahrungen mit Wechsel-, aber nicht mit Gleichstrom hätte. Die Gefahr war, dass die Ausrüstung, falls sie falsch angeschlossen würde, beschädigt werden könnte. [...]

Die Tatsache, dass die Wichtigkeit dieser Charakteristika erst in der Interaktion von Designer und Benutzer evident wurde, war nicht das Resultat von Zufall oder Nachlässigkeit. Jede tatsächlich getroffene Entscheidung ergab in Begriffen von Designkriterien einen Sinn. Gleichstrom ist billiger als Wechselstrom, weil ein Transformator einen guten Teil der verfügbaren Energie verbraucht. Wasserdichte Batterien und nicht standardisierte Anschlüsse wurden gewählt, um die Leute davon abzuhalten, selbst Hand an das Gerät zu legen und es so potentiell zu beschädigen. Die Länge der Verdrahtung musste begrenzt sein, da diese sonst die Leistung des Gerätes reduziert hätte.

Diese Entscheidungen waren alle dazu gedacht, sicherzustellen, dass die Lichtanlage unter allen Umständen ›arbeiten‹ würde [...] Das Anliegen, eine narrensichere Anlage zu produzieren, war dergestalt, dass die Designer beschlossen, keinen separaten Schalter im Kreislauf zu haben, weil dieser vielleicht zu einem Punkt unbefugten Eindringens in das System werden könnte. Dies bedeutet, dass es Benutzer oft schwierig fanden, das Licht ein- oder auszuschalten, weil der einzige Schalter direkt am Licht angebracht und somit normalerweise außerhalb der Reichweite war.

Also war es das technische Objekt, das die Akteure definierte, mit denen es interagieren sollte. Die Lichtanlage (und hinter ihr die Designer) arbeiteten mit einem Prozess der Eliminierung. Es würde nur einen fügsamen Benutzer tolerieren und andere Akteure wie Techniker oder Geschäftsleute [...] ausschließen." (Akrich 2006a:413ff)

Zu Beginn des Zitats geht es vor allem um die Funktionalität der Solaranlage und die dafür benötigten technischen Elemente;[91] recht schnell jedoch kommt Akrich über die funktionalen Teile der Anlage hinaus auf die Nutzer-Präskriptionen durch die Anlage (s. Kapitel 3.2.1) zu sprechen. Sie geht erstens darauf ein, dass Techniken anscheinend meist Skripte für unterschiedliche Arten von Akteuren haben; neben den späteren Anwendern erwähnt sie u.a. „[d]iejenigen, die für die Installation und Wartung der Anlagen verantwortlich waren". Über Standard-Nutzer hinaus (d.h. die Personen, die später einmal den Lichtschalter der Anlage betätigen, um Licht zu haben) scheinen Techniken also auch noch anderen Arten von Akteuren Vorgaben zu machen – allen denjenigen, die mit einer Technik in Interaktion treten – also z.B. Installateuren, Reparateuren und Wartungspersonal. In ihrem Umgang mit der Technik werden auch sie durch Skripte in ihrem Handeln beeinflusst. In den folgenden drei Abschnitten beschreibt Akrich die Schwierigkeiten, mit denen sich die Akteure in der Interaktion mit der Technik konfrontiert sehen. Manche dieser Schwierigkeiten sind vertraglicher Natur: So dürfen z.B. lokale Elektriker nicht als Reparateure bzw. als Wartungspersonal agieren. Der Nutzer verpflichtet sich, diese Vorgaben mit der Unterzeichnung des Kaufvertrages einzuhalten. Diese vertraglichen Aspekte der Nutzung sind nicht im Skript eingeschrieben, sondern werden anderswo festgelegt. Andere der beschriebenen Schwierigkeiten sind jedoch darüber hinaus auch materieller Natur: Die Art und Weise der Verdrahtung der Anlage,

[91] Die Funktionalität einer Technik kann lediglich beim Vergleich von Techniken mit demselben Nutzungszweck sinnvoll verglichen werden. Ansonsten (bei Techniken, die zu völlig unterschiedlichen Zwecken eingesetzt werden) gibt sie keine sinnvolle Vergleichsdimension ab.

die Länge der Drähte und die Wahl einer bestimmten Steckerform verhindern beispielsweise, dass die Installateure der Anlage diese vor Ort verändern und an die räumlichen Gegebenheiten anpassen können.[92]

Die Wirkung eines Skripts wird in Akrichs Beschreibungen außerdem durch einen weiteren Faktor beeinflusst: Skripte scheinen sich hinsichtlich der Umweltbedingungen zu unterscheiden, die sie benötigen, um die Nutzung des Skriptes überhaupt erst wahrscheinlich zu machen. Diese Abhängigkeit von Bedingungen an den Nutzungskontext zeigt Akrich in Zusammenhang mit der Wartung der Solaranlagen. Die gewählten Akkumulatoren und Leuchtstoffröhren sind keine Standard-Batterien und -Lampen und auf dem lokalen Markt so gut wie nicht zu erstehen (außer in der Hauptstadt des Landes). Die infrastrukturellen Bedingungen des Wartungskontextes waren so auch daran beteiligt, dass das Wartungsskript von lokalen Elektrikern nicht durchgeführt werden konnte. An einem zweiten Bespiel in Akrichs Text (nicht Teil dieses Zitats) kann dieser Aspekt weiter verdeutlicht werden. Sie beschreibt hier den Gebrauch von Generatoren im Senegal (ebd.:416f). Diese Generatoren laufen mit Treibstoff. Ihre Nutzung ist von einer Infrastruktur abhängig, die Tankmöglichkeiten bereithält. Im Gegensatz zu den Generatoren ist die Nutzung der Solaranlagen nicht von denselben Kontextbedingungen abhängig und wurde explizit für die Strom- bzw. Treibstoff-unabhängige Erzeugung von Licht konzipiert (jedoch könnte man das auch nur als eine Verschiebung der Abhängigkeit hin zu ‚gutem Wetter mit starker Sonne' interpretieren). Wie auch immer, so bleibt festzuhalten, dass sich Skripte hinsichtlich ihrer Flexibilität bezüglich der Kontextbedingungen differenzieren lassen.

Die letzten drei Abschnitte in Akrichs Zitat machen außerdem deutlich, dass alle diese Entscheidungen vor dem Hintergrund eines bestimmten Nutzerbildes getroffen wurden. Erwartet/Imaginiert werden in Akrichs Solar-Beispiel vor allem inkompetente Akteure (seien es nun die Nutzer, die lokalen Elektriker oder die Installateure vor Ort), die mit allen Mitteln davon abgebracht werden müssen, die Anlage auch nur minimal zu verändern – denn inkompetente Veränderung, so glauben die Entwickler, führt immer zum Zusammenbruch des technischen Systems und damit auch zur Auslöschung aller Skripte. Ziel war es, die Anlage unter allen

92 Der spezielle Aufbau der Anlage führte darüber hinaus dazu, dass man die Anlagen nur direkt am Gerät an- und ausschalten kann, da der Schalter aufgrund der kurzen Kabellänge immer dort ist, wo die Anlage installiert wurde – ein zweiter Schalter an einem längeren Kabel wurde bewusst nicht eingebaut.

Umständen am Laufen zu halten und mögliche Nutzungsvarianten sowie potentielle Umnutzung durch die Interaktionspartner auf ein Minimum zu reduzieren.[93] Über die schlichte Nutzung (Licht an – Licht aus) der Solaranlagen waren die übrigen Skripte nur ganz bestimmten Akteuren zugängig: offiziell nur solchen, die vertraglich dazu berechtigt waren, durch das Skript bedingt aber im Prinzip auch solchen, die sich mit Gleichstrom und dem besonderen Aufbau der Anlage auskannten und die Ersatzteile in der Hauptstadt kaufen konnten. (Teil-)Skripte lassen sich also auch hinsichtlich ihrer Zugänglichkeit unterscheiden. Von den Entwicklern in die Technik inskribiert werden „die Kompetenzen, die von Akteuren erwartet werden können, bevor sie am Setting eintreffen, und die notwendig sind, um die Krise zwischen *Präskription* und *Subskription*[94] aufzulösen" (Akrich und Latour 2006:402). Ein Akteur muss also mit bestimmten Eigenschaften oder Fähigkeiten ausgestattet sein,[95] d.h. bestimmte Anforderungen erfüllen, um ein Skript umsetzen zu können, und diese Zugangsbeschränkungen sind in die Technik eingeschrieben.

Über Akrichs textliche Beschreibung hinaus lassen die im Text enthaltenen Bilder auf eine weitere Art der Zugangseinschränkung von Skripten schließen. Die Bilder (s. Abbildung 1) illustrieren den Aufbau einer der Solaranlagen. Es lässt sich unschwer erkennen, dass die meisten Teile der Anlage, bis auf das Panel (da dieses dem Sonnenlicht ausgesetzt sein muss) und den An-Aus-Schalter (da dieser für den Nutzer erreichbaren sein muss), innerhalb einer metallenen Box liegen, die mit einem Schloss versehen ist.

---

93 Nicht-skriptgemäße Nutzungen (wie z.B. das nicht-autorisierte Umgehung bzw. Entfernung von Nutzungsbeschränkungen) können, wie schon in Kapitel 3.2.1 angesprochen, nicht als Teilskripte einer Technik betrachtet werden. Da diese Nutzungsweise nicht intendiert wurde, kann sie mit dem Skriptbegriff nicht gefasst werden. Kreative Ausnutzung von Skripten durch Nutzer muss als Abweichung vom Skript erfasst werden.

94 Auf von den Entwicklern eingeschriebene Präskription können Nutzer unterschiedlich reagieren: mit einer *Subskription* oder einer *De-Inskription*, d.h. einer zustimmenden oder ablehnenden Reaktion auf das, was ihnen vorgeschrieben bzw. untersagt wird (Akrich und Latour 2006:401).

95 So kann ein Analphabet beispielsweise keine Schilder lesen und ein Blinder kann nichts mit Signalfarben anfangen. Ein Skript kann also in vielerlei Hinsicht noch so überzeugend sein – wenn es nicht auf einen Nutzer trifft, welcher die Inskriptionen auch ‚lesen' kann, kann es nicht umgesetzt werden. Die Eigenschaften und Fähigkeiten lassen sich unterteilen in solche, die fast alle Akteure besitzen (wie bspw. die Fähigkeit, auf einen Knopf zu drücken); darüber hinaus gibt es aber auch Fähigkeiten, die nur wenige Akteure erlernen bzw. erlernen dürfen.

Abbildung 1 – Aufbau der Solaranlagen (Akrich 2010:208)

Ein Akteur, der das Reparatur- und Wartungs-Skript nutzen möchte, muss deshalb zusätzlich zu den im letzten Absatz besprochenen Anforderungen im Besitz eines Schlüssels sein, der ihn dazu berechtigt die Box zu öffnen. Das unbefugte Öffnen der Box wird über die Wahl des für die Box verwendeten Materials erschwert: stabiles Metall (eine Plastikbox wäre wahrscheinlich leichter aufzubrechen).

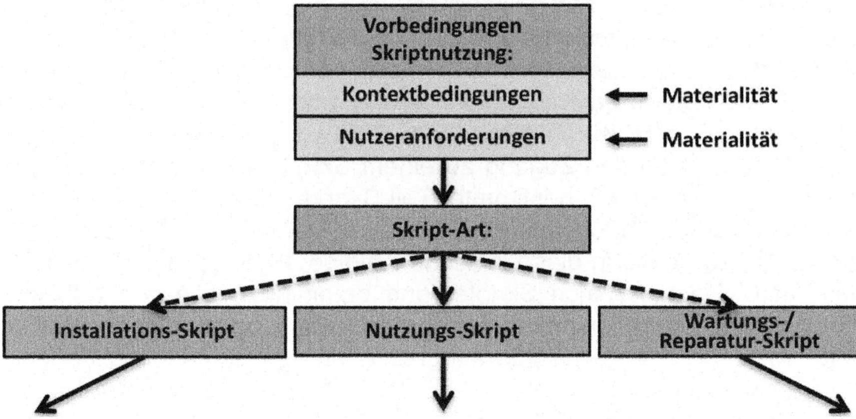

Abbildung 2 – Akrichs implizite Analyse-Dimensionen

Der Zugang zu den für unterschiedliche Akteure intendierten (Teil-) Skripten kann also einerseits durch die mitzubringenden Eigenschaften und Fähigkeiten des Akteurs bestimmt werden; er kann aber auch durch den Besitz eines Schlüssels[96] (in Kombination mit einer Zugangsbarriere) gesichert sein. Aufbauend auf Akrichs Beobachtung und den hier zusätzlich herausgestellten Aspekten kann man also annehmen,

1. dass sich technische Skripte hinsichtlich ihrer Flexibilität bezüglich der Kontextbedingungen differenzieren lassen (d.h. Skripte sind auf bestimmte Kontextbedingungen angewiesen, um überhaupt zur Verfügung zu stehen),
2. dass Techniken in ihren Skripten unterschiedliche Anforderungen festlegen, die ein Akteur mitbringen muss (Fähigkeiten, Eigenschaften und/oder Schlüssel-Besitz),
3. dass diese Präskriptionen in Technik eingeschrieben und dabei immer durch unterschiedliche materielle Eigenschaften von Technik umgesetzt werden, und
4. dass die vorgenommenen und materialisierten Präskriptionen schließ-

[96] Über die beschriebene Situation hinaus kann man sich leicht Situationen vorstellen, in denen statt des Schlüssels ein immaterielles Passwort zum Einsatz kommt.

lich dazu führen können, dass bestimme Teile eines Skriptes nur speziellen Akteuren zugängig sind. Techniken enthalten demnach möglicherweise (zusätzlich zum ‚Standard-Nutzer-Skript') weitere (Teil-) Skripte, die bestimmten Skript-Typen zugeordnet werden können: z.B. Installation oder Reparatur/Wartung.

Die bei Akrich entdeckten Aspekte von Skripten bauen dabei logisch aufeinander auf: Erstens, welche Kontextbedingungen (z.B. Strom oder Internet) werden für die Skriptaktivierung erwartet?, zweitens, welche Anforderungen (z.B. Körpergröße oder Passwort) werden an den Akteur gestellt, um diesen den Zugang zu einem Skript freizugeben?, und werden dadurch (drittens) bestimmte Teil-Skripte eines speziellen Typus (z.B. User- oder Wartungsskript) spezifiziert? Nur der materielle Aspekt passt nicht so richtig in diese logische Abfolge; Materialität liegt vielmehr quer dazu. Da bei Akrich Skripte (und damit auch alle ihre Aspekte/-Dimensionen) immer in materialisierte Objekte eingeschrieben werden, bleibt einer Technik gar nichts anderes übrig, als die eingeschriebenen Präskriptionen materiell auszudrücken. Die Notwendigkeit des Anschlusses einer Technik an ein Stromnetz kann beispielsweise durch ein Kabel mit einem Stromstecker angezeigt und erkannt werden; die Notwendigkeit des Besitzes eines Schlüssels kann durch das Vorhandensein und die Form eines Schlüssellochs mitgeteilt werden; ob ein Fahrrad für Kinder oder Erwachsene (d.h. Akteure mit bestimmter Körpergröße) gedacht ist, kann man an der Größe der Reifen und der Höhe des Sattels ablesen; die Notwendigkeit des Drückens eines bestimmten Knopfes kann über die Form hinaus durch dessen Farbe oder Text unterstützt werden. Dabei können sehr unterschiedliche Aspekte von Materialität ausgenutzt werden. Es scheint für Materialität jedoch kein sinnvolles Maß zu geben, welches eine etwaige Hierarchie ausdrücken könnte.[97] Materialität wird deshalb nicht als eigenständige Analyse-Dimensionen aufgenommen, sondern wird in allen anderen Dimensionen mitbetrachtet.

---

97 Die Materialität von Technik wurde bereits in Kapitel 3.1.3 besprochen. Unter Bezug auf Rammert wurde behauptet, dass sich Technik zwar hinsichtlich ihres Trägermediums differenzieren lässt, dass jedoch nicht einfach von der Materialität einer Technik auf deren Festigkeit geschlossen werden kann. Dem möchte ich mich an dieser Stelle anschließen. Hinsichtlich der Wirkkraft von Technik lassen sich unterschiedliche Materialien nicht sinnvoll in eine hierarchische Beziehung setzen. Trotzdem kann unterschiedliche Materialität genutzt werden, um Nutzern bestimmte Handlungen vorzuschreiben oder nahezulegen. Der Aspekt der Materialität darf deshalb bei der Skriptanalyse nicht komplett ausgeklammert werden, auch wenn er nicht sinnvoll als Skript-Dimension operationalisiert werden kann.

Aufbauend auf den Arbeiten von Akrich & Co sind wir damit dem Ziel einer systematischen Skriptanalyse einen Schritt näher gekommen. Die in den Skripten (oder in die Technik begleitendende externe Präskriptionen) eingeschriebenen Vorbedingungen, die erfüllt sein müssen, um eine Interaktion zwischen Technik und Nutzer zu ‚starten', können nun verglichen werden, um die initiale Wirkung von Technik auf unterschiedliche Akteure herauszufinden und gegenüberzustellen. Da jedoch in der ANT (wie in Kapitel 3.1.2 angemerkt) in der Regel nicht auf den Grad an Kontingenz im Handeln von Techniken eingegangen wird, kann man schon allein deshalb davon ausgehen, dass die obige Auflistung an Dimensionen nicht abschließend ist.[98] In der Diskussion um die Handlungsträgerschaft von Technik habe ich diesbezüglich auf weitere Differenzierungsmöglichkeiten von Technik hingewiesen (s.a. Kapitel 3.1), die auch als Analyse-Dimension für technische Skripte infrage kommen könnten: das von Rammert angeführte Aktivitätsniveau einer Technik bzw. der Grad der jeweils vorgesehenen Interaktivität mit dem Nutzer. Darauf möchte ich im nächsten Kapitel zu sprechen kommen.

3.2.3 *Techniksoziologische Erweiterung der Analyse-Dimensionen*

Das Aktivitätsniveau einer Technik (s. Kapitel 3.1.2) ist ein Maß für die Kontingenz technischen Handelns. Es differenziert Techniken hinsichtlich der Art und Weise, wie diese selbstständig mit der Umwelt in Interaktion treten können. Die Beispiele, die Rammert anfänglich für die verschiedenen Niveaus heranzieht (2003)[99], erwecken den Eindruck, dass sich die technische Handlungsflexibilität vor allem auf die möglichen Reaktionen einer Technik auf seine nicht-menschliche Umwelt bezieht. Wenn man eine erhöhte technische Informations-, Entscheidungs- und Verhaltensautonomie jedoch ebenso auf das Verhältnis der Technik zu einem Nutzer bezieht – wie Rammert das in einem seiner neueren Texte (2009)[100] auch tut –, wird die Unterscheidung von Technik nach Aktivitätsniveaus auch für die Skriptanalyse interessant. Die Frage, die sich dann stellt, ist, wie sich ein bestimmtes Aktivitätsniveau einer Technik in dessen Skript niederschlägt bzw. niederschlagen kann.

Techniken existieren aktuell auf vier unterschiedlichen Aktivitätsni-

---

98 Zur Frage nach der Vollständigkeit des Dimensionen-Rasters s. Kapitel 3.2.6.

99 Neben mit Sensoren ausgestatteten Bohrmaschinen ist hier von Fußball spielenden Robotern und Multiagentensystemen die Rede.

100 Als Beispiele zieht er nun (über Bohrmaschinen hinaus) beispielsweise Software-Assistenz-Systeme heran.

veaus.[101] Die Niveaus beziehen sich auf das Level an *Eigenaktivität*, welches die Technik in den Bereichen der Motorik/Mobilität, der Aktorik/Automatik, der Sensorik und der Informatik aufweisen kann. Techniken mit einem höheren *Eigenniveau* (d.h. ab Niveau 2) sind in der Tendenz mobiler, führen mehr Operationen selbsttätig aus und können meist Feedback aus der Umgebung aufnehmen sowie Feedback an die Umgebung zurückgeben (Rammert 2009:24). *Aktive* Techniken (Niveau 2) können im Unterschied zu *passiven* Techniken (Niveau 1) einzelne Operationen einer Handlung in den oben genannten vier Bereichen selbsttätig ausführen (meist im Bereich der Motorik oder Aktorik liegend). So kann beispielsweise ein Akkuschrauber (im Gegensatz zum Handschraubenzieher oder einem Hammer) einen Teil der Schraub-Tätigkeit, welche vorher durch den Nutzer ausgeführt wurde, selbsttätig ausführen. Wenn der Akkuschrauber diese Tätigkeit nun auch noch situativ anpassen kann (indem er beispielsweise aufhört zu bohren, wenn das Gewinde der Schraube vollständig in der Wand verschwunden ist), gewinnt die Technik ein weiteres Niveau: Sie wird *reaktiv* (Niveau 3) und kann ihr Handeln auf Änderungen in der Umwelt einstellen (d.h. sie gewinnt an ‚Sensorik'). *Ko-operative* Techniken (Niveau 4) können darüber hinaus den Nutzer über solche oder weitere Änderungen (die sich aus Veränderungen in der Umwelt ergeben) informieren; der Akkuschrauber kann den Nutzer beispielsweise darauf hinweisen, dass er etwas falsch macht, wenn dieser den Schrauber schief hält und dadurch das Schraubergebnis beeinträchtigt. Das Verhältnis zwischen Nutzer und Technik ist auf diesem Niveau das einer wechselseitigen Abstimmung zur gemeinsamen Ausführung einer Tätigkeit. Techniken auf diesem Niveau werden häufig als ‚smart' oder ‚intelligent' bezeichnet. Sie funktionieren meist am besten zusammen mit technischen Infrastrukturen, die mit den benötigten Sensoren und Kommunikationsmöglichkeiten ausgestattet sind.

An seine Vorstellung der Aktivitätsniveaus von Technik schließt Rammert eine für die Skriptanalyse interessante These an:

> „Wenn sich das Aktivitätsniveau der Objekte auf der Autonomieskala nach oben verschiebt, dann muss sich auch die Beziehung zwischen den Menschen und den Objekten verändern." (ebd.:26)

Durch Verschiebung des Eigenniveaus scheint sich also auch das Verhältnis zwischen Technik und Nutzer zu ändern. Eine Treppe beispiels-

---

[101] Das fünfte, trans-aktive Aktivitätsniveau, werde ich an dieser Stelle aufgrund seiner fehlenden Ausprägung in der Praxis aussparen.

weise mit einem passiven Aktivitätsniveau (Niveau 1) kann einzig durch ihre Form anzeigen, dass sie geskriptet wurde, um Nutzer auf eine höhere oder tiefere Ebene zu bringen. Sie kann weder den Nutzer selbststätig in eine Richtung befördern (wie bspw. eine Rolltreppe mit Niveau 2), noch kann sie Informationen über die Nutzer aufnehmen, um bspw. die Treppenstufenhöhe an den Nutzer und dessen Beinlänge anzupassen (Niveau 3) oder dem Nutzer Feedback geben (Niveau 4), um diesem z.B. mitzuteilen, dass er sich dem Ende der Treppe nähert. Ein Smartphone hingegen hat wesentlich mehr Möglichkeiten, mit seinen Nutzern zu kommunizieren, auf ihre Aktionen situativ zu reagieren und ihnen wiederum anzuzeigen, was sie tun sollen. Mit einem ko-operativen Aktivitätsniveau (Niveau 4) ausgestattet, kann das Smartphone z.B. innerhalb einer entsprechenden Infrastruktur Informationen über den Nutzer situativ sammeln, sie verarbeiten und dann entsprechend unterschiedlich reagieren. Das Smartphone ist damit viel flexibler in seiner Beziehung zu den Nutzern als eine Treppe oder ein Akkuschrauber. Mit einem Smartphone lässt sich sogar telefonieren, wenn ich gerade die Nummer nicht weiß und dem Gerät stattdessen per Sprachsteuerung auftrage, meine Freundin Alex anzurufen und es dann auch noch aus Unachtsamkeit falschherum an mein Ohr halte (denn auch wenn dann alles etwas leiser ist, funktionieren Lautsprech- und Mikrofonfunktion trotz alledem).[102] Einen Akkuschrauber sollte man lieber nicht am anderen Ende festhalten, wenn man ihn ohne Unfall nutzen möchte, und aktiviert werden kann er immer nur durch ein- und denselben Knopf. Durch die Möglichkeit, flexibler auf die Umwelt (und die darin enthaltenen Nutzer) einzugehen, gestaltet sich auch die Beziehung zwischen Technik und Nutzer, so Rammert, qualitativ anders:

> „Je höher das Eigenniveau der technischen Elemente ist, desto mehr verschiebt sich die Beziehung zwischen Menschen, Wirk- und Zeichenobjekten von der einfachen Instrumentalität zur vielfältigen Interaktivität.“ (ebd.:26)

Nicht alle Niveau-Steigerungen haben jedoch eine direkte Auswirkung auf die Beziehung zwischen Technik und Nutzer. Das Schwingen eines Hammers (passive Technik) sowie das Drücken eines Startknopfes (aktive Technik) fordern vom Nutzer in beiden Fällen einen ähnlichen ‚Input'. Ein qualitativer Sprung im Technik-Nutzer-Verhältnis zeigt sich erst ab Niveau 3 und 4. Erst durch Veränderungen im Bereich der *Senso-*

---

[102] Das selbstständige Agieren von Technik auf Niveau 3 und 4 wird in der Regel durch die Integration von Software unterstützt, da diese Art der Interaktion nur schwer vollständig mechanisch umgesetzt werden kann.

rik in Zusammenhang mit der *Informatik* kommt es zu einer neuen Art von Beziehung zwischen Technik und Nutzer – nämlich zu einer Beziehung, die der menschlichen Interaktion sehr ähnlich ist. Das gemeinsame Handeln wird hier wechselseitig angepasst und durch Feedback gegenseitig angezeigt. Während passive und wenig aktive Techniken von den Nutzern in der Regel instrumentell verwendet werden, entsteht zwischen ko-operativen Techniken und ihren Nutzern schließlich so etwas wie eine Interaktionsbeziehung. Rammert nennt diese Art der Beziehung zwischen menschlichen Akteuren und Technik *Interaktivität*, in Anlehnung an die Beziehungsform der *Interaktion* (die in der Soziologie fortlaufend aufeinander bezogenes soziales Handeln von menschlichen Akteuren beschreibt; s. Kapitel 3.1.1). Interaktivität ist „eine der zwischenmenschlichen Interaktion nachgebildete Ebene der interaktiv-kommunikativen Beziehung" (ebd.:26) und besitzt deshalb viele Eigenschaften, die auch bei der Interaktion zu beobachten sind. Wie in der Interaktion beziehen sich auch die Interaktivitäts-Partner wechselseitig aufeinander. Ein Wechselspiel aus Beobachten und Reagieren, Entwerfen und Handeln entspinnt sich. Das Starten eines Flugzeugs beispielsweise ist ein ständiges Hin und Her zwischen menschlichen und technischen Aktivitäten, die wechselseitig aufeinander aufbauen. Techniken auf einem niedrigen Aktivitätsniveau können an solchen Beziehungen nicht teilhaben (oder nur als Teil eines größeren technischen Systems), da sie dafür sowohl der *Sensorik* als auch der *Informatik* (im Rammertschen Sinne) bedürfen. Technik mit niedrigem Aktivitätsniveau kann zwar auch Reaktionen bei einem Nutzer hervorrufen, sie kann jedoch nicht auf die Reaktionen, die sie hervorgerufen hat, reagieren. Es kann deshalb nur durch ein Eigenniveau 4 zu der für Interaktivität vorausgesetzten Wechselseitigkeit kommen. Die vier Eigenniveaus von Technik (ordinal) lassen sich aus diesem Grund nicht einfach eins zu eins in eine binäre Variable für die Technik-Nutzer-Beziehung umwandeln, denn die Beziehung zwischen Nutzer und Technik kennt bei Rammert nur zwei Ausprägungen – Instrumentalität und Interaktivität – und ist damit dichotom. Aus Rammerts Konzept der Aktivitätsniveaus, seinen anschließenden Ausführungen zur Interaktivität und der Übertragung der zweiten Handlungsebene ‚Kontingenz auf technische Instanzen lassen sich jedoch trotzdem interessante Erkenntnisse für die Skript-Analyse ableiten:

Die Beschreibung der Technik-Nutzer-Beziehung als eine Art Interaktion verweist auf den Prozesscharakter von Skripten. Skripte beeinflussen das Handeln ihrer Nutzer nicht nur punktuell (wie noch in Kapitel 3.2.2 angenommen), sondern können mit diesen in eine längere, wechselseitige Beziehung treten. In solchen länger andauernden Interaktivitätsbeziehungen muss der jeweilige Handlungsanteil der beteiligten Parteien nicht die gesamte Beziehung über gleich bleiben, sondern kann sich über die Beziehung hinweg verschieben. Es scheint folglich interessant, sich die Struktur von Skripten genauer anzuschauen. Die Struktur von Skripten lässt sich als Aneinanderreihung von Phasen beschreiben, in denen es jedes Mal zu neuen Handlungsaufforderungen seitens der Technik kommt. Skripte lassen sich demnach hinsichtlich ihrer Länge, d.h. der Phasen-Anzahl der, unterscheiden. Ein Skript kann zwischen 1 und n Phasen haben. Ein Beispiel für ein einphasiges Skript ist der schon erwähnte Hammer. Ein Beispiel für mehrphasige Skripte ist ein Großteil der uns bekannten Software. Nutzer und Technik führen Handlungen in diesem Fall in interaktiver Wechselseitigkeit aus und durchlaufen dabei die verschiedenen Phasen des Skriptes.

Da Technik mit einem höheren Aktivitätsniveau mehr Handlungsmöglichkeiten zur Verfügung hat und ihre Wirkweise besser situativ an den Nutzer anpassen und diesem anzeigen kann, gestaltet sich auch die Beziehung zum Nutzer oft nicht nur potentiell länger, sondern auch potentiell flexibler. Die Flexibilität eines Skripts bezüglich seiner Struktur bietet sich deshalb als weitere Analyse-Dimension an. Wenn man lediglich eine einzelne Phase betrachtet (die Teil eines längeren Skriptes sein kann), rührt Flexibilität daher, dass dem Nutzer gleichzeitig mehrere funktionale Äquivalente angeboten werden, um ein Ziel zu erreichen. Einen Computer kann man beispielsweise meist ebenso über einen Knopf am Gehäuse wie durch eine digitale Schaltfläche auf dem Bildschirm ausschalten. Skript-Flexibilität kann sich jedoch auch auf mehrere Phasen eines Skriptes gleichzeitig beziehen. Mehrphasige Skripte kann man dann nicht nur durch ihre Phasenanzahl, sondern auch durch die Art der Verknüpfung der Phasen, also deren (Un-)Ordnung, beschreiben. Die Phasen können entweder so zusammenhängen, dass sie immer in einer festgelegten Reihenfolge, d.h. in einer Sequenz, erfolgen müssen, um das gewünschte Ziel zu erreichen.[103] Die Phasen können aber auch nur sehr lose miteinander zusammenhängen; die Skript-Struktur des mehr-

[103] Ein bekanntes Beispiel dafür sind Software-Installations-Skripte, die man (möchte man am Ende die Software auf seinem Computer haben) vollständig in der vorgegebenen Reihenfolge absolvieren muss. Sequenzielle Skripte (oder Skript-Teile) leiten Nutzerverhalten also durch eine bestimmte Anzahl an relevanten Aktivitäten, die zum Erreichen eines bestimmten Ziels in genau der Reihenfolge notwendig sind. Wird das Skript vorher abgebrochen, kann das Ziel nicht erreicht werden. In der Regel wechseln sich dabei technische Instanz und menschlicher Akteur ab, wodurch es zu einer variierenden Handlungsbeteiligung über die Technik-Nutzer-Beziehung hinweg kommt.

phasigen Skriptes ist dann nicht durch eine fixe Anordnung, sondern durch Un-Ordnung und Flexibilität geprägt.[104]

Skripte lassen sich in Anlehnung an Rammert also hinsichtlich ihrer Struktur unterscheiden. Die Struktur kann betrachtet werden hinsichtlich ihrer Länge (Phasenanzahl) und ihrer Flexibilität (funktionale Äquivalenz und Phasenordnung). Für eine vergleichende Analyse technischen Wirkens in sozio-technischen Konstellationen ist dies deshalb relevant, da lange Skripte (erstens) also potentiell immer die Möglichkeit einer wechselnden Verteilung der Aktivitäten (und damit auch der sich davon ableitenden Handlungsmacht) enthalten und (zweitens) die potentielle Flexibilität von Skripten zeigt, dass diesbezüglich Varianz möglich ist und die Stärke der Beeinflussung je nachdem unterschiedlich verhandelt werden kann.

3.2.4 *Interaktionstheoretische Erweiterung der Analyse-Dimensionen*

Rammerts Hinweis darauf, dass die Beziehungen zwischen Techniken und Nutzern denen der Interaktion ähneln können, legt nahe – über den techniksoziologischen Theorierahmen hinaus –, noch einmal in Konzepten und Theorien zu sozialem Handeln und Interaktion nach theoretischen Anknüpfungspunkten zur Erklärung technischen Wirkens zu suchen – auch wenn die handlungstheoretische Betrachtung des Skript-Begriffs keine verwertbaren Ergebnisse gebracht hat (s. Kapitel 3.2.1). Unabhängig von der bisherigen Diskussion um Rahmen und Skripte hat Erving Goffman auf zwei interessante Aspekte sozialer Interaktionen hingewiesen, die sich auch auf Technik-Nutzer-Beziehungen übertragen lassen. Anders als Esser (s. Kapitel 3.2.1) geht es nämlich auch Goffman um Handlungsbeeinflussung zwischen den Akteuren. Handlungsbeeinflussung findet bei Goffman durch Ausdruckskontrolle gegenüber einem Publikum statt. In Interaktionssituationen versuchen Akteure wechselseitig Informationen übereinander zu erlangen, um die Situation, in der sie sich befinden, und die jeweiligen an sie gerichteten Erwartungen zu ermitteln und zu definieren. Dabei helfen ihnen u.a. die schon erwähnten Rahmen (s.a. Anmerkung 78). Solche sozialen Deutungsschemata geben allerdings nicht nur an, wie man sich in einer Situation verhalten sollte, sie sind darüber hinaus immer auch mit Erwartungen an den Interakti-

---

[104] Ungeordnete Skripte (oder Skript-Teile) stellen es dem Nutzer frei, in welcher Reihenfolge er bestimmte Skript-Phasen aneinanderreiht. Analoges Beispiel zum Installations-Skript wären hier die Einstellungen einer Software, die man jederzeit nach Belieben verändern kann.

onspartner verbunden. Akteure wissen mit ihrer Hilfe auch, was sie (vermutlich) von ihrem Gegenüber erwarten können, d.h. wie dieser in einer bestimmten Situation vermutlich handeln wird.

> „Wenn ein Einzelner mit anderen zusammentrifft, versuchen diese gewöhnlich, Informationen über ihn zu erhalten oder Informationen, die sie bereits besitzen, ins Spiel zu bringen. [...] Wenn es auch so scheint, als würden einige dieser Informationen um ihrer selbst willen gesucht, so stehen doch im allgemeinen praktische Gründe dahinter. Informationen über den Einzelnen tragen dazu bei, die Situation zu definieren, so daß [sic] die anderen im voraus ermitteln, was er von ihnen erwarten wird und was sie von ihm erwarten können. Durch diese Informationen wissen die anderen, wie sie sich verhalten müssen, um beim Einzelnen die gewünschte Reaktion hervorzurufen." (Goffman 1985:12)

Dies kann von Akteuren strategisch ausgenutzt werden, um das Handeln des Gegenübers ganz gezielt zu beeinflussen: Indem man selbst (nur) ganz bestimmte Informationen herausgibt, um damit eine spezifische Situation anzuzeigen, kann beim Gegenüber ein ganz bestimmter Eindruck hervorgerufen und so dessen Handeln strategisch beeinflusst werden. Ein Akteur kann es sich also zunutze machen, dass nicht nur er selbst, sondern auch alle anderen potentiellen Interaktionspartner davon ausgehen, dass in bestimmten typischen Situationen auf eine erwartete Art und Weise gehandelt wird. Eine Darstellung seiner Selbst und einer bestimmten Situation ist also immer auch der Versuch, die anderen Beteiligten in einer Situation in ihrem Handeln zu beeinflussen.

> „Abgesehen von dem unmittelbaren Ziel, das der Einzelne sich gesetzt hat, und von den Motiven dieser Zielsetzung, liegt es in seinem Interesse, das Verhalten der anderen, insbesondere ihr Verhalten ihm gegenüber, zu kontrollieren. Diese Kontrolle wird weitgehend dadurch bewirkt, daß er die Deutung der Situation beeinflußt, und zwar kann er das dadurch, daß er sich in einer Art und Weise ausdrückt, die bei den anderen einen Eindruck hervorruft, der sie veranlaßt, freiwillig [8] mit seinen Plänen übereinzustimmen. So hat der Einzelne im allgemeinen allen Grund, sich anderen gegenüber so zu verhalten, daß er bei ihnen den Eindruck hervorruft, den er hervorrufen will." (ebd.:14f, alte Rechtschreibung i. O.)

Auf die strategischen Aspekte von Interaktion geht Goffman vor allem in *Strategic Interaction* (1970) ein, wo er sogenannten „expression games" am Beispiel von Spionen beschreibt.

> "The subject appreciates that his environment will create an impression on the observer and so attempts to set the stage beforehand. Aware

that his actions, expressions, and words will provide information to the observer, the subject incorporates into the initial phases of this activity a consideration of the informing aspects of its later phases, so that the definition of the situation he eventually provides for the observer hopefully will be one he feels from the beginning would be profitable to evoke. To this end, the subject [...] engages in impression management." (ebd.:12f)

Eine solche strategisch motivierte Auf- bzw. Verdeckung von Informationen zur Situationsdefinition und Beeinflussung des Gegenübers ist bei Goffman immer Teil von Interaktion. Dies deutet darauf hin, dass sich 'Transparenz' von Technik (die ja durch ihr Skript auf den Nutzer einwirken wollen) als Analyse-Dimension eignen könnte. Auf den Aspekt der Transparenz werde ich in Kapitel 3.2.5 gesondert eingehen.

Ein zweiter von Goffman angesprochener Aspekt von sozialen Interaktionen betrifft die Art des ‚Feedbacks', welches bei der Handlungsbeeinflussung durch Ausdruckskontrolle gegenüber einem ‚Publikum' eingesetzt wird. Dieses Feedback bzw. die von einem Akteur ‚herausgegebenen' Informationen können entweder ‚sprachliche Zeichen' oder ‚Ausdruckszeichen' sein. Diese Unterscheidung spricht Goffman bereits in seiner Doktorarbeit an (vgl. Hettlage 1991:33):

> "When persons are engaged in conversational interaction, those who are recipients seem to participate in two streams of signs, linguistic signs and expressive signs." (Goffman 1953:81)

Zeichen (signs) sind in der (Wissens-)Soziologie typische Träger von Sinn. Sie sind wahrnehmbare Objektivationen, welche die Fähigkeit haben, auf Bedeutungen zu verweisen. Sie stabilisieren damit Sinn, indem sie ihn appräsentieren. Sie werden absichtsvoll gesetzt, um auf etwas zu verweisen, das in der aktuellen Situation nicht erfahrbar ist.[105]

---

105 Schütz und Luckmann unterscheiden vier verschiedene Zeichenarten nach deren Fähigkeit, solche Transzendenzen zu überbrücken (vgl. Knoblauch 2005:170): Merkzeichen, Anzeichen, Zeichen und Symbole. Merkzeichen sind in der Regel nur für mich selbst relevant, wie z.B. ein Knoten im Taschentuch. Dieses willkürlich gesetzte Zeichen verweist auf etwas zeitlich Abwesendes, kann jedoch nur von mir gedeutet werden. Anzeichen verweisen (im Unterschied zu Merkzeichen) auf etwas räumlich Abwesendes, wie z.B. eine Rauchsäule am Himmel, die auf ein Feuer hinweist. Auch solche Anzeichen müssen noch nicht unbedingt intersubjektiv sein, können aber häufig allen Beteiligten durch ihren Bezug zur Situation verständlich werden. Die Bedeutung von ‚Zeichen' ist (anders als bei Merk- und Anzeichen) nicht an einen spezifischen Akteur oder eine spezifische Verwendungssituation gebunden; sie sind immer konventionalisiert und standardisiert und damit intersubjektive Appräsentationen von Sinn. Da die Möglichkeit der Kommunikation von der Bedeutungsgleichheit der verwendeten Zeichen abhängt,

Durch seine Unterteilung der Zeichenarten zeigt Goffman, dass intersubjektiver Sinn nicht ausschließlich in Form von linguistischen Zeichen vermittelt werden kann, die von vorneherein als abstrakte Zeichen gestaltet wurden (wie Sprache oder andere symbolische Zeichensysteme, z.B. die der Verkehrszeichen). Neben solchen Appräsentationen von Sinn werden in Interaktionssituationen immer auch solche Zeichen eingesetzt, die über das Erscheinungsbild einer Person, ihre Mimik, Gestik, Sprechweise, Haltung und Ähnliches vermittelt werden. Solche Ausdruckzeichen sind in der Regel niemals nur Zeichen, sondern haben auch noch weitere Funktionen. Da sie an Medien wie die Stimme und den Körper einer Person gekoppelt sind, können sie nur in Face-to-Face-Interaktionen wirken, während linguistische Zeichen eine wesentlich größere Reichweite haben. Ebenso wie menschliche Körper können auch technische ‚Körper' (die auch nicht primär als Zeichen gedacht waren) solche Zeichen des Ausdrucks ‚verkörpern. Dies war auch den beiden Wissenssoziologen Peter Berger und Thomas Luckmann bewusst.

> „Zum Beispiel kommt das Gefühl von Zorn in der Vis-à-vis-Situation direkt in mancherlei physischen Merkmalen zum Ausdruck: Mienenspiel, Ausfallstellung des Körpers, bestimmte Bewegungen der Arme und Füße und so weiter. Diese Anzeichen des Zorns sind faßbar, ›während‹ die Vis-à-vis-Situation andauert. [...] [Sie] sind allerdings nicht fähig, die leibhaftige Gegenwärtigkeit der Vis-à-vis-Situationen zu

---

setzt die Nutzung und das Verständnis von Zeichen immer die Sozialisierung der Akteure in der jeweiligen Sinnwelt voraus. Symbole können darüber hinaus sogar Transzendenzen über den geschlossenen Sinnbereich der Alltagswelt hinaus überbrücken. Während das durch Zeichen Appräsentierte grundsätzlich durch andere erfahrbar wäre (nur eben nicht im Moment), können Symbole auch zum Berichten aus anderen Sinnwelten, wie Träumen, verwendet werden. – Auf diese Appräsentationsfunktion von Symbolen weist auch Mead hin. Er setzt die Begriffe des Zeichens und des Symbols jedoch etwas anders ein als Schütz und Luckmann. Der Begriff des Zeichens wird nur sehr selten verwendet, Mead scheint ihn jedoch ansonsten ähnlich wie den es Symbols einzusetzen, nämlich im Sinne einer ‚Geste mit Sinn': "Conscious communication – conscious conversation of gestures – arises when gestures become signs, that is, when they come to carry for the individuals making them and the individuals responding to them, definite rneanings or significations in terms of the subsequent behavior of the individuals making them;" (Mead 1934:Endnote1) Symbole unterscheiden sich von Gesten dadurch, dass sie mit allgemeinem Sinn belegt sind. Gesten sind zwar auch sinnhaft, jedoch haben sie beim Gegenüber lediglich Signalwirkung (d.h. sie lösen durch einen Reiz eine ganz bestimmte Reaktion aus). Symbole können jedoch über eine konkrete Situation hinausweisen und stehen so nicht nur für sich selbst, sondern beziehen sich auf eine bestimmte Bedeutung. Signifikante Symbole schließlich sind solche Gesten und Symbole, die es schaffen bei unterschiedlichen Individuen immer die gleiche Bedeutung hervorzurufen, die also für alle den gleichen Sinn haben.

›überdauern‹. Zorn kann jedoch mittels einer Waffe vergegenständlicht, beziehungsweise objektiviert werden. [...] [Nehmen wir an ich erwache in der folgenden Nacht] und entdecke ein Messer in der Wand über meinem Bett. Das Messer als Objekt drückt den Zorn des Feindes aus." (Berger und Luckmann 1977:37, alte Rechtschreibung und Hervorhebungen i. O.)

Auch wenn die Verwendung von linguistischen und expressiven Zeichen in der Interaktionsbeziehung von Goffman nur auf menschliche Akteure bezogen war, könnte man sie deshalb an dieser Stelle für die Analyse technischen Wirkens in Interaktivitätsbeziehungen mit Nutzern ausweiten. Auch technische ‚Akteure' können ‚impression management' im Sinne Goffmans betreiben, nämlich indem sie dem Nutzer bestimmte Dinge anzeigen, um deren Handeln zu beeinflussen. Zum Einsatz kommen können dabei einerseits linguistische Zeichen – wie z.B. das Wort PUSH auf einer Tür oder dieses allseits bekannte Symbol, das weltweit die An-/Ausschalter von Geräten ziert ⏻. Diese Zeichen wurden von vorneherein als Zeichen konzipiert und haben keine weitere Funktion, als Zeichen zu sein. Technische Skripte werden aber andererseits auch über die Eigenschaften des verwendeten Materials und der eingesetzten Komponenten ausgedrückt, sozusagen durch ihr körperliches Erscheinungsbild. Expressive Zeichen erhält man dann, wenn man bestehende Materialität (deren Primärfunktion nicht die des Zeichens ist) zu Zeichen umfunktioniert. Wenn ein Gerät beispielsweise gezielt ein Betriebsgeräusch abgibt, um dem Nutzer anzuzeigen ‚ich bin angeschaltet', kann auf diese Weise ein sowieso schon existierendes technisches Element als Zeichen genutzt werden. Manche technischen Anweisungen basieren damit auf expliziten sprachlichen oder anderweitig symbolischen Zeichen, während andere Anweisungen unausgesprochen und körperlich bleiben.[106] Vor dem Hintergrund der Annahme, dass Technik und Nutzer in Interaktivitätssituationen ähnlich miteinander agieren wie Menschen in Interaktion, kann der Aspekt der Materialität in Skripten mit Goffman also genauer aufgeschlüsselt werden. Im Materiellen der Technik verkörperte Zeichen können von dieser genutzt werden, um über die dem Nutzer angebotenen Informationen auch auf dessen Handeln einzuwirken.

---

[106] Bezüglich dieser beiden Zeichenarten werden übrigens unterschiedliche Fähigkeiten vom Nutzer erwartet, um diese verstehen zu können: für die Deutung linguistischer Zeichen ist meist das Erlernen einer ganzen Sprache nötig, während vor allem expressive Zeichen auch unabhängig voneinander erlernt und gedeutet werden können. Außerdem können Ausdruckszeichen wesentlich häufiger auch ohne eine bestimmte Sozialisierung gelesen werden.

3.2.5 *Überwachungstheoretische Erweiterung der Analyse-Dimensionen*

Die nächste und letzte potentielle Skript-Dimension zur Analyse technischen Wirkens, die ich vorstellen möchte (bevor ich alle Dimensionen zusammenführe), wurde bereits im vorherigen Kapitel angesprochen, soll hier jedoch noch einmal genauer betrachtet werden. Es geht um die Transparenz von Technik bzw. ihrer Skripte. Diese Dimension kann (über Goffman hinaus) aus aktuellen Diskussionen in den Surveillance Studies abgeleitet werden. Neuer Technik wird in Diskursen der Sicherheits- und Überwachungsforschung häufig nachgesagt, ‚intransparent' zu sein und auf diese Weise eine asymmetrische Kontroll- bzw. Überwachungssituation hervorzurufen. Hier beispielhaft Introna und Wood (2004) über die Intransparenz von algorithmischer Überwachung:

> "Having argued that technology is political [...] we now want to claim that the politics of information technology (in the form of software algorithms) is, in a sense, of a different order (Graham and Wood, 2003)[107]. We want to contend that scrutinising information technology is particularly problematic since information technology, in particular algorithms, is what we would term a *silent* technology as opposed to a *salient* technology (Introna, 1998)[108]. [...] Facial recognition algorithms in 'smart' CCTV is a particularly good example of a silent technology. The facial recognition capability can be imbedded into existing CCTV networks, making its operation impossible to detect. Furthermore, it is entirely passive in its operation. It requires no participation or consent from its targets – it is 'non-intrusive, contact-free process' (Woodward *et al.*, 2003: 7)[109]. Its application is flexible." (ebd.:182f, Hervorhebungen i. O.)

Der Einsatz von Software-Algorithmen im Bereich der Überwachung wird im Beispiel von den Autoren einerseits als „silent" im Sinne von unsichtbar beschrieben. Ihr Einsatz würde von den Überwachten oft gar nicht bemerkt, da er aus der Ferne und ohne Wissen bzw. Einwilligung der überwachten Subjekte stattfinden kann und sich so ganz anders auf ihr Verhalten auswirkt. Dies ist ein gesellschaftspolitisch gesehen wichtiger Aspekt algorithmischer Überwachung, der hier jedoch nicht weiter vertieft wird, da die Überwachten keine Nutzer der betrachteten Techniken sind. Nutzer der (hier und im Zitat betrachteten) Überwachungstechniken sind diejenigen Akteure, welche die Techniken anwenden, um Informationen

---

[107] Zitiert nach Introna und Wood (2004:182f).

[108] Zitiert nach Introna und Wood (2004:182f).

[109] Zitiert nach Introna und Wood (2004:182f).

über die Überwachten zu generieren. Auch diese Beziehung ist laut der Autoren bei neuen Technologien viel intransparenter. Diese zweite Form der Intransparenz wird von Introna und Wood (anhand desselben Beispiels) als „obscure“ im Sinne von opak bzw. undurchsichtig beschrieben.

> “However, most important is the obscurity of its operation. This obscurity is due to two factors. First, most of the software algorithms at the heart of facial recognition systems are propriety software objects. Thus, it is very difficult to get access to them for inspection and scrutiny. More specifically, even if you can go through the code line by line, it is impossible to inspect that code *in operation*, as it becomes implemented through multiple layers of translation for its execution. [...] Thus, it is virtually impossible to know if the code you inspected is the code being executed, when executed. In short, *software algorithms are operationally obscure*. Second, most of the algorithms in facial recognition are based on very sophisticated statistical methods that only a handful of experts can interpret and understand. Indeed it seems that even they have been surprised by the behaviour of their algorithms (Philips *et al.*, 2003)[110].” (ebd.:183, Hervorhebungen i. O.)

Im Beispiel ist die besprochene Software erstens deshalb undurchsichtig, weil man ihr nicht (wie einer Maschine mit Zahnrädern) beim ‚Laufen‘ zusehen kann. Auch wenn man den Code kennt und sich jede Zeile anzeigen lässt, kann man theoretisch immer nur annehmen, welches Ergebnis dieser Code produzieren wird, denn Ursache und Wirkung stehen hier in einem etwas anderen Verhältnis. Mit zunehmender Komplexität der Algorithmen wird es (trotz grundsätzlicher Nachvollziehbarkeit der einzelnen Schritte) immer schwieriger, deren Konsistenz zu beweisen und verlässlich vorherzusagen, was das Ergebnis sein wird. Dies hängt vor allem damit zusammen, dass Menschen nicht sehr gut darin sind, sich Dinge vorzustellen, die über die nachvollziehbaren drei Dimensionen hinausgehen. Mit folgenden Zitaten aus meinen Interviews lässt sich das sehr schön illustrieren:[111]

> „Und häufig ist es so, dass wir parallel alle möglichen Dimensionen betrachten. Da wird es dann statistisch auch anschaulich nicht mehr so beschreibbar.“ (Interview3:49#, Gruppe2, Kreditauskunftei)

> „Das ist halt oftmals so ein bisschen Voodoo was die Systeme so ma-

---

[110] Zitiert nach Introna und Wood (2004:183).

[111] Details zu den Interviews und den Interviewten finden sich in den Kapiteln 4.1.3 sowie 4.1.4.

chen, weil man hat einfach schon so ein bisschen so eine Art Blackbox. Man stopft irgendwie Daten außen rein und das Ding lernt irgendwas, aber man kann jetzt eigentlich gar nicht genau sagen, warum es jetzt funktioniert, warum es nicht funktioniert ja oder was lernt. Da ist schon so ein bisschen Voodoo dahinter. [...] Das kannst du dir einfach nicht richtig vorstellen visuell. [...] Ja du arbeitest irgendwie in 20 oder 30.000-dimensionalen Räumen, die man sich nicht vorstellen kann. [...] Man macht das auch oftmals bewusst so, dass man sozusagen ein Problem sag ich jetzt mal in diesen etwas höheren Merkmalsraum projiziert, um das Problem da vielleicht ‚einfacher' lösen zu können. [...] Der Mensch kann es [so] nicht nachvollziehen, [aber] das System kann es [so] besser.“ (Interview2_B:229#-237#, Gruppe 4, F&E Intelligente Videoanalyse)

„Ich glaube auf jeden Fall, dass es schwieriger ist, weil da einfach ... das ist so wie wenn ich mit einer grafischen Oberfläche arbeite oder sagen wir mal mit so einer Kommando-Zeile auf dem Computer. Ich habe einfach eine Abstraktionsschicht dazwischen, die meinen Blick ich sage mal vernebelt. Und das ist auf jeden Fall mal aufwendiger, auch wenn es im Einzelfall vielleicht sogar möglich wäre das festzustellen.“ (Interview3_A: 115#, Gruppe4, Informatikerin)

Über dieses (zugegeben abstrakte) Problem hinaus wird die Einsicht in Code häufig durch Eigentumsverhältnisse erschwert, denn viele Firmen bzw. Organisationen sehen den Code ihrer Software als Firmengeheimnis oder auch Staatsgeheimnis an. Ein weiteres Problem der Nutzer mit Algorithmen kann deren Unwissen bezüglich der angewandten Methoden darstellen. ‚Durchsicht' kann in diesem Fall meist durch Expertentum erlangt werden. Gerade bei komplexen Algorithmen haben viele potentielle Nutzer einer Technik dieses Wissen jedoch nicht (bzw. nicht im erforderlichen Umfang). Je komplexer der Algorithmus, desto wahrscheinlicher wird es jedoch auch, dass sogar Experten von dem Ergebnis ‚ihres' Algorithmus überrascht werden. In dem von Wood und Introna angeführten Beispiel waren Experten wohl recht überrascht von einigen 'biases', welche die im *Facial Recognition Vendor Test* (FRVT) von 2000 und 2002 getesteten Systeme aufwiesen (und die nicht allein durch die Zusammensetzung der Bilder in der Datenbank hervorgerufen worden sein konnten). Das Problem der Unwissenheit bezieht sich also nicht nur auf Laien; auch für die Experten, die ein System programmiert haben und die theoretisch wissen sollten, wie es aufgebaut ist und wie es funktioniert, kann das System undurchsichtig sein. Die Programmiererin Ellen Ullman beschreibt das in einem ihrer Bücher folgendermaßen:

"I learned from the beginning what a hard time we programmers have in maintaining our own code, let alone understanding programs written and modified over years by untold numbers of other programmers. Programmers come and go; the core group that once understood the issues has written its code and moved on; new programmers have come, left their bit of understanding in the code and moved on in turn. Eventually, no one individual or group knows the full range of the problem behind the program, the solutions we chose, the ones we rejected and why. Over time, the only representation of the original knowledge becomes the code itself, which by now is something we can run but not exactly understand. It has become a process, something we can operate but no longer rethink deeply. Even if you have the source code in front of you, there are limits to what a human reader can absorb from thousands of lines of text designed primarily to function, not to convey meaning." (Ullman 1997, nicht paginiert)

Vor allem bei komplexen Systemen laufen also selbst die betroffenen Experten Gefahr, den Durchblick zu verlieren – wie auch dieses Zitat aus einem meiner Interviews zeigt:

„[D]ie ganzen Systeme werden ja immer komplexer, also werden sie auch immer weniger beherrschbar, weil man sie zu einem immer kleineren Bestandteil überhaupt noch versteht. [...] Je komplexer das Ganze wird [...] dann erkenne ich einfach die Fehler irgendwann gar nicht mehr, wahrscheinlich, und dann sind sie auch keine Fehler weil keiner mehr drüber weint." (Interview3_A:186#-189#+190#, Gruppe 4, Informatikerin)

Im Gegensatz zu solch unbeabsichtigter ‚Undurchsichtigkeit' kann Intransparenz allerdings auch (ebenso wie die beschriebene ‚Unsichtbarkeit') gerade bei Überwachungs- und Sicherheitstechnik häufig das Ergebnis einer bewussten Entscheidung sein. Verschleiert oder versteckt wird die Wirkweise einer Technik meist dann, wenn der Wirkmechanismus der Techniken nicht öffentlich gemacht werden soll – weder den Überwachten, noch den Anwendern der Techniken.

Auch in meinem Beispiel am Flughafen zeigt sich die Tendenz hin zu einer (beabsichtigten und/oder ungewollten) Intransparenz von Technik (s. Kapitel 6.1.5). Auf diesen Beobachtungen aufbauend erscheint es daher sinnvoll, die (In-)Transparenz von Technik bzw. ihren Skripten als Analyse-Dimension in das Raster aufzunehmen. Weiß der Nutzer, auf welches Ziel hin er geskriptet wird? Wie viel Information gibt die Technik in der Interaktion mit dem Nutzer an diesen heraus? Und handelt es sich dabei um ‚genuines Feedback' oder versucht die Technik dem Nutzer etwas ‚vorzuspielen'? Die Beantwortung dieser Fragen wird sich vermutlich deutlich in der jeweiligen Handlungs- bzw. Wirkmacht von Techniken gegenüber ihren Nutzern niederschlagen.

3.2.6 *Dimensionen der Skriptanalyse*

Mit Ausnahme von Goffman sind alle vorgestellten Analyse-Dimensionen theoretischen Konzepten entnommen, die sich mit dem Wirken von Technik in sozio-technischen Konstellationen befassen (auch wenn diese Konstellationen von den jeweiligen Autoren nicht immer so bezeichnet werden). In sozio-technischen Konstellationen kann Technik, durch das ihr eingeschriebene Skript, relativ dauerhaft Einfluss ausüben. Die Skript-Dimensionen wurden ausgesucht, um technischen Einfluss und die sich jeweils ergebende Einflussverteilungen in sozio-technischen Konstellationen vergleichend betrachten zu können.[112] Um ihre Wirkung entfalten zu können, müssen (erstens) bestimmte Vorbedingungen erfüllt sein: einerseits Kontextbedingungen (Abbildung 3, 1a) und andererseits Nutzeranforderungen und Nutzungsbeschränkungen (Abbildung 3, 1b). Der Einfluss von technischen Instanzen hängt vermutlich (analog zu menschlichen Akteuren) darüber hinaus von der ihnen durch das Skript zugestandenen Flexibilität in ihrem Wirken ab. Dieser Aspekt technischen Wirkens wird von Akrichs Konzept (sowie der ANT im Allgemeinen, der ja ein flaches Handlungskonzept zugrunde liegt) nicht abgedeckt. Die Dimensionen der Skriptlänge (Abbildung 3, 2a) und der Skript-Flexibilität (Abbildung 3, 2b) verweisen auf diesen Aspekt und können auf die Art der Beziehung eingehen, welche technische Instanzen und menschliche Akteure über die Zeit aufbauen. Dies ist deshalb wichtig, da sich die Einflussverteilung in einer Interaktivitätsbeziehung immer wieder ändern kann. Wie die Surveillance Studies und auch Goffman gezeigt haben, ist der Einfluss in einer Interaktivitätsbeziehung bzw. einer Interaktion immer auch von den Informationen abhängig, welche die Interaktionspartner herausgeben bzw. erhalten. Die Analyse-Dimension der Transparenz (Abbildung 3, 3) wurde deshalb ergänzend in das Analyseraster aufgenommen.

Es wird in weiteren Studien wie dieser vor allem bezüglich der letzten Dimension interessant zu sehen sein, ob sie nur für Sicherheits-, Kontroll- oder Überwachungstechnik gültig oder ob sie (wie die Ausführungen Goffmans vermuten lassen) auch in Skripten anderer Technik zu be-

---

[112] Da alle vorgestellten Analyse-Dimensionen aus der Forschungsfrage abgeleitet werden, kann an dieser Stelle nicht garantiert werden, dass eine abschließende Auswahl an Dimensionen getroffen wurde.

obachten ist. Alle im technischen Skript enthaltenen Präskriptionen werden auf irgendeine Weise materiell ausgedrückt. Da sich Materialität alleine nicht als Analyse-Dimension eignet, wird dieser Aspekt durchgängig in allen anderen Dimensionen – unter Berücksichtigung von Goffmans Differenzierung – mit betrachtet. Was die ermittelten Analyse-Dimensionen ganz konkret zur Beantwortung meiner Forschungsfrage beitragen, soll nun im Folgenden empirisch validiert werden.

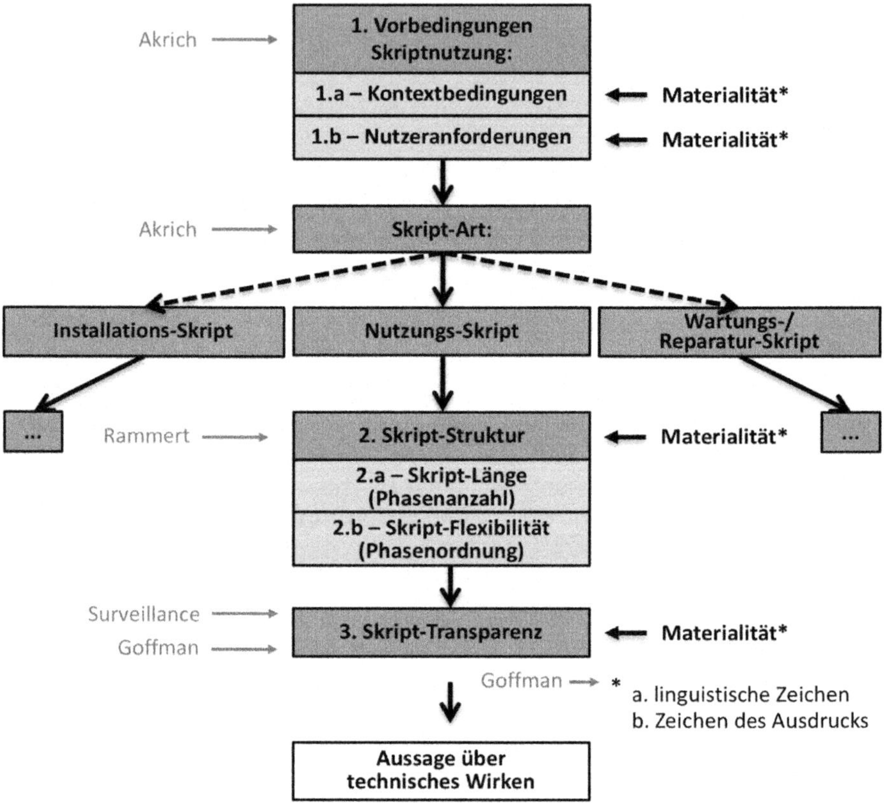

Abbildung 3 – Skript-Analyse-Dimensionen (Erweiterung und Spezifizierung der Skriptanalyse)

4 Datengrundlage und Forschungsdesign

Anspruch dieser Arbeit ist es, einen Kausalmechanismus zu finden, der die Wirk- bzw. Handlungsmacht der einzelnen, an Profiling-Prozessen mitwirkenden technischen Instanzen (zumindest in Teilen) und darauf aufbauend die unterschiedliche Beteiligung von Technik an den Prozessen erklären kann. Da es die technischen Skripte sind, die technisches Wirken aus- und vergleichbar machen, betrachte ich die vorgestellten Skript-Dimensionen als ‚erklärende Variablen', die auf technische Handlungsmacht einwirken können. Darüber hinaus soll der Grad der Technisierung innerhalb der sozio-technischen Konstellation mit betrachtet werden, um eine Aussage über eine dadurch veränderte Einflussverteilung machen zu können. Dies erfordert – um über einzelne Fälle hinaus generalisieren zu können – Varianz. Da jedoch in den hier betrachteten Fällen ein großer Teil der relevanten Informationen bei den Experten des Feldes, d.h. den Entwicklern, den Nutzern und den Nutznießern der eingesetzten Techniken, liegen, erfordert das Vorhaben auch eine in die Tiefe statt in die Breite gehende Analyse des Sachverhalts. Da es qualitative Methoden wesentlich besser erlauben, spezifisches Expertenwissen[113] über den analysierten Sachverhalt zu erlangen, welches zu Beginn der Studie noch nicht bekannt ist, welches nur in einigen Fällen auftritt oder welches erst einmal widersprüchlich erscheint, liegt dieser Arbeit ein qualitatives Design und kein quantitatives Design zugrunde. Vor allem standardisierte Erhebungsmethoden würden solch spezielles Wissen meist gar nicht erst erfassen.

Um aus den Daten einiger weniger Fälle den Kausalmechanismus – d.h. den generalisierten Zusammenhang zwischen Skriptdimensionen, technischer Wirk- bzw. Handlungsmacht und der sich daraus ergebenden Einflussverteilung – ableiten zu können, müssen diese entsprechend ausgewählt werden. Einerseits ist es wichtig, unterschiedliche ‚abhängige Faktoren' (d.h. Skript-Dimensionen) zu betrachten, welche auf die ‚zu erklärende Variable' einwirken. Die Auswahl mehrerer Fälle, in denen der Anteil der technischen Instanzen an den Profiling-Prozessen unterschiedlich groß ist, ermöglicht außerdem eine Variation der abhängigen Variablen. Diese Arbeit ist deshalb als vergleichende Fallstudie aufgebaut. Der Vergleich ermöglicht es mir, den Einfluss technischer Instanzen in unterschiedlich stark automatisierten Profiling-Konstellationen gegenüberzu-

---

113 Zur Definition von Experten s. Kapitel 4.1.2.

stellen. Dabei soll nicht der Vergleich der beiden Kontexte im Vordergrund stehen. Vielmehr geht es darum sicherzustellen, dass Techniken in unterschiedlichen ‚Entwicklungsstadien' (d.h. mit unterschiedlichem Grad an Automatisierung) gleichzeitig analysiert und verglichen werden können. So kann einerseits vermieden werden, dass ein Vergleich mit nicht-mehr-eingesetzten-Techniken oder mit noch-nicht-eingesetzten-Techniken vorgenommen werden muss. In beiden Fällen sähe man sich mit dem methodischen Problem konfrontiert, keine empirischen Daten über die Vergleichsfälle erheben zu können:[114] im ersten Fall können die Techniken nicht mehr in Aktion beobachtet und frühere Nutzer und Entwickler möglicherweise gar nicht mehr ausfindig gemacht werden; im zweiten Fall können lediglich Spekulationen und Vermutungen über die potentielle Nutzung angestellt, nicht jedoch empirische Daten erhoben werden. Der Vergleich von Techniken, die zwar in unterschiedlichen Bereichen, dort jedoch zu einem sehr ähnlichen Zweck eingesetzt werden, soll dieses Problem umgehen. Die Profiling-Praktiken können so einander direkt gegenübergestellt und verglichen werden. Ein solches Forschungsdesign ermöglicht es außerdem, im Anschluss Erkenntnisse aus dem einen Kontext hypothetisch in den anderen zu übertragen.

Es wurden deshalb Daten aus zwei Profiling-Konstellationen erhoben, die sich mit dem Erkennen von ‚riskanten' Subjekten beschäftigen: 1. Profiling-Praktiken bei Flughafen-Sicherheitskontrollen und 2. Profiling-Praktiken beim Kredit-Risiko-Assessment im Telekommunikationsbereich. In beiden Fällen geht es darum, das jeweilige Risiko eines Passagiers oder Kunden einzuschätzen – einerseits bezogen auf die Wahrscheinlichkeit, die anderen Passagiere in Gefahr zu bringen, und andererseits auf die Wahrscheinlichkeit, dem Unternehmen durch Zahlungsunfähigkeit bzw. -unwilligkeit zu schaden – und entsprechend zu beeinflussen. Dabei kommen in den sozio-technischen Konstellationen unterschiedlich stark automatisierte Techniken zum Einsatz.

4.1 Datenerhebung

Die Feststellung, dass es nicht gerade leicht ist, als Forscher Zugang zu den beiden erforschten Feldern zu finden, dürfte vermutlich niemanden überraschen. Es ist erstens generell oft schwierig, Personen dazu zu bringen, der Forschung zu Liebe ihre Zeit zu opfern und sich analysieren zu lassen, wenn sie dabei keinen direkten Vorteil für sich sehen.

---

[114] Natürlich ist es auch nicht trivial, Daten über aktuelle Techniken und deren Nutzung zu erheben, auf diese Probleme möchte ich jedoch erst weiter unten getrennt eingehen.

> „Der Feldzugang stellt in der Ethnographie immer ein Problem dar. Die Beteiligten im Feld [...] stehen einer Beforschung oft skeptisch gegenüber, haben schlechte Erfahrungen gemacht oder wissen schlicht nicht, was sie erwartet. Häufig sehen sie viel Aufwand aber keine Vorteile darin, erforscht zu werden." (Tuma 2014:102f.)

Hinzu kommt, dass gerade Firmen und Behörden, die in der Flughafensicherheit oder im Risiko-Assessment tätig sind, über ein gewisses Geheimwissen verfügen, das sie nicht preisgeben wollen oder dürfen. In diesem Fall ist es wichtig, auf die Hilfe von Personen zurückgreifen zu können, die einen in das geschlossene Feld einführen, Kontakte vermitteln und wichtige Informationen über den Aufbau des Feldes geben können.

Sollten sich tatsächlich Personen aus dem Feld bereit erklären, an einer Studie teilzunehmen, führen darüber hinaus oft Geheimhaltungsbemühungen der Unternehmen und Organisationen dazu, dass dem Forscher in seinem Zugang zum Feld Restriktionen auferlegt werden: Er darf möglicherweise nicht alle Arbeitsschritte beobachten, nicht mit allen gewünschten Personen sprechen, nicht alle Akten einsehen, nicht alle Fragen stellen oder auch nicht alles veröffentlichen, was er herausfindet. Dies führt dazu, dass der Forschungsprozess für Außenstehende meist unvollständig und schlecht nachvollziehbar ist.

> "Unsurprisingly, access control at airports is a field which is difficult to study. Standard procedures of generating qualitative data may therefore be simply inadequate. Empirical investigation on airport security rests upon research strategies that are hard to reproduce. [...] Provided these conditions, the state of the art in social studies on airport security has remained rather deficient (cf. Adey 2004)[115]." (Potthast 2011:91)

Auch ich habe bei der Annäherung an das Feld sowie der Sammlung der Daten einige Rückschläge und Einschränkungen hinnehmen müssen. Über Kollegen und Bekannte gelang es mir jedoch, einige für meine Arbeit interessante Personen im Feld zu kontaktieren – in anderen Fällen hatte jedoch auch ich wenig Glück.

4.1.1 *Feldzugang*

Vor Beginn meiner Arbeit hatte ich mit den beiden von mir beforschten Feldern nur wenig zu tun. Was ich über sie wusste, war mir vor allem aus den Medien bekannt. Ich trat anfangs also als Externe neu an die Felder heran. In einer ersten, explorativen Phase meiner Forschung half mir vor

---

[115] Zitiert nach Potthast (2011:91).

allem die Einbindung in das Projekt SIAM, einen tieferen Einblick in die Welt der Flughafensicherheit zu bekommen (vgl. Hempel et al. 2011). Das von der EU finanzierte Forschungsprojekt ‚*Security impact assessment measure – An assessment support system for security technology investments*'[116] wurde 2011 ins Leben gerufen, um ein Bewertungssystem zu entwickeln, das beispielsweise an Flughäfen beim Einsatz von Sicherheitstechnologien und -maßnahmen verwendet werden kann. Das Bewertungssystem soll Entscheidungsträgern die Möglichkeit geben, sich in komplexen Entwicklungsprozessen einen Überblick „über die ökonomischen, rechtlichen, sozialen und ethischen Aspekte von Sicherheitstechnologien und -maßnahmen" (HumanTechnologyLab.org) zu verschaffen und so die systematische Bewertung neuer Technologien und Maßnahmen ermöglichen. Die Entwicklung des Systems basiert auf Daten von vier Fallstudien in vier europäischen Ländern: am Flughafen Ben Gurion (Israel), am Flughafen Berlin Brandenburg International (Deutschland), in dem Transportunternehmen London Underground (Vereinigtes Königreich) und in der Metro Turin (Italien). Die erste Phase des Projekts fiel zeitlich mit dem Beginn meiner explorativen Forschungstätigkeiten zusammen. Die Zusammenarbeit mit dem Berliner Forschungsteam, angesiedelt am *Zentrum Technik und Gesellschaft* (ZTG) der Technischen Universität,[117] half mir, in diesem Zusammenhang Informationen über und Einblicke in das Feld, seinen Aufbau und seine Akteure zu erlangen. Der Kontakt zu Akteuren aus dem Feld (bei ersten Projekttreffen) und die im Projekt geführten Interviews mit Experten aus dem Feld halfen mir, erste Hypothesen zu erstellen und meine Forschungsfrage zu entwickeln. Außerdem wurde mir ein erster Feldkontakt (der sich bereiterklärte, sich von mir interviewen zu lassen) durch die Kollegen des Forschungsteams vermittelt. Nicht alle Kontaktaufnahmen gestalteten sich jedoch so einfach. Vor allem im Bereich der kommerziellen Sicherheitsdienstleister, die in Deutschland in der Regel von der Bundespolizei beauftragt werden, die Kontrollen am Checkpoint durchzuführen, wurde ich anfangs abgewiesen. Nach zahlreichen E-Mails, Briefen und Telefonaten konnte ich jedoch einen Niederlassungsleiter an einem deutschen Großstadtflughafen kontaktieren, der mich mit einigen seiner Mitarbeiter in Verbindung brachte. (In diesem Kontext sind die Interviews mit den Nutzern der Sicherheitstechnik am Flughafen entstanden.) Absolut kein Glück mit der

---

[116] www.siam-project.eu

[117] Das ZTG ist Mitglied der *Helmholtz Research School on Security Technologies* (s. Anmerkung 1).

Kontaktaufnahme hatte ich beim Bundeskriminalamt (BKA). Beim Versuch, jemanden aus dem Bereich ‚Analyse' für ein Interview zu gewinnen, wurde ich entweder weiterverwiesen oder es gab gar keine Antwort. Glücklicherweise konnte ich diesen Misserfolg jedoch teilweise über ein Interview mit einem Mitarbeiter eines Landeskriminalamtes (LKA) aus dem Bereich ‚Analyse' (der allerdings nichts mit Flughafensicherheit zu tun hatte) ausgleichen und so Einblick in den Analysealltag der Kriminalpolizei gewinnen.

Mein Interesse für das zweite Forschungsfeld wurde erst im Laufe der Arbeit geweckt. Nachdem ich mich einige Zeit eingehender mit Sicherheits- und speziell Profiling-Techniken an Flughäfen beschäftigt hatte, wurde mir einerseits klar, dass ein Vergleich von Techniken mit unterschiedlichem Grad an Automatisierung nicht umzusetzen war, wenn ich die Datenerhebung auf den Sicherheitsbereich am Flughafen begrenzte, da sich hochautomatisierte Varianten hier noch nicht (oder nur begrenzt) im Einsatz befinden. Zwar möchte beispielsweise die *International Air Transport Association* (IATA) einen automatisiert ablaufende Risk-Assessment-Prozess in ihren Checkpoint-of-the-Future (s. Kapitel 5.1.5) einbauen, und an US-amerikanischen Flughäfen werden in begrenztem Umfang solche Mechanismen auch heute schon eingesetzt (s. Kapitel 5.1.4), in beiden Fällen war mir der empirische Zugang zu den Vergleichsfällen allerdings aus forschungspraktischen Gründen verwehrt.

Ähnliche Methoden können in anderen Feldern jedoch schon seit längerem beobachtet werden: in Banken, Versicherungen und vielen andere Unternehmen. Auch wenn es in den genannten Bereichen meist explizit um monetäre Risiken geht, werden grundsätzlich doch überall sehr ähnliche Methoden angewendet. Einen ersten Einblick in diese Felder bekam ich vor allem über Fachliteratur und wissenschaftliche Studien, auf die ich bei meiner Suche nach detailliertem Material zu Risiko-Assessment-Algorithmen gestoßen war. Als Vergleichsfall hätten sich für diese Arbeit vermutlich ebenso gut die Analyse von Risikoeinschätzungen bei einer Bank oder Versicherung geeignet; als es mir jedoch gelang, einerseits Kontakt zum Customer-Intelligence-Team in einem großen Telekommunikations-Unternehmen und anderseits zu einem deutschen Scorekarten-Anbieter aufzunehmen, war die Entscheidung für den Vergleichsfall gefallen.

Über diesen konkreten Anwendungsfall hinaus habe ich ergänzend nach allgemeineren Informationen über die Entwicklung neuer Techniken zur Datenauswertung (wie Data-Mining) und zum Thema Profiling gesucht. Diesbezüglich habe ich mich an Forschungs- & Entwicklungsabteilungen von Unternehmen sowie Forschungsinstitute bzw. Universitäten gewandt. Vor allem bei den Forschungsinstituten und Universitäten stellte sich die Kontaktaufnahme als sehr unkompliziert heraus – vermutlich auch deshalb, weil die Forschungssituation allen Beteiligten vertraut war.

4.1.2 *Erhebungsmethoden*

Da das Wissen, welches ich zur Beantwortung meiner Frage benötige, größtenteils bei den Experten der beschriebenen Felder liegt, galt es Erhebungsmethoden zu wählen, die es ermöglichen, an dieses Wissen heranzukommen. Wie schon gesagt, erlauben es vor allem qualitative Methoden, Informationen zutage zu fördern, welche nicht bereits zu Beginn der Erhebung bekannt sind. Mit Experten sind an dieser Stelle nicht nur Sachverständige, Spezialisten oder Fachmänner gemeint; der Begriff des Experten wird hier nicht in dieser umgangssprachlichen Bedeutung verwendet, sondern verweist auf alle Personen, die über besonderes Wissen über bestimmte soziale Kontexte verfügen. Experten sind somit nicht „Angehörige einer Funktionselite", sondern der Begriff „Experte beschreibt die spezifische Rolle des Interviewpartners als Quelle von Spezialwissen über die zu erforschenden sozialen Sachverhalte. […] [S]ie sind bzw. waren ‚Zeugen' der uns interessierenden Prozesse." (Gläser und Laudel 2010:12) In meinem Fall liegt ein Großteil des Wissens über den Einsatz und das Wirken der Sicherheitstechnik bei den die Technik nutzenden Experten und deren Vorgesetzten sowie bei den Experten, die mitgeholfen haben, die Techniken zu gestalten. Zwar wird es vermutlich nie möglich sein, ein Skript in allen seinen Dimensionen komplett zu erfassen, um jedoch ein möglichst vollständiges Bild zu bekommen, sollten methodisch gesehen möglichst immer beide Perspektiven auf die Technik (die der Nutzer und die der Gestalter) einbezogen werden.

> „Wenn wir also an technischen Objekten und nicht an Chimären interessiert sind, können wir methodologisch nicht allein mit der Sichtweise des Designers oder des Benutzers zufrieden sein. Stattdessen müssen wir kontinuierlich zwischen dem Designer und dem Benutzer, zwischen dem vom Designer projizierten Benutzer und dem wirklichen Benutzer, *zwischen der im Objekt inskribierten Welt und der durch deren Verschiebung beschriebenen Welt* hin- und zurückgehen." (Akrich 2006a:412, Hervorhebungen i. O.)

Auch Akrich empfiehlt deshalb, das Skript durch die komplementäre Analyse von Skriptnutzung und Skriptentstehung zu rekonstruieren, da über die Befragung nur einer Expertengruppe (egal ob Designer/Entwickler oder Nutzer) immer nur ein Teil der Skript-Dimensionen in Erfahrung gebracht werden kann. Da die Experten in der Regel nicht all ihr Wissen, das durch ihr Handeln in den Entstehungsprozess eingeflossen ist (Entwickler), bzw. nicht all ihr Wissen über die Technik, durch welche ihr Handeln beeinflusst wird (Nutzer), explizieren können, ist es außerdem hilfreich, die Befragungen der Experten durch Beobachtungen zu ergänzen.

Interviews mit und Beobachtung der Experten sind je nach ‚Entwicklungsstadium' der Technik unterschiedlich gut umsetzbar. Während bei innovativen, sich in der Entwicklung befindlichen Techniken die Entwickler noch zugegen sind, ist das bei stabilisierten, sich schon längere Zeit in breiter Nutzung befindlichen Techniken meist nicht mehr der Fall. Der Zugang zu den Entwicklern wird also immer schwieriger, je weiter sich eine Technik von ihrem Entwicklungskontext entfernt. Parallel dazu verändert sich in der Regel auch der Zugang zum Expertenwissen der Nutzer. Bei neuen, innovativen Techniken sind die Nutzer im Umgang mit diesen noch nicht routiniert und müssen das Skript der Technik erst einmal kennenlernen. Für die Skriptanalyse ist das einerseits gut, da sich die Nutzer noch nicht an die betreffende Technik gewöhnt haben und man so über die anfänglichen ‚Verhandlungen' mit der Technik mehr Skriptdimensionen zutage fördern dürfte. Andererseits sind Techniken in frühen Entwicklungsphasen – d.h. wenn sie aufhören, Prototypen zu sein und auf eine größere Nutzergruppe treffen – oft noch so ‚offen' und ‚unfertig', dass man noch keine allgemeinen Aussagen über die Wirkung des Skriptes machen kann. Den idealen Zeitpunkt für eine Analyse zu finden ist also nicht einfach. Da es in meinen beiden Fällen um sich in der Anwendung befindende Techniken geht,[118] war es methodisch schwierig, die Entwickler dieser Techniken mit einzubeziehen (zumindest über Befragungen). Für Situationen, in denen man sich mit eher ‚stabilisierter' Technik konfrontiert sieht, macht Akrich in ihrem Artikel drei methodische Vorschläge, wie mit der Situation umgegangen werden kann:

> „Die Situation ist eine andere, wenn wir mit einer stabilisierten Technik konfrontiert werden, die bereits eine ›Black Box‹ ist. [...] Unter solchen Umständen können einige Präskriptionen in Benutzerhandbüchern oder Verträgen gefunden werden. Alternativ können wir Konflikte erforschen, schauen, was passiert, wenn Geräte falsch funktionieren, oder dem Gerät folgen, wie es sich in Länder bewegt, die kulturell oder historisch von seinem Ursprungsort entfernt sind." (ebd.:415)

[118] Die Techniken, die heute sowohl in der aktuellen Flughafen-Konstellation als auch in den Risiko-Assessment-Abteilungen von Unternehmen zum Einsatz kommen, werden (mit Ausnahme vielleicht des Bodyscanners) schon sehr lange in dieser Form eingesetzt.

Da sich für mich keine Möglichkeit für eine längere ethnografische Studie im Ausland ergab, konnte ich kulturelle Unterschiede in der Nutzung für diese Arbeit leider nicht beobachten (Akrichs dritter Vorschlag); ich habe mich deshalb an die beiden anderen Vorschläge Akrichs gehalten. Um die Erhebungslücke bezüglich der ‚Entwickler-Experten' zu füllen, greife ich einerseits auf Akrichs ersten Vorschlag zurück: die Analyse externer, die Technik begleitender Präskriptionen (s.a. Kapitel 3.2.1 und Kapitel 4.1.4). Sehr entgegen kommt mir aber auch die Tatsache, dass die von mir betrachtete (Sicherheits-)Technik derzeit generell kontrovers diskutiert wird; vom Nacktscanner bis hin zu Profiling-Algorithmen, immer wieder wird deren Einsatz zu Sicherheitszwecken infrage gestellt oder ihre Nutzungsweise hinterfragt. So wurden in der Vergangenheit beispielsweise der Umgang mit den Bildern von Bodyscannern sowie die Zugriffsrechte und Möglichkeiten der Einsicht, welche Sicherheitsbeamte auf diese haben, kritisiert (telegraph.co.uk 2014). Durch die öffentliche Auseinandersetzung mit Sicherheitstechniken geht der Umgang mit diesen demnach seltener in den Alltagspraktiken der Nutzer unter, als in anderen Fällen. Vorteilhaft für mein Unterfangen ist auch, dass die betrachteten Techniken keine auf einem Massenmarkt erhältlichen Konsumententechnologien sind, sondern solche, deren Nutzung nur in bestimmten Organisationen (und dort auch nur in bestimmten Positionen) vorgesehen ist und die dort erst speziell erlernt werden muss. Die Gefahr der allgemeinen Gewöhnung an die Techniken ist hier etwas kleiner. Vor allem am Flughafen ist die Zusammensetzung des Personals nicht sehr beständig, was auch bedeutet, dass stets neue Nutzer ausgebildet und angelernt werden müssen (faz.net 2014). Nutzer müssen sich deshalb bei Eintritt in die Organisation jeweils neu mit der Technik auseinandersetzen. Die Situation führt auch dazu, dass Trainer und Vorgesetzte in der Auseinandersetzung mit neuem Personal Wissen über Nutzungsprobleme sowie über Konflikte zwischen Technik und Personal erlangen. An solchen Punkten des ‚Widerspruchs' und der ‚Verhandlung' tritt das Skript einer Technik deutlicher zutage.

Trotz der beschriebenen Einschränkungen dürften also zumindest die primär für die Handlungs- bzw. Wirkmacht einer Technik verantwortlichen Skriptdimensionen in Erfahrung gebracht werden können. Natürlich besteht – durch den stärkeren Fokus auf die Nutzer einer Technik (und deren Wissen über das Skript) – die Gefahr, dass man nicht das Skript ‚selbst', sondern die ‚verhandelte' bzw. ‚abgewandelte' Form des Skriptes betrachtet; dies wird jedoch durch die erwähnte Dokumentenanalyse und Technik-Kritiken zu begrenzen versucht. Außerdem stellt sich die Frage, wie weit ein verhandeltes Skript am Ende wirklich vom eingeschriebenen

Skript abweicht. Denn: ja, Techniken können immer auch anders genutzt werden als intendiert, die verbreite Nutzung folgt jedoch vermutlich in weiten Teilen dem intendierten Skript – schon allein deshalb, weil Umnutzung immer auch die Initiative der Nutzer erfordert.

Es bietet sich folglich an, für meine Arbeit einen Methoden-Mix aus Experteninterviews, teilnehmender Beobachtung und Dokumentenanalyse anzuwenden.[119] Die teilnehmende Beobachtung fand – teilweise verdeckt (als normaler Passagier, der hinter dem Sicherheitscheckpoint noch auf jemanden wartet), teilweise offen (auf Einladung durch die Interviewpartner) – an mehreren deutschen Großstadtflughäfen statt. Dabei wurden Beobachtungsnotizen zu den beobachteten Abläufen angefertigt. Darüber hinaus habe ich insgesamt 22 meist einstündige Interviews mit Experten beider Felder geführt (s. Kapitel 4.1.4 – *Datenkorpus*). Die Interviews waren nicht standardisiert, um das Expertenwissen möglichst gut ‚abschöpfen' zu können und nicht lediglich immer wieder schon bekannte Aspekte abzufragen. Um sicherzustellen, dass bestimmte Frageblöcke im Interview behandelt werden, kam ein Leitfaden zum Einsatz. Dieser wurde jeweils an die unterschiedlichen Expertengruppen angepasst. (Die vollständigen Leitfäden sind im Anhang zu finden.)

- *Leitfaden für Sicherheitsexperten im Flughafen-Kontext:*
  - Fragen zur Ausbildung der Luftsicherheitsassistenten
  - Fragen zur praktischen Arbeit der Luftsicherheitsassistenten / Beamten
  - Fragen zu früheren Techniken am Flughafen (Technisierungsprozess)
  - Fragen zu zukünftigen Techniken (Forschung und Entwicklung)
- *Leitfaden für Credit-Scoring-Experten:*
  - Fragen zum Prozess der Scorekarten-Erstellung
  - Fragen zum Prozess der Scorekarten-Anwendung

[119] In der Literatur trifft man teilweise auf einen weiteren methodischen Vorschlag zur Datenerhebung, nämlich den Vorschlag, die Objekte selbst zu ‚befragen'. So spricht Bruno Latour beispielsweise in einem seiner Aufsätze davon, einen Schlüssel „interviewt" zu haben (Latour 1992:258, Fußnote 28): "I am grateful to Berward Joerges for letting me interview his key and his key holder." Ein weiteres Beispiel für den Einsatz von „Objektinterviews" gibt Robert Tschiedel (1988). Bei genauerer Betrachtung erweisen sich solche ‚Interviews' jedoch meist lediglich als Beschreibung des interessierenden Objekts durch den Forscher, der durch Betrachtung und Ausprobieren versucht, dem Objekt eine ‚Reaktion' zu entlocken, die er dann interpretieren kann. Objektinterviews sind demnach nichts anderes als systematisches Denken.

- *Leitfaden für Methodenexperten:*
  - Fragen zum Vorgehen
  - Fragen zum Grad der Automatisierung
  - Fragen zur Nachvollziehbarkeit / Transparenz
  - Fragen zu zukünftigen Entwicklungen
- *Leitfaden für Analysesoftware-Expertin: (zusätzlich)*
  - Fragen zu nötigen Vorbedingungen (Kontext, Fähigkeiten, etc.)
  - Fragen zum Aufbau und zur Bedienung
  - Fragen zum Verwendungszweck und zu Umnutzungsmöglichkeiten

4.1.3 *Auswahl der Interviewpartner*

Das volle Sample der Experteninterviews stand zu Untersuchungsbeginn noch nicht fest, sondern wurde nach und nach erweitert. Dabei spielten u.a. Empfehlungen und Kontakte der interviewten Experten eine Rolle. Ansonsten habe ich darauf geachtet, alle in der explorativen Phase ausgemachten Personengruppen, die Wissen über die Nutzung oder Konstruktion der betrachteten Techniken haben, einzubeziehen. Die interviewten Experten lassen sich grob in vier Gruppen einteilen:

1. Gruppe: Sicherheitsangestellte am Flughafen und deren Ausbilder (3 Interviews), für die Sicherheitskontrollen am Flughafen zuständige Kommissare der Bundespolizei (2 Interviews) und ein Mitarbeiter des LKA[120] aus dem Bereich ‚Analyse' (1 Interview);
2. Gruppe: Entwickler neuer Sicherheitslösungen für Flughäfen (3 Interviews);
3. Gruppe: Datenanalysten im Bereich Credit-Scoring (4 Interviews) sowie
4. Gruppe: Software- und Methoden-Experten in der Analyse und Auswertung großer Datenmengen in Wissenschaft sowie Forschung & Entwicklung (9 Interviews).

Abgesehen von den Interviews im Bereich der universitären Forschung gab es in allen Interviews klare Grenzen der Informationsgewinnung. Mehrmals musste ich warten, bis von mir angesprochene Experten die Genehmigung des Vorgesetzten eingeholt hatten, das Interview führen zu

---

[120] Hier sollte eigentlich das BKA stehen. Dieses versorgt die Bundespolizei mit wichtigen Informationen, wie beispielsweise Lageberichten. Die Kontaktaufnahme zum BKA gestaltete sich jedoch so schwierig, dass ich ersatzweise ein Interview mit einem LKA-Kommissar geführt habe.

dürfen – manchmal auch, um dann doch eine Absage zu bekommen. Besonders bedauernswert war hier die kurzfristige Absage eines israelischen Flughafen-Sicherheitsexperten. In den Interviews selbst kam es außerdem immer wieder vor, dass ich beispielsweise bestimmte Unterlagen nicht einsehen durfte. Sehr wichtig war den meisten Interviewten außerdem, dass das Gespräch anonym geführt wurde. Es war deshalb wichtig, die Auswertung der geführten Interviews so durchzuführen, dass die Quelle nicht zurückverfolgt werden kann. Alle Personennamen und auch Orte, die auf konkrete Städte oder Gebäude hinweisen, wurden deshalb ersetzt. Auch die Stellenbezeichnungen wurden verfremdet, um keine Rückschlüsse auf die genaue Position der Interviewten zuzulassen. Da lediglich ein Interview auf Englisch geführt wurde, habe ich die Zitate aus diesem Interview nach der Analyse übersetzt, damit es nicht aus der Menge der anderen herausfällt. Um meine Quellen noch weiter zu schützen, habe ich außerdem allen meinen Experten eine weibliche Identität gegeben. Das Original-Sample einhält Interviews mit Männern und Frauen.

4.1.4 *Datenkorpus*

- *Flughafensicherheit (Praxis):*
  - Beobachtungsnotizen von Kontrollstellen an mehreren deutschen Großflughäfen
  - Zwei Experteninterviews mit der Bundespolizei
  - Experteninterview mit einer Mitarbeiterin des LKA aus dem Bereich ‚Analyse' (zur möglichen Anwendungen von Algorithmen auf Kriminalitätsdaten)
  - Experteninterviews am Flughafen: mit einer Trainerin eines Sicherheitsunternehmens und mit zwei Luftsicherheitsassistentinnen desselben Unternehmens
    + ‚Live-Vorführung' der Geräte während der Gespräche
  - Dokumente aus dem Feld (Arbeitsbericht der Trainerin, Marketing- / Informationsmaterial, Bedienungsanweisungen in Text- und in Videoform)
  - Buchkapitel mit Beschreibungen zum Ablauf von Flughafensicherheitskontrollen von einem ehemaligen Luftsicherheitsassistenten (Sekundäranalyse)
  - Diverse Informationen aus dem SIAM-Forschungsprojekt
- *Flughafensicherheit (Forschung / Entwicklung):*
  - Experteninterview mit einer Mitarbeiterin der IATA im Projekt Checkpoint-of-the-Future

- Zwei Experteninterviews mit Forschern zu neuen Personenscannern
- Audioaufnahmen von Fachkonferenzen zu den Themen ‚Körperscanner', ‚Profiling an Flughäfen' und von zwei Konferenzen des BMBF zum Thema Sicherheit

▪ *Kreditvergabe und Risk Assessment (Praxis):*
  - Experteninterview mit einer Mitarbeiterin eines deutschen Scorekarten-Anbieters (Wirtschaftsauskunftei)
  - Zwei Experteninterviews mit verantwortlichen Mitarbeiterinnen eines Telekommunikationsunternehmens (im Bereich Customer Intelligence / Risk Assessment)
  - Experteninterview mit einer freiberuflichen Datenanalyse-Expertin, die sich auf die Modellierung großer Datenmengen spezialisiert hat
    + ‚Live-Präsentation' der besprochenen Punkte in einer weitverbreiteten Analysesoftware (*Stata*) mit Videoaufzeichnung
  - Tutorials (in Textform mit Screenshots aus den Programmen) zur Datenanalysesoftware *SPSS Modeler*

▪ *Automatisierte Auswertung großer Datenmengen (Forschung und Entwicklung):*
  - Experteninterview mit zwei Informatikerinnen zu INDECT[121] und dem Thema automatisierte Auswertung von Daten / automatisierte Modellerstellung
  - Vier Experteninterviews mit Professorinnen der folgenden Forschungsbereiche: Maschinelles Lernen, Big-Data-Analytics, Data-Profiling / Datenanalyse und Statistik
  - Experteninterview mit einer Verantwortlichen aus einem Start-Up, das Analysen auf Basis neuronaler Netze anbietet
  - Experteninterviews mit zwei Mitarbeiterinnen eines großen deutschen Automobilherstellers (aus dem Bereich Forschung und Entwicklung)
    sowie einer wissenschaftlichen Mitarbeiterin / selbständigen Unternehmerin zum Thema ‚Intelligente Videoanalyse'.

[121] S. Kapitel 2.2.

4.2 Datenauswertung

Die gesammelten Daten habe ich als erstes auf Hinweise zu den Konstellationen und Prozessen durchsucht: Welche Akteure sind Teil der Konstellation? Wie läuft das Profiling ab? An welche(r)/n Stelle/n werden die Kategorisierungen erstellt? An welche(r)/n Stelle/n werden sie eingesetzt? Welche Akteure sind jeweils daran beteiligt? Und wie haben sich die Prozesse bzw. die Konstellationen bezüglich ihres Technisierungsgrades mit der Zeit verändert? In einem deskriptiven Teil (Kapitel 5) gehe ich systematisch auf die Antworten zu diesen Fragen ein und beschreibe die beiden sozio-technischen Profiling-Konstellationen und die stattfindenden Technisierungsprozesse im Detail. Es werden alle menschlichen Akteure und technischen Instanzen vorgestellt und die Schnittstellen herausgearbeitet, an denen sie gemeinsam Profiling vornehmen. Die Konstellationen und Prozesse werden zum besseren Verständnis illustriert.

In Kapitel 6 gehe ich anschließend im Detail auf die Skripte der an den Profiling-Prozessen beteiligten technischen Instanzen in den analysierten Fällen ein. Hier habe ich mich für eine Auswertung meiner Daten auf Basis einer qualitativen Inhaltsanalyse entschieden. Dabei werden aus den Ursprungstexten, d.h. aus dem Rohmaterial, das bei der Datenerhebung entstanden ist, relevante Informationen extrahiert und dann unabhängig vom ursprünglichen Text weiterverarbeitet. Alle Interviews wurden deshalb komplett transkribiert. Die Beobachtungsnotizen und ein Großteil der Dokumente aus dem Feld sowie die veröffentlichten Buchkapitel lagen bereits in schriftlicher Form vor. Mit den Videodaten aus dem Feld wurde ähnlich verfahren wie bei der Erstellung der Beobachtungsnotizen. Der größte Unterschied zu anderen qualitativen Auswertungsmethoden ist, dass bei der qualitativen Inhaltsanalyse das Auswertungsschema nicht aus den zu analysierenden Daten beim Codieren der Texte entsteht, sondern in Vorstudien – und dabei immer unter Bezug auf den Stand der Forschung – entwickelt wird. Wenn also (wie auch hier) zur Analyse der generierten Texte bereits ein Analyseraster vorliegt, das in Vorstudien aus der Theorie und/oder Sekundäranalysen abgeleitet werden konnte, ist die qualitative Inhaltsanalyse anderen qualitativen Auswertungsmethoden vorzuziehen. Das verwendete Analyseraster habe ich bereits in Kapitel 3.2 vorgestellt.

Während Verfahren wie beispielsweise die Grounded Theory (z.B. Glaser und Strauss 1967; Strübing 2004) theoriegenerierend vorgehen und dabei versuchen, theoretische Vorannahmen auszuklammern, ist die qualitative Inhaltsanalyse für eine theoriegeleitete Analyse wesentlich besser geeignet. Texte können mithilfe eines Kategoriensystems systematisch im Hinblick auf die Fragestellung ausgewertet werden, indem die den Texten entnommenen Informationen den Dimensionen des Rasters zugeordnet werden. Bezüge zum Ursprungstext werden dabei auch hier weiterhin als Quellenangaben mitgeführt, um Informationen wenn nötig im Original nachprüfen zu können. Das Analyseraster darf dabei nicht als starres, unveränderliches Ordnungsschema missverstanden werden. In der hier angewandten Variante der qualitativen Inhaltsanalyse (wie von Gläser und Laudel (2010) vorgestellt) bleibt das Analyseraster bis zum Schluss der Analyse offen für unvorhergesehene Informationen. Dies ist wichtig, um die in der qualitativen Forschung geforderte Offenheit der Auswertung zu garantieren (ohne dabei jedoch in Beliebigkeit abzurutschen). Anders als frühere Varianten der Inhaltsanalyse – welche anfangs vor allem zur quantitativen Auswertung großer Mengen an gleichartigen Texten wie Zeitungsartikeln verwendet wurde (vgl. Gläser und Laudel 2010:197ff) – erlauben es Weiterentwicklungen der Methode, für qualitative Datenauswertungen so auch komplexe soziale Mechanismen zu analysieren.[122]

Der erste Auswertungsschritt der qualitativen Inhaltsanalyse generiert miteinander verknüpfte Tabellen, die jeweils die den einzelnen Dimensionen des Analyserasters zuweisbaren Textstücke enthalten. Die so auf Grundlage des Analyserasters aus den Ursprungstexten extrahierten Informationen müssen (zur Weiternutzung) aufbereitet werden. Dabei versucht man beispielsweise, offensichtliche Fehlinformationen zu korrigieren und Mehrfachinformationen mit gleicher Bedeutung zusammenzufassen. In dieser aufbereiteten Datenbasis muss dann schließlich ein Kausalmechanismus identifiziert werden, der alle untersuchten Fälle erklären kann. Generell ist es sinnvoll, hier schrittweise vorzugehen und beispielsweise erst einmal nach Kausalitäten zu suchen, die von den Interviewten selbst erwähnt wurden. Solche Interpretationen der Beteiligten können in der Regel jedoch häufig widersprüchlich sein und spiegeln außerdem nur die jeweilige Interpretation einzelner Akteure aus dem Feld wider. In einem zweiten Schritt muss man deshalb über diese ‚Feld-Interpretationen' hinaus versuchen, ein analytisches Modell zu finden, das einen betrachteten Fall ‚un-widersprüchlich' erklären kann. Es gilt eigene analytische Kategorien zu generieren, die sich von denen der Feld-Akteure absetzen. In vergleichenden Fallstudien wird die Suche nach einem Kausalmechanismus dadurch ‚erschwert', dass man schließ-

[122] Einen ersten Schritt in diese Richtung machte zu Beginn der 1980er Jahre in Deutschland Philipp Mayring (1983; vgl. Gläser und Laudel 2010:197ff).

lich, in einem dritten Schritt, ein Modell finden muss, das auf alle Fälle anwendbar ist. Dieser Kausalmechanismus muss Gemeinsamkeiten in und Unterschiede zwischen den Fällen erklären können. Was auf den ersten Blick als ‚erschwerende' Bedingung erscheint, hat allerdings auch Vorteile. Je mehr Fälle das Modell enthält, desto generalisierbarer sind am Ende die Aussagen, die es zulässt. Die Ergebnisse meiner Auswertung werden in den nächsten Kapiteln vorgestellt und besprochen.

5 (Historische und zukünftige) Technisierungs-prozesse in den betrachteten Profiling-Konstellationen

Ob und wie Profiling im Kontext von europäischen Flughäfen existiert, war in den vergangenen Jahren ein in den Medien immer wieder heiß diskutiertes Thema. Im Gegensatz zu Sicherheitsverantwortlichen in den USA sowie in Israel, die offen zugeben, Risiko-Profiling zu betreiben, wird in Deutschland ein solcher Einsatz immer wieder abgelehnt bzw. abgestritten (s.a. Kapitel 1). Es gibt jedoch Stimmen, die bestätigen, dass Profiling auch hier längst in der Praxis anzutreffen ist. Achim Lucchesi, der selbst als Sicherheitsassistent am Frankfurter Flughafen gearbeitet hat, beschreibt dies in seinem Buch *Die Bombe ist eh im Koffer* folgendermaßen:

> „Meine Kollegen und ich haben immer so getan, als [... wenn] vor dem Luftsicherheitsassistenten alle Leute gleich gefährlich aussähen. [...] Es ist nicht so. Oder wenigstens nicht ganz. Es stimmt schon, dass für uns niemand harmlos aussieht. Doch es stimmt auch, dass einige noch weniger harmlos aussehen als andere. Es gibt ein bundespolizeilich abgesegnetes Vorurteil, wie Terroristen aussehen. Oder zumindest häufig aussehen. Weshalb ich auch ziemlich verblüfft war, als Ende 2010 alle aufgeschrien haben, als der Chef des deutschen Flughafenverbandes vorschlug, man solle ein Profiling nach dem Vorbild der Israelis machen. In einem gewissen, sinnvollen Umfang wird es längst praktiziert. Ich darf nur leider nicht verraten, wie das aussieht." (Lucchesi 2011:159)

Auch an deutschen Flughäfen gibt es demnach ein Profil für Personen, denen größere Aufmerksamkeit gewidmet werden sollte als anderen. Zusätzlich kann theoretisch auch inoffizielles, d.h. auf persönlicher Erfahrung basierendes Risiko-Profiling zum Einsatz kommen. Was es hier jedoch nicht gibt, ist der Einsatz von stark automatisierten Algorithmen, um Risiko-Profile zu generieren und die jeweils zugehörigen Personen aufzuspüren, wie das beispielweise heute in den USA der Fall ist.

Profiling-Konstellationen können in der Praxis also sehr unterschiedlich zusammengesetzt sein: von Profiling-Konstellationen, die überwiegend durch menschliche Akteure und Handlungstechniken geprägt sind, bis hin zu Profiling-Konstellationen, in denen automatisierte Sach- und Zeichentechniken einen großen Einfluss auf Kategorisierungsprozesse haben. Vor allem in professionellen Kontexten sind rein durch Handlungstechniken geprägte Konstellationen sehr rar geworden (sie konnten aber früher durchaus beobachtet werden). Es lässt sich stattdessen der vermehrte Einsatz von Sach- und Zeichentechniken feststellen. Sozio-technische

Konstellationen können also je nach Zusammensetzung theoretisch in einem Kontinuum der Technisierung verortet werden.[123] Das ‚Bild' des Kontinuums möchte ich an dieser Stelle deshalb verwenden, um mich von der in den Surveillance Studies verbreiteten dualistischen Einteilung von Überwachungspraktiken und -techniken (z.B. Marx 2004)[124] abzugrenzen. Statt verschiedene Technikarten und Phasen, in denen sie auftreten, einander gegenüberzustellen, unterstreicht das ‚Bild' des Kontinuums die Tatsache, dass Profiling-Praktiken immer ‚irgendwie' technisiert sind[125] und sich verschiedene Arten von Technisierung in einer sozio-technischen Konstellation nicht ausschließen müssen, sondern parallel vorkommen können.

Als empirische Grundlage für die Skript-Analysen in Kapitel 6 werde ich im Folgenden die im Laufe der Geschichte aufgetretenen Zusammensetzungen der Profiling-Konstellationen im Kontext ‚Flughafen' und im Kontext ‚Kreditvergabe' detailliert beschreiben. Dabei zeige ich auch, in welche größeren Kontexte die Profiling-Konstellationen eingebettet sind und wo jeweils das Profiling stattfindet. Darüber hinaus geht es aber vor allem darum, aufzuzeigen, wo sich Technisierung in den Konstellationen

---

123 Die beiden Pole dieses Kontinuums – vollständig untechnisiertes, menschliches Handeln auf der einen und vollständig technisiertes ‚Handeln' ohne menschliche Beteiligung auf der anderen Seite – sind in der Praxis nicht anzutreffen; es gibt jedoch Konstellationen, die sich diesen Polen annähern.

124 Nach Marx zeichnet sich die *neue Überwachung*, im Vergleich zur *alten Überwachung*, u.a. durch „the use of technical means to extract or create personal data" (Marx 2004:20) aus und schließt „routine, non-technological surveillance that is a part of everyday life" (ebd.:21) explizit aus. Eine solche Einteilung in eine alte und eine neue Überwachung, welche sich jeweils durch unterschiedliche Arten an Techniken auszeichnen, ist meines Erachtens nicht zielführend.

125 Damit setzte ich mich implizit auch von Mireille Hildebrandts Definition von Profiling ab. Hildebrandt unterscheidet zwischen „organic", „human" und „autonomic machine profiling" (Hildebrandt 2008:17ff). Sie schließt damit nicht-soziales Profiling in ihre Definition mit ein: organisches Profiling ist für Hildebrandt ein grundlegender biologischer Mechanismus von Lebewesen – um überleben zu können, müssen diese sich ständig an ihre Umwelt anpassen; dies tun sie, indem sie relevante von irrelevanten Informationen aus der Umwelt aussortieren und verarbeiten – ein solches Profiling kann jedoch nicht als sinnhaft an einem Gegenüber ausgerichtetes Handeln (im Sinne von Max Weber) bezeichnet werden. Aus diesem Grund möchte ich auf organisches Profiling in dieser Arbeit nicht weiter eingehen. Darüber hinaus teilt Hildebrandt Profiling in menschliches Profiling und automatisches Maschinen-Profiling ein. Anders als in der hier vertretenen Kontinuum-Perspektive werden menschliche Akteure und technische Instanzen nicht als Teil einer gemeinsamen Profiling-Konstellation gesehen, sondern explizit gegeneinander abgegrenzt. Eine solche Zweiteilung von ‚Profilern' liegt nicht im Interesse dieser Arbeit.

historisch ausmachen lässt und wie die Elemente der jeweiligen Konstellation zusammenspielen.

5.1 Technisierung der Flughafensicherheit – Zum Einsatz von Sicherheitstechnik von den Anfängen bis heute

5.1.1 *1960er – 1970er Jahre: ‚Menschliches Profiling' gegen friedliche Entführer*

In ihren Anfängen bestanden Flughäfen lediglich aus ein paar Hangars (zur Unterbringung und Reparatur der Flugzeuge) und einigen (Zuschauer-)Zelten neben einer grasbewachsenen Start- und Landebahn (vgl. Rumerman 2003). Personen, die keine Piloten waren und nicht am Flughafen arbeiteten, kamen zu dieser Zeit lediglich als Zuschauer von Flugschauen und nicht etwa als Passagiere an diese Flughäfen (ebd.). Zugangskontrollen für Passagiere waren deshalb gar nicht vorgesehen. Auch am ersten ständigen kommerziellen Flughafen mit einem integrierten Terminal für Fluggäste, der 1922 in Deutschland in Königsburg erbaut wurde (ebd.), gab es zu diesem Zeitpunkt noch keine Passagier- oder Gepäckkontrollen. So konnten damals Personen ohne Flugticket die Passagiere noch bis zum Gate begleiten.

- *Frühe, sehr gering technisierte Profiling-Konstellation*

Dies änderte sich erst in den 1960er und 70er Jahren mit dem Aufkommen von terroristischen Aktivitäten in der Luftfahrt. Die ersten Flugzeugentführungen liefen meist friedlich ab; das Flugzeug diente oft lediglich als Transportmittel für Flüchtige, um an ein bestimmtes Ziel zu gelangen und somit staatlicher Verfolgung zu entgehen.[126] Ein beliebtes Ziel war beispielsweise Kuba:

> "Between 1968 and 1972, there were 154 attempted hijackings to Cuba. As one of the hijackers explained, it was the easiest way to get there." (Gordon 2008:231)

Damals versuchte man dem aufkommenden Problem vielerorts mit (wenig technisiertem) Profiling beizukommen:

> "In January 1969 FAA [the Federal Aviation Administration] faced a grow-

---

[126] Vgl. die Studie zur Finanzierung von ziviler Luftsicherheit durch die Europäische Kommission: "Phase 1: 1948 to 1968 – flight from persecution or prosecution. Phase 2: 1968 to 1994 – the political phase. Phase 3: 1994 to date – the aircraft as a weapon of destruction." (European Commission 2004) Für mehr Details zu einzelnen Vorfällen s. Liste aller terroristischen Vorfälle im Flugverkehr zwischen 1968 und 2004 (Avihai 2006).

ing airline security problem. During the month, eight U.S. airliners were hijacked to Cuba. In February, FAA created an eight-man Task Force on the Deterrence of Air Piracy that combined a broad spectrum of expertise under the leadership of the deputy federal air surgeon. Systematic study by the task force revealed that a hijacker profile could be constructed from behavioral characteristics shared by past perpetrators. [...] Eastern Air Lines began using the profiling system on October 15. By June 15, 1970, four U.S. air carriers employed the system." (Kraus 2008:39)

Zum Einsatz kam sogenanntes „behavioral profil[ing]" (The Federal Aviation Administration 2008:40). Jeder Passagier, der sich ähnlich verhielt wie das aus zurückliegenden Fällen konstruierte Entführer-Profil, wurde auf Waffen kontrolliert.

"FAA had required air carriers to conduct a weapons scan of only those passengers who fit a hijacker profile – about one percent of the 500,000 passengers boarding airliners daily." (Kraus 2008:44)

Das Verhaltensprofiling fand am Flughafen irgendwann vor Betreten des Flugzeugs durch Beamte der staatlichen Luftfahrtbehörde *Federal Aviation Administration* (FAA) statt (Abbildung 4, 1.2); Passagierkontrollen (Abbildung 4, 2) gab es nur bei Feststellung von Auffälligkeiten. Bei dieser Art des Profilings ist die Profiling-Konstellation nur sehr wenig technisiert. Die Erstellung der Kategorien basiert weitestgehend auf menschlichen Analysefähigkeiten. Menschliche Akteure (in diesem Fall Beamten der FAA) erstellen durch eine „systematic study" zurückliegender Fälle ein „hijacker profile" (Kraus 2008:39) (zum genauen Vorgehen vgl. Lagebilderstellung in Kapitel 5.1.2). Dieses Profil wird an die Kontrolleure vor Ort weitergegeben. Die Einordnung der Passagiere in die Kategorien wird dann einzig mithilfe menschlicher Beobachtungsfähigkeiten in Echtzeit umgesetzt – auf Grundlage des wahrnehmbaren Verhaltens der Passagiere. Die nutzbaren Informationen sind das Erscheinungsbild des Passagiers und das Verhalten des zu kategorisierenden Gegenübers vor Ort am Flughafen.[127] Wenn diese Tätigkeiten schematisiert und durch wiederholtes Trainieren zu Routinen werden, kann man von eingesetzten Handlungstechniken sprechen. Es können also nur Handlungstechniken und passive Techniken wie Checklisten o.ä. in der Konstellation ausgemacht werden.

[127] Möglicherweise wurden als Information auch der auf der Bordkarte aufgedruckte Zielort oder VISA-Informationen in Reispässen o.ä. hinzugezogen. Darauf wurde in den von mir genutzten Quellen jedoch nicht weiter eingegangen.

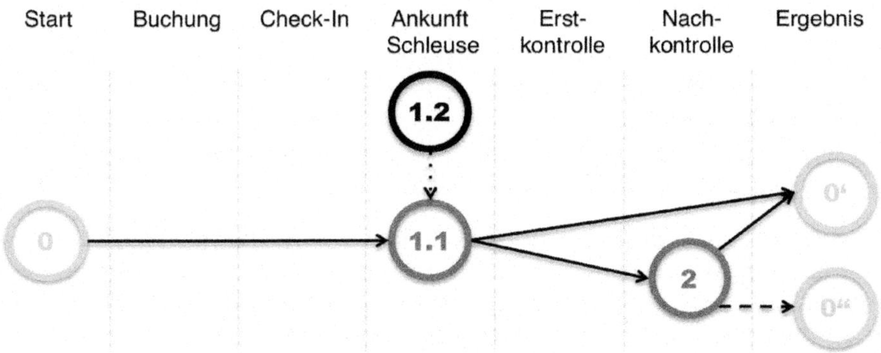

Abbildung 4 – Sicherheitsprozess am Flughafen (1960er-1970er Jahre)[128]

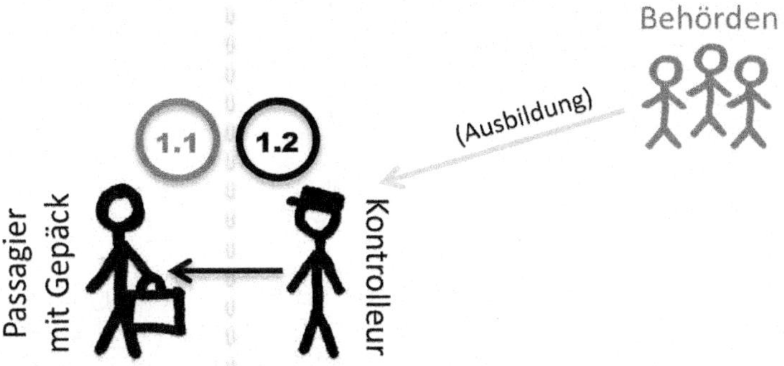

Abbildung 5 – Profiling-Konstellation am Flughafen (1960er-1970er Jahre)

5.1.2 *1970er Jahre – 2001: Technische Aufrüstung gegen politische Attentäter*

Die beschriebenen Maßnahmen schienen anfangs gut zu wirken, mit Beginn der 1970er Jahre änderte sich jedoch das Vorgehen der Terroristen,[129] wodurch nach und nach auch die Wirksamkeit der bisherigen Sicherheitsmaßnahmen verloren ging.

> "But, Administrator Shaffer soon faced a new type of hijacker – individuals choosing destinations outside of the Americas and willing to kill to have their demands met." (Kraus 2008:39f)

Ein neuer Typ gewaltbereiter Entführer, welcher auch nicht davor zurück-

[128] Die rot umrandeten Zahlen markieren Prozessschritte, in denen Profiling stattfindet.

[129] In Polizeikreisen spricht man diesbezüglich auch von „Modus Operandi" (Interview1:21#, Gruppe 1, Bundespolizei).

schreckte, Menschen für (meist politisch motivierte) Ziele zu töten,[130] löste eine massive Erweiterung der Flughäfen-Sicherheitskontrollen und einen starken Anstieg des Technisierungsgrades der Kontroll-Konstellationen aus.

- *Fortschreitende Technisierung der Kontrollen an Flughafen-Checkpoints*

Da bei False-Negatives (d.h. fälschlicherweise als harmlos kategorisierte Terroristen, die nicht auf Waffen kontrolliert wurden) die Sicherheit der Passagiere und der Crew aufgrund besagter Entwicklungen nicht mehr gegeben war, sollten nach und nach Kontrollen bei allen Passagieren durchgeführt werden, um sicher zu gehen, dass auch unauffällige Passagiere keine Waffen an Bord schmuggeln konnten. Jeder Passagier wurde nun verdächtigt, möglicherweise ein Attentäter zu sein (anstatt wie bisher nur Passagiere, die einem vorher festgelegten Profil entsprachen).

> "Passengers who had once been treated like royalty were now assumed guilty until proven innocent." (Gordon 2008:233)

Diese sicherheitstechnischen Änderungen schlugen sich auch in einer immer strikteren Trennung des Flughafens in unterschiedliche Bereiche nieder: einen für alle Personen zugängigen Bereich (die sogenannte Landseite des Terminals) und einen gesicherten Bereich des Flughafens, den nur überprüfte Personen betreten dürfen (die sogenannte Luftseite des Terminals).[131] Sicherheitskontrollen von Fluggästen, die in den Sicherheitsbereich wollen, finden bis heute an den wenigen Durchgangspunkten statt, welche die beiden Seiten miteinander verbinden.[132]

> "Airports intentionally added 'bottlenecks' to divide 'secure' regions following passport inspection and searches from 'open' areas where passengers bought tickets and checked their luggage. Arrival and departure areas, which had been as close to the airplanes as possible, be-

---

130 Die Terroristen waren bspw. auf die Erwirkung der Freilassung von inhaftierten politischen Gefangenen aus. Weltweit bekannt sind z.B. der Brandanschlag auf eine *Pan Am*-Maschine und die anschließende Entführung einer *Lufthansa*-Maschine 1973 in Rom sowie die Entführung der *Lufthansa*-Maschine ‚Landshut' im Oktober 1977 durch palästinensische Terroristen.

131 Passagiere dürfen sich mit Zugangsberechtigung (einem gültigen Flugticket) in der Regel nur in einem kleinen Teil der Luftseite des Flughafens aufhalten, da sich dieser nochmals in spezielle Bereiche unterteilt (z.B. Fracht), die nur mit bestimmten Berechtigungen betreten werden dürfen. Diese Sub-Unterteilungen sind jedoch für meine Arbeit nicht von Bedeutung.

132 Außerhalb des Flughafengebäudes wird die Luftseite meist durch einen Zaun begrenzt.

came centrally located, resulting in longer walks for passengers [...]." (Rumerman 2003, nicht paginiert)

Die Kontrollaufgabe wurde anfangs meist an die Fluggesellschaften delegiert – beispielsweise wurden US-Fluggesell-schaften ab 1973 von der FAA dazu verpflichtet, alle Passagiere und jegliches Handgepäck vor dem Abflug auf gefährliche Gegenstände wie Waffen und Bomben zu untersuchen:

> "On December 5 FAA issued a landmark emergency rule that required U.S. air carriers, beginning on January 5, 1973, to inspect all carry-on baggage for weapons or other dangerous objects and scan each passenger with a metal detector before boarding or, if a detector was not available, conduct a physical search, or pat down." (Kraus 2008:44)

Mit der Zeit ging diese Aufgabe jedoch meist an staatliche Behörden über, wo sie dann zentral organisiert wurde. In Deutschland war dies 1980 der Fall, als durch die Änderung des Luftverkehrsgesetzes staatliche Luftfahrtbehörden ermächtigt wurden, an Flughäfen Personen- und Gepäckkontrollen durchzuführen:

> „Auf die seit Beginn der siebziger Jahre vermehrt aufgetretenen kriminellen Angriffe auf Flugzeuge und Flughäfen reagierte der Gesetzgeber mit dem Gesetz zur Änderung des Luftverkehrsgesetzes (9. Änderungsgesetz) vom 18. September 1980 (BGBl I S. 1729). Der neu eingefügte § 29c LuftVG bestimmte in Abs. 1 Satz 1 – insoweit bis zum Inkrafttreten des Gesetzes zur Neuregelung von Luftsicherheitsaufgaben unverändert – den ‚Schutz vor Angriffen auf die Sicherheit des Luftverkehrs, insbesondere vor Flugzeugentführungen und Sabotageakten,' zur Aufgabe der Luftfahrtbehörden und erweiterte mit den Absätzen 2 bis 4 deren Zuständigkeiten unter anderem um Fluggast- und Gepäckkontrollen, die zuvor auf der Grundlage der Beförderungsbedingungen der Luftfahrtunternehmen durchgeführt worden waren." (BVerfG 2010)

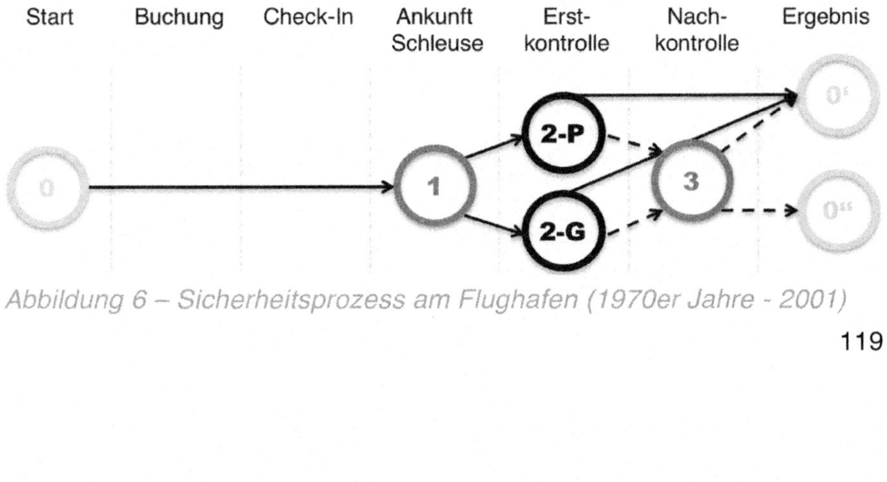

Abbildung 6 – Sicherheitsprozess am Flughafen (1970er Jahre - 2001)

Die Kontrollen wurden auf diese Weise mehrstufig: Beim Eintreffen am Sicherheitscheckpunkt (Abbildung 6, 1) musste jeder Passagier, getrennt von seinem Handgepäck, in die Erstkontrolle (Abbildung 6, 2-P / 2-G); eine intensivere Nachkontrolle wurde dann nur noch denjenigen zuteil, die bei der Erstkontrolle irgendwie auffällig wurden (Abbildung 6, 3). Die Aufgabe der Kategorisierung von Passagieren in auffällige und nicht-auffällige Passagiere – d.h. solche, denen eine eingehendere Nachkontrolle zukommen sollte, und solche, die vermutlich keine Waffen bei sich trugen und bei denen man sich deshalb eine eingehendere Kontrolle sparen konnte – wurde zu großen Teilen an neuartige Kontrolltechniken abgegeben. Zum Einsatz kamen hier vor allem zwei Arten von Geräten: Geräte mit Metalldetektoren zur Kontrolle von Passagieren (auch Torsonden genannt) und Geräte mit Röntgen-Scannern zur Durchleuchtung von Handgepäck. Dies schien sinnvoll, da zu diesem Zeitpunkt die meisten Waffen aus Metall bestanden und auch die meisten Bomben eine metallische Zündvorrichtung besaßen, sodass beide durch besagte technische Vorrichtungen gut erfasst werden konnten. Auffällig sind Passagiere in dieser Profiling-Konstellation dann, wenn die Metalldetektoren der Torsonde Alarm schlagen oder auf dem Bildschirm des Röntgengerätes etwas angezeigt wird, das eine Waffe bzw. Bombe sein könnte. Als potentiell gefährlicher Passagier ‚qualifiziert' man sich also nicht mehr durch sein Verhalten, sondern durch das Mitführen bestimmter ‚gefährlicher' Gegenstände.

Im Gegensatz zur (historisch gesehen) ersten Profiling-Konstellation ist diese (aktuell nur wenig veränderte) Profiling-Konstellation stärker technisiert und enthält neben menschlichen Akteuren nicht nur passive, sondern nach und nach auch aktive und reaktive technische Instanzen. Da besagte Techniken zur Zeit ihrer Einführung noch sehr teuer waren, wurden anfangs an vielen Flughäfen vor allem manuelle Kontrollen – „old fashioned methods of visual inspection" (Gordon 2008:233) – durchgeführt oder Handsonden[133] eingesetzt, um ‚gefährlicher Objekte' zu detektieren (Interview1 und Interview4, Gruppe 1, Bundespolizei). An manche Flughäfen, wie beispielsweise in London Heathrow und in New York LaGuardia, griff man bei den Kontrollen jedoch schon früh auf komplexere sachtechnische Konstruktionen zurück. Alastair Gordon beschreibt in seinem Buch über die Geschichte und die Architektur von Flughäfen die technischen Anfänge der Flughafensicherheit in England und den USA folgendermaßen:

[133] Handsonden sind kleine portable Metalldetektoren, die in einer Hand gehalten werden können.

> “Some airports, like London’s Heathrow, installed screening devices – ‘electronic gallows,’ as they were called – through which departing passengers were required to walk. [...] By the end of January 1973, the first screening devices had been installed at New York airports in compliance with FAA requirements. The contents of carry-on luggage were freeze-framed and magnified on X-Ray screens. [...] Elliptically shaped magnometers were also installed. These portals were made from molded plastic and were just big enough for a single person to walk through, Bells rang and lights blinked when the machines sensed a metallic object.” (ebd.:233)

Die Torsonden wurden so konstruiert, dass sie automatisch Metall ab einer gewissen Menge und/oder Dichte detektieren und Alarm schlagen können, wenn eine festgelegte Größenordnung überschritten wird. Dadurch können Informationen über die Passagiere erlangt werden, die vorher für die menschlichen Sinne ‚unsichtbar' waren.

Abbildung 7 – Die ersten Torsonden am LaGuardia Flughafen in NY, 1973 (Lindsey 1973)

Verließ man sich bei den ersten Profiling-Ansätzen (s. Kapitel 5.1.1) vor allem auf das sichtbare Erscheinen und Verhalten eines Passagiers, sucht man hier nach bestimmten Materialien.

Abbildung 8 – Torsonde für Passagiere, 2013 (eigene Abbildung)

Abbildung 9 – Röntgengerät-Anlagen für Handgepäck, 2013 (eigene Abbildung)

Mit dem Handgepäck-Röntgengerät können darüber hinaus Informationen über die Form und die Stofflichkeit der Gegenstände, die ein Passagier im Handgepäck mit sich führt, erlangt werden. Die ‚Fähigkeiten' des

Scanners können so genutzt werden, um in ungeöffneten Koffer ‚hineinzusehen' und auch hier an Informationen über die Passagiere zu gelangen, die vorher für die menschlichen Akteure ‚unsichtbar' waren. Durch die ‚Erweiterung der Sinne' helfen die Techniken also den menschlichen Akteuren der Konstellation, gefährliche Gegenstände besser aufspüren zu können. Die betrachtete Konstellation am Flughafen besteht somit in dieser Phase einerseits aus (re-)aktiven technischen Instanzen (der Torsonde und der Handgepäckröntgentechnik) sowie dem menschlichen Sicherheitspersonal. Das Personal ist in sogenannten ‚Trupps' (Interview2, Gruppe 1, Flughafensicherheit) organisiert. Ein Trupp für eine Kontrollstelle setzt sich meist aus 5 Luftsicherheitsassistenten zusammen: dem Einweiser (der sich darum kümmert, dass die Passagiere auf die Kontrollen vorbereitet werden und all ihr Gepäck abgeben), der Monitorkraft (welche die Röntgenbilder des Handgepäcks analysiert), der Nachschaukraft (welche sich die aussortierten Gepäckstücke genauer anschaut) und zwei Personenkontrollkräften, einmal männlich einmal weiblich (für die Nachkontrolle der aussortierten Passagiere). Gemeinsam mit der eingesetzten Technik entscheiden sie darüber, welche Passagiere für Nachkontrollen ausgewählt werden. Dabei haben die menschlichen Akteure mal mehr, mal weniger zu melden. Wann die Torsonde Alarm schlagen soll und wann nicht, ‚weiß' sie durch das ihr eingeschriebene Sortierprogramm (welches nur von Mitgliedern der Bundespolizei verändert werden darf; s.a. Kapitel 6.1). Die jeweilige Entscheidung der Technik basiert auf den detektierten Informationen ihrer Metallsensoren. Der Kategorisierungsprozess der Passagiere läuft bei der Torsonde damit vollständig automatisiert ab. Die Auswahl der Torsonde kann von Sicherheitsassistenten an der Schleuse nur dann beeinflusst werden, wenn ihre intendierte Nutzungsweise ignoriert und ein Weg gefunden wird, den Alarm der Torsonde sozusagen auf Knopfdruck auszulösen. Dies ist u.a. durch Erschütterung (z.B. durch Kicken) der Torsonde möglich. Ein Sicherheitsassistent kann also (trotz Einsatzes einer Torsonde am Sicherheitscheckpoint) seine eigenen Typisierungsschemata auf die Passagiere anwenden – wenn er denn nur nah genug an der Torsonde steht, um sie zu erschüttern.[134]

> „Wenn die Torsonde pfeift, wenn das Handgerät piepst, wundert sich kein Passagier über eine gründlichere Untersuchung, und die Fluglinie ist auch etwas einsichtiger. [...] Was aber, wenn die Torsonde stumm

[134] Die Entstehung dieser Kategorien ist geprägt durch die kulturellen Regeln und Normen sowie das Umfeld der Luftsicherheitsassistenten (Eltern, Peers, Kollegen, Medien).

bleibt? [/] Es gab kein Signal, kein Zeichen. Ich schickte den mit den Augen rollenden Jungen nochmal durch die Torsonde. Ich brauchte gar nicht hinzusehen, um zu wissen, dass der mitsondende Kollege mit einem Fußstupser gegen den Sockel oder mit einem kleinen Zupfen an der Stoffabsperrung dem Gerät sagen würde, was es zu tun hatte. Die Torsonde lieferte einen erstklassigen Alarm." (Lucchesi 2011:10)

Entgegen der Intentionen der Entwickler ist der Handlungs- und Entscheidungsspielraum der Luftsicherheitsassistenten also ausreichend groß, um mitentscheiden zu können, welche Passagiere einer eingehenderen Kontrolle unterzogen werden sollen. So können auf Erfahrung basierende, meist inoffizielle Profile der Luftsicherheitsassistenten zum Einsatz kommen.

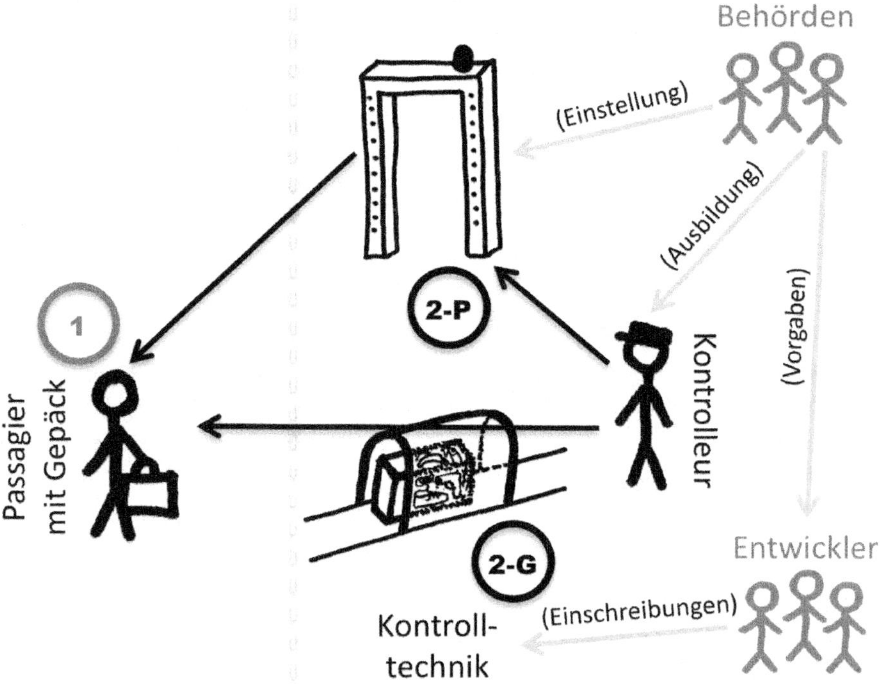

Abbildung 10 – Profiling-Konstellation am Flughafen (1970er Jahre - 2001)

Anders sieht das beim Handgepäck-Röntgengerät aus. Hier ist ein menschlicher Bediener am Röntgenscanner zwingend notwendig, da die vom Scanner produzierten Röntgenbilder immer erst durch einen menschlichen Akteur interpretiert und beurteilt werden müssen. Die Kategorisierung von Passagieren (durch ihr Gepäck) wird hier nicht entweder automatisiert oder ‚menschlich', sondern gemeinsam von menschlichem Akteur und technischer Instanz durchgeführt. Alleine könnte auf diese Weise keiner von beiden die Kategorisierung vornehmen. Der eine liefert die Informationen, der andere wertet sie aus. Während die Technik ihre ‚Fühl-' und Sortierprogramme durch die Entwickler eingeschrieben bekommt, basieren die durch die ‚Monitorkraft' durchgeführten Kategorisierungen größtenteils auf Vorgaben von Vorgesetzten. Welche mitgeführten Gegenstände einen Passagier zum riskanten Passagier machen, wird vom Bundekriminalamt (BKA) festgelegt und dann über die Bundespolizei an die Luftsicherheitskräfte weitergegeben.

> „Wir haben ein entsprechendes Luftsicherheitslagebild, welches uns das Bundeskriminalamt zur Verfügung stellt, worin eingehen: sämtliche Erfahrungen national und international mit Bezug auf ‚Täter Modus Operandi', d.h. welche Methoden oder welche Gegenstände haben Täter mitgeführt oder haben Täter benutzt, um Sicherheit zu Schaden zu führen. [...] Und so eine Sicherheits- oder so ein Lagebild benutzen wir und schätzen dann ein, an welchen Stellen des Flughafens müssen wir was tun, was vorhalten, oder – aufgrund der ‚Modus Operandi' – was muss Kontrolltechnik, die wir als Hilfsmittel einsetzen, erkennen können." (Interview1:18#f-21#, Gruppe 1, Bundespolizei)

Im BKA wird die Vorgehensweise der Täter bei vergangenen Vorfällen analysiert und eine Liste an Gegenständen erstellt, die von Attentätern in der Vergangenheit zur Umsetzung ihrer Tat verwendet wurden (vgl. mit der „systematic study" der FAA in Kapitel 5.1.1). Es kommen Analysemethoden zum Einsatz, die nur sehr wenig technisiert sind. Ein Hauptkommissar des LKA beschreibt die Methodik mit folgenden Worten:[135]

> „Also erstens ist das der Kopf. Das war eigentlich bisher das Wichtigste. Das wichtigste Teil war eigentlich der Kopf in dem Bereich. Und es ist so, dass Software oder Werkzeuge nur zur Unterstützung gebraucht werden, ob das jetzt Excel ist beispielsweise oder ob das andere Softwareprodukte sind, die eine Rolle spielen können, bis hin zu Visualisierungssoftware; [...] All diese Informationen, die man kriegen kann zu den Personen, zu den Fällen, zu anderen Dingen, zum Umfeld, die versuchen wir zu erheben, wenn wir sie noch nicht haben, in Einklang

[135] Die Beschreibung der Lagebilderstellung basiert auf einem Interview mit einem Hauptkommissar des LKAs (der zwar im Bereich ‚Analyse' tätig ist, jedoch nicht im Bereich Terrorismus und/oder Luftsicherheit) sowie auf Berichten in Fachzeitschriften, da ich, wie gesagt, vom BKA kein Interview aus der verantwortlichen Abteilung bekommen konnte.

zu bringen und daraus unsere Schlüsse zu ziehen.“ (Interview5:33# +37#, Gruppe1, LKA)

Software wird hier in der Analyse nur zur Unterstützung und Visualisierung eingesetzt, nicht jedoch um selbstständig Daten zu analysieren (s. Kapitel 5.1.4 / 5.1.5). Weitere Details finden sich in einem (der recht spärlich gesäten) Artikel über die Erstellung von Lagebildern im *Deutschen Polizeiblatt für die Aus- und Fortbildung*.

„Veröffentlichungen über das Fertigen von Lagebildern sind selten; dies mag auch daran liegen, dass es verbindliche Richtlinien und Prozeduren für das Erstellen von Lagebildern nicht gibt und sich bei Bund und Ländern sowie bei der Schutz- und Kriminalpolizei verschiedene Prozeduren ausgebildet haben.“ (Walter 2004:7)

„Lagebilder sind die für einen bestimmten Bereich und für einen bestimmten Zeitraum analytisch verdichteten polizeirelevanten Einzelerkenntnisse. [...] Aktive Informationsgewinnung, Datenbeschaffung, Auswertung, Bewertung, Analyse, Szenarienerstellung und Prognose sind ein personal- und zeitaufwendiger Prozess, der heute überwiegend in den Lagezentren/Lagezentralen geleistet wird. [...] Mehr noch als in anderen Bereichen sind vom Sachbearbeiter Bewertungssicherheit, Erfahrung, Fachwissen, Analysefähigkeit und Kreativität, aber auch Intuition zu verlangen“ (ebd.:7f)

Auch in dieser Beschreibung liegt die Betonung vor allem auf der vorzunehmenden ‚Kopfarbeit‘ anstatt auf der möglicherweise zum Einsatz kommenden Sachtechnik. „Technik“ oder „sonstige Hilfsmittel“ werden auch im Absatz über die Informationsverarbeitung nur beiläufig erwähnt:

„[Die Informationsverarbeitung] wird von der Qualität der vorliegenden Informationen bestimmt. Sind diese fehlerhaft, unvollständig oder spekulativ, wirkt sich dies zwangsläufig auf die Folgeschritte aus [...]. Ausgangsfehler werden auch nicht dadurch eliminiert, dass nachfolgend ein Übermaß an Technik sowie Tabellen, Grafiken, Diagramme oder sonstige Hilfsmittel eingesetzt werden.“ (ebd.:8)

Das Ergebnis der Analyse des BKA kann, wie in dem von mir betrachteten Fall, eine Liste an Gegenständen sein, welche in der Vergangenheit bei der Umsetzung terroristischer Taten relevant waren (und somit als kennzeichnend für potentielle Attentäter gelten). Die gelisteten Gegenstände sind nicht immer gleich und können sich häufig ändern.

„Das kann sich sehr flexibel ändern, das steht nicht in dem Gesetz selber drin, sondern in einer Anlage, und da gibt es immer Änderungen. Also z.B. nach diesem Anschlag am 11. September da durften ja keine

Nagelfeilen mit, die kleinsten Scheren nicht, und diese Swiss- diese Spiel- also Messerchen mit denen man wirklich nichts anfangen kann, alles wurde abgenommen. Zwischenzeitlich hat sich das jetzt wieder entspannt, da sieht es jetzt wieder ganz anders aus. Jetzt darf wieder bis 6 cm Klingenlänge mit.“ (Interview2_A:112#, Gruppe 1, Flughafensicherheit)

Auch in ‚Zusammenarbeit' mit dem Röntgen-Scanner ist Luftsicherheitsassistenten also nicht freigestellt, welche Kategorisierungen sie vornehmen – wenn ihnen dabei keine der als ‚gefährlich' deklarierten Gegenstände durch die Lappen gehen, können sie bei der Kategorisierung jedoch durchaus persönliche, inoffizielle Kriterien anwenden. Dies wird zumindest von technischer Seite nicht verhindert. Theoretisch sind Luftsicherheitsassistenten allerdings dazu verpflichtet, bei ihrer Arbeit nur offizielle Kriterien anzuwenden.

Die Entscheidung darüber, wer aus der Menge an potentiell gefährlichen Passagieren einer eingehenderen Kontrolle unterzogen wird, wird demnach in der hier beschriebenen Konstellation zu großen Teilen – aber nie vollständig – an die eingesetzten Techniken delegiert. Die Techniken entscheiden somit nicht selbstständig darüber, welche Passagiere kontrolliert werden sollen; ihre Entscheidungen werden immer auch durch das Urteilsvermögen von menschlichen Akteuren ergänzt.

- *Internationalisierung und ‚Lückenschließung'*

Die beschriebenen Maßnahmen nahmen in einzelnen Ländern ihren Anfang. Angesichts immer globaler ausgerichteter terroristischer Vorfälle war dies auf Dauer problematisch. Nach und nach versuchte man deshalb, den internationalen Flickenteppich an Maßnahmen auf einer zwischenstaatlichen Ebene zu harmonisieren und zu standardisieren (Kraus 2008:58). Ende der 1980er Jahre wurden außerdem weitere Sicherheitsmaßnahmen und -techniken eingeführt, die Anschläge durch Bomben im aufgegebenen Reisegepäck von Passagieren, die selbst gar nicht an Bord des Flugzeuges waren, entgegenwirken sollten. Anschläge auf diesem Weg waren anfangs noch möglich, da das von den Passagieren aufgegebene Gepäck bis dato gar nicht kontrolliert wurde. Passagiere und ihr Gepäck wurden deshalb von da an als Einheit gesehen und es wurden u.a. folgende Maßnahmen umgesetzt: Das aufgegebene Gepäck durfte nicht mehr ohne den jeweiligen Passagier an Bord gehen (ebd.);[136]

[136] Dies half natürlich nur, solange bis es Attentäter gab, die bereit waren, ihr Leben zu opfern (s. zweites Unterkapitel in 5.1.3).

darüber hinaus wurden Röntgen- und Sprengstoffdetektions-Geräte (teilweise mit spezieller Analysesoftware) für Kontrollen des aufgegebenen Gepäcks angeschafft. Bis zu einer vollständigen Kontrolle des Reisegepäcks dauerte es jedoch noch etwas (in den USA musste beispielsweise sämtliches aufgegebenes Gepäck erst ab 2002 vollständig kontrolliert werden; vorher gab es an den meisten Flughäfen gar keine Kapazitäten, um eine 100%ige Kontrolle gewährleisten zu können) (ebd.). Heute läuft die Kontrolle des aufgegebenen Gepäcks (ähnlich wie die Kontrollen am Checkpoint) meist zweistufig ab. Alle aufgegebenen Gepäckstücke werden von einer zentralen automatischen Gepäckkontrollanlage gescannt und das Bild des Kofferinhalts mit einer Software auf mögliche Waffen überprüft. Dieser Prozess läuft (anders als beim Handgepäck) vollständig automatisiert ab.

Abbildung 11 – Kontrollraum für automatisiert aussortiertes Reisegepäck (eigene Abbildung)

Zur Nachkontrolle der als potentiell gefährlich markierten Gepäckstücke gibt es dann unterschiedliche Geräte sowie speziell gesicherte Bereiche, in denen Gepäckstücke, für die Sprengstoffalarm besteht, gelagert werden können.[137]

---

[137] Diesem Prozess vorgelagert konnte es dazu kommen, dass der Passagier beim Check-In zum Inhalt seines Gepäcks befragt wurde. Es wurden beispielsweise Fragen gestellt wie "Has anyone unknown to you asked you to carry any items on this flight?" oder "Have any of the items you are traveling with been out of your immediate control since the time you packed them?" Diese Maßnahme wurde bis heute jedoch größtenteils wieder abgeschafft (in den USA im Jahr 2006) (Elias 2014:6) und wurde in Deutschland auch nur für Flüge zu speziellen Destinationen eingesetzt.

„Die Automatikanlage guckt ob sie irgendwas Verdächtiges findet, nach Sprengstoff oder irgendwelche Sachen, die eingespeichert sind. Wenn sie jetzt was nicht erkennen kann oder was Verdächtiges hat, dann sortiert sie Gepäckstücke aus. [...] Und dann (wird) hier stinknormal durchleuchtet, wie beim Handgepäckgerät auch, nur dass die Maschine markiert (hat) an was sie sich gestört hat." (Interview2_A:f642#+647#, Gruppe 1, Flughafensicherheit)

Aus forschungspraktischen Gründen habe ich mich in der Analyse des empirischen Falls nur auf die Konstellation am Checkpoint konzentriert und werde in der Auswertung meiner Daten daher nicht weiter auf die Kontrollen des aufgegebenen Gepäcks eingehen; es wird an dieser Stelle jedoch deutlich, dass in der hier beschriebenen Konstellation auch das Wirken der Gepäckanlage die Kategorisierung eines Passagiers beeinflusst.

Die für Nachkontrollen aussortierten Gepäcks eingesetzten Sprengstoffdetektionsgeräte kamen mit der Zeit auch für Handgepäckkontrollen an den Checkpoints zum Einsatz (Kraus 2008). Ähnlich wie die Handsonden werden diese Geräte erst eingesetzt, wenn bei der Erstkontrolle ein Alarm ausgelöst und somit eine Nachkontrolle fällig wird. Handsonde und Sprengstoffdetektionsgeräte sind in dieser Konstellation also nicht an der betrachteten Kategorisierung der Passagiere beteiligt. Diese findet während der Erstkontrolle statt. Beide Techniken helfen stattdessen im Anschluss, eine vorgenommene erste Einordnung zu bestätigen oder zu entkräften.

5.1.3 *Derzeitige Profiling-Konstellation in Deutschland – inkrementelle Verbesserungen und punktuelle Ergänzungen*

Über lange Zeit wurden die bisher besprochenen Detektionstechnologien nur wenig weiterentwickelt – bis sich Attentäter Anfang des 21. Jahrhunderts schließlich neue Methoden einfallen ließen, um unentdeckt durch die Kontrollen zu kommen. Dabei nutzten sie die Schwächen des Systems geschickt aus. Der als ‚Schuhbomber' bekannt gewordene Attentäter beispielsweise, der im Dezember 2001 versuchte, auf einem Flug von Paris nach Miami einen in seinen Schuhen versteckten Sprengstoff zu zünden (spiegel.de 2013), konnte von den Metalldetektoren der Tor- und Handsonden deshalb nicht entdeckt werden, da der Sprengstoff in seinem Schuh mit einer nicht-metallischen Zündvorrichtung versehen war. Auf eine weitere Schwachstelle setzte der sogenannte ‚Unterhosenbomber', der im Dezember 2009 versucht hatte, mit Sprengstoff, den er in seiner Unterwäsche versteckt hatte, ein Flugzeug auf dem Flug von Amsterdam nach Detroit zu sprengen (zeit.de 2011):

„Das ist natürlich auch dem geschuldet, dass Kontrollkräfte eine natürliche Beißhemmung haben in den Genitalbereich etc. zu greifen bei der Kontrolle. Und genau das ist das ‚Modus Operandi' gewesen: in der Unterhose, nach Möglichkeit mit ganz ganz wenig Metall versehen, Sprengstoff einzubringen." (Interview1:113#, Gruppe 1, Bundespolizei)

Die Tatsache, dass bei solchen Anschlägen Waffen zum Einsatz kommen, die von den bisher eingesetzten Scannern nicht als solche erkannt werden können, führte u.a. zur Weiterentwicklung der Detektionstechnik.

- *Weiterentwicklung der Scanner-Fähigkeiten*

Die wohl bekannteste neuartige Detektionstechnik mit erweiterten sensorischen Funktionalitäten ist der sogenannte Bodyscanner (Abbildung 13). Die Geräte können nicht nur metallische Gegenstände am Körper von Passagieren finden, sondern auch Objekte aus anderem Material, wie beispielsweise Messer aus Keramik oder Kunststoff.[138]

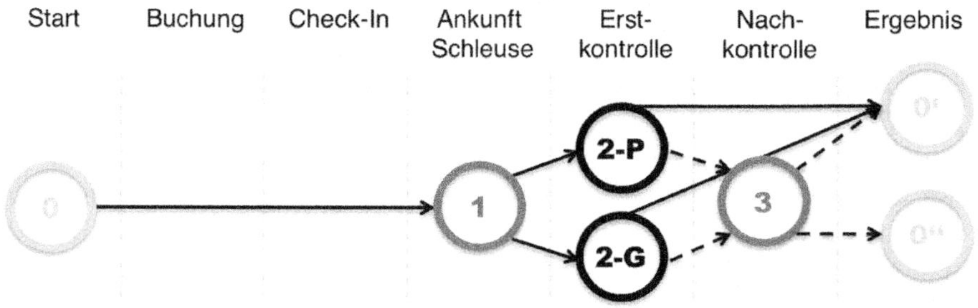

Abbildung 12 – Sicherheitsprozess am Flughafen (2001-Heute, Deutschland)

Die ersten Bodyscanner, die man nicht nur zu Testzwecken aufbaute, wurden ab 2007 eingesetzt (reuters.com 2007); im Herbst 2014 standen in Deutschland an 6 deutschen Flughäfen Bodyscanner an den Checkpoints (aero.de 2014). An diesen Flughäfen (und ähnlichen Flughäfen im Ausland) wurden an den Flughafen-Sicherheits-Checkpoints Torsonden durch Bodyscanner ersetzt (Abbildung 12, 2-P), der Ablauf an den Checkpoints wurde jedoch ansonsten nicht weiter verändert.

---

[138] Eine noch darüber hinaus gehende Weiterentwicklung sind weitestgehend automatisiert arbeitende Multisensorsysteme. Projekte in diesem Bereich sind beispielsweise die Vision des *Tunnel of Truth* des *U.S. Transportation Security Laboratory* (TSL), einem Teil des *Departments for Homeland Security* (DHS) (National Defense Industrial Association 2008) oder das Projekte *HAMLeT* (*Hazardous Material Localization and Person Tracking*) des Fraunhofer-Instituts FKIE (Fraunhofer FKIE Presseinformationen 2009, 2011).

Ihre verbesserte Detektionsleistung macht sie den Torsonden, die ja lediglich Metall detektieren können, überlegen. Dafür nutzen sie (in den heute verbreiteten Varianten) entweder Millimeterwellen oder (in anderen Ländern wie beispielsweise den USA) Röntgenstrahlen. Die ‚Überlegenheit' hinsichtlich der detektierbaren Materialen hat jedoch ihren Preis. Torsonden können Metall in allen möglichen Formen und Arten erkennen; ab einer gewissen Menge und/oder Dichte an Metall wird immer ein Alarm ausgelöst, egal an welchem Körper sich das Metall befindet.

Abbildung 13 – Der Bodyscanner mit Touchscreen (eigene Abbildung)

Ganz anders der Bodyscanner; anstatt lediglich ein bestimmtes Material mit bestimmten Eigenschaften zu detektieren, versuchen Bodyscanner, Objekte (welchen Materials auch immer) in Abweichung von einem ‚normal geformten' menschlichen Körper zu entdecken. Die Stellen, die von diesem Idealkörper abweichen, werden von der Software als ‚unnormal' markiert.[139] Unterschieden wird zwischen ‚normalen' männlichen und ‚normalen' weiblichen Körpern. Deshalb muss der Bediener des Bodyscanners diesem auch vor jedem Scan sagen, ob eine Frau oder ein Mann gescannt werden soll. Wenn falsch gelabelt wird, erkennt der Scanner vor allem in den Genitalregionen (jeweils entweder zu viel oder zu wenig) organisches Material und schlägt Alarm.

Abbildung 14 – Bodyscanner mit Passagier (eigene Abbildung)

Der Bediener des Bodyscanners ist somit für die Personenauswahl für die Nachkontrollen mitverantwortlich (wenn auch in geringem Umfang) und kann den Prozess an dieser Stelle beeinflussen. Auch wenn der Austausch der Torsonde durch den Bodyscanner am Prozessablauf nichts Wesentliches verändert hat, so zeichnet sich hier durchaus eine leichte Veränderung innerhalb der Beziehungen in der Konstellation ab.

139 Wie dieser ‚Normalkörper' aussieht, muss von den Entwicklern in die Software eingeschrieben werden.

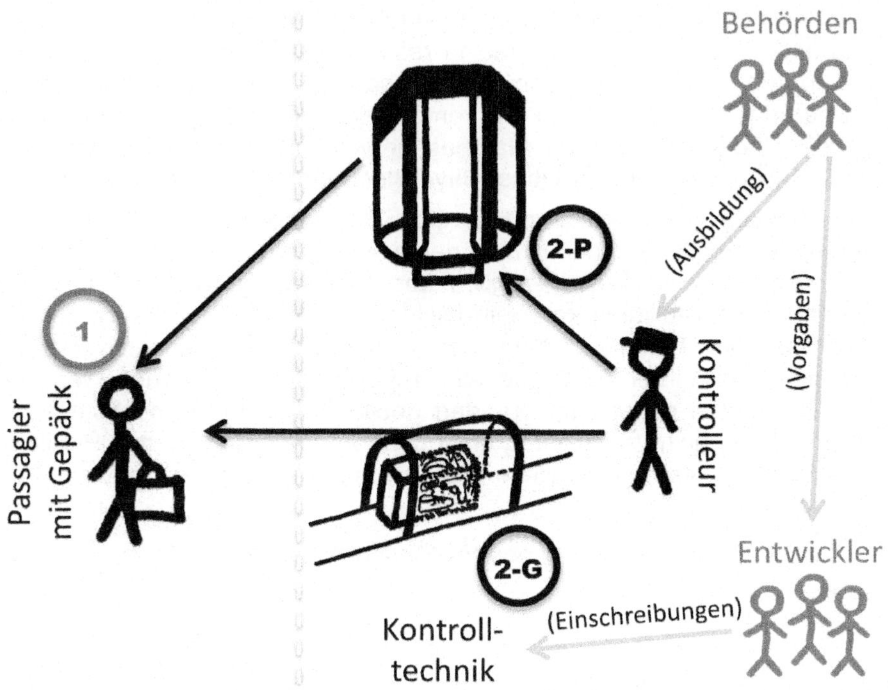

Abbildung 15 – Profiling-Konstellation am Flughafen (2001-Heute, Deutschland)

Anders als bei den Torsonden ist dieser Einfluss der Luftsicherheitsassistenten auf die Kategorisierung der Passgiere beim Bodyscanner explizit vorgesehen. Die anschließenden Prozessschritte – die Detektion und die Analyse der generierten Bilder – werden vom Bodyscanner jedoch vollständig automatisiert ausgeführt. Das Ergebnis zeigt er dann dem Nutzer in anonymisierter bzw. stilisierter Form auf einem Bildschirm an. Die ‚beanstandeten' Regionen sind darauf markiert. Anders als beispielsweise bei den Handgepäck-Röntgengeräten verfügen Bodyscanner also über eine Analysesoftware, die das Analysieren der Bilder durch den Nutzer unnötig – und in neueren Versionen des Scanners durch die Stilisierung der Bilder sogar unmöglich – macht. Welche Regionen auf dem Bild markiert werden, bleibt immer der Analysesoftware des Scanners überlassen.

> "It [the body scanner] then takes that information through an algorithm, goes ahead, and produces a generic image of the individual. And if there is anything that's been detected that's concealed it shows up as a generic box on the generic image in the area of the body where the

item was detected. Our officers then take that image and then just do a targeted pat-down of that area to resolve what that alarm is, to make sure that it's not something that's harmful, and that passenger is cleared to go. It is important to remember that we don't need to search the entire body because that has been cleared by the technology." (TSA-Representative in Video; CityofBloomingtonMN 2014)

Die Auswahl von Passagieren für eine Nachkontrolle wird somit wieder durch die Technik und den Nutzer gemeinsam vorgenommen, wenn auch diesmal anders verteilt. Bezüglich des Grades der Technisierung der gesamten Konstellation kann ein leichter Anstieg festgestellt werden (s. automatische Analysesoftware der Bodyscanner), ansonsten ist die Konstellation in ihrer Zusammenstellung und den Beziehungen zwischen den Elementen nahezu unverändert geblieben. Auch die nächste Maßnahme führt nicht zu einer grundlegenden Änderung in der Profiling-Konstellation; sie ergänzt diese lediglich, ohne in bestehende Strukturen einzugreifen.

- *Zusätzliches ‚menschliches Profiling' durch Beamte*

Der prominenteste terroristische Vorfall, der durch die bisherigen Kontrollen nicht verhindert werden konnte – und bei dem auch der Bodyscanner nicht geholfen hätte – waren jedoch die Anschläge der islamistischen Terrororganisation Al-Qaida mit vier Flugzeugentführungen und anschließenden Selbstmordattentaten am 11. September 2001 in den USA. Das Besondere am Vorgehen dieser Attentäter war, dass sie, um ihren Plan auszuführen, keine herkömmlichen Waffen oder Sprengstoffe benötigten. Anscheinend hatten sie lediglich einige Messer dabei, welche nach damaliger Regelung sogar erlaubt und nicht als Waffen oder ‚gefährliche Gegenstände' deklariert waren;[140] als Bomben setzten sie am Ende die Flugzeuge selbst ein. Darüber hinaus schreckten sie auch nicht davor zurück, ihr eigenes Leben zu opfern. Röntgengeräte, Metalldetektoren, Sprengstoffdetektionsgeräte und Bodyscanner können einen solchen Anschlag nicht verhindern.

"Technologies [...] have improved detection of a broad array ofthreat objects, including non-metallic weaponsand explosives, but technology

[140] "Our best working hypothesis is that a number of the hijackers were carrying permissible utility knives or pocket knives. One example of such a utility knife is this 'Leatherman' item. We know that at least two knives like this were actually purchased by hijackers and have not been found in the belongings the hijackers left behind." (U.S. National Commission on Terrorist Attacks upon the United States 2004)

limitations,budgetary considerations, and other factorshave placed constraints on a strictly technology-driven approach to airport screening." (Elias 2014:1)

Dies führte vor allem in den USA dazu, dass neben der Weiterentwicklung der Detektionstechnologien andere Profiling-Ansätze wieder an Bedeutung gewannen (s. Kapitel 5.1.4). Indirekt hatte dies auch Auswirkungen auf die Kontrollen in Deutschland. Unter Beibehaltung des im vorigen Abschnitt beschriebenen Sicherheitsprozesses setzt Deutschland für die Kontrollen von Flügen zu bestimmten Destinationen spezielle Beamte ein, die eine Art Verhaltens-Profiling unter den Passagieren durchführen.

> SIE (Bundespolizei): „Man kann es [die Kontrollen] personell unterlegen, indem man sagt was weiß ich jeden zweiten oder jeden dritten [...] oder man macht weniger und sagt also mindesten 10% und ich stell dort jemanden hin und sage du bist ausgebildet nach bestimmten Verhaltenskriterien [Passagiere] auszuwählen. Das ist für bestimmte Destinationen möglich. [...] ICH: Sind das dann Bundespolizisten oder wer übernimmt diese Position? SIE (Bundespolizei): Also die Auswahlposition das macht dann die Behörde, das machen wir dann schon." (Interview4:152#+153#,157#+158#, Gruppe 1, Bundespolizei)

> „Wenn es Auswahl gibt, Sie merken das wenn Sie in Richtung USA fliegen, dann steht irgendwo ein Polizeibeamter in diesem Bereich. [...] Und der ist natürlich ausgebildet nach bestimmten Rastern, nach ‚Modus Operandi' auszuwählen, um zu sagen, ich mache jetzt eine Auswahl, eine Stichprobenkontrolle." (ebd.:177#-179#)

Der bekannte Ablauf wird in diesen Fällen um einen Punkt ergänzt (Abbildung 16, 1.2); der Rest der Konstellation wird durch diese Maßnahme jedoch nicht verändert (Abbildung 17). Die Notwendigkeit der Maßnahme hängt von der jeweiligen Gefährdungslage ab.

> SIE (Bundespolizei): „Das ist für bestimmte Destinationen möglich. [...] Je nachdem wie die Gefährdungslage ist. Israelische Airlines sind extrem oder sind stärker gefährdet zur Zeit, dadurch sind die Maßnahmen dort etwas anders und höher als für beispielsweise ein deutsches Unternehmen, was auch nach Tel Aviv fliegt [...] [bzw.] es muss nicht unbedingt immer mehr sein, es kann manchmal auch anders sein. Für Direktflüge in die USA z.B., das hängt davon ab, wie auch die Amerikaner das sehen, welche Forderungen u.U. von der TSA kommen oder nicht kommen." (ebd.:153#-156#)

Dadurch, dass in anderen Ländern andere Kontrollmaßnahmen an den Checkpoints eingeführt wurden, kann es also dazu kommen, dass bei Flügen in diese Länder die hiesigen Kontrollen an die dortigen Kontrollen angepasst und die Scanner-Technologien durch personelle Maßnahmen ergänzt werde.

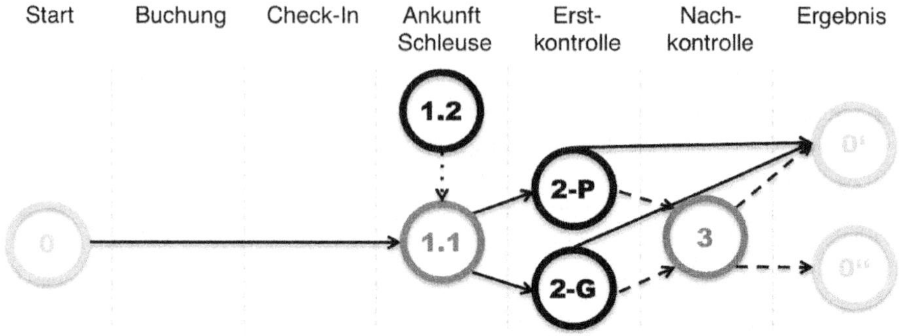

Abbildung 16 – Sicherheitsprozess am Flughafen (Heute, Deutschland+)

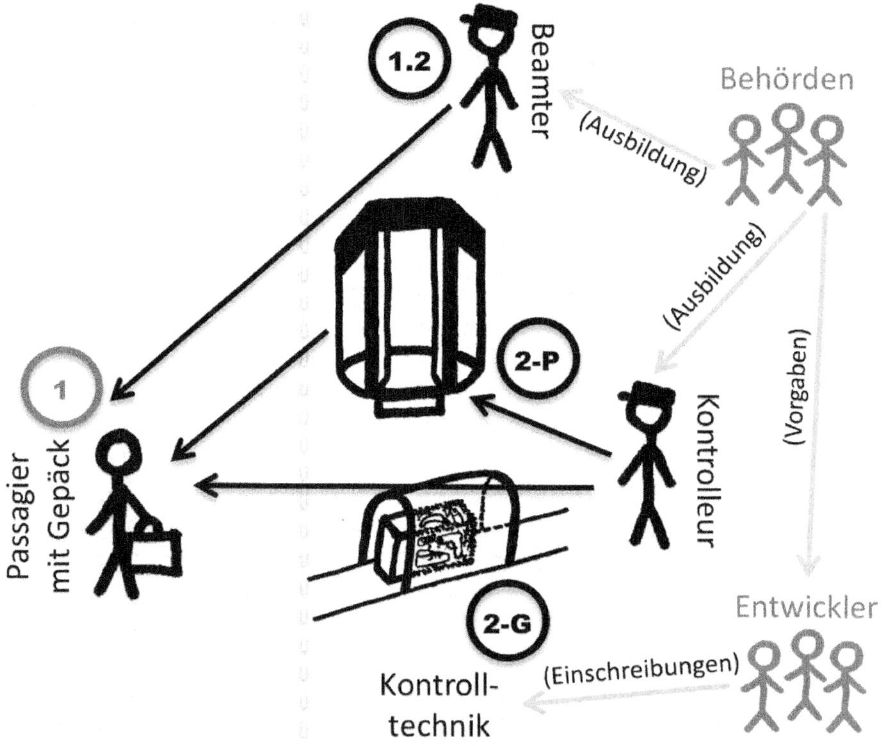

Abbildung 17 – Profiling-Konstellation am Flughafen (Heute, Deutschland+)

Im Gegensatz zu den personellen Profiling-Maßnahmen in Ländern wie den USA oder auch Israel (s. Kapitel 5.1.4) ist die Kategorisierung von

Passagieren durch Beamte in Deutschland jedoch viel weniger formalisiert.[141]

> „Man kann sich das aber nicht vorstellen, wie soll ich das sagen, [man wählt nicht] alle Schwarzen, alle arabisch Aussehenden, das funktioniert nicht. [...] Wenn ich nach so einem ‚Raster' – weil der Begriff Raster ja auch ein bisschen negativ belegt ist – vorgehe, dann komme ich auch nicht auf 10%. Ich muss ein Zufallsprinzip nehmen, muss aber bestimmte Modalitäten, bestimmte ja Auffälligkeiten [beachten], das ist das was ich so sage: ‚Ach ich nehme mal den oder ich nehme mal die'. Das sind so diese Erfahrungswerte. [...] Und dann ist das auch zeitlich unterschiedlich, mal ist mehr diese Richtung, die als Auswahlsignal für ihn dient und manchmal ist es einfach auch: Ich muss wenigstens die 10%-Quote schaffen oder die 15%-Quote, jetzt muss ich einfach einen nehmen sonst schaffe ich es nicht, ich hab ja nur 200 Passagiere." (ebd.:180#-183#)

Die Beamten, die diese Positionen übernehmen, werden zwar in der Ausbildung auf bestimmte Verhaltensweisen der gesuchten Täter hingewiesen, vieles sind aber auch einfach Erfahrungswerte. Ganz anders läuft das bei den auf 9/11 folgenden Kontrollen in den USA ab.

5.1.4 *Derzeitige Profiling-Konstellation in den USA – Wiederentdeckung und Weiterentwicklung des ‚frühen' Risiko-Profilings*

Nachdem die ersten Profiling-Versuche der 1970er Jahre gescheitert waren und man dazu übergegangen war, 100% der Passagiere wie beschrieben zu kontrollieren, tauchte – vor allem in den USA – bereits Ende der 1990er Jahre die Idee wieder auf, die früheren Profiling-Methoden (s. Kapitel 5.1.1) technisch auszubauen und anzupassen:

> "With the release of the draft report [from the White House Commission on Aviation Safety and Security containing recommendations to strengthen aviation safety and security, 1996], President Clinton called on Congress to appropriate more than $1 billion for a variety of antiterrorism measures. Proposed programs related to security included: [...] Developing a computerized passenger profile screening system [...]." (Kraus 2008:103)

Eine der Hauptmotivationen, eine computerisierte Profiling-Variante zu

[141] Luftsicherheitsassistenten und Beamte bekommen in Deutschland keine standardisierten ‚Checklisten' an die Hand; außerdem müssen sie sich wesentlich mehr auf ihren eigenen Erfahrungsschatz verlassen.

entwickeln, war, die Screening-Kapazitäten an den Sicherheitscheckpoints dem steigenden Volumen an Passagieren anzupassen – denn aufgrund steigenden Passagieraufkommens schien den Verantwortlichen eine 100%ige Kontrolle aller Passagiere und ihres Gepäcks in Zukunft zu aufwendig und zu kostspielig zu werden.

> "The CAPS system[142] was developed as a more feasible alternative to 100% checked baggage matching and EDS screening of all passenger baggage by narrowing the pool of passengers on whom additional security measures should be focused, thus effectively utilizing the currently limited supply of highly technical screening equipment (e.g. EDS), and minimizing the operational impact of applying other passenger and checked baggage security measures, such as PPBM [positive passenger bag matching]." (Federal Register 1999:19221f)

Darüber hinaus gewann der Risiko-basierte Ansatz immer mehr Anhänger aufgrund des Aufkommens der im vorherigen Abschnitt beschriebenen neuen Arten von Anschlägen, die allein durch Screening-Technologien nicht verhindert werden konnten. Dabei ähnelt das neue Risiko-basierte Sicherheitskonzept der USA in seiner Grundidee den ersten Profiling-Ansätzen der 1970er Jahre (es wird nach potentiell gefährlichen Personen, die man an einem typischen Verhalten erkennen kann gesucht anstatt nach Personen, die bestimmte gefährliche Objekte mit sich tragen, s. Kapitel 5.1.1), ist in seinen Ausmaßen und in der tatsächlichen Umsetzung jedoch nicht mit diesem vergleichbar. Anstatt wie in den 1970er Jahren menschliche Akteure darin auszubilden, Terroristen an ihrem Verhalten zu erkennen, sollte diese Aufgabe nun an die Technik delegiert werden, die dann – auf Basis von in Datenbanken gespeicherten Verhaltensspuren – potentielle Terroristen aufspüren sollte. Geplant war also eine starke Technisierung der Profiling-Konstellation hinsichtlich der Kategorie-Erstellung. Während sich in der vorangegangenen Konstellation die Delegation von Aktivitäten an Technik vor allem auf Sortier-Aufgaben bezog, soll nun auch die Erstellung der eingesetzten Kategorisierungen selbst immer weiter automatisiert werden. Im Detail sieht das dann folgendermaßen aus.

- *‚Computer-Assisted Passenger Pre-Screening' (CAPS, CAPPS und CAPPS II)*

Die Entwicklung des US-amerikanischen *Computer-Assisted Passenger Screening* (CAPS) Systems begann bereits im Jahr 1994. Für dessen

---

[142] Für eine detaillierte Erklärung s. nächstes Unterkapitel.

Entwicklung stellte die FAA einer großen US-Fluggesellschaft Gelder zur Verfügung (U.S. General Accounting Office 2004). CAPS sollte (wie im Prinzip auch bereits bestehende Sicherheitssysteme) in der Lage sein, Passagiere in zwei Kategorien einzusortieren: "those who require additional security scrutiny – termed 'selectees' – and those who do not" (ebd.:5). Das Set an Regeln für diese Kategorisierung sollte jedoch diesmal systematisch aus einer großen Menge gesammelter Fluginformationen über Passagiere entwickelt werden. Unter Anwendung der erarbeiteten CAPS-Regel sollten dann die Fluggesellschaften jeden neuen Passagier (auf Grundlage der im Buchungsprozess angegebenen Informationen) [143] auf seine potentielle Gefährlichkeit hin überprüfen. Zusätzlich wurde eine Liste mit bekannten Terroristen und verdächtigen Personen – die sogenannte *No-Fly-List*[144] – an die Fluggesellschaften übermittelt. Die Personen auf der Liste mussten von den Fluggesellschaften im Buchungssystem identifiziert und markiert werden (Elias 2014; Seifert 2008; U.S. General Accounting Office 2004; U.S. National Commission on Terrorist Attacks upon the United States 2004). Beim Check-In wurden die Tickets der (durch CAPS oder die No-Fly-List) ausgewählten Passagiere dann mit einem ‚Code' versehen, damit die so markierten Passagiere schließlich an der Sicherheitsschleuse von den Kollegen des Sicherheits-Checkpoints erkannt und einer eingehenderen Kontrolle unterzogen werden konnten als die anderen Passagiere.[145] Der Prototyp von CAPS wurde bereits 1996 getestet und in den folgenden Jahren nach und nach, unter dem Namen *Computer-Assisted Passenger Prescreening System* (CAPPS), von US-Fluggesellschaften eingeführt

---

143 Bestehend aus sogenannten *Passenger Name Records* (PNR; dt. Flugdatensatz), die alle Daten enthalten, die sich auf eine Buchung beziehen, wie bspw. die Zahlungsmodalitäten oder das Reiseziel (GAO 2004). "The CAPS system operates off the computer reservation systems utilized by the major U.S. air carriers as well as some smaller carriers. The CAPS system relies solely on information that passengers presently provide to air carriers for reasons unrelated to security. It does not depend on the gathering of any additional information from air travelers, nor is it connected to any law enforcement or intelligence database." (Federal Register 1999:19222).

144 Die No-Fly-List ist eine Beobachtungsliste des US-amerikanischen Departments of Homeland Security (DHS); sie enthält Namen von Personen, die nicht per Flugzeug in die USA einreisen dürfen.

145 Scanner-Technologien wie der Bodyscanner werden auch hier an den Sicherheits-Checkpoints eingesetzt, sie sind jedoch dem Risiko-Profiling nachgelagert und werden nicht zur Kategorisierung der Passagiere, sondern lediglich zur Überprüfung der Kategorisierungen eingesetzt (vgl. Einsatz von Handsonden und Sprengstoffdetektionsgeräten, s. Kapitel 5.1.2).

(Seifert 2008; U.S. National Commission on Terrorist Attacks upon the United States 2004). Im Jahr 2004 wurden 99% aller Inlandsflüge in den USA mit CAPPS überprüft (U.S. General Accounting Office 2004:6). Die Arbeit an Risiko-basierten Sicherheitsansätzen für Flughäfen wahr also auch schon vor der Jahrhundertwende im Gange, unter dem Eindruck der Anschläge am 11. September 2001 bekamen sie jedoch auf einmal wesentlich breitere Unterstützung. Im *Aviation and Transportation Security Act* (vom 19. November 2001) wurde die *Transportation Security Administration* (TSA) – der Nachfolger der FAA[146] – damit beauftragt, CAPPS II zu entwickeln. Aufbauend auf dem schon aus CAPPS bekannten Vorgehen, plante die TSA in CAPPS II einige Änderungen (Seifert 2008; U.S. General Accounting Office 2004): 1. Das System sollte in Zukunft ausnahmslos auf Passagiere aller Flüge in und aus den USA angewandt werden. 2. Während der Abgleich mit der No-Fly-List und die Risiko-Score-Erstellung sowie die Risiko-Bewertung von Passagieren unter CAPPS noch von den Fluggesellschaften durchgeführt wurden, sollten diese nun dazu verpflichtet werden, ihre Roh-Daten stattdessen an die TSA zu übergeben, um den Prozess zentralisiert, umfassender und unter Verschluss vornehmen zu können. 3. Zusätzlich dazu sollten von der TSA bei der Errechnung der Passagier-Risiko-Scores nicht nur die Daten aus den Buchungssystemen der Fluggesellschaften, sondern auch Daten der Geheimdienste mit einbezogen werden. 4. Auf Grundlage von vier Identifizierungsmerkmalen (Name, Vorname, Adresse und Geburtsdatum) sollte die Identität der Passagiere vor dem Flug von einem kommerziellen Anbieter verifiziert werden, um eine Bewertung zu erhalten, die angibt, mit welcher Wahrscheinlichkeit der Passagier auch wirklich die Person ist, die er vorgibt zu sein. Und 5. sollte von nun an ein Farb-codierter Risiko-Score mit mindestens drei Kategorien eingesetzt werden (akzeptables Risiko, unbekanntes Risiko und untragbares Risiko) anstatt einer Einteilung der Passagiere in solche, die einer intensiveren Kontrolle unterzogen werden sollen, und solche, die nur einer ‚normalen' Kontrolle unterliegen. Zum tatsächlichen Einsatz des neunen Konzeptes

[146] Der *Aviation and Transportation Security Act* (ATSA) führte u.a. zu der Einrichtung einer neuen Behörde, der Transportation Security Administration (TSA; dt. Transportsicherheitsbehörde), welche von nun an für Flugsicherheit zuständig sein sollte. Die FAA übergab Anfang 2002 ihre Zuständigkeiten an die neu eingerichtete Behörde, welche anfangs noch dem *Department of Transportation* (DOT; dt. Verkehrsministerium) unterstand, jedoch bereits ein Jahr später (durch den *Homeland Security Act*) dem ebenfalls durch ATSA gegründeten Department of Homeland Security (DHS; dt. Heimatschutzministerium) unterstellt wurde (Kraus 2008:129).

kam es jedoch nie. Mehrere Sammelklagen und andere Aktionen gegen das System führten dazu, dass dessen Entwicklung im August 2004 abgebrochen wurde – um es schließlich in den Jahren 2009 bis 2011 durch ein ähnliches, etwas abgeändertes System (genannt *Secure Flight*, s. nächstes Unterkapitel) zu ersetzen.

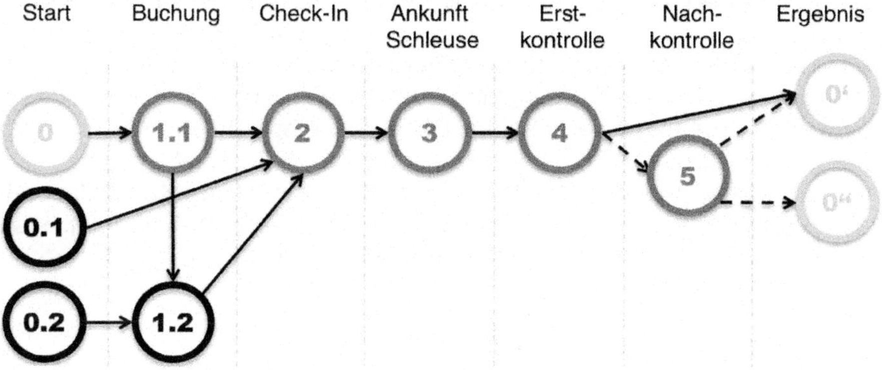

Abbildung 18 – Sicherheitsprozess am Flughafen (2001-Heute, USA) – CAP(P)S

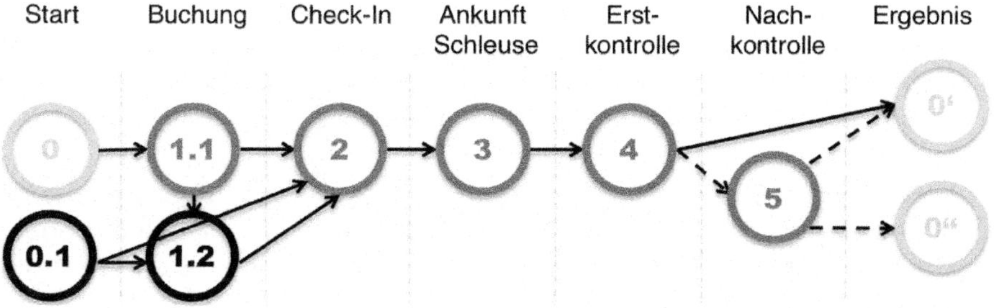

Abbildung 19 – Sicherheitsprozess am Flughafen (2001-Heute, USA) – CAPPS II

Auch wenn es CAPPS II, die am meisten technisierte Variante des computerisierten Profilings, nicht bis zur tatsächlichen Einführung geschafft hat, so änderten sich der Ablauf der Profiling-Prozesse und der Aufbau der Profiling-Konstellation bereits durch die Einführung von CAP(P)S grundlegend. Während in allen bisher besprochenen Konstellationen die Kategorisierung der Passagiere direkt an der Schleuse vorgenommen wurde, wird dies nun (bei allen CAP(P)S/II-Varianten) ganz an den Anfang des Prozesses vorverlegt. Noch bevor ein potentieller Passagier eine konkrete Flugbuchung vornimmt, werden auf Grundlage von Informationen, die über frühere Passagiere bekannt sind, Risiko-Profile entweder durch die Fluggesellschaften (Abbildung 18, 0.2) oder die zuständige Behörde (Abbildung 19, 0.1) erstellt. Kommt es dann tatsächlich zu einer Buchung (Abbildung 18 / Abbildung 19, 1.1), werden von dem betreffenden Passagier die nötigen Passagierdaten erhoben und (bei CAPPS durch die Fluggesellschaften, bei CAPPS II durch die Behörden) weiterverarbeitet, um den Passagier in ein Risiko-Profil einordnen zu können (Abbildung 18 / Abbildung 19, 1.2). Das Ergebnis wird jeweils dem Check-In-Personal mitgeteilt, welches dann beim Einchecken des Passagiers den Risiko-Score zuordnet und das Ticket dementsprechend markiert (Abbildung 18 / Abbildung 19, 2). Dem Airline-Personal liegen in CAP(P)S außerdem die von den Behörden erstellten Watch-Listen vor (Abbildung 18, 0.1), auf deren Grundlage sie die Passagiere zusätzlich sortieren (Abbildung 18, 2). Das Profiling findet in diesen Konstellationen also vollständig vor dem Eintreffen des Passagiers am Flughafen statt; beim Check-In wird die jeweilige Kategorisierung dem Passagier nur noch zugewiesen.

Aus Sicherheitsgründen wurden die CAP(P)S-Kategorisierungsregeln niemals offen gelegt. Trotz Geheimhaltung sind jedoch einige der Kriterien durch Gerichtsverfahren von Passagieren gegen den US-amerikanischen Staat bekannt geworden, so z.B. der Fall von Angel Lopez-Pages 1985:

> "On March 8, 1984, Lopez-Pages and a female companion bought an airline ticket for a flight from Orlando to Dallas at the American Airlines ticket counter at Orlando International Airport. The ticket agent determined that the couple's characteristics matched a hijacker profile. He based this conclusion on the facts that Lopez-Pages paid cash for his tickets, did not furnish a phone number on his passenger information sheet, was Hispanic, was scheduled to board a flight within the range of Cuba, bought two one-way tickets, and declined to check any of the couple's five pieces of luggage." (U.S. Court of Appeals (11th Cir.) 1985)

Fehlende Informationen (wie z.B. nicht angegebene Handynummern), Barzahlung, Tickets ohne Rückflug, Nicht-Einchecken von Gepäck, bestimmte Reiseziele und Nationalitäten der Passagiere werden hier als Kriterien beschrieben, aufgrund derer jemand in ein „hijacker profile" eingeordnet wird. Nationalität wurde im beschriebenen Fall als Kriterium herangezogen, obwohl in einer überarbeiteten Fassung des schon erwähnten White House Commission-Berichtes (1997) darauf hingewiesen wird, dass Rasse, Religion und Nationalität nicht in Profile einbezogen werden sollten:

> "No profile should contain or be based on material of a constitutionally suspect nature - e.g., race, religion, national origin of U.S. citizens. [...] Factors to be considered for elements of the profile should be based on

measurable, verifiable dataindicating that the factors chosen are reasonable predictors of risk, not stereotypes or generalizations. Arelationship must be demonstrated between the factors chosen and the risk of illegal activity." (White House Commission on Aviation Safety and Security 1997)

Aufgrund der Geheimhaltung kann über die Art und Weise der Generierung solcher Kategorisierungen an dieser Stelle nur gemutmaßt werden. Wie der Begriff (‚Computer-Assisted') schon sagt, kann man jedoch davon ausgehen, dass Computerprogramme eine wichtige Rolle spielen – nur welche Art von Programmen?[147]

"[CAPPS] uses a set of algorithms to determine patterns believed to be correlated with terrorism. [...] CAPPS assigns numerical points to the many factors analyzed, resulting in a total point score for each passenger." (Poole und Passantino 2003:10)

Mit den CAPPS-Algorithmen werden Muster bzw. Korrelationen gesucht, die auf ‚Terrorismus' hinweisen. Bei den für CAPPS II entwickelten Algorithmen soll es sich um eine Weiterentwicklung des „Sets an Algorithmen" handeln, die in CAPPS eingesetzt wurden, so die *Reason Foundation* (REASON) – eine ‚nonprofit research organization':

"[For CAPPS II] the weighing criteria in the algorithms were modified, based on new information. [...] [T]he currently proposed CAPPS II [...] use more sophisticated algorithms that are updated regularly to take into account new information on terrorist activities [...]." (ebd.:11f)

In Bezug auf die von CAPPS II verwendeten Algorithmen spricht das ‚independent non-profit research center' *Electronic Privacy Information Center* (EPIC) auch von experimentellen Data-Mining-Algorithmen:

"The second generation system [CAPPS II] purports to improve the screening of both dangerous things and people by relying on experimental data-mining algorithms to find patterns in the government and commercial databases available on individuals." (epic.org 2014)

Dass „data-mining algorithms" (ebd.) und „algorithms to determine patterns" (Poole und Passantino 2003:10) in den letzten Jahren im Bereich der ‚Homeland Security' immer beliebter geworden sind, zeigt auch ein CRS-Report des Information-Policy-und-Technology-Spezialisten Seifert für den US-Congress 2008:

"Data mining has become one of the key features of many homeland

[147] S.a. Kapitel 5.2.3.

security initiatives. Often used as a means for detecting fraud, assessing risk, and product retailing, data mining involves the use of data analysis tools to discover previously unknown, valid patterns and relationships in large data sets. In the context of homeland security, data mining can be a potential means to identify terrorist activities, such as money transfers and communications, and to identify and track individual terrorists themselves, such as through travel and immigration records." (Seifert 2008:a)

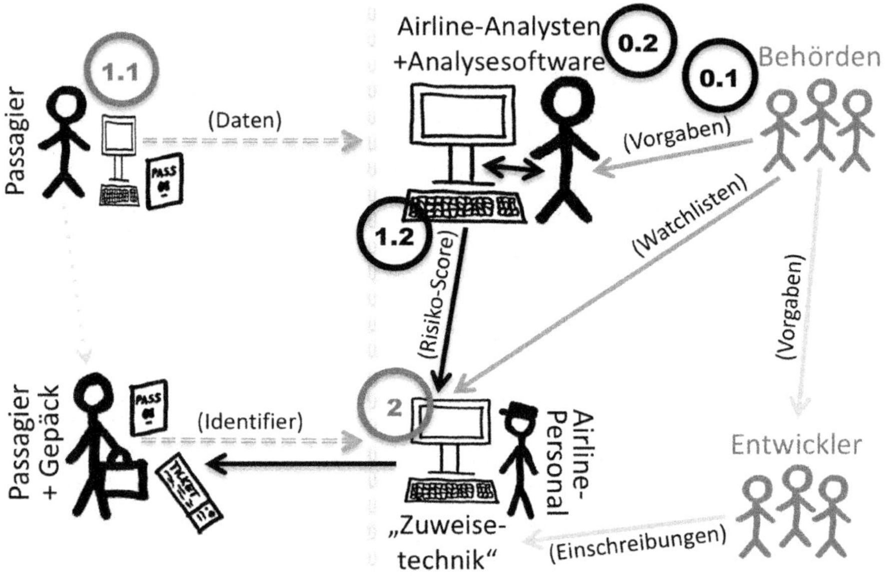

Abbildung 20 – Profiling-Konstellation am Flughafen (2001-Heute, USA) – CAP(P)S

Auf die Gesamtkonstellation bezogen kann eine bisher noch nicht beobachtete Technisierung konstatiert werden: eine Technisierung von Aktivitäten im Bereich der Kategorie-Erstellung. Dieser Bereich war bisher in allen Konstellationen menschlichen Akteuren vorbehalten (sei es nun den Luftsicherheitsassistenten selbst oder den Analysten vom BKA bzw. der FAA). Sind die Profile (mithilfe besagter Data-Mining-Algorithmen) einmal erstellt, können neue, unbekannte Passagiere – entweder auf die bekannte Art und Weise mit Checklisten oder aber mithilfe weiterer Algorithmen – den erstellten Profilen zugeordnet werden. All das bringt einige Veränderungen in der sozio-technischen Konstellation mit sich. Es findet eine Teilung in eine vorgelagerte Assessment-Teilkonstellation und eine ausführende Sortier-Teilkonstellation vor Ort statt. Die Kategorisierungsmacht wird an eine zeitlich und räumlich getrennte Teil-Konstellation verlagert, in der immer aktivere Techniken immer mehr ‚zu sagen' haben.[148]

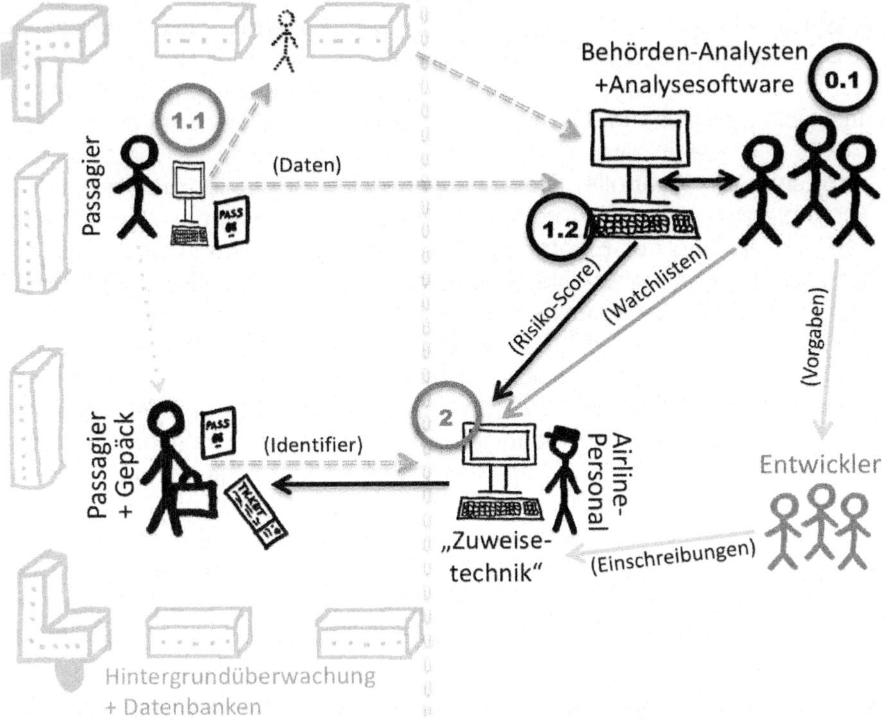

Abbildung 21 – Profiling-Konstellation am Flughafen (2001-Heute, USA) – CAPPS II

Ob eine Person ‚riskant' bzw. ‚gefährlich' ist und einer eingehende(re)n Prüfung unterzogen werden soll, wird nicht mehr vor Ort am Flughafen (durch das Urteil der Luftsicherheitsassistenten und der eingesetzten Screening-Technologien) entschieden; die Aktivitäten der Erstellung der Kategorien sowie der Einordnung der Passagiere werden stattdessen an technische Instanzen und menschliche Experten der vorgelagerten Teil-Konstellation delegiert. Der direkte Kontakt zum Passagier fällt dabei weg. Weder das Mitführen bestimmter Gegenstände, noch das Verhalten am Flughafen, sondern bestimmte Kombinationen von Verhaltensspuren

148 Wie die ‚Zusammenarbeit' von technischen und menschlichen Experten in einer solchen Konstellation im Detail aussehen kann, wird in Kapitel 5.2 gezeigt.

in Datenbanken machen einen Passagier dabei zum potentiell ‚gefährlichen' Passagier. In der Teil-Konstellation vor Ort werden zugewiesene Profile lediglich mit dem ‚echten' Passagier verknüpft und eine entsprechende Kontrolle umgesetzt. Diese Verknüpfung kann durch menschliche Akteure (z.B. durch Personal am Check-In-Schalter) oder automatisiert (z.B. beim Online-Check-In) erfolgen. Dabei wird das Risiko-Profil (von Hand oder maschinell) aus dem EDV-System der Fluggesellschaft auf das Ticket übertragen. Der Einweiser am Checkpoint, dem das markierte Ticket vorgezeigt wird, schickt den Passagier dann zur entsprechend vorgesehenen Kontrolle. Die anschließenden Kontrollen durch Scanner-Technologien und/oder durch menschliche Akteure dienen dann lediglich der Überprüfung der Einordnung des Passagiers – auch wenn sich ihre technische Funktion am Checkpoint im Prinzip nicht verändert hat. Wenn das Profil des Passagiers schon feststeht, bevor dieser am Checkpoint ankommt, und selbst der versierte Umgang mit den Scanner-Technologien keinen Einfluss auf die Kategorisierung hat, kommt also auch den menschlichen Akteuren hier lediglich eine nachgelagerte Aufgabe zu; anders als die technischen Instanzen am Checkpoint könnten sich die Sicherheitsassistenten jedoch zumindest theoretisch über die vorgegebenen Kategorisierungen hinwegsetzen. Eine schriftliche Anweisung auf einem Ticket hat nur so lange Bestand, wie die Luftsicherheitsassistenten sich an die Vorschriften halten und nicht eigenständig handeln. Ständige Kontrollen der Sicherheitsbeamten durch Vorgesetzte sollen das verhindern. Bezüglich der Kategorisierungsmacht erhält also die gesamte Teil-Konstellation vor Ort ein ‚Down-Grading'.

- *Kurzzeitiger Einbruch im Technisierungsgrad der Konstellation ('Secure Flight' mit 'Managed Inclusion' und TSA Pre™)*

Die Entwicklung von CAPPS II wurde, wie gesagt, im Jahr 2004, nach anhaltenden Protesten, abgebrochen und das sich bis dahin noch im Einsatz befindende CAPPS in den Jahren 2009 bis 2011 schließlich durch das neue Programm *Secure Flight* ersetzt (aclu.org 2005). Aus dem alten System übernommen wurde dabei die Verwendung von Watch-Listen (Abbildung 22, 0.1), wodurch zwar konkrete Personen, nicht jedoch Personen eines bestimmten Profils aussortiert werden.

> "Functionally, Secure Flight compares data from airline passenger name records against the 'no fly' and 'selectee' lists, and in certain cases, against the full TSDB [Terrorist Screening Database], to determine whether passengers [...] should be denied access or subject to additional screening measures." (Elias 2014:9)

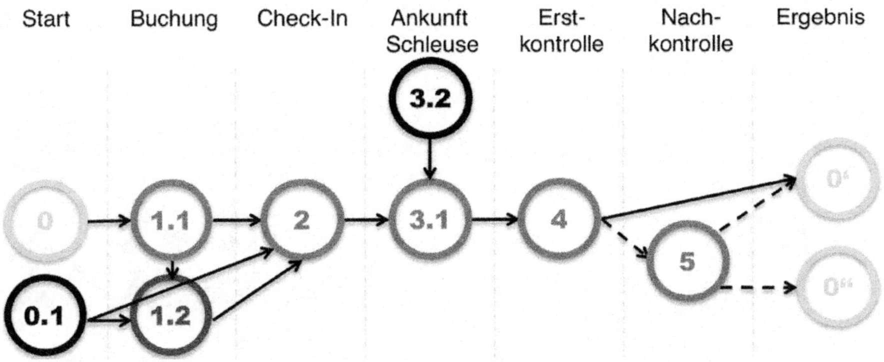

Abbildung 22 – Sicherheitsprozess am Flughafen (2001-Heute, USA) – Secure Flight

Die Erstellung und Anwendung von Risiko-Scores mithilfe von Software musste jedoch aufgrund eines gesetzlichen Verbotes gestrichen werden.

> "[T]he Intelligence Reform andTerrorism Prevention Act of 2004 (P.L. 108-458) required TSA to assume the passengerwatchlist screening function from air carriers [...]. Appropriations language, however,expressly forbade TSA from employingalgorithms to assign risk scores to passengersor from using commercial data other than airline passenger name records in assessing passenger risk." (ebd.:8)

Dieser Teil des Profiling-Prozesses wurde ab dem Jahr 2012 durch andere Maßnahmen ersetzt (U.S. General Accounting Office 2014), die nun wieder direkt am Checkpoint durchgeführt werden (Abbildung 22, 3.2). Ein Teil der Kategorisierungsmacht wurde der Teil-Konstellation vor Ort auf diese Weise zurückgegeben.

Bekannt wurden diese Maßnahmen unter dem Begriff ‚Managed Inclusion'.

> "Using *Managed Inclusion*, TSA is able to provide expedited screening to passengers who have not been identified for this screening under the TSA Pre™ program [...]." (U.S. General Accounting Office 2014:2)

In Ergänzung zu den Sortier-Mechanismen durch *TSA-Pre* – eines Vielfliegerprogramms, das seinen Mitgliedern Erleichterungen bei den Sicherheitskontrollen verspricht[149] – ist ‚Managed Inclusion' dazu da, alle Passagiere bzw. deren Verhalten am Flughafen anhand bestimmter Regeln in Echtzeit zu analysieren und zu kategorisieren. Es setzt dabei

149 Wem ‚expedited screening' zuteil wird, muss beispielsweise während der Erstkontrollen seine Schuhe nicht ausziehen, kann Flüssigkeiten und Laptops im Koffer lassen und kann Gürtel sowie leichte Jacken und Pullis anbehalten.

hauptsächlich auf den Einsatz von sogenannten *Behavioral Detection Officers* (BDOs).[150]

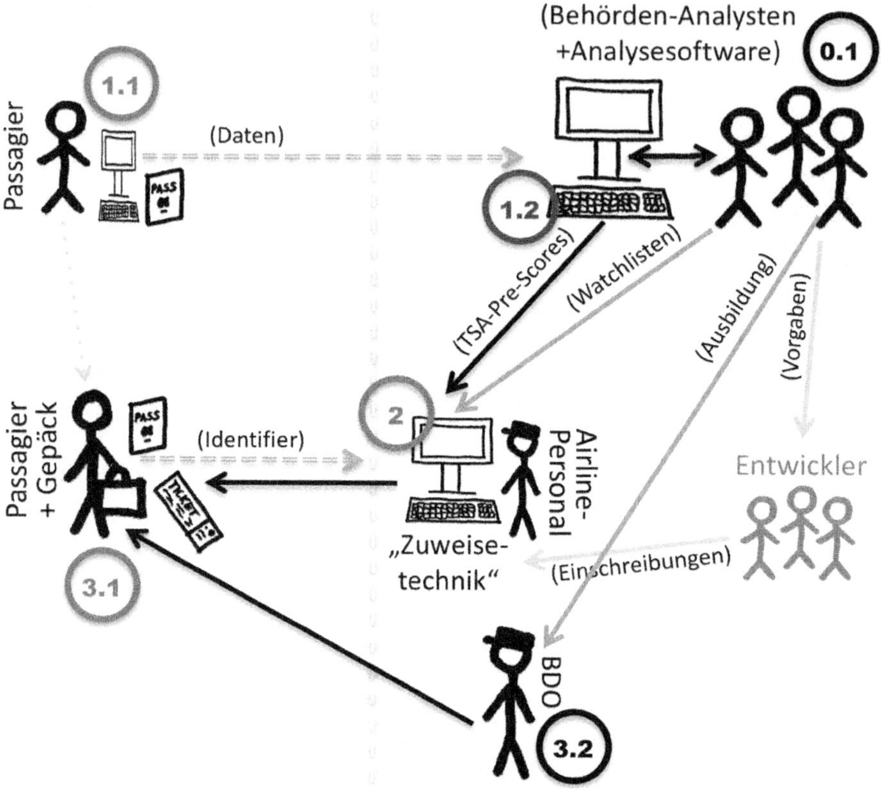

Abbildung 23 – Profiling-Konstellation am Flughafen (2001-Heute, USA), Secure Flight

Der Einsatz solcher speziell ausgebildeter Sicherheitsbeamter zum Verhaltens-Profiling wurde bereits seit 2003 im TSA-SPOT-Programm (*Screening Passengers by Observational Techniques*) untersucht (Elias 2014). Die BDOs kategorisieren Passagiere auf Grundlage bestimmter sichtbarer, nonverbaler Verhaltensmerkmale, die auf Stress, Angst oder Täuschung hinweisen.

“TSA created new BDO positions as part of the SPOT program with the

[150] Zusätzlich werden Spürhunde oder Geräte zur Detektion von Sprengstoffspuren eingesetzt.

goal of identifying persons who may pose a potential security risk by using behavioral indicators such as stress, fear, or deception." (U.S. Senate Committe on Commerce Science and Transportation 2011:3)

"[B]ehavioral detection as practiced in the TSA SPOT program focuses heavily on interpretation of non-verbalcues, such as facial expressions or avoidance ofeye contact [...]. TSA has stated that it takes a BDO less than 30 seconds to meaningfully observe an average passenger." (Elias 2014:11)

Um das Verhaltensprofiling durchzuführen, bekommen die BDOs eine Checkliste mit Anzeichen und Werten, nach denen sie Ausschau halten müssen.[151] Zum Einsatz kommen die „Observational Techniques" (s. SPOT) der BDOs in der Regel, während die Passagiere in der Schlange vor den Sicherheitskontrollen stehen.

"The indicators BDOs use form a checklist with corresponding values and thresholds. These indicators, values, and thresholds are used to assess passengers while in line awaiting security screening." (U.S. Senate Committe on Commerce Science and Transportation 2011:3)

Einerseits können auf diese Weise bestimmte als riskant eingestufte Passagiere besonders gründlichen Kontrollen zugeführt werden; es können jedoch auch Passagiere ausfindig gemacht werden, die theoretisch für die besonders schnellen TSA-Pre-Kontrollen geeignet sind.

---

151 Die formalisierten Schemata, welche von den BDOs angewandt werden, sind im Detail nicht bekannt und werden unter Verschluss gehalten; sie sollen jedoch auf wissenschaftlich erprobten Konzepten aus der Kriminologie und Psychologie basieren: "TSA asserts that its behavior detection and analysis program is 'based on scientifically validated behaviors to identify individuals who potentially pose a threat to the nation's transportation network.'" (Elias 2014:10) Grundlage sind u.a. die Theorien des Psychologen Paul Ekmans (Rötzer 2007; Weinberger 2010): "Paul Ekman, now an emeritus professor of psychology at the University of California Medical School in San Francisco. In the 1970s, Ekman co-developed the 'facial action coding system' for analysing human facial expressions, and has since turned it into a methodology for teaching people how to link those expressions to a variety of hidden emotions, including an intent to deceive. [...] Ekman says he has taught about one thousand TSA screeners and continues to consult on the programme." (Weinberger 2010:413) Die Methoden der BDOs sind darüber hinaus an das sogenannte Offender oder Criminal Profiling angelehnt (s.a. Kapitel 1). Kritiker heben jedoch hervor, dass es zwischen den SPOT-Methoden und Criminal Profiling-Methoden einige gravierende Unterschiede gibt: Bei SPOT findet die Einordnung der Passagiere in ein Profil nicht vor dem Hintergrund eines Tatortes statt, sondern nur durch die situative Beobachtung der Person, dies muss außerdem in Sekundenschnelle vollzogen werden, während die Erstellung von und auch die Einordnung in Profile beim *Criminal Profiling* über einen längeren Zeitraum und auf Grundlage einer wesentlich größeren Menge an Verhaltensspuren vom Tatort und strukturierten Interviews vollzogen wird.

Durch das ‚Algorithmen-Verbot' reduzierte sich der Grad der Technisierung in der Konstellation also erst einmal recht stark. Die Erstellung der Profile wird wieder menschlichen Analysten übertragen (vgl. die Beschreibungen zu den Analysemethoden des BKA in Kapitel 5.1.2) und auch die Zuweisung der so erstellten Profile wird an speziell ausgebildete und lediglich mit Checklisten ausgestattete Beamte vor Ort delegiert. Die Erprobung der im vorherigen Kapitel beschriebenen Algorithmen wurde jedoch nicht komplett eingestellt und konnte trotz des ‚Algorithmen-Verbotes' parallel zu den soeben beschriebenen Maßnahmen fortgeführt werden, nämlich im erwähnten Vielfliegerprogramm der TSA (Abbildung 22, 1.2). Dies war deshalb möglich, da hier alle Mitglieder einer automatisierten Datenverarbeitung durch ihre Bewerbung und Teilnahme am Programm freiwillig zustimmen müssen.[152] Erste Bemühungen starteten mit dem *Registered Traveler (RT)*-Pilot im Jahr 2004 (TSA Press Release 2004) und mündeten im heutigen *TSA-Pre-Check* Programm, das die TSA seit 2011 anbietet.

> "The TSA Pre™ initiative implements a key component of the agency's intelligence-driven, risk-based approach to security. This pilot program will help assess measures designed to enhance security by placing more focus on pre-screening individuals who volunteer information about themselves prior to flying in order to potentially expedite the travel experience." (TSA Press Release 2011)

Dieses Stadium der Konstellation währte jedoch nicht besonders lange. Bereits im Jahr 2013 wurde in den USA automatisiertes Risiko-Assessment wieder auf alle Passagiere angewandt.

- *Weiterführung des computerisierten Ansatzes ('Secure Flight' mit 'Automated Inclusion')*

Ende 2013 wurde dem Sicherheitsprozess erneut ein automatisiertes Risiko-Assessment für alle Passagiere hinzugefügt (Abbildung 24, 1.2):

> "[T]he number of passengers receiving expedited screening [...] increased about 300 percent in October 2013 when TSA expanded its

[152] Zur Gruppe der Auserwählten gehörten anfangs neben den registrierten Vielfliegern, die sich speziell für das Programm beworben hatten, auch noch Kinder unter 12 Jahren, Passagiere über 75 Jahren, einige Crew-Mitglieder von Fluggesellschaften und bestimmte Angehörige der ‚US Customs and Border Protection' (U.S. General Accounting Office 2014). Diese Gruppen vermutlich ‚un-riskanter' Passagiere wurden über die Jahre hinweg um einige weitere Gruppen erweitert, wie beispielsweise "members of the U.S. armed forces, Congressional Medal of Honor Society Members, members of the Homeland Security Advisory Council, and Members of Congress" (ebd.:10).

use of methods to increase passenger participation, such as conducting automated risk assessments of all passengers." (U.S. General Accounting Office 2014:0)

Während bei TSA-Pre nur am Programm teilnehmende Passagiere automatisiert kategorisiert wurden, werden die Profiling-Algorithmen hier nun wieder auf alle Passagiere angewandt. Die Datengrundlage besteht größtenteils wieder aus den Flugdaten der Fluggesellschaften (ebd.:24ff).

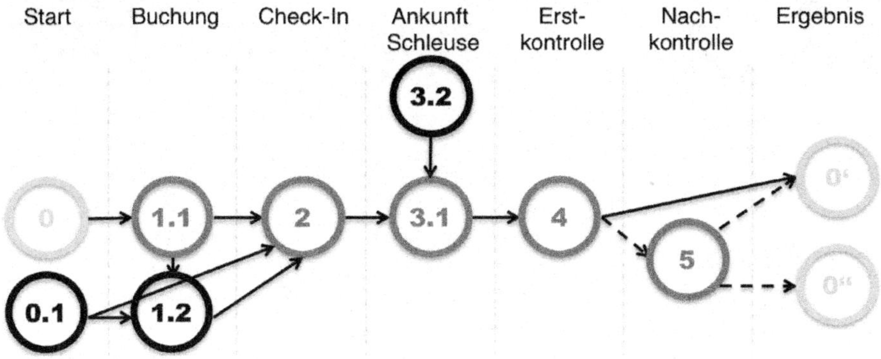

Abbildung 24 – Sicherheitsprozess am Flughafen (2001-Heute, USA), Secure Flight+

Anders als bei den besprochenen CAPPS-Varianten wird der „risk assessment algorithm" (GAO 2014:23) allerdings dazu eingesetzt, im Vorfeld Passagiere mit niedrigem Risiko zu finden – und nicht dazu, solche mit hohem Risiko ausfindig zu machen. Kategorisiert wird also nicht in verschiedene Risiko-Klassen; stattdessen wird ein sogenanntes ‚positives Profiling' vorgenommen, bei dem eine Kategorisierung in die folgenden zwei Gruppen stattfindet: 1. Passagiere mit wenig Risiko und 2. eine ‚Rest-Kategorie'. Den Passagieren der ersten Kategorie wird im Vorfeld bescheinigt, dass sie besonders ungefährlich sind; sie werden deswegen in der Regel einer weniger intensiven Kontrolle unterzogen. Ob das Risiko bezüglich der Passagiere in der zweiten Gruppe hoch, normal oder unbekannt ist, wird erst später ermittelt. Die genauere Kategorisierung dieser Passagiere findet weiterhin vor Ort durch BDOs statt. Wir haben es in den USA in dieser letzten Phase (von 2001 bis heute) also mit einer Profiling-Konstellation zu tun, die automatisiertes Risiko-Profiling anfangs für alle Passagiere (und als ausschließliche Maßnahme) einsetzen wollte (s. CAP(P)S und CAPPS II). Nachdem dies verboten wurde, wurden die Profiling-Algorithmen erst einmal nur auf eine kleine Gruppe von (TSA-Pre-) Passagieren angewandt. Nach und nach wurde diese Gruppe jedoch immer weiter ausgeweitet. Heute werden wieder alle Passagiere vor Ankunft am Flughafen automatisiert untersucht – nur diesmal eben daraufhin, ob sie ein besonders niedriges Risiko aufweisen.

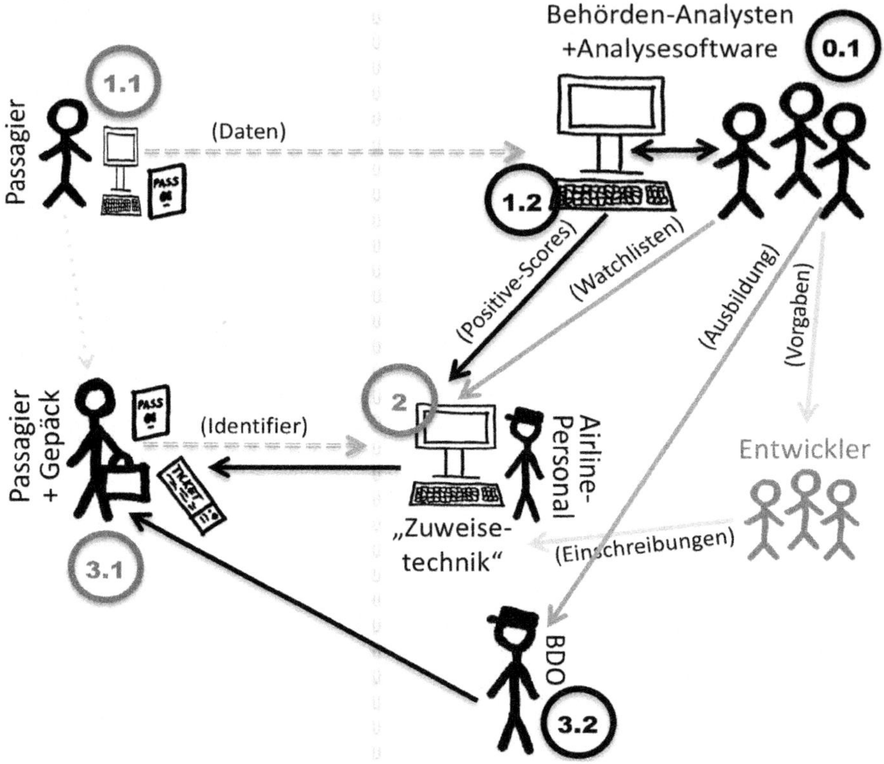

Abbildung 25 – Profiling-Konstellation am Flughafen (2001-Heute, USA) – Secure Flight+

Trotz kleinerer ‚Rückschläge' konnten in der Konstellation starke Technisierungsprozesse beobachtet werden in Bereichen, die vorher fast ausschließlich menschlichen Akteuren vorbehalten waren. Während sich in vorangegangenen Konstellationen die Delegation von Aktivitäten an Technik vor allem auf Sortieraufgaben bezog, wurde nun auch der Prozess der Profil-Erstellung und Profil-Zuweisung von Technisierungsprozessen erfasst. In einer hypothetischen Konstellation – an der von Seiten der IATA in Form eines Checkpoint-of-the-Future seit einigen Jahren gearbeitet wird– soll dies darüber hinaus noch weiter getrieben werden.

5.1.5 *Der Checkpoint-of-the-Future – Ausweitung des automatisierten Risiko-Profiling-Ansatzes*

Abbildung 26 – The Checkpoint of the Future (IATA.org 2011)

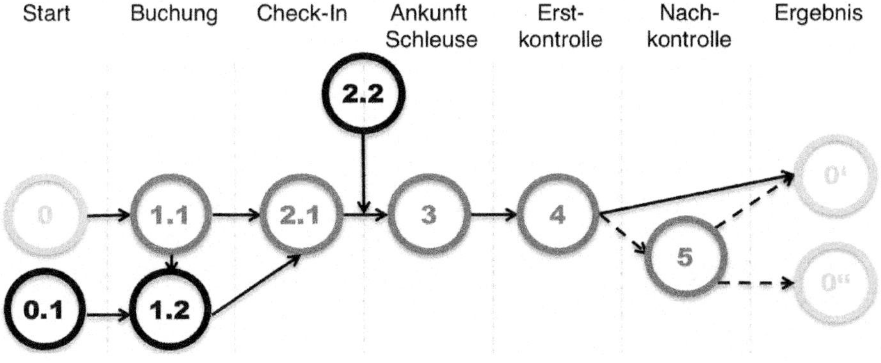

Abbildung 27 – Sicherheitsprozess am Flughafen (hypothetisch) – IATA CotF

In Sicherheitsvisionen wie dem Checkpoint-of-the-Future[153] der IATA soll der in CAP(P)S/II und Secure Flight vorgestellte Risiko-Ansatz auf das nächste Level gehoben werden, indem noch mehr Schritte des Profiling-

153 Vorgestellt wurde der Checkpoint 2011. In den Jahren 2012 und 2013 wurden einzelne Komponenten des Checkpoints an ausgewählten Flughäfen getestet. In 2014 sollten dann mehrere Komponenten in einem Piloten vereint an einzelnen Flughäfen (wie beispielsweise Amsterdam Schiphol und London Heathrow) zum Einsatz kommen (IATA Press Release 2013). Der derzeitige Stand ist unklar.

Prozesses automatisiert umgesetzt werden. Der grundlegende Prozessablauf soll dadurch jedoch nicht beeinflusst werden. Wie in der vorangegangenen Konstellation, werden auch hier die Risiko-Profile (von zuständigen Behörden) schon vor der Buchung eines potentiellen Passagiers erstellt (Abbildung 27, 0.1) und bei der konkreten Buchung (Abbildung 27, 1.1) ein passender Risiko-Score für den Passagier errechnet (Abbildung 27, 1.2), welcher dann in seinem Pass abgespeichert wird. Identifiziert sich der Passagier später am Flughafen mit seinem Pass und einem biometrischen ‚Identifier' (Abbildung 27, 2.1), wird er (je nach Score) einer von drei unterschiedlichen Kontrollprozeduren zugeordnet werden (Abbildung 27, 3): Unterschieden werden eine Prozedur für bekannte Flugreisende, eine für normale Flugreisende und eine für potentielle ‚Gefährder'. Die Kontrolltunnel, die durchlaufen werden müssen, sind dabei mit unterschiedlichen und unterschiedlich stark eingestellten Sensoren und Scannern versehen.

> "Passengers approaching the checkpoint will be directed to one of three lanes: 'known traveler', 'normal', and 'enhanced security'. The determination will be based on a biometric identifier in the passport or other travel document that triggers the results of a risk assessment conducted by government before the passenger arrives at the airport." (IATA Press Release 2011)

Diese Erstkontrollen (Abbildung 27, 4), die durchgeführt werden, während der Passagier im Tunnel ist, sollen vollständig automatisiert ablaufen.

Auch das ‚Matching' des Passagiers vor Ort mit seinem Risiko-Profil soll hier (anders als in den meisten bisherigen Konstellationen) vollautomatisiert umgesetzt werden. Über die Aktivität der Profil-Generierung ist bisher am wenigsten bekannt; man weiß jedoch, dass sie in den Händen ausgesuchter Regierungs-Institutionen der jeweiligen Länder liegen soll:

> „Alle sind sich weitgehend darüber einig, dass es Aufgabe der Regierungen ist zu entscheiden, wie ein solches Profil aufgebaut sein soll. Wir hier wissen nicht wie sie diese Profile konstruieren und um ehrlich zu sein – aus der Industrie-Perspektive gesehen – wollen wir es auch gar nicht wissen." (Interview3:12#, Gruppe 2, IATA)

Welche Algorithmen dabei eingesetzt werden, steht offiziell noch nicht fest.

> „Was den Bereich *Risk Assessment* angeht ist, wie Sie erwähnt hatten, noch viel zu tun; wenn Sie sich automatisierte Lösungen anschauen gibt es dort all die raffinierten Algorithmen, die entwickelt werden müssen." (ebd.:44#)

Auch wenn Data-Mining und Mustererkennung hier nicht explizit angesprochen werden, kann davon ausgegangen werden, dass solche Algorithmen eine entscheidende Rolle spielen werden. Schon allein die Tatsache, dass Profiling in der hier beschriebenen Form auf sehr großen Mengen an Daten aufbaut, durch deren Auswertung weitere sehr große Datenmengen entstehen, macht dies sehr wahrscheinlich. Die vermutlich zu verwendende Datengrundlage des Profilings hingegen kann an dieser Stelle schon etwas genauer beschrieben werden; sie soll unter anderem aus verschiedenen schon existierenden Datenbanken zusammengetragen werden. Zoll- und Einwanderungsbehörden speichern heute schon in vielen Ländern Passagierdaten, welche die IATA in ihrem Checkpoint gerne nutzen würde:

> „Over 55 states collect passenger information today, almost exclusively for customs and immigration purposes. The challenge is to use that information earlier in the journey. (Ken Dunlap, IATA Director for Security and Travel Facilitation, zitiert von SITA.aero 2012).[154]

Darüber hinaus sollen vor allem PNR-Daten (Passenger Name Record), API-Daten (Advance Passenger Information), weitere Passagierinformationen der Fluggesellschaften sowie Daten von Vielfliegerprogrammen hinzugezogen werden:

> “There can be many inputs to the determination of how a passenger is categorized with regard to risk, including behavior analysis, passenger data, previous history, travel patterns and membership of a known traveler program. […] Passenger Name Record (PNR), Advance Passenger Information (API) and check-in information are existing data sources that could potentially be used to provide a risk assessment of passengers prior to their entry to the security checkpoint.” (IATA.org 2014:8)

> „API-Daten bestehen im Wesentlichen aus Informationen, die in Ihrem Pass gespeichert sind und PNR-Daten sind im Grunde Ihre Flug-Informationen. [...] Diese Informationen werden schon heute in den Systemen der Fluggesellschaften gespeichert und werden derzeit im Ankunfts-/Einreise-Kontext' eingesetzt. Die Idee war also: Können wir diese Daten nicht auch im Sicherheits-Abflug-Kontext einsetzen? Deshalb erörtern nun erste Untersuchungen die Verwendungsmöglichkeiten von API- und PNR-Daten für den Einsatz im Bereich *Risk Assessment.*“ (Interview3:10#, Gruppe 2, IATA)

Darüber hinaus soll mit der Zeit auch die Kategorisierung vor Ort am

---

[154] SITA bezeichnet sich selbst '*Specialists in air transport communications and IT solutions'* (www.sita.aero).

Flughafen automatisiert werden (Abbildung 27, 2.2). Zukünftige Versionen des Checkpoints sollen (anstelle von BDOs) mit Kameratechnik ausgestattet werden, die mit Mustererkennungssoftware automatisiert menschliches Verhalten analysieren kann.[155] In der Roadmap der IATA ist diesbezüglich für das Jahr 2017 von „Automatic behavior detection" und „Automated integration with risk assessment" (IATA, Checkpoint of the Future Executive Summary 2014:16) und für das Jahr 2020 von „Automated behavior analysis with real-time update of the risk score to the checkpoint" (ebd.:14) die Rede – im Gegensatz zu „Direct questioning" und „Behavioral observation (by specialists)" (ebd.:16) für das Jahr 2014. Die Analyseergebnisse der automatisierten Videoüberwachung sollen in Zukunft die Risikoprofile der Passagiere in Echtzeit anpassen, falls diese sich vor Ort auffällig verhalten. Um genügend Zeit für eine solche Anpassung der Risiko-Scores zu haben, ist es wichtig, die Scores den Passagieren nicht zu früh zuzuweisen, sondern erst kurz vor den Erstkontrollen. Allerdings scheint eine solche ständige im Hintergrund ablaufende Informationsgewinnung und -verarbeitung vor Ort durch ‚smarte' Sensortechnik noch eher Zukunftsmusik zu sein.

„Ich glaube das liegt noch recht weit in der Zukunft. Im Checkpoint-of-

[155] Einen ähnlichen Ansatz verfolgt das DHS-Forschungsprojekt *Future Attribute Screening Technology* (FAST), anfangs bekannt unter dem Namen *Hostile Intent*. Es soll eine Art ‚moderner Lügendetektor' zum Einsatz im Flughafen-Sicherheitskontext entwickelt werden. Im Gegensatz zu klassischen Polygraphen – Polygraphen, umgangssprachlich meist als Lügendetektoren bezeichnet, sind Geräte, die körperliche Funktionen (Blutdruck, Puls, Atmung, usw.) durch am Köper einer Person angebrachte Sensoren messen, während diese Person befragt wird; sie haben ihren Ursprung im 19. Jahrhundert (Alder 2006) und sollen durch die Aufzeichnungen und Analyse der Parameter anzeigen, bei welchen Fragen eine Person die Wahrheit oder die Unwahrheit gesagt hat – sollen die Passagiere bei FAST jedoch weder befragt werden, noch sollen ihnen Sensoren an den Körper angelegt werden. Passagiere sollen stattdessen aus der Ferne mit Kameras und anderen Sensoren ‚beobachtet' werden – wobei das Beobachten in FAST von Sensoren übernommen wird, die schneller und genauer ‚hinschauen' und dabei noch eine größere Menge an Informationen detektieren können als ein menschlicher Akteur. Herzschlag, Blickmuster und Körpertemperatur sind dabei nur einige der Informationen, welche die Sensoren erfassen können. Erste Forschungsarbeiten begannen 2007 (DHS Publications 2007) und wurden mindestens bis 2011 weitergeführt (DHS Testimony 2009; DHS-CRCL 2011). Ob diese Technologie jedoch jemals umgesetzt wird bzw. wurde, ist nicht klar. Auf der Webseite des DHS lassen sich nach 2011 keine neuen Informationen mehr zu FAST finden. Das letzte Update zu FAST ist: "In 2011, CRCL [The Office for Civil Rights and Civil Liberties] initiated CRCL Impact Assessments to review DHS programs related to [several topics] and the Future Attribute Screening Technology program." (DHS Publications 2012) "FAST is still in the research phase; it is not currently, and may never become, operational." (DHS-CRCL 2011)

the-Future Programm [...] haben wir drei Etappen: 2014 startet eine erste Generation, 2017 eine zweite Generation und 2020 eine dritte Generation. Ich glaube dass einige der automatisierten Technologien [...] die sind mehr auf die zweite und dritte Generation ausgerichtet, und der Einsatz von Menschen und Behavioral Detection Officers wie sie aktuell anzutreffen sind, sind eher Teil der ersten Generation." (Interview3:32#, Gruppe 2, IATA)

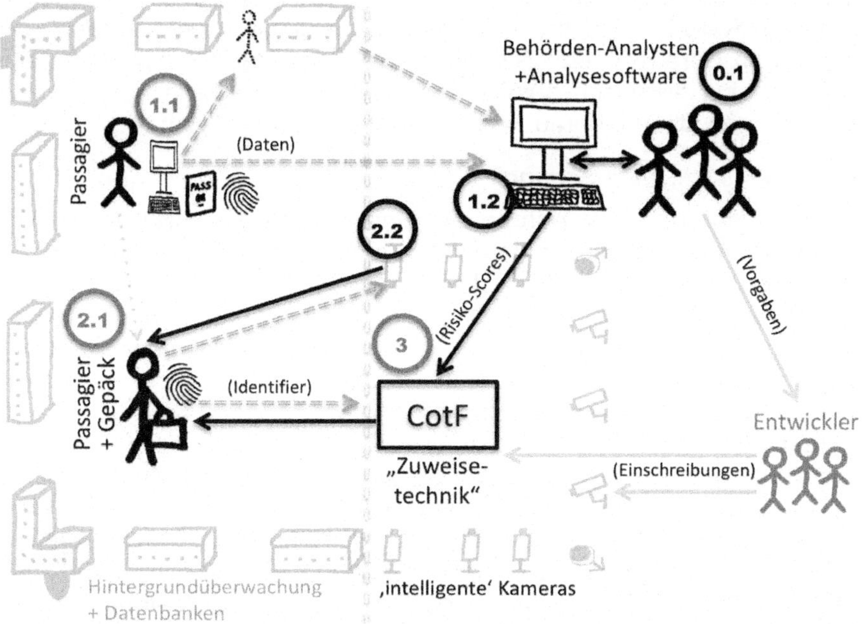

Abbildung 28 – Profiling-Konstellation am Flughafen (hypothetisch) – IATA CotF

Technisierung von Aktivitäten kann in dieser hypothetischen Konstellation in allen Bereichen des Profiling-Prozesses (und weit darüber hinaus) beobachtet werden: bei der Generierung von Kategorisierungen, bei der Errechnung von Profilen für einzelne Passagiere, bei deren Aktualisierung vor Ort, bei deren Zuweisung und bei den anschließenden Erstkontrollen.

5.2 Technisierung des ‚Credit-Scoring' – Zum Einsatz von Profiling-Technik im Telekommunikationsbereich

Automatisiertes Risiko-Profiling, wie in Kapitel 5.1.4 (oder auch 5.1.5) beschrieben, ist im Flughafenkontext noch nicht sehr weit verbreitet. An den Stellen, an denen es (so oder so ähnlich) stattfindet, ist es für Außenstehende nur sehr schwer zugängig. Eigentlich würde sich für diese Arbeit als Vergleichsfall die eingehendere Betrachtung der Konstellation rund um TSA-Pre und Secure-Flight anbieten. Aufgrund des schwierigen Zugangs stammen die Daten zur Analyse einer stark automatisieren Profiling-Konstellation in dieser Arbeit jedoch, wie gesagt, nicht aus dem Flughafenkontext, sondern aus dem Bereich des Credit-Scorings. Die dort derzeit in Deutschland anzutreffende sozio-technische Konstellation ist den in Kapitel 5.1.4 beschrieben Konstellationen recht ähnlich. Wie Profiling im Bereich Credit-Scoring in der Vergangenheit ablief, wo sich Technisierung historisch ausmachen lässt und wie genau es heute in Unternehmen abläuft, darauf werde ich ihm Folgenden eingehen.

5.2.1 *Was ist Credit-Scoring?*

Credit-Scoring ist ein Verfahren zur Einschätzung des Risikos von Entscheidungen bezüglich der Vergabe von Krediten an Konsumenten. Da es in der Regel ganz grundsätzlich um die Suche nach Personen geht, die für das betreffende Unternehmen bzw. Unterfangen ein Risiko darstellen und die deshalb aus einer Menge an nicht riskanten Personen herausgefiltert werden sollen, wird Credit-Scoring (anders als oft von Laien vermutet) nicht nur von Banken angewandt, sondern ist ebenso im Einzelhandel verbreitet. In Form von Ratenverträgen oder Post-Paid-Finanzierungsmodellen sind Kredite auch außerhalb der Banken-Szene eine beliebte Form der Begleichung des Preises eines Gutes bzw. einer Dienstleistung. Ein bekanntes Beispiel dafür sind Mobilfunkverträge, bei denen ein teures Gerät durch eine Erhöhung des monatlichen Tarifes über mehrere Jahre abbezahlt wird. Die Ausgabe des Gerätes an den Kunden zu Beginn der mehrjährigen Vertragslaufzeit stellt de facto einen Kredit über die Höhe des Gerätepreises dar. Mit steigendem Kundeninteresse an (verhältnismäßig teuren) Smartphones wurde für Telekommunikationsunternehmen die Entscheidung darüber immer wichtiger, welchen Kunden man einen solchen Kredit möglichst gewähren sollte und welchen besser nicht. Es gilt vor Vertragsabschluss herauszufinden, welcher Kunde (wahrscheinlich) seine Raten pünktlich abbezahlen und welcher (absichtlich oder unabsichtlich) ausfallen wird. Um solche Entscheidung treffen zu können, bedienen sich Firmen, Banken oder auch Versicherungen des sogenannten Credit-Scorings. Grundsätzlich geht es darum, aus Erfahrungen mit bisherigen Kunden eine Prognose über das zukünftige (Kredit-)Verhalten eines neuen Kunden[156] abzuleiten. Die Schwierigkeit beim Credit-Scoring besteht darin, dass ‚Kreditwürdigkeit' (so wie auch ‚Terrorist', s. Kapitel 7.1) keine Eigenschaft von Personen ist, wie beispielsweise das Alter. Kreditwürdigkeit hängt immer vom Kontext ab und muss für jede Situation aus den zur Verfügung stehenden Informationen neu abgeleitet und definiert werden:

> "Credit scoring is essentially a way to identify different groups in a population when one cannot see the characteristics that defines the groups but only related ones." (Thomas et al. 2002:3)

Kreditwürdigkeit lässt sich also nicht direkt quantifizieren und muss immer aus anderen Indikatoren abgeleitet werden. Mit der Zeit haben sich dafür verschiedene Methoden entwickelt, die helfen sollen, auf Grundlage gesammelter Antrags- und Verhaltensdaten bereits bekannter Kunden ‚Scores' (Bewertungen in numerischer Form, also eine Art Punktzahl) zu errechnen, die das Kredit-Ausfall-Risiko der Kunden quantifizierbar und fassbar machen sollen. Im Telekommunikationsbereich spricht man deshalb anstatt von Risiko-Profilen auch von sogenannten Scorekarten. Die Scorekarten sind in der Regel das Ergebnis eines Klassifikationsprozesses; sie umfassen und integrieren all jene Regeln, die bei ‚Kredit-Entscheidungen' angewandt werden. Credit-Scoring umfasst also einerseits die Entwicklung von Risiko-Profilen bzw. Scorekarten aus den zur Verfügung stehenden Rohdaten sowie anderseits die Zuweisung der erstellten Scores zu einzelnen Kunden.

> "Fundamentally, credit scoring means applying a statistical model to assign a risk score to a credit application or to an existing credit account On a higher level, credit scoring also means the process of developing such a statistical model from historical data." (SAS Institute 2013:1)

Credit-Scoring kann somit als eine Art von Profiling im Sinne eines komplementären Prozesses der Erstellung von Kategorien und der Einordnung von Entitäten in diese Kategorien zu Prognosezwecken bzw. zur Ableitung handlungsrelevanter Informationen betrachtet werden (s. Kapitel 2.1).

---

[156] Credit-Scoring kann sich sowohl auf Verträge mit unbekannten Neukunden wie auch auf neue Verträge und Vertragsänderungen mit bestehenden Kunden beziehen. In der Szene unterscheidet man diesbezüglich meist noch einmal zwischen Application-Scoring und Behavioral-Scoring (vgl. Thomas et al. 2002).

5.2.2 *Credit-Scoring von den Ursprüngen bis heute*

- *Menschliche Experten mit individuellen Techniken*

Vor Einführung der ersten statistischen Credit-Scoring-Methoden wurde die Entscheidung darüber, welcher Person ein Kredit gewährt werden sollte, durch menschliche Experten getroffen (Thomas et al. 2002; Anderson 2007), die sich ihre Fähigkeiten durch jahrelange Erfahrung angeeignet hatten und sich dabei lediglich ihrer persönlichen Techniken (oder derer ihres jeweiligen Mentors) bedienten:

> "Traditional credit assessment relied on 'gut feel' and an assessment of the prospective borrower's character, ability to repay, and collateral or security. [...] This process was slow and inconsistent. [...] [And] such a task required many years of training." (Thomas et al. 2002:9)

Es kamen dabei also vor allem inoffizielle, auf persönlicher Erfahrung basierende und nur gering formalisierte Kategorisierungen zum Einsatz, die zwischen ‚Meister' und ‚Lehrling' weitergegeben wurden. Diese Art der Einschätzung und Bewertung potentieller Kreditnehmer funktionierte vor allem deshalb recht gut, da sie an das Konzept des „relationship lending" gekoppelt war (Anderson 2007:7); d.h. Kreditgeber und -nehmer waren in der Regel (bereits über längere Zeit) persönlich bekannt und der Kreditgeber konnte sich so ein detailliertes Bild des Kreditnehmers machen.

- *Erste Standardisierung der Entscheidungssysteme*

Während des Zweiten Weltkrieges, durch die Einberufung einer Vielzahl der Kredit-Experten in die Armee, kam es jedoch zu einem Mangel an kompetenten Entscheidern. Einige der Geldhäuser verpflichteten deshalb besagte Experten vor ihrer Einberufung dazu, ihre persönliche Erfahrungsregeln aufzuschreiben (Thomas et al. 2002) und so zu formalisieren, dass sie auch von Anderen nachvollzogen und genutzt werden konnten. Es entstanden erste standardisierte Entscheidungssysteme (vermutlich in Form von Checklisten), die in den folgenden Jahren ‚nur noch' mit statistischen Methoden verknüpft werden mussten, um zur Entstehung des heutigen Credit-Scorings zu führen.

- *Einführung statistischer Methoden für Schnelligkeit und Konsistenz*

Um die Zeit des Zweiten Weltkrieges kam es nach und nach auch zu Veränderungen im Markt für Kredite: Banken fingen an ihre Produkte aktiv zu vermarkten, anstatt darauf zu warten, dass Kunden mit Kreditanfragen zu ihnen kamen (ebd.). Eines ihrer neuen Produkte (in den 1960er Jahren) waren Kreditkarten. Deren steigendes Aufkommen verlangte nach Konsistenz sowie Schnelligkeit bezüglich der Entscheidungen über gestellte Kreditanträge. Es war deshalb zu dieser Zeit, dass amerikanischen Unternehmen der Einsatz statistischer Klassifizierungsmethoden angeboten wurde, um der großen Menge an Kreditanträgen, die über sie hereinbrach, Herr zu werden (Anderson 2007). Diese häufig noch heute beim Credit-Scoring angewandten Methoden gehen theoretisch bis in die 1930er Jahre zurück. Vor allem Arbeiten von Ronald A. Fisher zur linearen Diskriminanz-Analyse (z.B. Fisher 1936) werden meist als Ausgangspunkt der Entwicklung statistischer Methoden zur Diskriminierung von Populationen zitiert. Von Fisher inspiriert, übertrug David Durand[157] dessen Klassifikationsverfahren[158] einige Zeit später in die Kreditwelt, um dort gute von schlechten Krediten zu unterscheiden. Damit war der theoretische Grundstein für das heutige Credit-Scoring gelegt. Solche Methoden konnten sich jedoch erst durch die Verbreitung neuer Produkte wie der Kreditkarten am Kredit-Markt durchsetzen. Das neue Geschäft mit Kreditkarten eignete sich deshalb als Experimentierfeld für den Einsatz der neuen Methoden, da es in diesem Bereich noch keine Experten gab, die man erst mühsam davon hätte überzeugen müssen.

- *Verbreitung und Automatisierung durch technischen Fortschritt*

In den folgenden Jahren verbreitete sich Credit-Scoring von den USA aus über die Welt. 1997 entwickelte beispielsweise auch die bekannte deutsche Wirtschaftsauskunftei SCHUFA (*Schutzgemeinschaft für allgemeine Kredit*sicherung) ihr erstes Scoring-System (SCHUFA Informationen für Firmenkunden 2013).[159] Zu dessen praktischer Verbreitung trug, neben den genannten Faktoren, auch der technische Fortschritt bei (in Form von neuen Möglichkeiten zur Automation von Prozessen, steigender Rechnerleistung von Computern, verbesserten Möglichkeiten der Datenerhebung und erweiterten Speichermöglichkeiten).

"Many companies' first experience – especially during the 1960s and

---

157 Vgl. Bumacov und Ashta 2011 für eine ausführliche Analyse von Durands Studie.

158 Zur Erinnerung: Um die im Feld beschriebene Methode der Klassifizierung nicht mit den von mir beschriebenen Prozessen des Profilings zu verwechseln, habe ich in Kapitel 2.1 (s. Anmerkung 8) den Begriff der Kategorisierung eingeführt. Die jeweiligen Prozesse sind zwar weitestgehend identisch, der Begriff der Klassifikation wird jedoch in dieser Arbeit nicht analytisch, sondern lediglich deskriptiv verwendet.

159 Die SCHUFA ist nicht die einzige, wohl aber die bekannteste deutsche Auskunftei, die Scores über die Kreditwürdigkeit von Personen verkauft. Weitere bekannte Auskunfteien sind z.B. *Creditreform*, *Bürgel Wirtschaftsinformationen* oder *Arvato Infoscore*. In den folgenden Interview-Zitaten wird synonym teilweise der Begriff der ‚Bonitei' verwendet, um sich auf solche Auskunfteien zu beziehen.

1970s – was highly manual, with staff members filling in scorecards, tallying the results, and applying the cut-off set by head office. Today the norm is automation, to the maximum extent allowed by current technology." (Anderson 2007:24)

Automation hielt somit nach und nach Einzug in das Gebiet der unternehmerischen Entscheidungsfindung. Heute werden weite Teile des Credit-Scoring-Prozesses in Unternehmen ausschließlich automatisiert umgesetzt.

- *Weiterentwicklung der angewandten Methoden*

Parallel zu diesen Entwicklungen wurden auch die methodischen Grundlagen immer weiter entwickelt. Verwendete man anfangs ausschließlich einfache statistische Klassifikationsmethoden (wie lineare Regression), so wurden nach und nach komplexere statistische Methoden (wie logistische Regression) eingesetzt. Später kamen außerdem noch nichtstatistische Methoden aus dem Bereich der Künstlichen Intelligenz bzw. des Maschinellen Lernens hinzu:

> "In the 1980s, logistic regression and linear programming, the two main stalwarts of today's card builders, were introduced. More recently, artificial intelligence techniques, like expert systems and neural networks, have been piloted." (Thomas et al. 2002:4)

Durch die Anwendbarkeit statistischer Methoden mithilfe immer besserer Softwarelösungen und immer leistungsfähigerer Computer wurde es möglich, immer komplexere Modelle mit immer größeren Datensätzen zu erstellen. Trotz großer Fortschritte in letzterem Bereich stößt man in der Credit-Scoring-Szene allerdings auch heute noch in weiten Teilen auf Altbewährtes:

> „Bei der multivariaten Analyse werden [...] aus den einzelnen Variablen mit hoher Aussagekraft mit Hilfe komplexer statistischer Verfahren die Variablen für die Scorekarte identifiziert, die zusammengenommen die trennschärfste und stabilste Prognose ermöglichen." (SCHUFA-Infoblatt 2012)

> „Das was wir auf der methodischen Seite machen, ist von der Statistik-Seite her über 100 Jahre alt. Nennt sich lineare logistische Regression. Ist das Standardverfahren was auch bei Banken zur Prognose der Kreditwürdigkeit benutzt wird, in mindestens 80, 90% aller Fälle. Und das ist, ich sag mal, die Hauptmethodik ist mathematisch komplett verstanden, ausgereift; jeder macht dann so seine kleinen Schleifchen da dran." (Interview3:31#, Gruppe 3, Kreditauskunftei)

Altbewährte statistische Methoden können auch bei großen Datenmengen weiterhin eingesetzt werden (s.a. Kapitel 5.2.3). Ein Grund für ihre verbreitete Verwendung ist jedoch vor allem, dass sie relativ einfach zu implementieren und ihr Ablauf sowie ihre Ergebnisse gut nachvollziehbar sind – sowohl für den Analysten, als auch für Fachfremde (wie z.B. Kunden, Kollegen aus dem Management oder externe Auditoren).

> "Although there are other techniques that could increase the predictive power of the models, the logistic regression has two strong features in its favor: *i)* Simplicity on the model developments and *ii)* ease of interpretability." (Correa et al. 2012, nicht paginiert)

Um sich von der etablierten Konkurrenz abzusetzen, versuchen jedoch vor allem neue Firmen in der Branche, wie z.B. *Kreditech*[160], von alternativen Methoden zu profitieren:

> "The Kreditech Group uses big data and complex machine-learning algorithms to serve a simple mission: 'Building a 'digital bank' for the unscored worldwide.' [...] Automated processes combined with self-learning algorithms ensure fast and convenient customer service while minimizing costs and space for human error." (Kreditech Press Release 2015)

Solche Methoden können vor allem bei stark mehrdimensionalen ‚Inputs' und komplexen nichtlinearen Beziehungen in den Daten bessere Ergebnisse liefern.[161] Die Präferenz rührt vermutlich aber auch daher, dass solche Firmen häufig mit anderen Input-Daten arbeiten, als sie beim Credit-Scoring klassischerweise zum Einsatz kommen.

> "100% of smartphone or computer owners generate data by anything they do with that device (be it social media, surfing, ecommerce purchases, financial transactions, etc.). Our proprietary algorithm factors in 20,000 data points, which are constantly changing based on newly identified patterns." (kreditech.com 2015)

Eingesetzt werden hier auch unstrukturierte Daten, beispielsweise aus

---

160 Leider hat Kreditech eine Experteninterview-Anfrage meinerseits abgelehnt.

161 „Produktbewertungen beispielsweise sind niemals eindeutig negativ oder eindeutig positiv. Es gibt einfach unterschiedliche positive und negative Dinge [...] und die Frage ist, wie hoch gewichtest du was. [...] [Da] kommst du mit Statistik nicht wirklich weiter, weil du alles über einen Kamm scherst. Und das ist der Punkt wo die Leute angefangen haben in neuronale Netze zu gehen. [...] Wenn du jetzt die Attribute einzeln betrachtest, kannst du sie so nicht gewichten, weil nämlich eine Gewichtung nicht immer in einer 1-zu-1 Beziehung, sondern in einer 1-zu-n Beziehung passiert." (Interview9:19#+20# +25#, Gruppe 4, Expertin Neuronale Netze)

sozialen Netzwerken, die nicht immer in strukturierter Form vorliegen.[162] Bei der Suche nach Mustern kreditwürdigen Verhaltens ist es *Kreditech* scheinbar auch unwichtig, ob die Entscheidungen, die auf Grundlage der Muster getroffen werden, begründbar sind.

> "We believe in testing models and measuring data: decisions based on data. Just like the algorithm, the Kreditech Group doesn't analyze or assume things. [...] Big data – like innovative banking – doesn't need hypotheses, but good data." (ebd.)

Nicht alle Firmen, die Credit-Scoring betreiben, sehen das jedoch genauso (s.a. Kapitel 5.2.3). Nachvollziehbarkeit der Ergebnisse ist vor allem dann sehr wichtig, wenn die Scorekarten von externen Personen überprüft werden sollen (oder müssen).

> „Und da kommt sozusagen auch das Problem von neuronalen Netzen raus. [...] es gibt so Blackbox-Systeme. Und da gibt es ganz viele Unternehmen, die sagen also zum Beispiel die SCHUFA sagt, keine Blackbox-Systeme, es muss alles vollständig vom Datenschutzbeauftragten überprüfbar sein." (Interview9:26#+30#, Gruppe 4, Expertin Neuronale Netze)

> „Es gibt durchaus auch so selbstlernende Methoden, wird z.B. in der Werbewirtschaft verwendet, wo man [...] dann ein sich selbst dauernd veränderndes sich selbst (nachschärfendes) Modell hat. Bei uns z.B. aber auch sehr unpraktisch, weil wir müssen [...] [das] auch unseren Aufsehern vorlegen, wir müssen ein Gutachten dafür haben, die wissenschaftlich sind usw., und wir müssen dem Verbraucher halt auch erklären können [...] wie ist so ein Score zustande gekommen." (Interview3:40#+41#, Gruppe 3, Kreditauskunftei)

Auch wenn also in vielen Firmen, die Credit-Scoring betreiben, methodisch gesehen nicht der ‚letzte Schrei' angewandt wird, so können doch überall starke Automatisierungstendenzen ausgemacht werden. Wie die Erstellung von Scorekarten in dem von mir betrachteten Fall im Detail abläuft, möchte ich in nun im Folgenden darstellen.

---

162 Anders als etablierte Auskunfteien hatte Kreditech zu Beginn keinerlei Erfahrung oder Anhaltspunkte, wie man aus den Facebook-Daten Kreditwürdigkeit ablesen kann. Deshalb generierte die Firma sich ihre Zielgröße anscheinend einfach selbst: „Jetzt hatten die aber das große Problem [...] die brauchten sozusagen Positiv- und Negativ-Daten, also sozusagen dass sie ein Netz anlernen konnten, um zu sagen das ist ein schlechter Kreditnehmer und das ist ein guter Kreditnehmer. Also haben sie selbst Kredite vergeben." (Interview9:16#, Gruppe 4, Expertin Neuronale Netze)

5.2.3 *Heutiges Credit-Scoring – Automatisiertes Risiko-Profiling bei Kreditvergabeentscheidungen*

- *Die Profiling-Konstellation des Telekommunikationsunternehmens*

Die Kredit-Risiko-Profiling-Konstellation (s. Abbildung 29) umfasst alle diejenigen menschlichen Akteure und technischen Instanzen, die an der Entscheidung beteiligt sind, Kunden in ‚gute' oder ‚schlechte' einzuteilen. Dabei ist sie sehr ähnlich aufgebaut wie die stark automatisierten Flughafen-Konstellationen in den USA (s. Kapitel 5.1.4, Abbildung 25).

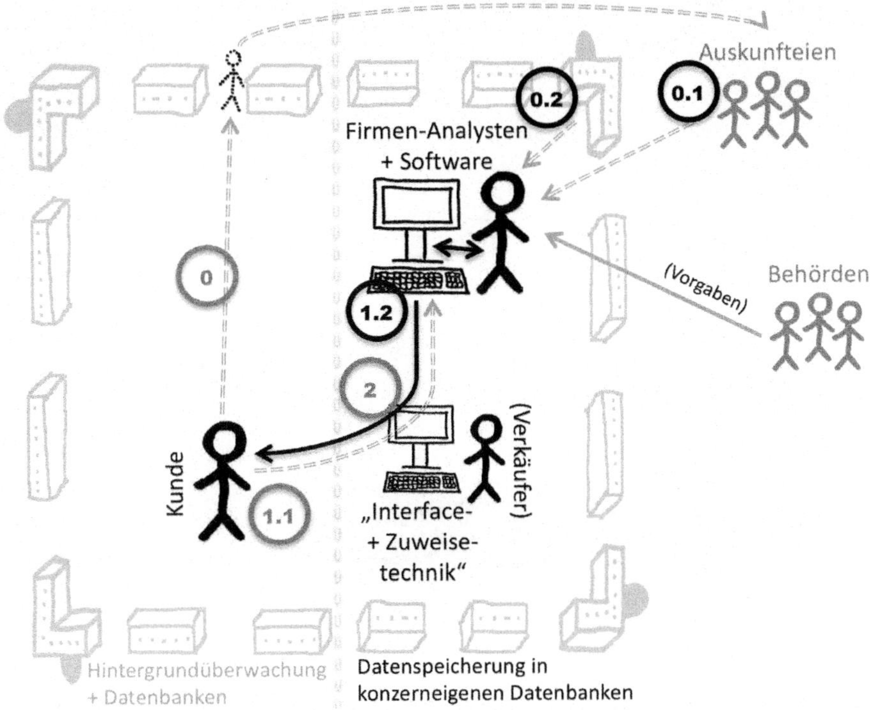

Abbildung 29 – Profiling-Konstellation im Telekommunikationsunternehmen

Ähnlich wie in den stärker automatisierten Profiling-Konstellationen am Flughafen (s. Kapitel 5.1.4 und 5.1.5) unterteilt sich auch hier die heute anzutreffende Konstellation in zwei Teil-Konstellationen: eine (räumlich und zeitlich) vorgelagerte Konstellation aus technischen und menschlichen Experten, die gemeinsam die Risiko-Profile bzw. Scorekarten erstellen und (unabhängig vom konkreten Kontakt mit den potentiellen Kunden) darüber entscheiden, welche Personen welchen Score zugeteilt bekommen; und eine nachgelagerte Konstellation, in der die erstellten

Scores den potentiellen Kunden (im Kontext eines konkreten Vertragsabschlusses) zugewiesen werden. Diese Zuweisung erfolgt meist automatisch. Wie schon zum (historischen) Fall der Kreditkarten geschildert (s. Kapitel 5.2.2), ist Automatisierung an dieser Stelle vor allem dem Wunsch nach einer möglichst schnelle Einordnung und Bewertung potentieller Kunden geschuldet. Dies ist im Telekommunikationsgeschäft deshalb wichtig, da zwischen Ausfüllen des Kaufvertrags und Abschluss des Kaufvertrages nicht zu viel Zeit verstreichen darf. Ist der Score zu schlecht, blockiert das System den Abschluss des Vertrages, ist er gut genug, gibt es den Vertrag frei.

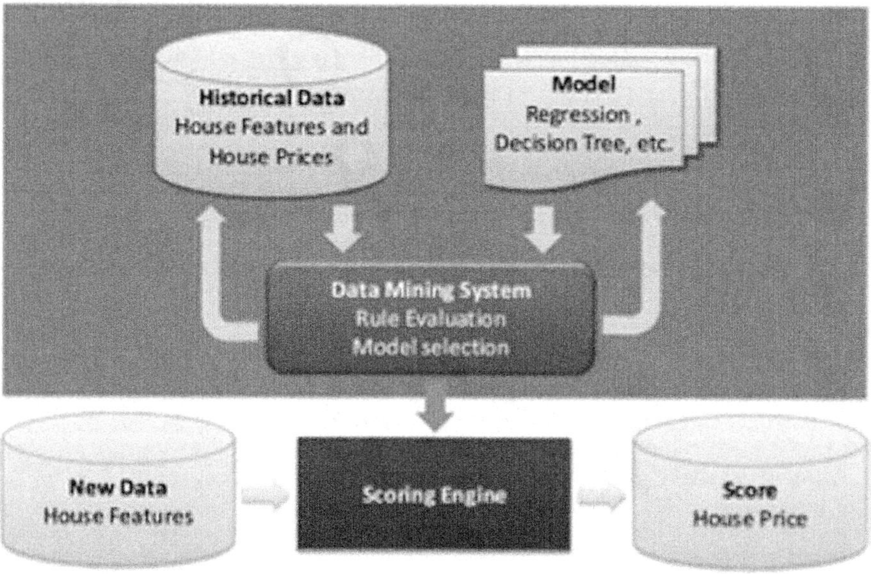

Abbildung 30 – Schematische Darstellung des Scorekarten-Erstellungs- (oben) und des Scoring-Prozesses (unten) (Wan 2015)

Die Technik, die in den Filialen (oder bei den Kunden zuhause) zum Einsatz kommt, um den Kreditantrag zu stellen – in der Regel ein an das Internet angeschlossener Computer mit Bildschirm und Tastatur –, dient dabei lediglich als ‚Interface' zur Eingabe der für das Scoring benötigten Informationen. Weder diese ‚Interface-Technik'[163] noch der Verkäufer

[163] Natürlich könnte man einwenden, dass auch das Design des ‚Interfaces' (z.B. durch die Vorauswahl darüber, welche Daten überhaupt von den Kunden in welcher Form eingegeben werden können) einen Einfluss auf die Kategorisierung hat; das Design des In-

haben hier direkt Einfluss auf die Kategorisierung der potentiellen Kunden. Vor Ort werden anderswo getroffene Entscheidungen lediglich umsetzt; den Händlern kommt damit (wie auch schon den Luftsicherheitsassistenten) eine dem technischen Sortier-System ‚dienende' Rolle zu. Die Entscheidung darüber, wie ein Kunde kategorisiert wird, wird damit (fast) vollständig an die vorgelagerte Teil-Konstellation abgegeben. Automatisierungsprozesse scheinen also auch in dieser Konstellation bei der Erstellung von Scorekarten (s.a. Abbildung 30, oben) sowie der Anwendung erstellter Scorekarten im Verkaufsprozess (s.a. Abbildung 30, unten) eine große Rolle zu spielen. Auf die einzelnen Teilprozesse werde ich nun im Folgenden genauer eingehen.

- *Anwendung der Scorekarten vor Ort – automatisiertes Kunden-Scoring im Vertrieb*

Durch standardisierte Scorekarten – die, wie gesagt, alle Regeln umfassen, welche von einem Unternehmen für ‚Kredit-Entscheidungen' festgelegt wurden – kann die Einordnung und Bewertung von Kunden beim Abschluss von Verträgen größtenteils automatisiert ablaufen und so eine schnelle Bearbeitung des Antrages gewährleistet werden.[164]

Ein solcher Scoring-Prozess beginnt für zukünftige Kunden in der Regel mit dem Ausfüllen des Vertrages – beispielsweise für einen Mobilfunkvertrag inklusive ‚Handset'[165]. Dieser Antrag kann entweder vom Kunden selbst gestellt werden, z.B. über ein Formular im Internet, oder wird während eines Verkaufsgesprächs in einer Filiale abgewickelt (Abbildung 31, 1.1). Die Abweichungen im Prozess sind bei diesen beiden Alternativen sehr gering. Es müssen in jedem Fall dieselben Informationen eingegeben und an den Anbieter geschickt werden.

> „Das Internet, am Ende hast du ein anderes Frontend, die Schnittstelle ist am Ende die gleiche [...] [und] im Prinzip im Shop must du die gleichen Infos eintippen" (Interview2:108#+111#, Gruppe 3, Telekommunikationsunternehmen)

Der Verkäufer dient an dieser Stelle also vor allem der (Produkt-)

---

terfaces wurde jedoch durch die Experten der vorgelagerten Konstellation vorgegeben und wirkt an dieser Stelle nur stellvertretend.

164 Auch bei der interviewten Bonitei läuft der Prozess auf diese Weise ab. Sind die Scorekarten einmal erstellt, können Personen automatisiert zugwiesen werden: „Die Bewertung ist überall in der Branche 100% Automatik. Da wird dann einfach die Formel drauf angewendet." (Interview3:78#+79#, Gruppe 3)

165 Der Begriff des ‚Handsets' wird in der Szene äquivalent zu ‚Mobiltelefon' verwendet.

Beratung. Wenn die Bestellung abgeschickt wird (vom Online-Kunden oder vom Verkäufer), kommt sie in die ‚Checking-Engine' des Unternehmens. Hier wird der Kunde (im Großteil der Fälle) automatisiert kategorisiert (Abbildung 31, 1.2).

> „Ich glaube 10% der Checks laufen vielleicht in die Manuelle [Nachkontrolle]. Weil in vielen Fällen kann der Mensch auch nicht mehr machen als der Algorithmus sagt. [...] Es sind nur wenige Bereiche." (ebd.: 161#-162#)

Dabei kommen die selbst erstellte Scorekarten zum Einsatz (Abbildung 31, 0.2) (s.a. nächstes Unterkapitel). Da für Neukunden in der Regel weniger Informationen vorliegen als für Bestandskunden, wird für diese zu Beginn des Prozesses zusätzlich auf die Angebote von kommerziellen Auskunfteien zurückgegriffen, welche die Telekommunikationsunternehmen mit bereits aggregierten Informationen über die Kunden versorgen (Abbildung 31, 0.1).[166]

In der ‚Checking-Engine' angekommen (Abbildung 31, 1.2), muss jeder Antrag erst einmal einen Plausibilitäts-Check bestehen, um angenommen zu werden. Dabei wird beispielsweise automatisiert geprüft, ob das Geburtsdatum valide ist (und der Kunde nicht etwa 200 oder -5 Jahre alt ist), ob die Adresse existiert und ob die angegebene Kontoverbindung stimmt. Außerdem wird geprüft, ob der Antrag von einem akkreditierten Händler stammt oder ob der Händler möglicherweise gesperrt ist. Ebenso muss gecheckt werden, ob der Kunde des Antrags auf einer sogenannten *Black-List* von Kunden steht, an die keine Verträge mehr ausgegeben werden. Wenn alle diese Tests zufriedenstellend waren, werden schließlich Geschäftskunden von Privatkunden getrennt und in einem separaten Prozess weiterverarbeitet.[167] Alle, die es über die ersten Hürden ge-

---

166 Da keine der Auskunfteien in Deutschland eine hundertprozentige Abdeckung hat (auch die SCHUFA nicht, die über die größte Abdeckung verfügt), muss teilweise auf mehrere externe Scores zurückgegriffen werden. Je risikoreicher die Produkte, für die eine Neukunde sich interessiert, desto mehr Geld wird in der Regel für die Auskünfte bei den Auskunfteien ausgegeben. Kunden, für die ‚keine Informationen' vorliegen, werden von der SCHUFA mit einem KI-Score bedacht (was z.B. oft bei Ausländern der Fall ist). Kunden mit einem KI-Score werden „in die manuelle geroutet und dann gucken die sich irgendwie nochmal an, dann können die händisch alle möglichen Boniteien nochmal angehen, nochmal anfragen, können auch sich nochmal angucken ist es denn vertretbar, will der jetzt ein iPhone oder will der weiß ich nicht ein Nokia für 20 EUR." (Interview2:151#, Gruppe 3, Telekommunikationsunternehmen)

167 Anträge von Großkunden gehen fast immer direkt in die manuelle Prüfung, da hier in der Regel Sonderwünsche und -konditionen beachtet werden müssen. Diese Anträge lassen sich daher schlechter automatisiert verarbeiten.

schafft haben, werden in einen eingehenderen internen Kategorisierungsprozess weitergereicht:

„Wenn du über dem Cut-off bist kommst du halt nochmal in diesen Internal-Check.“ (ebd.:237#)

„Die Positiven kommen dann hier her; da liegen dann hier jedes Mal Scorekarten dahinter.“ (ebd.:236#)

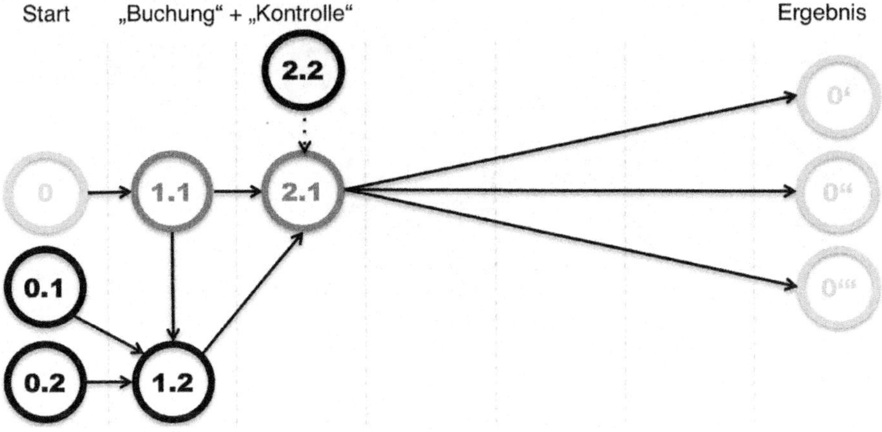

Abbildung 31 – Sicherheitsprozess im Telekommunikationsunternehmen

Der Antrag des Kunden wird automatisiert durch ein internes Scorekarten-System (mit unterschiedlichen Scorekarten für verschiedene Produkte) durchgeschleust, bis am Ende ein Gesamt-Score für ihn feststeht.[168] An den Shop (oder den Online-Kunden) geht dann am Ende des Prozesses nur die Meldung zurück (Abbildung 31, 2.1): ‚angenommen', ‚abgelehnt' oder ‚noch-in-der-manuellen-Prüfung'.

„Das ist eine Pipeline. Er kann nur eintippen und kriegt am Ende nur ein Result zurück. Das ist nicht interaktiv sozusagen.“ (ebd.:123#)

Der Verkäufer in der Filiale hat auf dieses Ergebnis keinen Einfluss. Theoretisch gibt es für Verkäufer zwar die Möglichkeit, bei einer Hotline anzurufen und ‚Einspruch einzulegen', dies wird aber nur sehr selten genutzt.

„[...] was die haben, die haben noch so einen Kanal zu einer Dealer-

[168] Der „Internal-Check“ (Interview2:236#, Gruppe 3, Telekommunikationsunternehmen) beinhaltet außerdem einen Betrugsvermeidungsprozess, der die Anträge auch noch nach Mustern durchsucht, die auf Betrug hinweisen könnten. Betrugsfälle landen, wie die Geschäftskunden, im Call-Center für die manuelle Auswertung der Anträge.

Hotline. Wenn der jetzt zurückkriegt ‚Kunde wurde abgelehnt', kann der theoretisch da noch anrufen und sagen: Ich kenn den aber, das ist ein Spezi von mir, wenn wir dem jetzt nichts geben dann ist der richtig sauer. Dann können theoretisch die im Call-Center die Order trotzdem aktivieren. Die machen das aber sehr selten weil sonst ruft jeder an." (ebd.:125#)

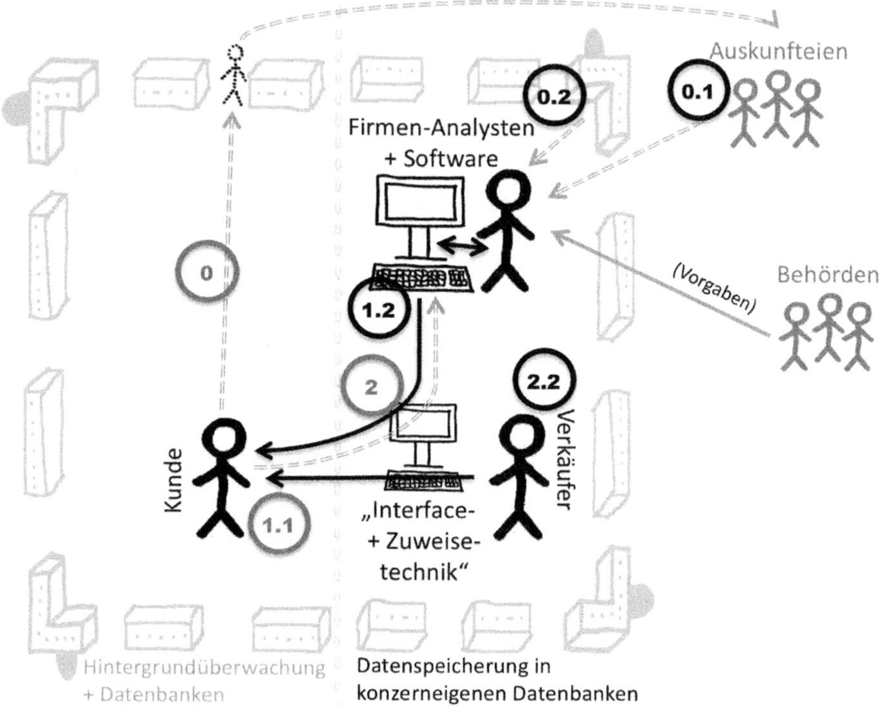

Abbildung 32 – Alternative Profiling-Konstellation im Telekommunikationsunternehmen

In manchen europäischen Ländern (allerdings nicht in Deutschland) gibt es jedoch Systeme, in denen die Verkäufer die Kategorisierung des Kunden vor Ort mitbestimmen können (Abbildung 31, 2.2). Hier wird den Händlern ein gewisses Mitspracherecht bei der Kategorisierung der potentiellen Kunden einräumt:

„[Bei] Face-Deposit [...] legt der Verkäufer fest, was der Kunde an Anzahlung machen muss für ein Handset – rein nach seiner Einschätzung. [...] Der Verkäufer kann dann sagen, du musst für das Handset irgendwie 80 EUR zahlen und du 200 EUR." (ebd.:300#+302#)

Der *Face-Deposit*-Ansatz ähnelt ein wenig dem der BDOs an US-Flughäfen (s. Kapitel 5.1.4) – jedoch in wesentlich weniger formalisierter Form. Den Akteuren der Teil-Konstellation vor Ort wird hier zugestanden, die Kreditwürdigkeit des Kunden mit einschätzen zu können. Dabei werden dem Verkäufer (anders als bei den BDOs) anscheinend keine Regeln an die Hand gegeben; der Verkäufer kann sich in dieser Konstellation bei seiner Einschätzung (wie schon die allerersten Kredit-Experten, s. Kapitel 5.2.2) ganz auf seine eigenen, auf Erfahrung basierenden Kriterien verlassen.

- *‚Hybride' Scorekartenerstellung (Teil I) – Erstellung von Scorekarten im Unternehmen*

Die Scorekarten für das automatisierte Scoring der Kunden kommen natürlich nicht aus dem Nichts, sondern müssen erst einmal erstellt werden. In den meisten Unternehmen gibt es hierfür eine eigene Business-Einheit, meist ‚Customer Intelligence' genannt. Hier findet die Haupt-Profiling-Arbeit statt (Abbildung 31, 0.2). Zur Erstellung der Scorekarten werden historische Kundendaten herangezogen, die in einem Data-Warehouse (DWH), einer konzerneigenen Datenbank, liegen, wo Daten aus allen operativen Systemen des Unternehmens zusammengefasst und gespeichert werden. Das DWH beinhaltet, unter anderem, so gennannte Call-Data-Records,[169] Abrechnungsinformationen und Daten aus dem Mahnwesen, sowie die Stammdaten der Kunden. Außerdem werden in der Regel Daten zugekauft, um die eigene Datenbank zu vervollständigen; hier handelt es sich beispielsweise um soziodemographische Daten. Die Menge der Daten im DWH liegt (im hier betrachteten Fall) im zweistelligen Terabyte-Bereich (Interview2, Gruppe 3, Telekommunikationsunternehmen). Für das Scoring müssen all diese Daten aufbereitet werden.

> „Das Datawarehouse das hat verschiedene Schichten. Im Prinzip unten hast du die Schicht die eins-zu-eins erst mal die Tabellen kopiert. Und das ganze wird dann aber intern nochmal veredelt." (ebd.:37#)

Eine Aufbereitung der Daten ist deshalb wichtig, da die angewandten Analyse-Algorithmen die Input-Daten nur ‚verstehen' und verarbeiten können wenn sie bereits in Maschinen-lesbarer Form vorliegen.[170]

---

[169] Call-Data-Records oder CDRs können grob mit Kommunikationsdatensatz oder auch Einzelverbindungsnachweis übersetzt werden.

[170] Besonders schwierig ist das bei Bild- und Videodaten, da diese immer unstrukturiert vorliegen. „Und da wird es spannend [...] wie kriegst du Video so runtergebrochen in

„Ein Algorithmus braucht irgendeinen Input der irgendwie standardisiert ist.“ (Interview1_B:72#, Gruppe 3, Telekommunikationsunternehmen)

Die Konsolidierung der Daten nimmt viel Arbeit und Zeit in Anspruch, ist jedoch wichtig, um eine gute Grundlage für das Scoring zu erhalten.

„Der entscheidende Punkt ist halt der, du brauchst die Datenbasis, die dir überhaupt zur Verfügung steht, und danach kommen die statistisch-mathematischen Verfahren. Aber am Ende, das ganz Entscheidende, die ganze Qualität, der ganze Prozess hängt davon ab, was kannst du eigentlich strukturiert an Daten erfassen, die du dann einfließen lassen kannst in die Methoden, oder welche stehen zur Verfügung?“ (Interview1_A:65#, Gruppe 3, Telekommunikationsunternehmen)

“Most data must be cleansed, filtered, normalized, sampled, and transformed in various ways before it can be mined. Up to 80% of the effort in a data mining project is often devoted to data preparation.” (Oracle Manual 2008:2–1)

In welchem Maße dieser Teil des Scorekarten-Erstellungs-prozesses automatisiert abläuft, konnte nicht beobachtet werden; theoretisch existieren in diesem Bereich jedoch einige Möglichkeiten, nicht alles ‚von Hand' durch gehen zu müssen. Auf Grundlage der aufbereiteten Daten im DHW können dann Analysen durchgeführt werden – wie die Suche nach einem Modell, das hilft, möglichst un-riskante Kredite zu vergeben. Im Fall des betrachteten Telekommunikationsunternehmens kommt dabei Software aus dem Hause ‚Oracle' zum Einsatz.[171]

„Ja und da setzen wir dann im Prinzip oben drauf auf. Das ist alles eine Oracle-Installation ... ewig viele Tables.“ (Interview2:40#, Gruppe 3, Telekommunikationsunternehmen)

Wie viele andere Anbieter auch, stellt Oracle seinen Kunden Werkzeuge zur Verfügung, mit denen sie ihre Daten analysieren können.[172]

---

strukturierte Attribute, dass du damit auch irgendwas ableiten kannst.“ (Interview1_A:69#, Gruppe 3, Telekommunikationsunternehmen)

171 Welche Analysesoftware im Unternehmen eingesetzt wird, entscheidet in der Regel die Geschäftsleitung.

172 Oracle versucht sich von seinen Konkurrenten dadurch abzusetzen, dass es alle der Analyse vor- und nachgelagerten Prozess-Schritte in einer einzigen Umgebung integriert und so lästige Daten-Im- und -Exporte sowie Komptabilitätsprobleme wegfallen: “Since Oracle Data Mining functions reside natively in the Oracle Database kernel, they deliver high performance, high scalability and security. The data and data mining functions never leave the database to deliver a comprehensive in-database processing solu-

"Oracle Data Mining provides comprehensive, state-of-the-art data mining functionality within Oracle Database." (Oracle Manual 2008:2–1)

Analysiert werden die aufbereiteten historischen Kundendaten mit Blick auf die Kunden, die ihre Kredite nicht zurückgezahlt haben – das ist die sogenannte Zielgröße.[173] Um Kunden in Zahlende und Nichtzahlende einzuteilen, bietet es sich methodisch gesehen an, eine sogenannte Klassifikation durchzuführen.

„Und um die Daten zu klassifizieren gibt es ja zig Algorithmen, [...] die (aber) eigentlich alle auf der Basis definiert sind: Du schaust dir historische Daten an, schaust welche Kunden hatten z.B. in der Vergangenheit einen Zahlungsausfall, versuchst dieses Muster zu erkennen, [...] und darauf baust du ein Modell;" (Interview1_B:30#, Gruppe 3, Telekommunikationsunternehmen)

Das Besondere an dieser Methode ist, dass sie darauf aufbaut, dass man schon sehr genau weiß, nach was man sucht – in diesem Fall nach Kunden mit Kreditausfall.

„[W]enn du ein Zielattribut hast kannst du eine Klassifikation machen [...]." (ebd.:46#)

"A classification task begins with a data set in which the class assignments are known. For example, a classification model that predicts credit risk could be developed based on observed data for many loan applicants over a period of time." (Oracle Manual 2008:5–1)

"Let's look at application scoring. On the input side, before the modeling step, the set of example applications must be prepared. [...] Before a set of example applications can be prepared, performance data has to be collected so that applications can be tagged as 'good' or 'bad.'" (SAS Institute 2013:3)

Dafür muss jedoch vorher definiert werden, was eigentlich ‚ein Kunde' ist; dies müssen die menschlichen Akteure der Teil-Konstellation übernehmen.

„Wir definieren z.B. was ist überhaupt eine Kunde. Wir haben Verträge da hast du keine Grundgebühren, da hat der Kunde vielleicht einen Karte, telefoniert aber gar nicht damit, dann ist das für uns noch kein

---

tion. [...] [This e]liminates data extraction and movement." (Buyetendjik und Tepanier 2010:5f)

173 Auf die gleiche Zielgröße wird auch in der Analyse-Abteilung der interviewten Auskunftei hingearbeitet: „Eine Scorekarte hat eigentlich ganz genau eine Zielgröße. Das ist für uns jetzt standardmäßig: wie wahrscheinlich ist es, dass er seinen Kredit zurückzahlen wird?" (Interview3:10#, Gruppe 3)

Kunde. Wir messen dann, der muss mindestens irgendwie zwei Events haben, der muss mindestens zwei Mal telefoniert haben damit er ein Kunde ist. [...] Was am Ende rauskommt bei uns, wir haben so eine Kundensicht: [...] Gehört der Vertrag zum gleichen Kunden? Dann hättest du wieder einen Kunden definiert, den du so in den Quellsystemen gar nicht hast." (Interview2:37#, Gruppe 3, Telekommunikationsunternehmen)

Außerdem muss festgelegt werden, ab wann ein Zahlungsausfall angenommen wird. Auch das kann aber nicht einfach von der Software aus den Daten ‚herausgelesen' werden; wo genau die Grenze zwischen guten und schlechten Kunden liegt, muss von den Verantwortlichen (je nach vorliegendem Interesse und Kontext) definiert werden:

„Und dann geht nämlich auch die Diskussion im Fachbereich los, wo setzt man denn jetzt eigentlich hier den Cut-Off. [...] Es gibt ja verschiedene Verantwortlichkeiten. Jemand ist für die Bad-Debts verantwortlich, für das Risiko, der legt den Cut-Off hoch; jemand vom Marketing oder von Sales, dafür verantwortlich Vertriebszahlen zu liefern, der sagt legt ihn irgendwie runter. Und am Ende hockt man sich zusammen und sagt: Wo ist es denn irgendwo noch sozialverträglich wo ich den [Cut-Off] irgendwie hinsetzen kann." (ebd.:191#)

Für die Findung der Zielgröße des Scoring-Prozesses ist die Auswahl der zugrundeliegenden Daten sehr wichtig. Je nachdem, wie man sein Sample zusammenstellt, kann es dadurch im Scoring-Prozess zu unterschiedlichen Zielgrößen kommen.[174] Dadurch zeigt sich ein weiteres Mal, dass der menschliche Akteur im Analyseprozess eine durchaus wichtige Rolle spielt.

„Du hast im Prinzip eine Abhängigkeit von der Menge und der Qualität deiner Daten, da gibt es unterschiedliche statistische Verfahren die du einsetzen kannst, aber der Optimierungshebel da ist relativ gering." (Interview1_A:136#, Gruppe 3, Telekommunikationsunternehmen)

„Am Ende sind das alles irgendwelche Klassifikations-Algorithmen, neuronale Netze, Decision-Trees, was es da alles gibt. Die unterscheiden sich halt nur in der Güte wie sie es schaffen Mengen in 0 und 1 zu

[174] Dazu auch die Expertin der interviewten Auskunftei: „[...] die empfindlichste Variable, die man da benutzt, ist: was ist das Sample, das ich da hinein werfe; aus welchem Zeitraum kommt das; oder: packe ich z.B. nur genehmigte Kredite herein oder packe ich auch Kreditanträge mit rein. Das ist ein riesen Unterschied, weil bei Anträgen haben Sie auch solche da wird dann gar kein Kredit vergeben, und deswegen können die über diesen Kredit dann gar nicht ausfallen." (Interview3:84#, Gruppe 3)

unterteilen, in gute und schlechte. Aber die Basis, die sie immer brauchen, ist die richtige Eingabe. Du muss quasi das Set von Attributen schon mal reingeben wo der Algorithmus was mit anfangen kann. [...] Dann gibt es halt Algorithmen da kannst du irgendwie mehr Parameter einstellen als bei anderen, aber die Basis ist halt immer der Input." (Interview1_B:85#+87#, Gruppe 3, Telekommunikationsunternehmen)

Ausgehend von diesen Annahmen und Entscheidungen – welche Daten man für die Analyse verwendet, wie ein Kunden definiert ist und was ein ‚schlechter' Kunden ist – wird im nächsten Schritt nach übergreifenden Merkmalen der ‚unerwünschten' Kunden gesucht, die bei ‚erwünschten' Kunden nicht beobachtbar sind. Zur Differenzierung von einzelnen Kunden in der Datenbank nutzt die Analyse-Abteilung des Telekommunikationsunternehmens sogenannte Merkmalsvektoren.

> „Die meisten Algorithmen haben wie gesagt so einen Merkmalsvektor." (ebd.:73#)

Das bedeutet, dass die Analysten eine Menge an Kundeneigenschaften – in diesem Fall ca. zwanzig[175] – bestimmen, die sich Maschinen-lesbar ausdrücken lassen, und diese dann zu einem Merkmalsvektor zusammenfassen.

> „[Du kannst] zu einer bestimmten Person den Merkmalsvektor definieren; [...] Am Ende hast du ich sag mal 20 Dimensionen, die den Kunden irgendwie beschreiben. (ebd.:37#)

Welche 20 Merkmale das sind, sucht sich der gewählte Algorithmus nicht selbst aus.

> „Am Ende, du musst dem Algorithmus Attribute reinliefern. Da musst du eine Vor-Selektion machen, weil der sucht sich nicht selber irgendwie im Data-Warehouse jetzt irgendwie raus, Alter ist gut, und das ist gut und das ist schlecht." (Interview2:274#, Gruppe 3, Telekommunikationsunternehmen)

Die in Form von Merkmalsvektoren vorliegenden historischen Kundendaten werden dann einem Klassifikations-Algorithmus als ‚Input' eingegeben.

> „Jetzt gibt es einen Algorithmus, der nimmt das als Input und versucht eine Regel zu definieren: Wie kann ich jetzt die Bösen von den Guten trennen, wie kann ich die Zahler von den Nicht-Zahlern trennen, basie-

[175] Auch bei der interviewten Auskunftei sind es knapp 20 Dimensionen: „Das (hängt) natürlich immer von der Scorekarte ab, aber bei Kredit-Scorekarten kommt man häufig so in den Bereich um (vielleicht) 12 bis 18 verschiedene Faktoren." (Interview3:62#, Gruppe 3)

rend auf diesem Merkmalsvektor." (Interview1_B:73#, Gruppe 3, Telekommunikationsunternehmen)

Klassifikationsverfahren können, wie schon erwähnt (s. Kapitel 5.2.2), aus unterschiedlichen Bereichen, wie der Statistik oder dem Maschinellen Lernen, stammen.[176] Die von den In-House-Analysten beschriebene Variante auf Grundlage von Merkmalsvektoren stammt theoretisch gesehen aus dem Bereich des Maschinellen Lernens. In der interviewten Auskunftei kommen hingegen multivariate statistische Methoden (wie die logistische Regression) zum Einsatz. Trotz unterschiedlicher Berechnungsverfahren laufen die Prozesse jedoch in weiten Teilen ähnlich ab. Allen Klassifikationsverfahren gemeinsam ist, dass sie auf Grundlage von Daten arbeiten, in denen die Zielgröße des Verfahrens (also das, was vorhergesagt werden soll) bereits feststeht – soll heißen: In den Daten wurden die Fälle, die Teil der Zielgröße sind (also alle Kunden mit Kreditausfall), vorher als solche markiert bzw. die jeweilige Variable als die abhängige definiert. Der Algorithmus sucht dann in den Daten nach Beziehungen zwischen der abhängigen und den unabhängigen Variablen bzw. nach Beziehungen zwischen den gewählten Merkmalen und den Klassen ‚guter' Kunde / ‚riskanter' Kunde. Heraus kommt am Ende in beiden Fällen ein sogenannter ‚Classifier' oder ‚Klassifikator'. Im Fall des Credit-Scorings ist der Klassifikator die Scorekarte. Eine Scorekarte fasst alle die Merkmale (oder Variablen) und ihre Ausprägungen zusammen, die gemeinsam auf einen ‚riskanten' Kunden hinweisen. Häufig liegen die Klassifikatoren selbst in Form eines Algorithmus oder einer Funktion vor – hier in Form eines Algorithmus, der Kunden nach bestimmten Regeln in ‚gute' und ‚schlechte' Kreditsteller einordnet.

Um schließlich die Güte der erstellten Scorekarten zu bestimmen, werden oft sogenannte ROC-Kurven genutzt, welche die beiden zentralen Gütekriterien Sensitivität (d.h. wenige Unerkannte) und Spezifizität (d.h. wenig Fehlalarme) grafisch anschaulich zeigen. Die Ergebnisse der erstellten Scorekarte (Abbildung 33, hellgraue Kurve) müssen auf jeden Fall besser sein, als wenn man bei der Annahme neuer Kunden lediglich ‚raten' würde (dunkelgraue Kurve). Diese Bedingung ist im Beispiel gegeben; wenn man bei der hier dargestellten Scorekarte 10% der Kunden ablehnt, hat man bereits ca. 70% der Risiko-Kunden aussortiert.

---

176 Je nachdem, aus welcher theoretischen Richtung ein Analyst kommt, kann deshalb – anstelle von Klassifikationsverfahren – manchmal auch von *Diskriminanz-Analysen* (Statistik), *überwachten Clustering-Verfahren* (Maschinelles Lernen) oder auch von *Mustererkennung* (Künstliche Intelligenz) die Rede sein.

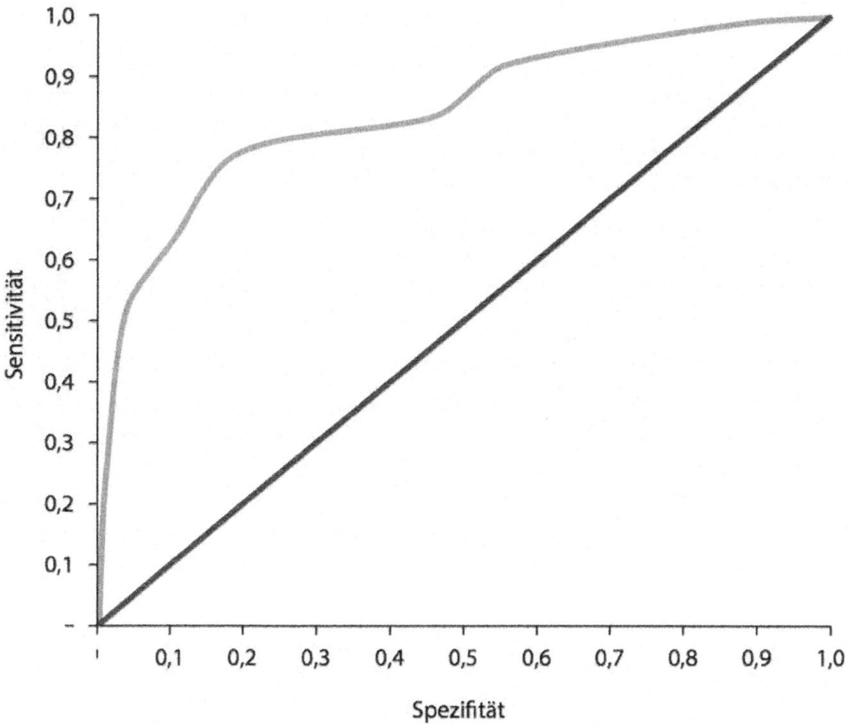

Abbildung 33 – Visualisierung unterschiedlicher Klassifikatoren im Vergleich (eigene Abbildung)

Sind die Scorekarten einmal erstellt können sie auf alle Kunden angewandt und deren Kredit-Ausfall-Wahrscheinlichkeit prognostiziert werden.[177]

> „[...] und wenn jetzt eine neue Person dazu kommt und dieser Eigenschaftenvektor ist ähnlich [...] dann ist er auffällig." (Interview1_B:39#, Gruppe 3, Telekommunikationsunternehmen)

> „Und das [Modell] transferierst du in die Zukunft. Also Kunden die jetzt neu kommen und ähnlich zu einem bestimmten Modell sind, zu einer bestimm-

[177] Eine Einteilung der Kunden anhand von Scorekarten bedeutet nicht, dass man zukünftige Kunden sicher einer der beiden Kategorien (guter Kunde, schlechter Kunde) zuordnen kann; – „Aber das heißt immer noch nicht, dass wenn wir einen Kunden annehmen, der ein ähnliches Muster hat, dass der dann auch [nicht] zahlt. Du hast immer eine Wahrscheinlichkeit dahinter." (Interview1_B:74#, Gruppe 3, Telekommunikationsunternehmen) – Die Entscheidungsregeln hinter den Scorekarten helfen jedoch bei Abschluss eines neuen Vertrages (anhand des Merkmalsvektors des Kunden), Rückschlüsse auf das wahrscheinliche Kredit-Ausfallrisiko zu ziehen.

ten Klasse, sagst du haben halt ein hohes Ausfallrisiko." (ebd.:31#)

Da sich über die Jahre irgendwann auch die zur Erstellung der Scorekarten herangezogene Datenbasis ändert, müssen Scorekarten immer wieder angepasst werden. Gründe für eine Anpassung können soziodemografische Ursachen haben oder durch Änderung des Produkt-Portfolios des Unternehmens ausgelöst werden.

> „Ich hab das mehrere Jahre gemacht, da war es zwei Jahre relativ stabil, da hat man irgendwie nur ein bisschen rumge... und dann wurde es ganz hektisch. Da haben wir im Prinzip unser Produkt-Portfolio umgestellt." (Interview2:81#, Gruppe 3, Telekommunikationsunternehmen)

Solche Anpassungen an den Scorekarten sind heute häufiger als früher.

> „Und früher war es echt immer nur, läuft nicht, dann machen wir was. Heute gibt es ständig irgendwelche kreativen Ideen was du irgendwie da noch einbaust." (ebd.:271#)

Um herauszufinden, ob die Trennschärfe einer neuen Scorekarte besser als die bisherige ist, lässt man sie im *Champion-Challenger*-Ansatz gegeneinander antreten.

> „Wir haben halt eine Scorekarte ‚in place'. [...] Dann merkt man irgendwie die trennt nicht mehr richtig und die (Auswahl kruselt). Dann gibt es halt eine neue. [...] Dann lässt man die eine Weile parallel laufen, dann siehst du irgendwie, die trennt viel besser, [...] du schaffst es hier viel besser die Nicht-Zahler zu separieren." (ebd.:189#)

> „Also wenn du dir eine neue Scorekarte überlegst, das wäre zu riskant da komplett irgendwie das Ding auszutauschen und alle Kunden darüber zu routen. Da sagen wir halt wir schicken nur 10% der Kunden erst mal über die neue Scorekarte. [...] Aber was du nie machst, oder was du nicht machen solltest: einen neuen Prozess definieren, den in Produktion spielen und dann installieren. Was du machst, du definierst dir quasi eine Abzweigung irgendwo, einen zweiten Prozess, und routest da irgendwie 10% der Kunden drüber. Validierst da nochmal, ob das, was du auf den Testdaten angenommen hast, ob das auch so passt." (ebd.:72#-77#)

Solange Scorekarten die Kunden zuverlässig trennen, werden sie jedoch in der Regel in Ruhe gelassen.[178]

---

[178] In der interviewten Auskunftei werden die Scorekarten nach 5 bis 10 Jahren erneuert: „Bei uns, und das ist auch bei den allermeisten Banken so, hält eine Scorekarte 5 Jahre mindestens, also 5 bis 10 Jahre." (Interview3:38#, Gruppe 3)

„Und oft ist es so bei Scorekarten, viele Attribute haben wir über Jahre drin, weil man weiß die trennen gut. Und was du eigentlich machst, du schärfst die nach. Ich gewichte jetzt irgendwie [Variable XY] anders" (ebd.:275#)

„[Und] du hast da eine Abteilung, das macht Accounting, die hocken dann hier und gucken sich die Quoten an. Ich glaube so lange wie das passt regt sich keiner auf. [...] [Nur wenn irgendwas] nicht läuft, dann machen wir was." (ebd.:267#+271#)

Ob die bisherige Scorekarten die Kunden noch gut trennen, lässt sich auch praktisch durch Tests im laufenden Betrieb herausfinden; getestet wird z.B., indem man in einem bestimmten Zeitraum einige Kunden trotzdem annimmt, die man eigentlich abgelehnt hätte.

„[...] das ist genau das Ding, wir lassen Leute rein die nicht durch unser Scoring-Verfahren durchgehen, um danach zu schauen trennen wir eigentlich noch richtig." (Interview1_A:117#, Gruppe 3, Telekommunikationsunternehmen)

„Was du machen kannst, du kannst mal welche annehmen, die du sonst abgelehnt hättest, und guckst ob dein Modell noch passt." (Interview2:282#, Gruppe 3, Telekommunikationsunternehmen)

Nach einer Weile kann man so überprüfen, ob sich die Prognosen bewahrheitet haben und die Scorekarten gut genug sind.

- *‚Hybride' Scorekartenerstellung (Teil II) – Credit-Scoring = Data-Mining?*

Wie bereits mehrmals angesprochen, spielen automatisierte technische Instanzen im Prozess der Scorekarten-Erstellung eine wichtige Rolle. In Datenanalyse-Prozessen wie dem beschriebenen wird Automatisierung häufig damit begründet, dass diese zur Bewältigung immer größerer Datenmengen schlicht notwendig sei.

"Given the large sizes of the data sets that may be examined, one must rely very heavily on automatic data processing of some kind. There is no way that one can individually examine a billion data points." (Hand et al. 2000:111f)

Die Menge der zusammengetragenen und aufbereiteten Daten im DWH liegt im hier betrachteten Fall wie gesagt im zweistelligen Terabyte-Bereich.[179] Trotz der jeweiligen Menge an analysierten Daten fiel der

[179] Auch Auskunfteien verarbeiten in der Regel eine große Menge an Daten; so erhält beispielsweise die SCHUFA regelmäßig kreditrelevante Informationen von über 7.000 Vertragspartnern, darunter Banken, Kreditkartenunternehmen, Wohnungswirtschaft,

Begriff *Big-Data* in meinen Interviews mit dem Telekommunikationsunternehmen (und der Auskunftei) interessanter Weise jedoch nur auf Nachfrage und wird scheinbar als Trendbegriff für etwas wahrgenommen, das es in der Branche schon lange gibt.

> „Big-Data [...] das ist halt ein sehr modisches Wort in unserer Branche.“ (Interview1_A:67#, Gruppe 3, Telekommunikationsunternehmen)

> „[Lacht] Jaja, Big-Data ist ganz wichtig. Gab's noch nie; ganz neu!“ (Interview2:21#, Gruppe 3, Telekommunikationsunternehmen)

Dies scheint auch der *Rexer Analytics's Annual Data Miner Survey*[180] aus dem Jahr 2013 nahezulegen (s.a. Abbildung 34):

> “In 2013, the general perception among data miners is that data volumes have increased (72% say it has). However, the datasets they report using are of similar size to what was reported in 2007.” (Rexer Analytics 2013:12)

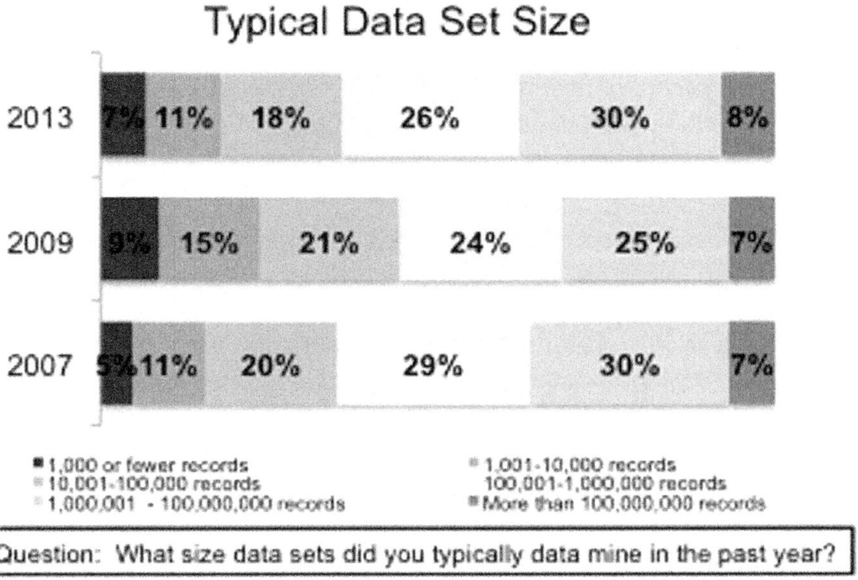

Abbildung 34 – Größe von Data-Mining Datensätzen in Unternehmen (ebd.)

Inkassounternehmen, Versicherungen, Versandhandel, eCommerce und sonstige Dienstleister (SCHUFA Lehrerfortbildung 2012).

[180] Laut Wikipedia “the largest survey of data mining, data science, and analytic professionals in the industry”.

Die meist recht stark automatisierten Methoden, mit denen man in sehr großen Datenmengen nach Zusammenhängen suchen kann, werden heute oft mit dem Begriff des *Data-Minings* versehen. Data-Mining – frei übersetzt das Schürfen von Daten in Datenbergen – scheint jedoch ebenso wie Big-Data ein Modebegriff zu sein, für den es keine einheitliche Definition gibt.

> „Ja also der Unterschied zwischen Statistik und ... also das ist ein bisschen schwierig, weil viele denken Data-Mining ist auch Statistik und so, ich weiß es auch nicht, ob es so ist, es gibt keine Definition, keiner hat es definiert, jeder sagt halt ganz schnell, so wir machen Big-Data.“ (Interview9:13#, Gruppe 4, Expertin Neuronale Netze)

In unterschiedlichen Versuchen, Data-Mining zu bestimmen, lassen sich jedoch vier wiederkehrende Aspekte ausmachen. Erstens scheint die Größe der Datensätze ein wichtiges Kriterium zu sein (Big-Data).

> “To a conventional statistician, a 'large' data set may contain a few hundred or a thousand data points. To someone concerned with data mining, however, many millions or even billions of data points is not unexpected – gigabyte and even terabyte databases are by no means uncommon.” (Hand, Mannila und Smyth 2001:19)

Data-Mining scheint zweitens die Annahme zugrunde zu liegen, dass es ohne die entsprechenden automatisierten Methoden nicht zu schaffen ist, bestimmte Zusammenhänge in den Daten zu finden, da diese zu umfangreich oder komplex sind.

> „Und das ist das Versprechen von Big Data, dass dort Dinge drin stecken, verborgen, auf die der Mensch nicht von alleine kommt. [...]. Ich meine die Menschen sind ja nicht doof, die überlegen sich schon gute Regeln. Aber der Clou ist eben, dass ich aus so einer großen Masse von Daten vielleicht noch mehr herauskitzeln kann.” (Interview6:56#, Gruppe 4, Expertin Data-Profiling)

Drittens sollen mit Data-Mining-Methoden in der Regel entscheidungsrelevante Informationen zutage gefördert werden. Es wird in den meisten Kontexten eingesetzt, um neue, ‚interessante' Muster (wie z.B. bessere Risiko-Scores) zu finden.

> “Data mining is the process of seeking interesting or valuable information within large databases.” (Hand et al. 2000:111)

Es geht also nicht nur darum, irgendwelche Muster bzw. Zusammenhänge in Daten zu finden, die ‚das bloße Auge' nicht gesehen hätte; die Muster sollen darüber hinaus auch ‚interessant' oder anders gesagt ‚nützlich' sein. Um das zu erreichen, müssen die Ergebnisse des Datenanalyseprozesses immer im Lichte des jeweiligen Anwendungskontextes bewertet und interpretiert werden. Nimmt man diesen Aspekt zur Definition hinzu, steht Data-Mining für einen umfassenden Datenverarbeitungsprozess, der (neben der tatsächlichen Verarbeitung und Analyse der Daten) auch die Interpretation der Ergebnisse umfasst.[181] Eine solche Definition von Data-Mining weist große Überschneidungen mit der in dieser Arbeit zugrundegelegten Definition von Profiling und von Credit-Scoring auf. Auch hier geht es immer um die Entdeckung von Mustern (im Sinne von Profilen oder Scorekarten), die dann verwendet werden, um Vorhersagen über mögliche zukünftige Ereignisse zu machen und somit als Handlungsgrundlage für Entscheidungen zu dienen.

Die beim Data-Mining angewandten Methoden und Algorithmen stammen aus unterschiedlichen datenverarbeitenden Bereichen, wie der Statistik, dem maschinellem Lernen und weiteren Disziplinen; sie sind also nicht grundlegend neu.

> "[D]ata mining is an interdisciplinary subject, representing the confluence of ideas from statistics, exploratory data analysis, machine learning, pattern recognition, database technology, and other disciplines." (ebd.:111)

Auch die im letzten Unterkapitel angesprochenen Klassifikations-Methoden, die für Credit-Scoring angewandt werden, lassen sich im Bereich Data-Mining wiederfinden.

> "Any kind of statistical model may appear in a data mining application, [...] [but] certain classes of tools are particularly important (or, at least, attract considerable attention from those concerned with developing data mining tools). They include tools for unsupervised classification (clustering), supervised classification, more general predictive models (regression), modelling time series to detect trend and other structures, and graphical models." (ebd.:113)

Dies zeigt auch wieder der aktuelle *Rexer Analytics's Annual Data Miner Survey* (s.a. Abbildung 35):

> "Regression, decision trees, and cluster analysis continue to form a triad of core algorithms for most data miners. This has been consistent since the first Data Miner Survey in 2007." (Rexer Analytics 2013:36)

---

181 Solch umfangreiche Datenanalyseprozesse sind in einigen Bereichen auch unter dem Namen ‚Knowledge Discovery in Databases' (KDD) bekannt (Fayyad, Piatetsky-Shapiro und Smyth 1996; Lackes und Siepermann 2012). Zwar ist Data-Mining hier theoretisch nur das Kernelement des umfassenden, iterativ-zyklischen Prozesses, der Begriff wird in der Praxis aber wohl meist als Überbegriff für den gesamten Prozess verwendet.

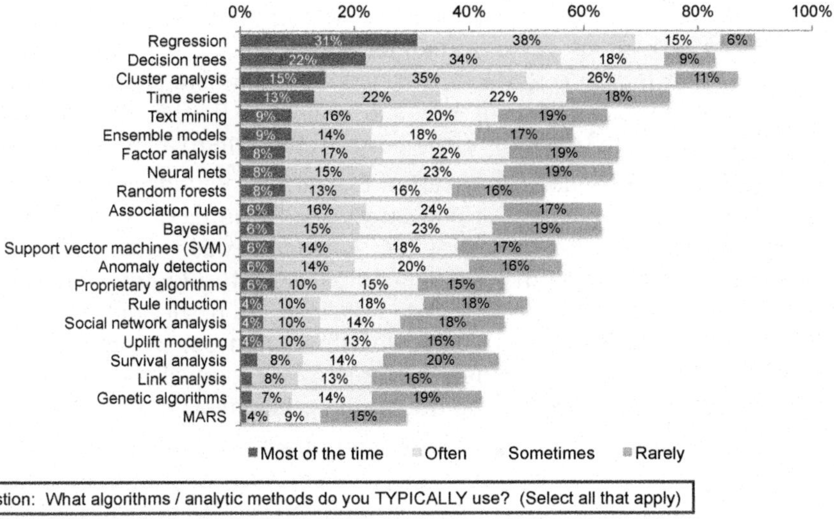

Abbildung 35 – In Unternehmen eingesetzte Data-Mining-Algorithmen (ebd.)

Data-Mining grenzt sich von möglichen anderen Arten der Datenverarbeitung und -analyse also weniger über die Herkunft der eingesetzten Methoden ab,[182] als durch das Interesse, mit dem die jeweiligen Daten betrachtet werden: Data-Mining wird meist mit explorativer Datenanalyse gleichgesetzt, während die ‚klassische' Statistik eher mit verifizierender, strukturtestender Datenanalyse in Verbindung gebracht wird. Oder anders ausgedrückt: Im Bereich Data-Mining macht man sich auf die Suche nach neuen, ‚wertvollen' Mustern, während sich beispielsweise Maschinelles Lernen traditionell eher mit dem Erlernen bekannter Muster beschäftigt. – Wenn man diesen letzten Aspekt der Definition von Data-Mining (das Finden neuer, interessanter Muster) nicht all zu eng auslegt, kann man auch im beschriebenen Credit-Scoring-Fall von Data-Mining sprechen – so wie es auch die Interviewten an manchen Stellen selbst taten:

---

182 Natürlich können durch die meist beachtliche Größe der zu analysierenden Datenmengen bereits bekannte Datenanalysemethoden nicht eins zu eins übernommen werden und müssen an die speziellen Anforderungen und Gegebenheiten angepasst werden: Sie müssen skalierbar sein, sie müssen schnell sein und sie sollten autonomer agieren können als andere Klassifikations-Algorithmen (vgl. Hand et al. 2000); Beispiele für solche Datenanalysesysteme sind: GraphLab, MapReduce, Hadoop, Spark oder Stratosphere (Interview7:14#, Gruppe 4, Expertin Datenbanken). Es soll an dieser Stelle nur betont werden, dass sich zwar mit der Größe der Daten die Algorithmen ändern müssen, die Daten methodisch gesehen aber weiterhin auf ähnliche Art und Weise analysiert werden wie zuvor.

„EINS: Ja ZWEI, du kannst ja vielleicht mal probieren das abstrakt zu erklären wie wir es bei uns machen. [...] ZWEI: EINS hat es ja schon gesagt, ich meine das ist ja klassisches Data-Mining, Klassifizierung. Du willst quasi Kunden in Klassen einteilen, 0 – 1." (Interview1:27# +28#, Gruppe 3, Telekommunikationsunternehmen)

Ob die im Prozess der Scorekarten-Erstellung gefundenen Zusammenhänge wirklich neu sind, soll uns an dieser Stelle nicht weiter beschäftigen. Wichtig festzuhalten bleibt die Tatsache, dass beim Data-Mining eingesetzte Methoden meist stark automatisiert ablaufen und dass es eigentlich immer darum geht, an ‚nützliche' (d.h. handlungsrelevante) Informationen zu gelangen. Diese Informationen sollen möglichst direkt aus den Rohdaten gewonnen werden, ohne den ‚Theorie-belasteten' Umweg der Modellbildung – so der häufig proklamierte Anspruch.

"Big Data analytics enables an entirely new epistemological approach for making sense of the world; rather than testing a theory by analysing relevant data, new data analytics seek to gain insights 'born from the data'." (Kitchin 2014:2)

"Often they [data mining practitioners] may not even think in terms of a model-building process at all, instead viewing it as a data driven descriptive exercise, with the algorithm determining what sort of description emerges." (Hand et al. 2000:112)

"Petabytes allow us to say: 'Correlation is enough.'...We can analyze the data without hypotheses about what it might show. We can throw the numbers into the biggest computing clusters the world has ever seen and let statistical algorithms find patterns where science cannot ... Correlation supersedes causation." (Anderson 2008, nicht paginiert)

Ein solches Vorgehen hat sich in der Vergangenheit beispielsweise im Bereich der Bilder- sowie der Spracherkennung als vorteilhaft erweisen. Anstatt einem Algorithmus in einzelnen Schritten beizubringen, wie beispielsweise die Buchstaben des Alphabets aussehen und wie diese möglicherweise durch unterschiedliche Handschriften abweichen können – was sehr mühsam ist und lange dauert, ganz zu schweigen von der Tatsache, dass solche Regeln erst einmal formuliert und formalisiert werden müssten –, kann man bestimmte Big-Data-Algorithmen ohne zugrundeliegendes Theoriegerüst einfach selbst entscheiden lassen, welche Strukturen sich ähnlich sind und welche nicht. In derartigen Bereichen kann man so zu wesentlich besseren Ergebnissen kommen, als wenn man den Algorithmen Regeln für die Kategorisierung beigebracht hätte.[183] Was man auf diesem Weg jedoch nicht bekommen kann, ist eine Formel bzw. ein Modell, welches die Zugehörigkeit eines Datensatzes zu einer Kategorie auch erklären könnte:

> „Eine Formel kommt da nicht raus, aber oder die würde rauskommen, aber die könnte man nur mit einer gewissen Konfidenz hinschreiben sagen wir mal. Aber das ist ja gar nicht nötig, die Formel interessiert ja überhaupt niemanden. Wir müssen ja gar nicht die Formel anwenden, wir gucken einfach schnell in die Daten was zu erwarten ist z.B. oder welche Eigenschaften irgendwas hat oder wie schnell irgendwas ist. [...] Ich würde das jetzt nicht sofort unterschreiben [...] da ist sicher ein wahrer Kern dran, aber [...] das ist ja auch schlicht aufwendig. Auch wenn die Technologie immer weiter voranschreitet, kostet es mich Zeit und Energie große Datenmengen zu betrachten und Auswertung zu betreiben. [...] [und] natürlich ist es viel schneller eine Formel anzuwenden als immer wieder Big Data zu konsultieren." (Interview6:74#+78#, Gruppe 4, Expertin Data-Profiling)

Big-Data-Algorithmen können also theoretisch ziemlich selbstständig in großen Datenmengen Strukturen finden, dies ist jedoch erstens nicht immer praktikabel (was u.a. an einer meist unvollständigen Datengrundlage liegt) und zweitens können die Algorithmen für ihre Kategorisierungen nicht einfach Erklärungen mitliefern. Den Fokus auf die Aufdeckung handlungsrelevanter Strukturen zu setzen anstatt Begründungen für bestimmte Strukturen zu suchen und Theorien zu generieren, mag an der Nähe von Data-Mining zu praktischen Anwendungsfeldern liegen. Anders

---

183 Erkennung von Handschriften, auch OCR (*Optical Character Recognition*) genannt, wird beispielsweise im internationalen Postverkehr eingesetzt. Hier sind automatische Algorithmen heute schon sehr gut und vor allem schnell (siemens.com 2011:67). Ein Beispiel aus der Spracherkennung findet man im Bereich der Übersetzung: „Da war es ja so, man hat in der Vergangenheit versucht, Übersetzungsarbeiten durchzuführen also von einer Sprache in ne andere indem man einfach Grammatiken untersucht hat, versucht hat die Sprachen zu verstehen, und sehr komplexe Algorithmen gebaut hat. Hat nie sehr gut funktioniert. Und was dann einfach passiert ist, in dem Fall war das Google, die haben gesagt ok wir nehmen nun Texte, die wir aus den verschiedenen Sprachen kennen, und sehr sehr viele davon, weil es gibt ja sehr viele Dokumente die mehrsprachig sind, von Webseiten, von Büchern usw., geben dann alles in ein automatisiertes maschinelles Lernverfahren, das daraus statistische Modelle aufbaut und einen Vorhersagecharakter macht, wenn ich einen Text eingebe wie sieht dann der Text aus in einer anderen Sprache. Und interessanterweise liefert das Verfahren robustere Modelle und hat sehr schnell auch aufgeholt im Vergleich zu den sehr komplexen Algorithmen wo man sehr viel Gehirnschmalz und Zeit reingesteckt hat, versucht hat Sprachen zu verstehen mit Grammatik." (Interview7:3#, Gruppe 4, Expertin Datenbanken)

als in der Wissenschaft geht es meist nicht darum, gefundene Strukturen zu erklären; die Strukturen müssen lediglich hinreichend aussagekräftig sein. Solange es einen ausreichend starken Zusammenhang gibt, ist für die Anwender eine Begründung häufig zweitrangig. Auch dem Credit-Scorings wird dies nachgesagt:

> "The philosophy underlying credit scoring is pragmatism and empiricism. The aim of credit scoring and behavioral scoring is to predict risk, not to explain it. [...] Whatever the use, the vital point is that credit scoring is a predictor of risk, and it is not necessary that the predictive model also explain[s] why some consumers default and others do not." (Thomas et al. 2002:4)

Data-Mining und Credit-Scoring müssten demnach eigentlich gut zusammen passen. Wer denn nun wirklich Data-Mining betreibt und wer nicht, kann allerdings aufgrund des unklaren und unterschiedlichen Gebrauch des Begriffs nicht genau ausgemacht werden. – Wird wirklich mit Big-Data gearbeitet? Wo beginnt „Big"-Data? Ist das ein gut strukturierter Datensatz mit sehr vielen Datenpunkten, aber nur wenigen Variablen? Oder ist das ein Datenraum mit komplexen mehrdimensionalen Beziehungen? Und was wird mit diesen Daten genau gemacht? Sollen Data-Mining-Algorithmen für bereits bekannte Klassen alle sie ausmachenden Merkmale finden (von denen den Analysten sicherlich vorher auch nicht alle bekannt waren)? Oder sollen tatsächlich völlig neue Muster mithilfe der Algorithmen in den Daten gefunden werden? – Wirklich exploratives, stark automatisiertes Data-Mining müsste im Bereich Credit-Scoring vor allem dort anzutreffen sein, wo neue Scorekarten in Bereichen erstellt werden, in denen es noch keinerlei Erfahrungen bezüglich des Kreditausfallrisikos gibt. Das kann z.B. dann der Fall sein, wenn es darum geht, Merkmale für Kreditwürdigkeit in vormals noch nie verwendeten Datenarten zu finden (wie es beispielsweise die SCHUFA mit Daten aus sozialen Netzwerken vorhatte)[184] oder wenn neue Produkte in unbekannten Kontexten aufgesetzt werden sollen[185] – der zu Beginn

---

[184] Gemeinsam mit dem Hasso-Plattner-Institut in Potsdam wollte die SCHUFA 2012 das sogenannte *SCHUFALab@HPI* gründen. Dabei sollte es sich laut SCHUFA um ein „wissenschaftliches Projekt der Grundlagenforschung zur Analyse und Erforschung von Daten aus dem Web" handeln (SCHUFA Pressemitteilung 2012), aufgrund starker Proteste wurde das Lab jedoch nie eröffnet.

[185] Dazu die Expertin der interviewten Auskunftei: „Und wenn man jetzt z.B. einfach diese Fälle gar nicht so sehr hat [in historischen Daten], dann gibt es verschiedene Methoden sich dem zu nähern. Es gibt sogenannte Generische Scorecards. Also im Kreditbereich ist das mal aufgekommen, da gab es plötzlich die *Revolving Credit Cards*, die kamen

dieses Kapitels kurz skizzierte Ansatz von *Kreditech* ist hierfür ein gutes Beispiel (kreditech.com 2015).

In den von mir geführten Interviews und Beobachtungen konnte ich ein solches Vorgehen nicht ausmachen. Zwar hält auch in den von mir betrachteten Analyse-Konstellationen immer mehr und potentiell immer selbstständigere Software Einzug, alle interviewten Experten des Vergleichsfalls haben jedoch immer wieder auf die Wichtigkeit des menschlichen Analysten im Analyseprozess hingewiesen und gezeigt, dass ein Analyseprozess ohne methodische und inhaltliche Experten nicht (oder nur zufällig) zu den gewünschten Ergebnissen führt. Vor allem der Auskunftei war es wichtig, dass die Prozesse der Modellerstellung nicht voll-automatisiert, sondern immer unter Beteiligung menschlicher Analysten stattfinden.

> „Wir haben den Prozess ein Stück weit automatisiert. Man könnte theoretisch voll (automatisch) ein Modell erzeugen lassen. Die Sache ist eher, dass Sie, [...] mir ist dann auch die Frage sehr wichtig nach der Robustheit, Erklärbarkeit und Plausibilität. Weil wenn Sie die absoluten Hardcore-Algorithmen drauf werfen, bekommen Sie so teilweise dann eben Aussagen, die nicht so plausibel sind. [...] [und] da bin ich ein Freund davon, dass sich die ein Mensch anschaut." (Interview3:83#+87#, Gruppe 3, Kreditauskunftei)

Aber auch die Hersteller von Analysesoftware selbst warnen davor, ihren Programmen zu viel Spielraum zu lassen.

> "Patterns will be found – this is guaranteed. Whether they are useful or accurate is another matter completely [...]. If your organisation can afford to employ a room of PhD statisticians, data mining experts, mathematicians and domain experts then the risks are going to reduce. [...] The opposite end of the extreme is to use a plug and play data mining tools and blindly accept its findings. Please do not do this – things will almost certainly go badly wrong. The patterns that are found may be no more than apparitions in your data with no existence in reality, and to act on them may be costly. There are ways to minimise these apparitions, but they are quite technical, and even then, not foolproof. The key to using data mining technologies successfully is people, and particular-

---

neu auf den Markt, ein ganz anderes Produkt, [...] ein ganz anderes Risiko-Profil, es gab keine historischen Erfahrungen." (Interview3:106#-108#, Gruppe 3) – (Bei Revolving Credit Cards handelt es sich um eine Kombination aus Kreditkarte und Rahmenkredit. Das zugehörige Revolvingkonto wird ausschließlich im Soll geführt. Es kommt nicht regelmäßig zum Einzug der Abrechnungsbeträge per Lastschrift; der Kunde tilgt stattdessen den Kredit mit monatlichen Mindestratenzahlungen.)

ly people who understand the domain where the technologies are being used." (Butler Analytics 2015)

An welchen Stellen sogar stark automatisierte die Analysesoftware ‚Unterstützung' von ihren Nutzern braucht, d.h. auf eine Zusammenarbeit mit diesen angewiesen ist, darum soll es im letzten Abschnitt gehen.

- *‚Hybride' Scorekartenerstellung (Teil III) – Einflussmöglichkeiten menschlicher Akteure*

Menschliche Experten können in der vorgelagerten Teil-Konstellation, in der die Risiko-Profile für riskante Kunden erstellt werden, an einigen Stellen großen Einfluss auf den (in weiten Teilen automatisierten) Analyseprozess ausüben. Und zwar hat der menschliche Akteur in der Konstellation – erstens – Einfluss auf den Kategorisierungsprozess, da er es ist, der die jeweils anzuwendenden Methoden auswählt.

> „Und idealerweise sollte man sich ein bisschen auch mit den Algorithmen auskennen, weil die Algorithmen machen bestimmte Annahmen. Also ich könnte ja Algorithmus 1, 2, bis 227.000 anwenden. Die Frage ist welchen soll ich denn jetzt nehmen. [...]. Es gibt keinen universell besten Algorithmus, das kann es nicht geben. [...] Deswegen ist immer die Frage dann: Weiß ich was die Annahmen sind? Stimmen die Annahmen einigermaßen überein oder stimmt das einigermaßen robust?" (Interview8:53#-54#, Gruppe 4, Expertin Machine Learning)

Der Software-Nutzer muss an dieser Stelle entscheiden, welche Art von Output überhaupt generiert werden soll. Wenn man beispielsweise Handy-Kunden in 0 und 1, in Gute und Schlechte, einteilen möchte, bietet es sich an, eine Klassifikationsmethode anzuwenden, die einen binären Klassifikator ausgibt. Mit dieser Wahl trifft der Analyst bereits eine erste Annahme über die Form des Outputs.

> „Aber wichtig ist halt, dass man kein Modell schätzt, was einen Zusammenhang findet der z.B. linear ist oder so, weil dann könnte man ja auch Werte über 1 oder unter 0 erzielen, was [in diesem Fall] keinen Sinn macht." (Video-Interview:165#, Gruppe 3, Datenanalyse-Expertin)

Die ausgewählten Algorithmen weisen außerdem alle gewisse Limitationen sowie Möglichkeiten zur Parametrisierung auf. Dessen (und der möglichen Fehlerquellen, die durch die unsachgemäße Nutzung entstehen können) muss man sich als Analyst bewusst sein.

> „Der Algorithmus macht keinen Fehler, der macht dann Fehler wenn wir ihn falsch eingestellt haben." (Interview1_A:116#, Gruppe 3, Telekommunikationsunternehmen)

„Man kann diese Funktionen intensivst parametrisieren. [...] Also man kann Einzeloptionen bei dem jeweiligen Befehl sehr intensiv einstellen. [...] also ich gehe jetzt nicht einfach nur auf ‚Bitte Analyse machen'." (Video-Interview:185#+191#+211#, Gruppe 3, Datenanalyse-Expertin)

„Und wenn man mit diesen Methoden aber arbeitet dann stellt man fest, dass die ohne Vorkenntnisse einfach Blödsinn liefern, [...] weil Sie eben gewisse Parameter im Modell haben, die müssen gesteuert werden [...]. Und wenn man das gar nicht weiß, weil man die Anfangswerte blöd wählt, dann konvergiert das Verfahren gar nicht, dann landet es irgendwo. Und natürlich haben Sie am Ende eine Zahl, das ist die Lösung, aber die hat mit der tatsächlichen Lösung nichts zu tun. Neuronale Netze liefern Ihnen immer, immer eine Antwort, immer. Die Frage ist, was hat diese Antwort mit der Realität zu tun. [...] Wenn Sie einfach blind die Methode laufen lassen dann können Sie damit rechnen, dass die Antwort auch blöd ist." (Interview4:29#+31#, Gruppe 4, Expertin Statistik)

„Das ist genau das, was natürlich auch einen guten Data-Scientists auszeichnet, dass dieser mehrere Methoden kennt und somit auch abwägen kann was dann die wesentlichen Aspekte sind, [...] da muss man halt genau wissen wie macht man diese Parametrisierung. [...] Da gibt es sehr viel Spielraum und da braucht man schon gute Kenntnisse um dann auch ein richtiges, vernünftiges Ergebnis dann rauszubekommen." (Interview7:20#+22#+24#, Gruppe 4, Expertin Datenbanken)

Der menschliche Akteur hat – zweitens – Einfluss auf den Kategorisierungsprozess, da meist er es ist, der die Erhebung und/oder Auswahl der Daten vornimmt, die dem Algorithmus als Input gegeben werden:

„Aber es ist halt schwierig; es ist sehr viel Expertenwissen in diesen Data-Mining-Algorithmen. Das ist a) richtiges Parametrisieren und b) auch die richtigen Daten heran zu ziehen." (Interview1_B:138#, Gruppe 3, Telekommunikationsunternehmen)

Denn auch bei Big-Data-Analysen wird (aus forschungspraktischen sowie monetären Gründen) vor jeder Analyse eine Auswahl getroffen:

"Big Data may seek to be exhaustive, capturing a whole domain and providing full resolution, it is both a representation and a sample [...]." (Kitchin 2014:4)

„Also die Aussage ‚ich erhebe einfach alles was ich kriege und zapfe überall Daten ab und sammle die alle', dann sind das ganz erhebliche Kosten schlicht und ergreifend, einmal diese ganzen Daten zu halten aber noch viel schwieriger sind sozusagen die Personalkosten um die

Programme zu schreiben, die diese ganzen Daten sammeln." (Interview6:10#, Gruppe 4, Expertin Data-Profiling)

Um ein bestimmtes Problem zu lösen, kann man dem Algorithmus auch nicht einfach irgendwelche Daten geben; die Daten müssen immer zur Problemstellung passen:

> „Ja und die Verfahren sind eigentlich auch ziemlich blöd, weil die lernen das, was man ihnen im Training hinschmeißt. Das heißt wenn man irgendwie falsche Trainingsdaten hat, die jetzt nicht wirklich zu einer echten Welt passen hat man ein Problem. [...] Also mehr Daten macht uns bessere Performance. Wobei der Clou ist jetzt nicht beliebige Daten, sondern man muss die gezielt auswählen." (Interview2_B:187# +206#, Gruppe 4, F&E Intelligente Videoanalyse)

> „Das Ding kannst du halt massiv manipulieren darüber was du reinkippst in das Ding. Wenn du da Müll reinkippst, dann optimiert der dir nach einem Müllkriterium." (Interview1_A:82#, Gruppe 3, Telekommunikationsunternehmen)

> „Sie können mit großer Sicherheit nicht sinnvoll einen amerikanischen Datensatz hernehmen, mit Terroristen die in den USA bekannt sind, und darauf den Klassifikator bauen und in Europa einsetzen, weil die Inputdaten nicht repräsentativ sind zu den Personen, die Sie gerade screenen, weil Amerikaner eine andere Datenmenge sind als Europäer. D.h. also Sie müssen im Prinzip die richtigen Input-daten haben. Sie müssen die richtige Menge an Input-daten haben, die sagt Ihnen etwas über die Konfidenz ihrer Aussagen, je mehr desto besser vom Prinzip her. Sie müssen die Daten, diese repräsentativen Daten, auch unabhängig voneinander gewählt haben, wenn Sie immer nur Flugpassagiere angucken dann haben Sie Aussagen über typische Flugpassagiere [nicht aber über untypische Flugpassagiere, wie z.B. solche, die zum ersten Mal fliegen]. Aber so ein Terrorist ist vielleicht noch nie geflogen und ist eben nicht gerade der typische Flugpassagier. Sie müssen also im Prinzip repräsentativ in der ganzen Bevölkerung Daten aufnehmen." (Interview6:81#, Gruppe 4, Expertin Data-Profiling)

> „Ich kann es aber auch noch anders erklären: Wenn ich nur Terroristen in das System reinkippe, dann sieht auch jede weitere Person wie ein Terrorist aus, ja hat zwei Augen ergo Terrorist. Das ist dann ein ganz dummes System, es kennt nur Terroristen also ist die nächste Person natürlich auch ein Terrorist, ist doch klar. Also in anderen Worten, die Input-daten sind sehr relevant." (ebd.:93#)

Was man herausfinden (und vorhersagen) möchte, muss also überhaupt erst einmal in irgendeiner Form in diesen Daten vorhanden sein – egal welche Methode im Endeffekt anwendet wird.

> "Data alone is not enough, no matter how much of it you have. [...] Machine learning is not magic; it can't get something from nothing. What it does is get more from less." (Domingos 2012, nicht paginiert)

> „Das sind Verfahren die Sie trainieren müssen. Die können Sie nur trainieren mit bekannten Personen von denen Sie wissen ‚Das ist ein Terrorist'. Also wenn Ihre Klasse Terrorist – Nicht-Terrorist ist dann müssten Sie diese Verfahren trainieren mit einem Haufen Terroristen und einem Haufen Nicht-Terroristen, damit das System weiß wie es diese unterscheiden kann. Anders geht es nicht. Und dass Sie einfach nur ne Kundentabelle von VW hernehmen und glauben, dass Sie aus den Daten erkennen können wer ein Gefährder ist, das geht natürlich nicht." (Interview6:47#, Gruppe 4, Expertin Data-Profiling)

Außerdem müssen die Daten in Maschinen-lesbarer Form vorgelegt werden (z.B. in Form eines Merkmalsvektors). Dem Algorithmus können nicht einfach Rohdaten als Input gegeben werden; diese Rohdaten müssen von Experten aufbereitet sein.

> "Often, the raw data is not in a form that is amenable to learning, but you can construct features from it that are. This is typically where most of the effort in a machine learning project goes. It is often also one of the most interesting parts, where intuition, creativity and 'black art' are as important as the technical stuff." (Domingos 2012, nicht paginiert)

> „Also zu jedem Datum, in dem Fall jeder Person die reist, gibt es irgendwelche Informationen. Die ist für alle irgendwie gleich und die wird in einen großen Vektor reingeschrieben. Diese Information kann natürlich nicht nur vektoriell sein, sondern das kann auch ein Baum sein, kann ein Graph sein, ein Beziehungs-Graph, irgendwelche sonstigen Späße." (Interview8:32#, Gruppe 4, Expertin Machine Learning)

Außerdem stellt sich grundsätzlich die Frage danach, wie die verwendeten Daten eigentlich erhoben wurden.

> „D.h. die Frage ist ja schon, wie mache ich eigentlich die Auswahl [der Mess-Sensoren] und wie mache ich überhaupt die Ermittlung also die Messungsmethode." (Interview3_A:43#, Gruppe 4, Informatikerin)

Durch die Erhebung, Auswahl und Vorformatierung der Daten gibt der Nutzer dem Algorithmus also bereits Anhaltspunkte dafür, was eigentlich gesucht wird. Die für die Erhebung und Datenkonsolidierung verantwortlichen Personen haben deshalb Einfluss[186] auf das Endergebnis.

Der menschliche Akteur hat – drittens – Einfluss auf den Kategorisierungsprozess, da auch automatisierte Klassifikationsalgorithmen in der Regel nicht auf Anhieb das perfekte Modell finden und die Ergebnisse der Algorithmen nicht einfach für sich sprechen können, sondern interpretiert werden müssen. Der Prozess der Datenanalyse enthält deshalb eine Menge ‚praktisches Herumprobieren' (Trial-and-Error) und wurde von den interviewten Experten mehrfach als ‚Kunst' bezeichnet, die sich zwar in Teilen, nicht jedoch vollständig automatisieren lässt und auch weiterhin auf das Zusammenspiel zwischen Software und Nutzer angewiesen ist.

> „Das ist viel Trial-and-Error einfach nach Gefühl und nach Theorie. [...] Das ist, auch was hier bei diesen Algos drin steckt, das ist mehr Kunst als Wissenschaft, also das ist super viel Wissenschaft, aber da geht es dann wirklich, wenn man sich die mal im Detail anguckt, mit hüpf mal so, hüpf mal so, und dann hüpf mal ganz weit, und dann probiere mal wieder aus weniger weit zu hüpfen und solche Sachen." (Video-Interview:389#+732#, Gruppe 3, Datenanalyse-Expertin)

Im Fall der interviewten Bonitei werden beispielweise alle Variablen bzw. Merkmale, (welche automatisierte Klassifikations-Algorithmen heraussuchen, um Kunden nach Kreditwürdigkeit einteilen zu können) vor der Modellerstellung von menschlichen Analysten auf Robustheit und nach der Modellerstellung noch einmal auf Plausibilität geprüft.

> „Also das was Sie typischer Weise machen, Sie nehmen sich für alle Variablen, wie sinnig oder unsinnig die auch erst erscheinen mögen, machen Sie eine univariate Analyse. (51#) [...] Das machen wir [weil] wir dann z.B. bestimmte Dinge heraussortieren – teilweise macht man das statistisch, teilweise auch mit dem bloßen Auge – und [wir] sagen: Die [Variablen] würden nicht robust genug sein. (53#) [...] [Und] dann kann man das, prinzipiell, in eine ‚statistische Maschine' reinpacken. Und was die Maschine halt macht ist, die sucht als erstes den einzelnen Faktor, der am besten zwischen dem Fall 0 und 1 trennt. (55#) [...] So und dann geht der Algorithmus weiter und sagt, welche Variable, von denen die vorhanden sind, müsste ich jetzt dazu nehmen, um [...]

[186] Interessant ist an dieser Stelle, dass der Einfluss, den diese Personen auf die Analyse haben, zwar groß ist, scheinbar jedoch nicht sehr gezielt ausgeübt werden kann: „Ich habe Einfluss, aber ich habe keinen gezielten Einfluss. Ich könnte natürlich, also ich könnte das missbrauchen indem ich indem, wenn mir das Ergebnis nicht passt, und ich probiere so lange herum den Input zu beschneiden bis das Ergebnis mir passt." (Interview6:23#, Gruppe 4, Expertin Data-Profiling)

möglichst [gut] die 1er und die 0er auseinander zu halten. (57#) [...] Dann [geht] das Spielchen dann halt weiter, nehmen wir an für das dritte käme Geschlecht da mit rein. (59#) Und am Ende wird dann auch immer noch (geguckt), wenn ich jetzt eine [Variable] wieder rausnehme und dafür eine andere reinnehme, ob man dann halt weiterkommt. (60#) [...] Das heißt ‚stepwise', man geht also schrittweise vor, also es läuft nicht immer nur in die eine Richtung, man prüft auch immer, oh wenn ich jetzt die schlechte(ste) von meinen Variablen die ich jetzt im Modell habe raus nehme, die durch ein andere ersetze, (komme) ich dann vielleicht weiter als mit denen, die ich bisher rausgesucht habe. (64#) [...] [Und] dann guckt man sich die alle einzeln immer nochmal an, ob die plausibel auch sind, ob die einen linearen Verlauf haben [...] oder ob es Dinge gibt die dann un-plausibel sind, weil das z.B. (hin und her springt)." (Interview3:51#-64#, Gruppe 3, Kreditauskunftei)

„[Z.B. bei der Variable] Anzahlung: Es gibt einen Bereich, Anzahlungen zwischen 5000 und 10.000 EUR haben die beste Höhe, wenn die Anzahlungen da drunter sind ist die Bonität schlechter aber auch wenn die Leute mehr anzahlen ist das schlechter, und das ist sehr un-plausibel. Warum soll einer, wenn er 10.000 auf den Tisch legt fällt er irgendwie in die beste Gruppe rein, und wenn er da noch 2000 drauf packt soll er schlechter werden. Das passt dann einfach nicht zur ökonomischen Realität. Und diese Dinge, da bin ich ein Freund davon, dass sich die ein Mensch anschaut." (ebd.:83#+87#)

Sind Variablen nicht ‚plausibel', wird das Modell entsprechend angepasst.

„[Z.B.] hat man ohnehin ziemlich wenige Fälle [mit sehr hohen Anzahlungen], die legt man zusammen, um da so einen monotonen Zusammenhang zu haben, weil das trägt zur Robustheit einer Scorekarte bei." (ebd.:69#)

In keinem Fall wird der Sinn entdeckter Zusammenhänge oder Muster automatisch vom Algorithmus mitgeliefert. Denn erstens müssen die Ergebnisse – selbst wenn ein Algorithmus richtig ‚eingestellt' wurde und korrekt ‚gearbeitet' hat – nicht unbedingt sinnvoll (geschweige denn neu) sein;

"[P]atterns found within a data set are not inherently meaningful. Correlations between variables within a data set can be random in nature and have no or little causal association, and interpreting them as such can produce serious ecological fallacies." (Kitchin 2014:5)

und zweitens hängt der ‚Sinn' der generierten Ergebnisse immer vom Kontext ab.

> “Predictive data mining always provides ‘information’, but useful knowledge comes from context and from inferences drawn from known facts about known people and events.” (Jonas und Harper 2006:10)

Um die Ergebnisse der Algorithmen interpretieren und re-kontextualisieren zu können, braucht man deshalb – zusätzlich zu den Experten, die sich mit den Methoden und Algorithmen auskennen – Experten aus dem jeweiligen Anwendungskontext.

> „Ich finde halt was das Ding findet, aber was beweist das? Gar nichts? Das ist das Spannende.“ (Interview3_A:71#, Gruppe 4, Informatikerin)

> „Deshalb ist es ja auch so entscheidend, dass nicht der Statistik-Mathematiker, der sich nur für Zahlen interessiert, das Ding macht, sondern dass das immer eine Kombinationsleistung ist, zwischen jemandem der sich sehr gut mit Prozessen auskennt und jemandem der weiß was du technisch abbilden kannst.“ (Interview1_A:100#, Gruppe 3, Telekommunikationsunternehmen)

> „Ich meine realistisch ist das natürlich so, wenn man solche Systeme installiert und einrichtet, dann braucht man einen Fachexperten einen IT-Experten und man braucht einen Fachexperten aus dem Bereich Sicherheit [...] oder wen man da gerade benötigt.“ (Interview6,33#, Gruppe 4, Expertin Data-Profiling)

> “It is one thing to identify patterns; it is another to explain them. This requires social theory and deep contextual knowledge.” (Kitchin 2014:8)

> “[D]ata mining practitioners concern themselves primarily with identifying potentially interesting or valuable structures in data (i.e., with *finding* the ‘small local cluster of data points’ in the first place), shifting the responsibility for determining ‘reality’ to the database owner or domain expert.” (Hand et al. 2000:111, Hervorhebungen i. O.)

Um ein ‚sinnvolles’ Ergebnis zu erhalten, ist also (neben Kenntnissen über die Datengrundlage, die Erhebungs- und die Auswertungsmethoden) Vertrautheit mit der Materie, dem Anwendungskontext und möglichen Ergebnissen (d.h. Hypothesen aus dem Feld) vonnöten (vgl. Schermann et al. 2014). Ergebnisse am Ende des Analyseprozesses in einen ‚sinnvollen’ Kontext zu setzen, d.h. zu re-kontextualisieren – denn nur so können sie schließlich handlungsleitend wirken –, ist bei ‚theoriefreien’ Data-Mining-Algorithmen deshalb verhältnismäßig schwieriger.

Der Einsatz automatisierter Software zur Scorekarten-Erstellung muss also nicht ‚automatisch’ heißen, dass die menschlichen Akteure der Teil-Konstellation immer weniger ‚Mitspracherecht’ haben. In meinen Beobachtungen legen menschliche und technische Experten in jedem Fall gemeinsam fest, wie die Klassifikatoren am Ende aussehen. Die generierten Kategorisierungen werden also auch in der hier betrachteten stark automatisierten Profiling-Konstellation weiterhin nicht allein durch automatisierte Algorithmen generiert – die Einbeziehung neuer Techniken in Profiling-Konstellation kann aber durchaus zu neuen Kategorisierungen führen und mitbeeinflussen, welche ‚Dinge' in einem bestimmten Kontext als suspekt gelten.

> "The staggering, and fast-growing, information-crunching capabilities of data-mining technology broaden the definition of what is considered suspicious. In June America's Departments of Justice and Homeland Security and a grouping of American police chiefs released the 'Suspicious Activity Report – Support and Implementation Project'. Inspired in part by the approach of the Los Angeles Police Department, it urges police to question people who, among other things, use binoculars, count footsteps, take notes, draw diagrams, change appearance, speak with security staff, and photograph objects 'with no apparent aesthetic value'." (economist.com 2008)

Wie viel Arbeit bzw. Sorgfalt in Unternehmen allerdings am Ende tatsächlich in die Erstellung von Profilen bzw. Scorekarten gesteckt wird, kommt natürlich immer auch auf die zur Verfügung stehende Mittel und drauf an, was auf dem Spiel steht. Die Beschreibungen und Aussagen der zitierten Experten schließen nicht aus, dass in der Praxis an anderer Stelle weniger ‚verantwortungsvolle' Datenanalyse betrieben wird und die diversen Möglichkeiten der Automatisierung dazu genutzt werden, den Einsatz menschlicher Experten stark zurückzufahren. Ist eine ungenaue Vorhersage nicht sonderlich folgenreich oder kann auch mit weniger genauen Modellen Geld verdient werden, kann es leicht zu einem (unerwünschten) Algorithmen-Einsatz kommen. Wenn Nutzer zu inkompetent oder zu gleichgültig sind, wenn Datenbanken nicht gepflegt, die Limitationen von Algorithmen nicht beachtet, Parameter falsch oder gar nicht eingestellt oder ‚falsche' Korrelationen nicht erkannt werden[187], gewinnen die einge-

[187] Fällt das jeweilige Methoden- und Datenanalysewissen weg, basieren Nutzer von Datenanalyse-Tools ihre Entscheidungen über die Sinnhaftigkeit der Ergebnisse lediglich auf Grundlage dessen, was sie über den Gegenstand zu wissen meinen. Wenn man beispielsweise schon ‚weiß', dass Ausländer die kriminelleren Menschen sind, warum sollte man dann ein entsprechendes Ergebnis eines Algorithmus noch hinterfragen und schauen, ob das Ergebnis möglicherweise von der zur Verfügung gestellten Datenbasis beeinflusst wurde? Ob die erlangten Ergebnisse ‚wahr' sind, wird einem solchen Nutzer so lange ‚egal' sein, wie er mit ‚seinem' Ergebnis ‚etwas anfangen' kann. Dass ledige, kinderlose, ältere Frauen mit roten Haaren oder Warze im Gesicht keine Hexen

setzten Techniken immer mehr Einfluss beim Kategorisieren – allerdings nicht, weil es die Entwickler der Techniken so gewollten hätten, sondern sozusagen als ungewollte Nebenfolge.

5.3 Zusammenfassung

Abschließend bleibt Folgendes festzuhalten: An den heute in Deutschland an Sicherheits-Checkpoints anzutreffenden Profiling-Prozessen (der ersten von mir betrachteten Konstellation) sind neben den Sicherheits-Assistenten und den Analysten des BKA mindestens zwei der folgenden drei Techniken beteiligt: 1. das Handgepäck-Röntgengerät, 2. die Torsonde und/oder 3. der Bodyscanner. Alle drei Techniken wirken vor Ort, das heißt sie kategorisieren Passagiere ‚live' am Checkpoint. Im Falle der Credit-Konstellation sind es zwei Software-Systeme, die an den Kategorisierungsprozessen der Nutzer mitwirken: erstens die verwendete Analysesoftware und zweitens die ‚Scoring-Engine', welche die Zuweisung von Profil und Kunde automatisiert vornimmt.

Alle an den Profiling-Prozessen beteiligten Techniken wurden mit dem Ziel entwickelt, die Möglichkeiten menschlicher Kontrolleure und Analysten zu erleichtern und zu erweitern.[188] Handgepäck-Scanner werden genutzt, um nicht zugelassene Dinge in Gepäckstücken aufzuspüren, ohne dieses allesamt öffnen zu müssen.[189] Die sogenannten Torsonden

---

sind, ist uns heute durchaus bewusst, das Profil hat aber lange Zeit sehr gute Dienste geleistet und zuverlässige Hexen von Nicht-Hexen unterschieden. Ähnlich könnte das auch mit den Ergebnissen der Big-Data-Algorithmen ablaufen. Wenn ein Unternehmen bspw. einige seiner Kunden in eine falsche Kategorie bezüglich ihres vermuteten Kreditrisikos einordnet, so wird ihm das vielleicht nie bewusst, wenn auch das ‚falsche' Ergebnis geholfen hat, die Profite des Unternehmens zu steigern.

188 Dies bedeutet nicht, dass die Skripte dieser Techniken den Nutzer in seinen Aktivitäten nicht immer auch einschränken; durch die Entscheidung für die Nutzung einer bestimmten Technik wird das Handeln der Nutzer nicht nur ermöglicht, sondern immer auch in bestimmten Aspekten beschränkt. Diese Handlungseinschränkungen beziehen sich jedoch nicht auf die Zielsetzung der Konstellation, sondern müssen im Vergleich zu anderen, funktional ähnlichen Techniken gesehen werden; so schränkt die Software SPSS Modeler seine Nutzer beispielsweise mehr ein als die Software Stata (s. Kapitel 6.1.6), beide sind jedoch grundsätzlich ermöglichende Techniken. Ein Beispiel für eine grundsätzlich einschränkende Technik wären z.B. Drehkreuze vor Bahnsteigen, die dem Nutzer (also dem potentiellen Fahrgast, der sein Ticket in dieses Drehkreuz einführen muss, um hindurchgehen zu können) keinen Vorteil bieten, sondern ihn in seinem Handeln immer nur einschränken.

189 "The 620DV innovative dual-view X-ray imaging capability scans briefcases, carry-on baggage, laptops, small cargo parcels and a wide range of other objects and generates two high-definition images at perpendicular angles, thus increasing the operator's ability

werden genutzt, um Metalle ab einer bestimmten Menge und Dichte am und auch im Körper von Passagieren zu finden.[190] Bodyscanner wurden entwickelt, um auch nicht-metallische am Körper versteckte Objekte systematisch aufspüren zu können und ersetzen deshalb heute in manchen Fällen die Torsonden.[191] Und die betrachtete Analysesoftware wird mit dem Hauptziel eingesetzt, dem Nutzer die Analyse (vor allem großer Mengen) von Daten zu erleichtern.[192]

Historisch gesehen gab es in beiden Feldern – bei den Sicherheitskontrollen am Flughafen sowie auch im Bereich des Credit-Scoring – erhebliche Technisierungsschübe. Es konnte in beiden Fällen die Übertragung von Kategorisierungs-Aktivitäten an technische Instanzen in immer mehr Teil-Bereichen des Profiling-Prozesses beobachtet werden. Im Fall des Profiling-Prozesses am Flughafen lässt sich das wie in Abbildung 36 abgebildet darstellen. Während in frühen Konstellationen und auch in der heute in Deutschland anzutreffenden Konstellation am Flughafen die Erstellung der Risiko-Profile von Technisierungsprozessen weitestgehend verschont geblieben ist und ‚lediglich' die Aufgabe der Zuweisung bestehender Profile immer mehr an immer autonomer agierende Techniken delegiert wurde, so kann vor allem in der US-amerikanischen Konstellation am Flughafen mit der Zeit eine steigende Technisierung in beiden Bereichen beobachtet werden. Ähnlich ist das auch im Bereich des Credit-Scorings. Erste Konstellationen ähneln hier stark der Flugha-

---

to visually identify potential threat items. [...] [It] is designed to provide the best possible security and value for the most demanding requirements." (Rapiscan Systems 2015b)

190 "Metor 6E is a state-of-the-art walk-through metal detector developed for the most demanding high profile security screening applications. [...] Typical Metor 6E applications include passenger screening at airports and other transportation terminals as well as visitor screening in public and private buildings such as ministries, embassies and courthouses. The Metor 6E [...] allows for fast collection of information from multiple metal items passing through simultaneously and accurate threat resolution based on the characteristics of the items." (Rapiscan Systems 2015a)

191 "The body scanner allows us to use technology to screen passengers and to identify where on the body items may be concealed." (TSA-Representative in Video; CityofBloomingtonMN 2014) "Deployed internationally to enhance security at any aviation checkpoint, ProVision ATD with Automatic Target Detection quickly screens passengers using safe active millimeter wave (MMW) radio frequency technology to detect concealed objects made of a broad variety of concealed materials – both metallic and non-metallic. [...] A quick scan provides checkpoint personnel with the data they need to confidently pass an individual through a checkpoint." (L-3 Security & Detection Systems 2013)

192 "Stata is a complete, integrated statistical software package that provides everything you need for data analysis, data management, and graphics." (stata.com 2015b)

fen-Profiling-Konstellation der 1960er und -70er Jahre, währende aktuelle Credit-Scoring-Konstellationen der heutigen US-amerikanischen Secure-Flight^{+}-Konstellation oder der hypothetischen Konstellation um den Checkpoint-of-the-Future sehr nah sind. In letzteren Konstellationen findet die Profil-Anwendung (d.h. die Einordnung neuer Passagiere oder Kunden in Profile und damit die Zuordnung eines Risiko-Scores) im Prinzip vollständig automatisiert statt; das Personal vor Ort (d.h. die Verkäufer in den Filialen bzw. das Airline-Personal beim Check-In und das Sicherheitspersonal am Sicherheits-Checkpoint) folgen meist lediglich dem vorgegebenen ‚Protokoll', das bei einem bestimmten Risiko-Score erwartet wird.[193] Die Erstellung der Profile findet in beiden Konstellationen in einer von der Vor-Ort-Konstellation unabhängigen Teil-Konstellation statt. Hier legen menschliche Akteure und technische Instanzen mit eher hohem Eigenniveau mehr oder weniger interaktiv (und ziemlich losgelöst von den späteren tatsächlichen Kunden/Passagieren) fest, welche Kategorisierungen bei der Profil-Anwendung genutzt werden.

[193] Diesbezüglich unterscheiden sich die drei Konstellationen leicht. Bei der Secure-Flight^{+}-Konstellation werden Passagiere – zusätzlich zur automatisierten Zuweisung der Risiko-Profile – vor Ort am Flughafen auch durch Sicherheitspersonal (die BDOs) kategorisiert. Eine solche Situation ist in Deutschland in der Credit-Scoring-Konstellation nicht anzutreffen, die Situation kann jedoch mit Konstellationen verglichen werden, in denen Verkäufer auf die Kategorisierung der Kunden durch Face-Deposit Einfluss nehmen können (auch wenn dieser Prozess wesentlich weniger formalisiert abläuft als die Risikoeinschätzung durch BDOs). Auch in der hypothetischen Konstellation um den Checkpoint-of-the-Future gibt es eine zusätzliche Kategorisierung der Passagiere vor Ort (basierend auf deren Verhalten vor Ort), allerdings soll auch diese Risiko-Zuweisung einmal automatisiert ablaufen und kein menschliches Personal mehr benötigen.

Abbildung 36 – Technisierungsprozesse in der Flughafen-Profiling-Konstellation

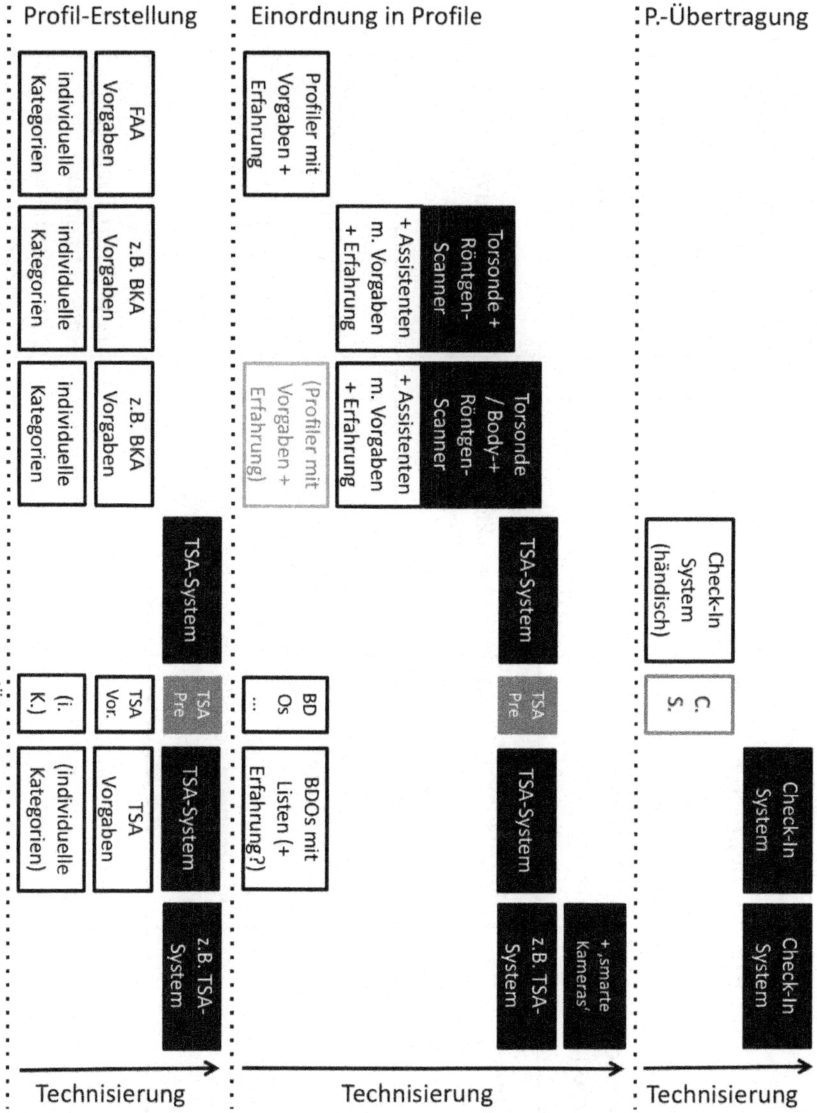

Was die fortschreitende Technisierung der Konstellationen betrifft, konnte übergreifend festgestellt werden, dass sich unterschiedlich technisierte Profiling-Konstellationen in folgenden Dimensionen unterscheiden (vgl. Abbildung 36):

Tabelle 1 – Differenzierung von Profiling-Konstellationen hinsichtlich Zusammensetzung, technischem Aktivitätsniveau, wahrgenommener Signale und eingesetzter Kategorisierungsformen

	Profiling ‚früher'	**Profiling ‚heute' (Deutschland)**	**Profiling ‚heute' (USA) / Profiling ‚Zukunft' / Credit-Scoring ‚heute'**
Konstellations-Zusammensetzung	vor allem menschliche Akteure	menschliche Akteure und verschieden stark technisierte Instanzen	menschliche Akteure und verschieden stark technisierte Instanzen
technisches Aktivitätsniveau / *Eigenaktivität*	Handlungstechnik + passive Techniken (z.B. Listen)	passive, aktive und re-aktive Techniken	… + kooperative Techniken
Signal-Verarbeitung	mit menschlichen Sinnen wahrnehmbare Signale; auf das Verhalten und Erscheinungsbild bezogen	… + von technischen Sensoren wahrnehmbare Signale; … + auch Verwendung in Zeichenform vorliegender Signale	von Software ‚lesbare' Signale; Verwendung großer Menge in Zeichenform vorliegender Signale
Kategorisierungsformen	individuelle und kollektive Typisierungs-Schemata; + Vorgaben kollektiver Akteure	… + in Technik eingeschriebene Sortiermechanismen	vor allem in Technik eingeschriebene Sortiermechanismen; + von der Technik beeinflusste Muster

hinsichtlich der Zusammensetzung der Akteure und technischen Instanzen in der Konstellation und dem jeweiligen Eigenniveau der Techniken, hinsichtlich der Art der Signale, die verarbeitet werden und erkannt werden können, und hinsichtlich der eingesetzten Kategorisierungsformen. Während nur durch Handlungstechniken und passive Techniken (wie Listen) geprägte Konstellationen beim Profiling lediglich mit den menschlichen Sinnen Wahrnehmbares einbeziehen (wie z.B. das Verhalten und das Erscheinungsbild eines Passagiers), können stärker technisierte Konstellationen auch für den menschlichen Akteur ‚unsichtbare' Informationen für das Profiling nutzen. Stärker technisierte Konstellationen beziehen außerdem häufig eine viel größere Menge an Informationen mit ein, die in Zeichenform vorliegen (d.h. nicht mehr nur eine einseitige Liste oder die Informationen auf der Bordkarte, sondern ganze Datenbanken). Es kommt zu einer Aufwertung technisch wahrnehmbarer und verarbeitbarer Signale, bei gleichzeitiger Abwertung direkt und in Interaktion mit dem zu analysierenden Objekt durch den menschlichen Akteur generierter Informationen. Die Konstellationen unterscheiden sich darüber hinaus auch hinsichtlich der Form der Kategorisierungen, die angewendet werden. In schwach technisierten Konstellationen liegen die im Prozess der Sozialisierung internalisierten und die im organisationalen Kontext erlernten Typisierungsschemata im Gedächtnis der einzelnen Akteure; zusätzlich kommen passive Techniken wie Checklisten zum Einsatz, denen organisationale Typisierungsschemata eingeschrieben sind. In stärker technisierten Konstellationen werden Kategorisierungen zusätzlich in stärker aktive Hard- und/oder Software eingeschrieben. Technische Systeme mit sehr hoher Eigenaktivität können schließlich sogar an der Generierung neuer Kategorisierungen mitwirken.

Im nächsten Kapitel sollen nun die heute in Deutschland anzutreffende Profiling-Konstellation am Flughafen – wo die Technisierung auf dem Level einer ‚verbesserten Durchleuchtung' stehengeblieben ist – mit der wesentlich stärker technisierten Profiling-Konstellation verglichen werden, wie sie heute in vielen Unternehmen bei der Kreditvergabe angewendet wird (und die der in der Checkpoint-of-the-Future-Vision international angedachten bzw. in den USA bereits großteils umgesetzten Profiling-Konstellation sehr ähnlich ist).

6 Skriptanalysen

Nach der Analyse des Aufbaus der sozio-technischen Konstellationen und der Untersuchung, wie sich die Profiling-Prozesse durch fortschreitende Technisierungsprozesse verändern, werde ich mich nun der Frage widmen, wie die am Profiling beteiligten Techniken durch ihre Skripte die Nutzer und damit auch die Handlungsverteilung in der Konstellation beeinflussen können, d.h. wie sie sich ‚durchsetzen' und ‚verständlich' machen. Ich werde einerseits beschreiben, welche Ausprägungen in den Skripten hinsichtlich der einzelnen Dimensionen zu beobachten sind; darauf aufbauend werde ich andererseits darauf eingehen, wie die beobachteten Kombinationen an Dimensionsausprägungen mit der technischen Wirkmacht und der Einflussverteilung in der Konstellation zusammenhängen. Das Kapitel ist in drei Blöcke gegliedert. In den ersten beiden Unterkapiteln werde ich die Skripte der an der Kategorisierung der Passagiere bzw. Kunden beteiligten Flughafen-Sicherheitstechniken und Credit-Scoring-Techniken nacheinander auf alle ausgemachten Dimensionen hin analysieren. Anschließend lege ich die daraus hervorgehenden Schlussfolgerungen dar.

6.1 Skripte der Flughafen-Konstellation

In den betrachteten Konstellationen gibt es drei Techniken, die an der Kategorisierung von Passagieren beteiligt sind: Handgepäck-Röntgengerät, Torsonde und Bodyscanner (Abbildung 37).[194] Welche Geräte (welcher Marke) am Flughafen genau zum Einsatz kommen, bestimmt die Bundespolizei, die auch Besitzer der Geräte ist.

> „Die ganzen Geräte gehören der Bundespolizei, da können wir auch keinen Einfluss drauf nehmen [welche angeschafft werden]. Man kann bloß sagen: Das und das könnte man besser machen oder anders machen. Das war es dann aber schon." (Interview2_A:196#, Gruppe 1, Flughafensicherheit)

Die Skripte dieser drei Kontrolltechniken können alle in unterschiedliche Arten von Teil-Skripten differenziert werden. Teil-Skripte treten z.B. dann in Erscheinung, wenn eine Technik mehrere Nutzungsmöglichkeiten

---

194 Da bei Handlungstechniken der ausführende Nutzer der Technik und die Technik selbst in einem Körper zusammenfallen, kann man hier keine Interaktivitäts-Beziehungen beobachten. Auf die in Kapitel 5 beschriebenen menschlichen Beobachtungs- und Analysetechniken wird deshalb in der Skriptanalyse nicht weiter eingegangen.

parallel anbietet. Dies sind dann allerdings alles Skripte ein und derselben Art, nämlich Nutzungs-Skripte. Eine Ausdifferenzierung der Arten an Teil-Skripten tritt dann auf, wenn die Teil-Skripte der betrachteten Techniken nicht nur zu unterschiedlichen Ergebnissen führen, sondern wenn sie sich auch an unterschiedliche Akteure wenden. Eine solche Ausdifferenzierung konnte bei allen drei Kontrolltechniken beobachtet werden.

Abbildung 37 – Am Profiling beteiligte Techniken der heutigen Checkpoint-Konstellation in Deutschland: Handgepäck-Röntgengerät (Smiths detection 2014), Torsonde (Garrett Electronics 2014) und Bodyscanner (L-3 Security & Detection Systems 2013) (von links nach rechts)

Neben verschiedenen Nutzungs-Skripten konnten Installations-, Wartungs- und Reparatur-Skripte ausgemacht werden.[195] Auch das Handeln von Personen, die ein Gerät installieren, warten oder reparieren kann dabei durch die Technik angeleitet werden. Sie ‚nutzen' die Technik zwar nicht, treten jedoch mit ihr in ‚Interaktion'. Bezüglich der hier betrachteten Techniken konnte ich vor allem bei der Torsonde Informationen über die Installations-, Wartungs- und Reparatur-Skripte sammeln. Die Installation vieler Torsonden wird als „quick" und „easy" angepriesen (CEIA 2015), denn die Geräte bestehen nur aus wenigen einzelnen Bauteilen und scheinen auch von Laien einfach zusammenzubauen zu sein.

> "Easy Assembly: The PD 6500i's modular design allows for a quick and simple assembly of its four (4) sub assemblies using only eight (8) screws and three (3) internal cable connections." (Garrett Electronics 2014)

195 Techniken ohne Installations-Skript sind all diejenigen Techniken, welche man betriebsfertig erstehen und sofort nutzen kann.

„Spannungsversorgung: Vollautomatisch 100 bis 240 V/AC, 50 oder 60 Hz, 55 Watt, keine Umverdrahtung, kein Schalten, keine Einstellung [...].“ (Dagdas Projects Polizeibedarf 2015)

Dass die Installation von Torsonden wohl sehr einfach ist, zeigt auch dieses Video (s. Abbildung 38):

> “Upon receiving the Walk through Metal detector we were surprised that it only took 2 guys and 5 mins to put together. We were so impressed with the quality of the unit and the easy assembly we decided to make a video to simply show easy how [sic] it is.” (Don Sweeny 2014)

Abbildung 38 – ‚Metal Defender Walk Through Metal Detector Assembly in 5 MINS‘ (ebd.)

Am Flughafen wird die Installation jedoch nicht von denselben Personen durchgeführt wie die Standard-Nutzung (auch wenn es möglich ist, dass Laien eine Torsonde zusammenbauen), schon allein deshalb, weil in großen Organisationen meist eine starke Arbeitsteilung vorherrscht.[196]

---

[196] An welche Akteure das Installations-Skript gerichtet ist, hängt jeweils stark von der organisationalen Struktur ab, in welche die Nutzer eingebettet sind. Genauso wie Softwareanalysten ihre ‚Arbeits-Software‘ in der Regel selbst auf einem Computer installieren könnten, könnten vermutlich auch Luftsicherheits-Assistenten eine Torsonde aufbauen und anschließen, da die erforderlichen Fähigkeiten hierfür nicht sehr hoch sind.

Installation, Reparatur und auch Wartungsarbeiten werden stattdessen von außenstehenden Personen vorgenommen, nämlich von den Dienstleistern bzw. Herstellern, welche die Geräte vertreiben:

> "With over 70,000 systems deployed in over 100 countries, Rapiscan Systems is the global security solutions provider of choiceto governments and companies worldwide. [...] All Rapiscan products are backed by a worldwide training, maintenance and service organization which is available to customers 24/7." (Rapiscan Systems 2015b)

Den Nutzern wird der Zugriff auf die Teile des Gerätes verwehrt, welche dafür nötig wären. Die wichtigen Teile der Geräte (wie beispielweise die Sensoren) sind durch stabile Gehäuse gesichert, auf die nur über spezielle Zugänge, welche wiederum mit Schlössern gesichert sind, zugegriffen werden kann. Das Öffnen und Verändern der am Flughafen stehenden Gerät (sei es während der Installation, für die Wartung oder zur Reparatur) ist nur speziellen Personen gestattet. Den Nutzern bleiben deshalb nur wenige Möglichkeiten, mit defekten Geräten umzugehen. Sie können das Gerät ignorieren, den Wartungsservice rufen und solange ein anderes Gerät verwenden oder teilweise einfach die komplette defekte Baueinheit auszutauschen:

> "Main features: [...] Easy maintenance: the control unit can be replaced within one minute. [...]" (Smiths detection 2009)

Kleinere Wartungsaufgaben erledigen die Geräte außerdem heute alle automatisch und ohne Zutun des Nutzers.[197]

In großen Organisationen werden viele Tätigkeiten jedoch arbeitsteilig vorgenommen, auch wenn es das technische Skript zuließe, Installations- und Nutzungs-Skript von derselben Person umsetzten zu lassen. Welche Fähigkeiten ein Akteur haben muss, um einen Bodyscanner oder ein Gepäck-Röntgengerät aufzubauen und anzuschließen, konnte ich leider nicht in Erfahrung bringen. Hier könnte eine personelle Aufteilung bei der Umsetzung der beiden Skripte auch technisch vonnöten sein.

197 Die Tatsache, dass normale Nutzer in manchen Fällen auch kleinere Wartungsaufgaben durchführen oder früher durchgeführt haben, zeigt, dass sich das Nutzungs-Skript nicht in allen Fällen vollständig von dem der Wartung abgrenzen lässt. Durch fortschreitende Automatisierung sind die Aufgaben, die ein ‚Normalnutzer' diesbezüglich vornehmen muss, außerdem so weit zurückgegangen, dass man häufig nicht mehr von einem unabhängigen Teil-Skript sprechen kann. Kleinere Wartungsaufgaben treten heute ab und zu als Unterbrechungen im Nutzungs-Skript auf, benötigen jedoch in der Regel nicht mehr als das Drücken eines Knopfes und ein kurzes Abwarten. – „Alle 20 Minuten verlangt der [Bodyscanner] ‚Kalibrieren', also dass das sich neu justiert, neu einrichtet. Wenn man das nicht macht dann steht der Passagier dumm da. [...] Das dauert ein paar Sekunden bis der sich wieder einjustiert." (Interview2_C:573#, Gruppe 1, Flughafensicherheit) – Größere Wartungsaufgaben werden außerhalb des laufenden

„Der PD 6500i behält alle Einstellungen, auch wenn er vom Stromnetz getrennt wird, und benötigt keine Kalibrierung, nachdem er ein- bzw. ausgeschaltet wird. Es wird keine zusätzliche Batterie für den Speicher benötigt. Das Gerät führt während des Betriebes einen permanenten Selbsttest durch. Störungen werden sofort angezeigt." (DTI - Detector Trade International 2008)

Man kann also zusammenfassend festhalten, dass für die Techniken am Checkpoint grundsätzlich zwei Arten von Teil-Skripten auszumachen sind, die sich wiederum in Sub-Kategorien aufteilen lassen: einerseits die Nutzungs-Skripte (das Standard-Nutzungs-Skript und das Vorgesetzen-Nutzungs-Skript) und andererseits Installations-, Wartungs- und Reparatur-Skripte. Alle Teil-Skripte sind durch bestimmte (an dieser Stelle noch nicht genau spezifizierte) Anforderungen gekennzeichnet, die jeder, der zu dem jeweiligen Zweck mit der Technik interagieren möchte, mitbringen muss (s. Kapitel 6.1.2).

Das Skript zum Zweck des Auffindens gefährlicher Gegenstände ist bei allen drei Techniken das Standard-Nutzungs-Skript. Alle in diesem Kapitel besprochenen Techniken scheinen neben diesem Primär-Zweck weitere optionale Verwendungszwecke zu besitzen. Eine zusätzlich in die Technik eingeschriebene Nutzungsmöglichkeit zu einem anderen Zweck ist zum Beispiel das Sammeln von ‚Performance-Daten', wie bei der Torsonde beobachtet. Die gesammelten Daten können von den Vorgesetzten oder anderen Verantwortlichen ausgewertet und analysiert werden: Wie viele Passagiere sind hindurch gelaufen? Wie viele Alarme gab es? usw.. Die Daten können außerdem von den Vorgesetzten genutzt werden, um ihr Personal sinnvoll auf die Checkpoints zu verteilen.

„Bi-Direktionaler Zähler – Wählen Sie vier verschiedene Einstellungen für Ihre Zählart: * nur vorwärts * nur rückwärts * subtrahieren (zieht zurück gehende Personen vom Gesamtergebnis ab) * oder in beide Richtungen." (Nuggets Ortungstechnik + Security 2015)

„Optionales CMA-Modul [Control Monitor Analyser] für Fernbedienung, Analyse und Gruppenmanagement [...] Das CMA Interface Modul ist mit einem 10/100baseT Netzwerkanschluss für alle handelsüblichen Computer ausgestattet. Dadurch wird die komplette Kontrolle sowie Diagnose und Bedienung ferngesteuert. Durch den internen Speicher werden alle Veränderungen wie Durchsatz und Alarmhäufigkeit gespeichert." (ebd.)

Betriebes von den Dienstleistern vorgenommen, mit denen der Wartungsvertrag abgeschlossen wurde.

Auch beim Handgepäck-Röntgengerät und beim Bodyscanner gibt es alternative Nutzungszwecke. Zumindest die vor ein paar Jahren in den USS eingesetzten Bodyscanner sind so konstruiert, dass man zu Trainings- und Testzwecken gesammelte Daten auslesen kann:

> "EPIC has obtained the technical specifications and the vendor contracts for Whole Body Imaging ('WBI') devices or 'body scanners' commissioned by the Department of Homeland Security ('DHS') for use in American airports. [...] The TSA Procurement Specifications Document reveals that the WBI machines are enabled with a 'Test Mode' [...]. Test Mode is also mentioned on page 4 of this document, which states, 'When not being used for normal screening operations, the capability to capture images of non-passengers for training and evaluation purposes is needed. To ensure that image capturing maintains passenger privacy, the WBI will provide two distinct modes of operation: Screening Mode and Test Mode.'" (Rotenberg et al. 2010:1)

Und bei der Handgepäck-Röntgenanlage kann, zur Überprüfung des Personals im laufenden Betrieb, das sogenannte TIP-System verwendet werden (s. Abbildung 39):

> "Threat Image Projection (TIP) allows security supervisors and managers to measure operator performance while addressing the training needs of personnel for all Rapiscan Systems' conventional X-ray systems. It is a reliable method for continually improving the skill level of security personnel and is the preferred training method used by regulatory agencies worldwide. [...] TIP is designed to advance screener proficiency by providing more exposure to threats on a regular basis, and to track screener performance. At configurable frequencies definedby a supervisor, TIP inserts digital fictional threat images(FTI) such as guns, knives and bombs as if the threat object were actually packed inside the passenger's bag into the regular flow of bags displayed on the X-ray system monitor." (Rapiscan Systems 2015c)

Die Beispiele zeigen, dass die Handgepäck-Röntgenanlage und Bodyscanner von vorneherein dazu gedacht sind, manchen (berechtigten) Nutzern zusätzliche Nutzungsmöglichkeit zu bieten. Es kann also bei allen drei Techniken ein Zweck-Multiplizität beobachtet werden. Aufgrund der etwas spärlichen Datenlage zu den Installations-, Wartungs- und Reparatur-Skripten und da es in dieser Arbeit ja um das Auffinden gefährlicher Gegenstände und Personen geht, werde ich allerdings im Folgenden vor allem auf das Standard-Nutzungs-Skript eingehen.

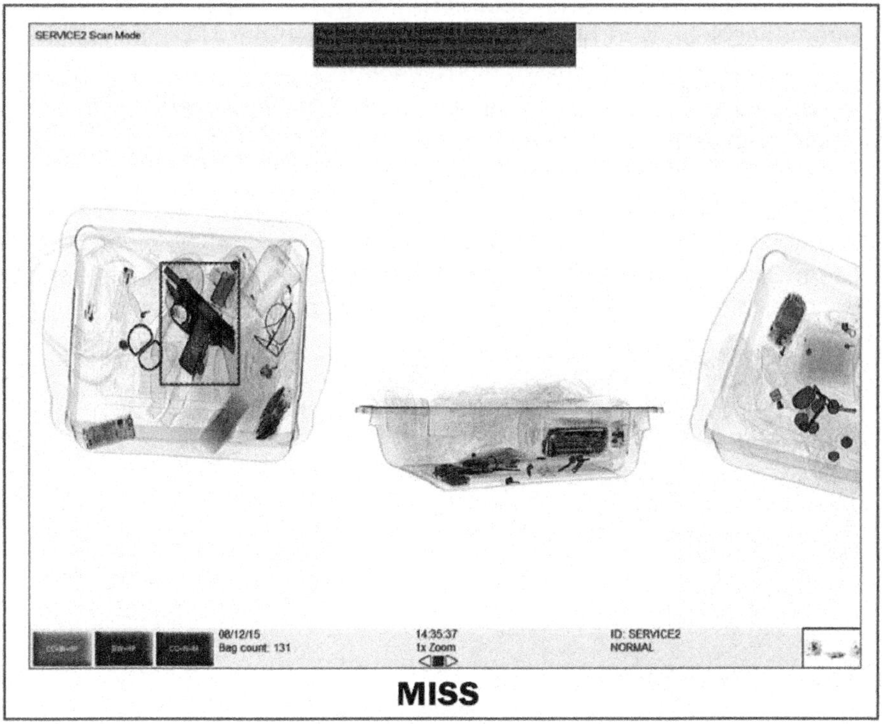

Abbildung 39 – Threat Image Projection System, MISS (mit rotem Hinweistext am oberen Bildschirmrand[198]) (ebd.)

6.1.1 *Kontextbedingungen*

Ob die Techniken funktionieren und damit überhaupt die Chance haben, wirken zu können, hängt unter anderem von bestimmten Vorbedingungen an die Infrastruktur ab. Etwas, das diesbezüglich so gut wie alle Kontrolltechniken am Flughafen (und nicht nur die drei betrachteten Techniken) gemeinsam haben, ist die Abhängigkeit von einer Stromquelle. Ohne Steckdose oder Akku geht in der Regel erst einmal gar nichts (und das Personal muss im Notfall auf manuelle Kontrolltechniken zurückgreifen). Die technischen Bedingungen der Infrastruktur sind für die einzelnen Techniken meist genau bekannt und werden von den Herstellern in der

[198] Hinweistext: „You have not correctly identified a fictional GUN threat. Press STOP button to remove the fictional threat; however check the bag to ensure no real threats are present. Press the FORWARD button to continue screening."

Produktbeschreibung sehr detailliert angegeben. Neben dem benötigten Stromanschluss wird hier z.B. auf Bedingungen der Umgebungsluft (wie Temperatur und Feuchtigkeit) hingewiesen.

> "Operating-/storage temperature: 0° - 40°C / -20°C - +60°C
> Humidity: 10% - 90% (not condensing)
> Power supply: standard: 100, 120, 200, 230, 240 VAC +10% / -20% •
> 50Hz - 60Hz ± 3Hz" (Smiths detection 2014)

Die Abhängigkeit der Geräte von Strom kann noch relativ einfach materiell im Skript ausgedrückt werden – z.B. durch die Form einer Standard-Buchse, wie dieser an einem Gepäck-Röntgengerät:

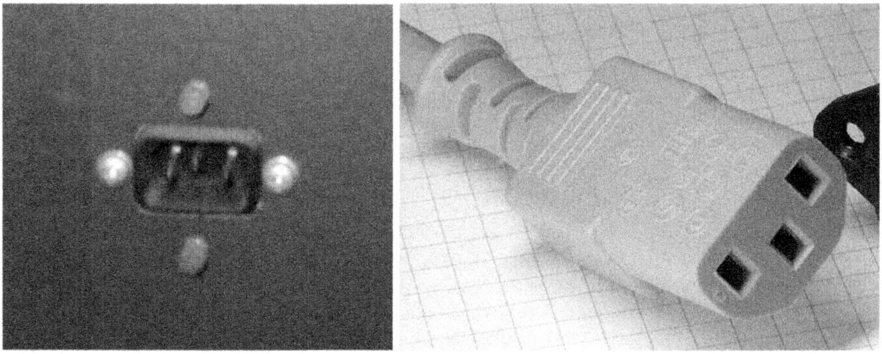

Abbildung 40 – Stromanschluss einer Gepäck-Röntgenanlage (links; Public Surplus™ 2013) und passender Stecker (rechts; Berger 2006)

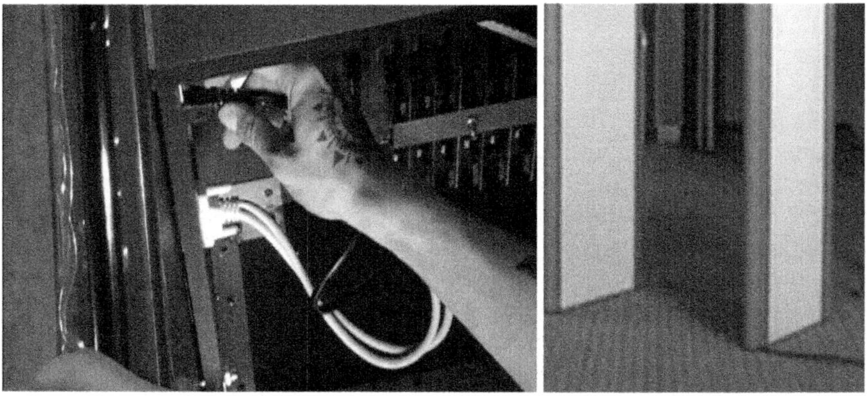

Abbildung 41 – Stromanschluss einer Torsonde in der Top-Box (Don Sweeny 2014) und unten am einen Seitenteil (Regton/Garrett Metal Detectors 2009)

Es kommen expressive Zeichen zum Einsatz – die Standardform der Stecker. Nicht alle Anforderungen an die Umwelt können von der Technik jedoch so direkt ausgedrückt werden. Deshalb sind weitere Anforderungen oft in Textform (d.h. in Form linguistischer Zeichen) auf den Geräten sowie in externen Skripten spezifiziert – z.B. auf einem Aufkleber neben dem Stromanschluss eines Gepäck-Röntgengerätes (Abbildung 42).

Abbildung 42 – Spezifizierung des Stromanschlusses einer Gepäck-Röntgenanlage (Public Surplus™ 2013)

Weitere Bedingungen kann der Nutzer in der Regel dem Handbuch oder der Produktbeschreibung entnehmen.

Abbildung 43 – Handbuch einer Torsonde (Garrett Detectors 2011)

Um außerdem alle Trainings- und Kontrollmöglichkeiten der Geräte nutzen zu können (im Weiteren auch Kontroll- und Trainings-Teil-Skript genannt), setzen diese darüber hinaus einen Zugang zum Internet oder einem Intranet voraus. Dies wird – ähnlich wie beim Stromanschluss – durch eine Mischung an expressiven und linguistischen Zeichen ausgedrückt.

Abbildung 44 – Netzwerk-Anschluss einer Gepäck-Röntgenanlage (Public Surplus™ 2013)

Weitere Anforderungen konnten bei Torsonde und Bodyscanner hinsichtlich der Statik der Gebäude ausgemacht werden. Bodyscanner sind im Unterschied zu bisherigen Kontrolltechniken ziemlich schwer und stellen deswegen besondere Anforderungen an die Statik des Gebäudes.

> „Das wiegt, ist auch ziemlich schwer. Die haben unten den Boden verstärkt von unten her vom Keller, ja, sonst sackt das ab." (Interview2_C: 575#, Gruppe 1, Flughafensicherheit)

Diese Anforderung an den Kontext kann theoretisch allein durch das Gerätegewicht, das ein Installateur mit seinen Sinnen wahrnehmen kann, erschlossen werden. Aus Sicherheitsgründen sind die statischen Anforderungen jedoch zusätzlich in externalisierten Skripten festgehalten. Torsonden sind nicht so schwer wie Bodyscanner, sind aber wahrscheinlich auch deshalb auf eine erschütterungsfreie Umgebung angewiesen. Sind sie zu sensibel eingestellt (dies nimmt die Bundespolizei je nach Bedarf vor, s.a. Kapitel 6.1.2 und 6.1.5), wird bereits ein Alarm ausgelöst, wenn nur der Boden ein wenig wackelt, da die Sensoren äußerst erschütterungsempfindlich sind.

> „Jetzt sind sie schon so empfindlich, alleine wenn der Boden beweglich ist oder durch (laufen) oder so fangen die an anzuschlagen. [...] [In] Terminal 1 kriegt man teilweise Schwingungen von unten, weil das ganze Gepäck unten durchläuft, und dann gehen die manchmal [los], keiner ist da und das Ding fängt an zu klingeln." (Interview2_B: 396#+398#, Gruppe 1, Flughafensicherheit)

Über diese Punkte hinaus lässt sich bei den am Flughafen betrachteten

Kontrolltechniken ein Trend ausmachen: Die Techniken scheinen dazu zu tendieren, immer genauere Anforderungen an die zu scannende Umwelt zu stellen. Die im Flughafenfall verglichenen Techniken sind zwar, wie gesagt (s. Kapitel 5), allesamt konstruiert worden, um ‚ermöglichend' zu wirken, allerdings stellen sie, um den jeweiligen Nutzungszweck erfüllen zu können, unterschiedliche Anforderungen an die zu scannende Umwelt. Anders als die Torsonde benötigt beispielsweise der Bodyscanner den Körper des Passagiers als ‚Träger-Substanz'. Mit einer Torsonde könnte man einen metallenen Gegenstand auch dann detektieren, wenn er sich nicht am Körper eines Passagiers befindet, sondern z.B. in einer Tasche durch die Torsonde gegeben wird – übrigens egal in welcher Richtung. Ganz anders beim Bodyscanner: Um gefährliche Objekte aufzuspüren, wird von den Passagieren in den Scannern stehend ein Bild gemacht, beispielsweise mit Röntgenstrahlung oder aber mit Millimeterwellen;[199] die Strahlen oder Wellen werden auf das zu scannende Objekt (den Passagier) geworfen und aus der gemessenen Rückstrahlung (engl. ‚backscatter') ein Bild rekonstruiert.[200] Da unterschiedliche Materialien (wie Haut, Metall oder Plastik) unterschiedlich auf die Strahlung reagieren, können im rekonstruierten Bild gescannte Gegenstände vom gescannten menschlichen Köper unterschieden und

---

199 "TSA currently uses two types of imaging technology. One type, millimeter wave, uses electromagnetic waves to generate a black-and-white image similar to a fuzzy photonegative. The other type, backscatter, uses low-level x-ray to create an image that resembles a chalk edging. Both technologies produce an image in seconds." (CityofBloomingtonMN 2014)

200 Auch im Gepäck-Bereich werden von den Herstellern heute Backscatter-Technologien angeboten, die jedoch in Deutschland (noch) nicht zum Einsatz kommen. Bei Gepäck wird stattdessen bisher auf Transmissions-Röntgentechnik gesetzt. „Also das Prinzip ist einfach, das Objekt wird durchstrahlt, kommt auf einem Detektor auf, von da gibt es eine Signalverarbeitung zu einem Abbild. Ursprünglich ist das alles in schwarz-weiß gelaufen, d.h. [...] man konnte nur aufgrund von der Absorption erkennen: wenn viel angekommen ist hat es eine hohe Dichte gehabt, wenn wenig angekommen ist – dann war es hell-grau – hat es eine niedrige Dichte gehabt. Also man hat bloß Graustufen gehabt. Jetzt ist man ein bisschen weiter weil man mit Farbe arbeitet, d.h. man hat jetzt nicht einen Detektor, sondern zwei Detektoren und zwischendrin eben einen Filter gesetzt. Die mit wenig Energie hauen durch den ersten Detektor und bleiben im Filter stecken und werden dann umgebildet auf ein Bild, hier in Orangetönen, das sind eben die organischen Sachen. Die mit viel Energie durchschlagen den Filter, kommen auf diesem anderen Detektor auf, sind blau eingefärbt, und sind dann eher die metallischen Sachen. Deshalb ist jetzt die Dichte, die Absorption nicht mehr so wichtig. Das zeigt schon noch an, je nach dem ob Tiefblau oder Hellblau, wie dicht das ist, es ist aber halt nicht mehr bevorzugt. Bevorzugt ist halt der Unterschied Organisch und Anorganisch, diese Farben." (Interview2_A:40#-47#, Gruppe 1, Flughafensicherheit)

unterschiedlich abgebildet werden. Wenn jedoch beispielsweise im Falle des Röntgen-Backscatter-Bodyscanners metallische Gegenstände ohne den ‚Hintergrund' des menschlichen Körpers gescannt würden, könnten diese nicht erkannt werden:

> "[A] crucial observation about X-ray physics [is]: backscatter screening machines emitting X-rays in the 50 keV range, such as the Secure 1000, cannot differentiate between the absence of matter and the existence of materials with high *Zeff* (e.g., iron and lead)." (Mowery et al. 2014:373, Hervorhebung i. O.)

Die Gegenstände müssen sich hier, um erkannt zu werden, erstens zwischen der Strahlungsquelle und dem Körper befinden. Die Gegenstände müssen sich darüber hinaus auch ausreichend von den erwarteten Konturen der menschlichen Gliedmaßen abheben. Weiche Gegenstände, die sich der Köperform anpassen und außerdem eine ähnliche Rückstrahlung wie der menschliche Körper haben, sind in den erstellten Bildern nur schwer zu sehen.

> "[M]alleable, low-*Zeff* contraband, such as plastic explosives [...] produce low contrast against human flesh, and, unlike rigid weapons, the attacker can reshape them so that they match the contours of the body." (ebd.:374, Hervorhebung i. O.)

Auch die Bildanalyse des Millimeterwellen-Bodyscanners basiert auf der Suche nach Abweichungen zu einer bestimmten ‚Körper-Norm'. Bevor eine Person hier gescannt wird, muss dem Gerät deshalb immer gesagt werden, ob es sich um einen Mann oder eine Frau handelt. Bei ‚falschen' Angaben durch den Nutzer kommt es zu unerwünschten Ergebnissen:

> „Leider hat der Kollege jetzt blau gedrückt obwohl eine Frau drin stand. Und soweit unterscheidet der Scanner, also er sagt hier in dem Bereich ist organisches Material – weil es geht ja um organisches Material – er sagt, wieso, beim Mann gehört das organische Material da nicht hin." (Interview2_C:566#, Gruppe 1, Flughafensicherheit)

Neuere Kontrolltechniken am Flughafen scheinen also darauf zu bauen, dass die zu kontrollierenden Objekte und Personen auch ihren Sensoren entsprechen. Während bei Torsonde und auch Handgepäck-Röntgengerät[201] die zu scannenden Objekte und Personen nur minimalen Vorga-

---

[201] Das Handgepäck-Röntgengerät ist diesbezüglich der Torsonde sehr ähnlich. Durchleuchtet und abgebildet werden können alle Dinge, die durch die Öffnung des Gehäuses passen, welches die Scanner-Einheit umschließt. Zwar geht es auch beim Handgepäck-Röntgengerät (ähnlich wie beim Bodyscanner und anders als bei der Torsonde) darum,

ben entsprechen müssen, können im Bodyscanner nur solche Personen richtig kontrolliert werden, die eine bestimmte ‚Normalform' haben – und das nicht etwa, weil etwa weil die Türöffnung zu klein wäre, sondern weil die Analysesoftware des Scanners nicht damit umgehen kann:

> „Auch kleine Kinder unter einem Meter, oder Große, auch Dicke, die gehen da auch nicht rein, oder über 2 Meter sollte man auch nicht. [...] Das gäbe dann Fehlermeldungen, da fehlt was [oder ist was zu viel]." (ebd.:588#+590#)

Dass dies beziehungsweise wann dies der Fall ist, teilt der Scanner dem Nutzer jedoch nicht materiell im Skript mit; diese Anforderung des Bodyscanners kann ohne Zusatzinformationen nur indirekt über die generierten Fehlermeldungen erschlossen werden. Die Menge an Fehlermeldungen waren auch einer der Gründe dafür, warum der Bodyscanner nach ersten Tests in Deutschland anfangs gar nicht und heute nur an einigen Flughäfen eingesetzt wird.

> „2010/11 hatte die Bundespolizei die ersten Bodyscanner in einem zehnmonatigen Feldversuch am Hamburger Flughafen getestet. [...] Bundesinnenminister Thomas de Maiziere war [sic] (CDU) war damals als erster in die Kabine getreten, in der man während des 1,5 Sekunden dauernden Scanvorgangs die Arme heben muss. Eine simple Falte in seinem Hemd löste gleich den ersten Fehlalarm aus. Letztendlich ergab sich eine Fehlerquote von 54 Prozent und der damalige de Maiziere-Nachfolger Hans-Peter Friedrich (CSU) entschied 2011, in Deutschland vorerst auf den regulären Einsatz der Scanner zu verzichten." (tagesspiegel.de 2014)

Wie in der folgenden Analyse deutlich werden wird, ist die Analyse-Dimension Kontextbedingungen eine recht spezielle, und zwar vor allem deshalb, weil die diversen Abhängigkeiten immer eine negative Wirkung auf den Einfluss der Technik in einer Konstellation ausüben. Um die Wirkmacht einer Technik diesbezüglich zu erhöhen, sollte sie deshalb möglichst unabhängig sein von Vorbedingungen, die gegeben sein müssen, damit die Skript-Nutzung überhaupt stattfinden kann. Mit zunehmender Automatisierung der hier betrachteten Techniken scheinen Abhängigkeiten von der Umwelt allerdings immer weiter zu- statt abzunehmen. Ob sich daraus ein allgemeiner Trend ableiten lässt, kann in dieser Stelle nicht gesagt werden.

Bilder zu generieren, die Geräte werden jedoch in der Regel nur dazu genutzt, Bilder zu erstellen, nicht dazu, sie automatisiert zu analysieren.

6.1.2 *Nutzeranforderungen und Skript-Zugänglichkeit*

Als Nutzer der besprochenen Kontrolltechnik muss man in der Regel über bestimmte (wenn auch oft nicht allzu spezielle) Fähigkeiten verfügen.

> „Also wenn man jetzt geschult ist, geht es eigentlich. Die Leute müssen einfach geschult sein bei uns, ansonsten bringt das nichts." (Interview2_A:16#, Gruppe 1, Flughafensicherheit)

Anders als bei Verbrauchertechnologien muss man sich die Fähigkeiten, die man zur Nutzung der Technik benötigt, in den meisten professionellen Kontexten nicht selber aneignen. Da viele der Techniken, die am Sicherheits-Checkpoint eingesetzt werden, speziell für den Einsatz an Flughäfen oder für ähnliche Szenarien entwickelt werden, kann man von den zukünftigen Nutzern nicht erwarten, dass sie (wenn sie nicht schon einmal in einem vergleichbaren Kontext gearbeitet haben) bereits Nutzungserfahrung mitbringt – denn Röntgen- und Bodyscanner kann man nicht einfach in der Elektroabteilung eines Kaufhauses finden. Nutzer, welche die Techniken am Checkpoint bedienen sollten, bekommen deshalb zu Beginn ihrer Arbeit eine Einweisung oder Ausbildung am Gerät.

> „Der Luftsicherheitsassistent kriegt seine Schwerpunktausbildung für das was er als Handwerk und als Job bedienen muss, nämlich Fluggäste kontrollieren, und zwar schnell und trotzdem Gegenstände, die nicht mitgenommen werden dürfen, zu finden, mit der Handsonde zu arbeiten, ein Monitorbild auszuwerten, die Personenkontrolle Handfolgt-Sonde [...]" (Interview4:174#, Gruppe 1, Bundespolizei)

Über die Jahre hinweg wurde jedoch der Aufwand zurückgefahren, der in die Ausbildung des Personals gesteckt wurde. Die Privatisierung hoheitlicher Luftsicherheitsaufgaben durch den stellvertretenden Einsatz privater Sicherheitsdienstleister begann in Deutschland im Jahr 1993 (gdp.de 2014). Während dies nach Ansicht Einiger der Effizienz der Kontrollen zuträglich sein sollte, sind Andere der Meinung, dass die Sicherheit darunter leide, dass die Kontrollen durch stark fluktuierendes Personal durchgeführt würden, welches nur eine geringe Bezahlung erhält und keine ausreichende Ausbildung genießt.

> „'Ein Höchstmaß an Sicherheit im Luftverkehr kann nur durch den Einsatz von gut ausgebildeten, erfahrenen und hoch motivierten Kontrollkräften erzielt werden. [...]' so Jörg Radek, Vorsitzender der GdP-Bezirk Bundespolizei. [...] Die Fluggastkontrolle darf kein Anlernberuf mit in der Folge schlechter Bezahlung und hoher Fluktuation bleiben. Die ‚Fachkraft Luftsicherheitsassistent' muss ein Ausbildungsberuf werden." (ebd.)

Dies ist den betroffenen Dienstleistern durchaus bewusst:

„Früher waren es ja Angestellte [die die Kontrollen durchgeführt haben], also es gibt noch ein paar, die dann aber irgendwann mal zu teuer waren und zu viel krank und zu was weiß ich was. [...] D.h. aus irgendwelchen Kostengründen werden die halt zunehmend abgebaut und durch Private ersetzt. Und einerseits ist das gewünscht, [...] die andere Seite ist, die Gewerkschaft [der Polizei] stellt sich hin und sagt: Die Privaten sollten das eigentlich gar nicht machen, das sollten wieder irgendwelche Angestellten sein vom Staat. Und da wiedersprechen die sich selber und finden keine klare Lösung. Und dann heißt es halt, ja die Leute, wer weiß was für Leute das sind und was die können und bla bla, und die sollen möglichst im Prinzip nichts selber entscheiden." (Interview2_A:219#-222#, Gruppe 1, Flughafensicherheit)

Der Prozess spiegelt sich in der zunehmenden Automatisierung der Kontrolltechnik wieder – eine Entwicklung, die von Seiten der Polizei unterstützt wird:

„Ich kann nur hoffen, dass die Technik, so schick wie sie ist, auch in der Bedienung simpler wird. Weil ich kann nicht immer irgendwelche Leute vor Ort haben – (vor allem nicht) im Schichtsystem vor Ort haben – die noch ein zweijähriges Studium brauchen. [...] Die Ausbildung der Leute, pfff, ich sag mal in einer Annoncen- und Schnellbewerbung auf der Straße eingesammelt, ‚Hast du Lust dazu?' oder ‚Ich brauche einen Job.' oder was auch immer, und dann 180 Stunden ausgebildet und eine 60 Stunden Grundschulung, also unterm Strich was weiß ich, ich komme dann auf 260, 270 Stunden, ja, da muss ich eigentlich den Job lernen, das Handwerk. Ja und die verschiedenen Spezialtechniken, und was muss ich tun. Und welche Knöpfe darf ich drücken und in welcher Reihenfolge wenn der sich mal aufgehängt hat oder um den wieder flott zu kriegen, das erfordert schon wieder Zusatzmaßnahmen. Und da wünsche ich mir eigentlich mehr simple, einfachere Bedienung. Da muss es hingehen aus meiner Sicht." (Interview4:201#+203#, Gruppe 1, Bundespolizei)

Den weniger ausgebildeten Nutzern sollen Verantwortung und Aktivitäten abgenommen. Stattdessen soll automatisiertere Technik mehr Aktivitäten selbst übernehmen, damit auch Nutzer mit wenig Ausbildung möglichst nichts falsch machen können.

Was die konkreten erforderlichen Fähigkeiten angeht, so sind die betrachteten Techniken nicht alle gleich ‚lern-intensiv'. Der meiste Lernaufwand geht in die Bedienung des Handgepäck-Röntgengerätes. Der Lernaufwand ist hier höher, da der Nutzer (um gemeinsam mit dem Gerät zum gewünschten Ergebnis zu kommen) die Fähigkeit erwerben muss,

Röntgenbilder des Gepäcks richtig zu interpretieren.

„Ja und dann natürlich die Leistung, Gegenstände, also Monitorbilder aus Durchleuchtungen, aus Röntgenaufnahmen, die aufbereitet sind zu erkennen, nach Gefahrstoffen, was drin ist [...] und Methoden zu erlernen solche Bilder auszuwerten [...] um am Ende sagen zu können: Dieses Gepäckstück ist für den Luftverkehr ungefährlich.“ (Interview1:16#, Gruppe 1, Bundespolizei)

„Es gibt so ein Trainingsprogramm, da kommen ständig Bilder Bilder Bilder. Am Angang sind es leichte Bilder, sieht man also recht gut. Dann muss man anklicken, was hab ich gesehen, was hab ich nicht gesehen. Und dann kommt die Auflösung. Und am Schluss gibt es dann eine Statistik, zu wie viel Prozent, was man erkannt hat, wie schnell man im Durschnitt gefährlich und ungefährlich erkennt. Und wenn man so und so viel hat, wie bei so einem Spiel, dann kommt man ins nächste Level. Und dann wird es immer schwieriger weil dann kommt die Pistole nicht mehr glatt, sondern gedreht und irgendwann ist die Feile nur noch ein Punkt. Und da lernt man dann halt die Sachen zu erkennen.“ (Interview2_A:23#, Gruppe 1, Flughafensicherheit)

„Also wenn man jetzt geschult ist, geht es eigentlich. Die Leute müssen einfach geschult sein bei uns, ansonsten bringt das nichts. [...] So auf den ersten Blick sieht man es nicht [was in diesem Röntgenbild alles drin steckt].“ (ebd.:16#)

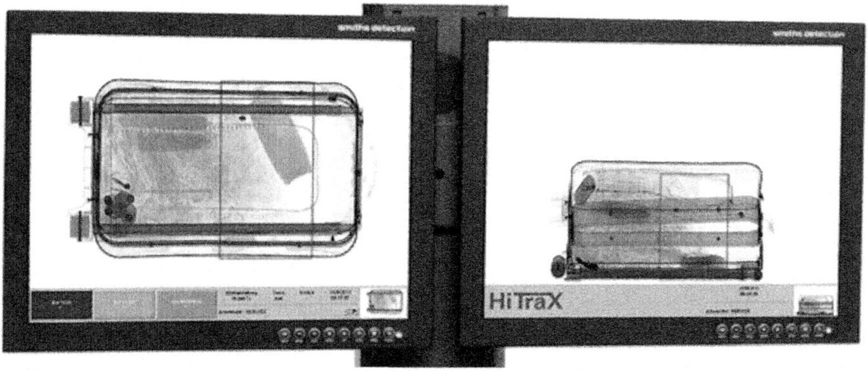

Abbildung 45 – Bildschirm einer Gepäck-Röntgenanlage mit dreifarbig eingefärbten Röntgenbildern (Smiths detection 2014)

Durch „intuitive Graphical User Interface[s]“ und „high-definition images at perpendicular angles“ (Rapiscan Systems 2015b) wird versucht, dem Nutzer diese Aufgabe leichter zu machen. Wenn ein Nutzer jedoch beispielsweise eine Rot-Grün-Schwäche hat, wird er in der Nutzung immer eingeschränkt bleiben. Die Fähigkeit kann also nicht jeder erwerben; die Nutzer müssen dafür zusätzlich bestimmte Eigenschaften mitbringen. Als wichtige Eigenschaft, die von Nutzern erwartet wird, wird das einwandfreie Farbsehen genannt.

> „Ihr neuer Arbeitsplatz im Flughafenumfeld [...] Luftsicherheitsassistent (m/w) am Flughafen Stuttgart [...] Qualifikationen: Gesundheitliche Eignung (z. B. keine Rot-Grün-Sehschwäche)“ (Fraport Security Services GmbH o. J.)

> „Das beinhaltet bestimmte gesundheitliche Erfordernisse. Das beginnt mit dem farblichen Sehen, weil wenn ich eine Monitorauswertung in bestimmten Farbstufen (habe) dann muss ich das auch erkennen können, sonst kann ich nicht beurteilen, habe ich hier eine mögliche Gefahrensituation ja oder nein.“ (Interview2_A:15#, Gruppe 1, Flughafensicherheit)

Ähnlich wie beim Bodyscanner (bezüglich der Kontextanforderung, dass Personen ein bestimmtes Normalmaß nicht überschreiten dürfen, s. Kapitel 6.1.1), sind die Vorgaben an den Nutzer (und seine erwarteten Eigenschaften) vor allem implizit erfahrbar. Wird die erwartete Nutzereigenschaft ‚keine-Sehschwäche' beispielsweise nicht erfüllt, so drückt sich das in mangelnder Performanz der Konstellation aus.

Im Vergleich zur Gepäck-Röntgenanlage ist die Bedienung von Torsonde und Bodyscanner sehr viel schneller erlernbar. Vor allem einige Torsonden-Hersteller preisen dies als einen Vorteil ihrer Geräte an:

> “This security equipment does not require any special training for normal use, the most ‘user friendly’ walkthrough metal detector in the industry.” (CEIA 2015)

Als Normal-Nutzer der Torsonde (in der Rolle der Personenkontrollkraft) muss man lernen, was der akustische bzw. der sichtbare Alarm bedeutet. Man muss außerdem (in der Rolle des Einweisers) eine grundlegende Fähigkeit zur Kommunikation mitbringen oder entwickeln, um die zu scannenden Personen dazu zu veranlassen, durch den Scanner zu gehen.[202] Auch bei den neuen Bodyscannern müssen Nutzer wenig mehr

[202] Eine zusätzliche Anforderung an die Nutzer der Kontrolltechnik ist eine bestandene Zuverlässigkeitsprüfung: „Und bevor es mit der Ausbildung losgeht wird halt abgefragt, da gibt's dann so eine Sicherheitsüberprüfung, ob die Leute irgendwelche Vorstrafen oder irgendwas haben, weil wenn was ist dann brauchen sie die Ausbildung erst gar nicht machen, weil sie dann sowieso keine (Stelle) kriegen.“ (Interview2_A:99#, Gruppe 1, Flughafensicherheit) Diese Anforderung ist jedoch nicht technischer Natur.

können, als auf einem Touch-Screen ein paar Buttons zu drücken, den Passagier in den Scanner zu bitten und das auf dem Monitor angezeigte Ergebnis wahrnehmen zu können, da auch hier viele Arbeitsschritte, wie z.B. die Aufgabe der Bildinterpretation[203], automatisiert wurden.

> "Responsive touchscreen interface for easy and intuitive operator control with minimal training requirements." (Smiths detection 2013a)

Die Kontrolltechniken ziehen ihre Handlungsmacht bezüglich dieser Analyse-Dimension also erstens aus der Automatisierung bestimmter Prozesse und dem Ausschluss des Nutzers aus entscheidenden Prozessen, so dass an diesen (d.h. an seine Eigenschaften und Fähigkeiten) nur sehr geringe Anforderungen gestellt werden müssen.

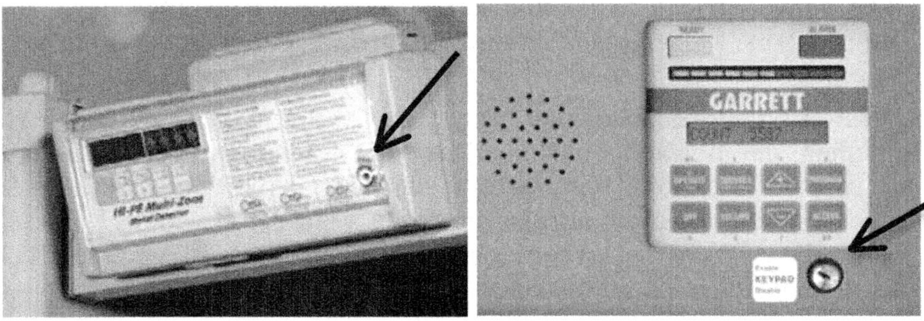

Abbildung 46 – Torsonden-Kontrolleinheiten mit Schutzklappe und Schloss (links; CEIA 2015) oder nur mit Schloss (rechts; Garrett Electronics 2014)

Um jedoch trotz dieser geringen Anforderungen an potentielle Nutzer eine Selektion vornehmen zu können, setzen die Techniken allesamt auf hohe Zugangshürden in Form von Schlüsseln. Sie sind es, die dazu führen, dass manche Skript-Arten oder Skript-Teile nur speziellen Nutzern zugängig sind. Alle Nutzer der Technik (sowie auch Installateure und Reparateure) müssen deshalb mit diversen Schlüsseln und/oder Passwörtern ausgestattet sein. Diese Anforderung an den Nutzer werden materiell teils ähnlich ausgedrückt wie schon bei der Stromquelle (s. Kapitel 6.1.1): durch die passende Form von Schlüssel und Schloss.

---

203 "Automatic Target Detection software eliminates the generation and review of images. Numeric scan data is analyzed by software without human intervention to determine if any threats are present. Potential threat areas are then presented to the operator using a generic mannequin." (L-3 Security & Detection Systems 2013)

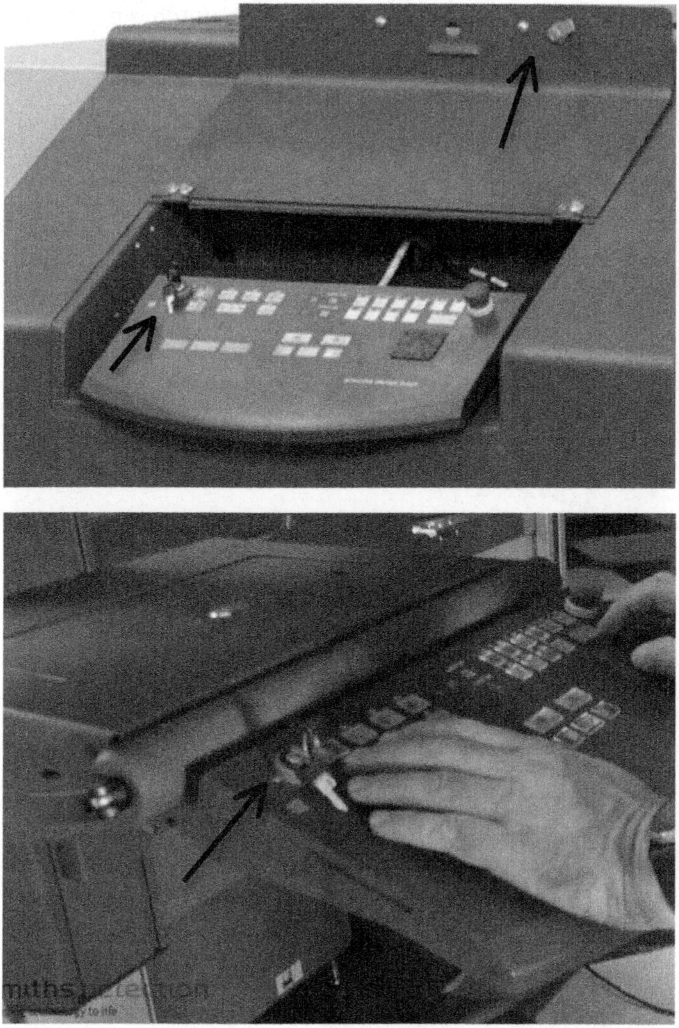

Abbildung 47 – Handgepäck-Röntgenanlagen-Kontrolleinheiten mit abschließbarer Schutzklappe (links; Smiths detection 2014) und mit einklappbarem, abschließbarem Keyboard (rechts; Smiths detection 2013b)

Beim Röntgengerät und auch bei der Torsonde ist die Steuerungseinheit immer durch mindestens ein mechanisches Schloss gesichert.[204] Außer-

[204] Beim Bodyscanner fehlen mir diesbezüglich Informationen.

dem ist bei beiden die Steuerungseinheit häufig noch durch eine Schutzklappe gesichert (s. Abbildung 46 und 47).

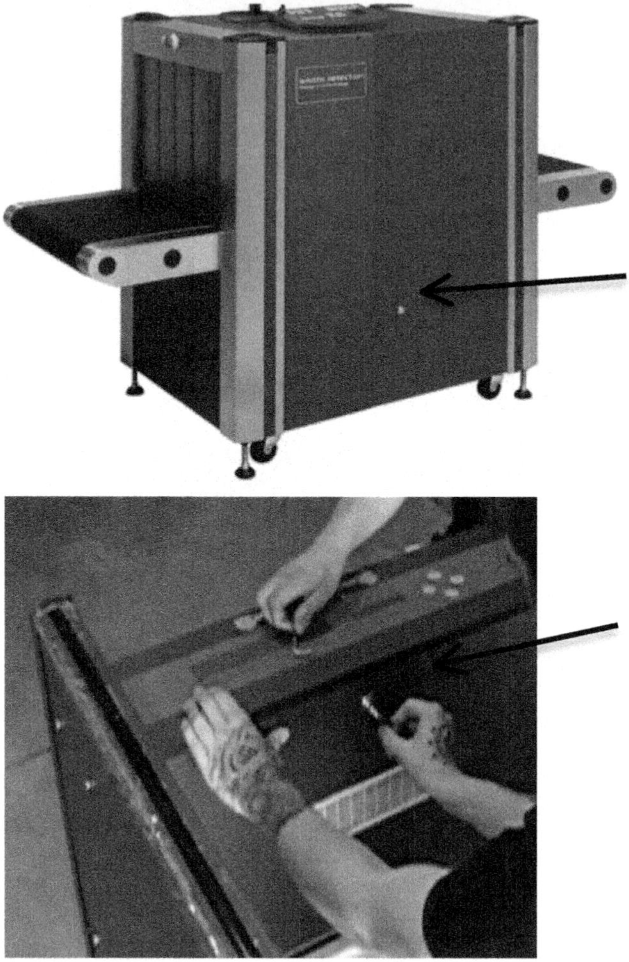

Abbildung 48 – Zugriffsmöglichkeit für Wartungsarbeiten bei Gepäck-Prüfanlage (Smiths detection 2014) und Torsonde (Don Sweeny 2014)

Mit Schloss versehene, stabile Klappen über den Steuerungseinheiten verhindern den Zugriff auf zweierlei Weise (es sei denn der Nutzer geht mit Gewalt vor): einerseits indem die Eigenschaften des verwendeten Materials genutzt werden (nämlich dessen Festigkeit) und andererseits durch die ‚Fähigkeiten' des Schlosses. Dadurch, dass die Zylinder des Schlosses Aussparungen aufweisen, die genau die Form haben wie der entsprechende Schlüssel, zeigt das Schloss dem eingeweihten Nutzer an, wo das Gerät aufgeschlossen werden kann. Auch wenn der Nutzer die Zeichen auf den Tasten der Steuerungseinheiten (noch) nicht lesen kann, wird er (wenn er einen Schlüssel besitzt) allein durch die Anwesenheit des Schlosses wissen, dass er hier ansetzen muss, um das Gerät in Gang zu bringen. Ähnlich wie beim Stromstecker spielt hier einerseits die Standardisierung von Schlüsseln und das Wissen darüber, was ein Schlüssel ist, eine Rolle; andererseits sind aber durchaus auch die Form des Schlüssels und des Schlosses (also expressive Zeichen) relevant.

Nicht alle Schlösser sind jedoch so gut sichtbar bzw. erreichbar angebracht wie die für die Steuerungseinheit. Die Schlösser, die nicht für die Standard-Nutzer intendiert, sondern dazu gedacht sind, dass man über sie auf das ‚Innenleben' der Geräte Zugriff nehmen kann (wenn z.B. etwas repariert werden muss; s. Einleitung in Kapitel 6.1), sind häufig nicht so gut sichtbar oder erreichbar angebracht.

> "Further security is accomplished with a cabinet lock that prevents unauthorized access to physical cables, connectors and electronics." (Garrett Electronics 2014)

> „Steuerungseinheit: LCD Display, LED- und Balkenanzeige, Alarmlicht, Bedientasten, alle Verkabelungen, Verbindungsstecker und Elektronikteile sind in einer überkopf abschließbaren Metallbox integriert." (DTI - Detector Trade International 2008)

Nicht nur Nutzung und Wartung, sondern auch die Einstellung der Geräte ist von mindestens einem Schlüssel abhängig.

> "Accessto programming is protected by both a mechanical lock and two alphanumeric passwords." (Smiths detection 2008)

Abbildung 49 – Steuerungseinheit der Torsonde (Garrett Detectors 2011)

Abbildung 50 – Tastatur einer Handgepäck-Röntgenanlage (Rapiscan Systems 2015b)

Die zusätzliche Passworteingabe erfolgt über den Touch-Screen (beim Bodyscanner; nicht beobachtet), die Tasten der Kontrolleinheit (bei der Torsonde; s. Abbildung 49) oder das Keyboard (bei der Gepäckanlage, s. Abbildung 50).

> „Das ist so, dass das Gerät natürlich auch eingeschaltet werden muss und dann braucht man hier so einen speziellen Code. [tippt] Und dann kann man das einloggen, und dann haben wir hier einen blauen und einen rosa Button." (Interview2_C:533#, Gruppe 1, Flughafensicherheit)

Diese Vorkehrungen verhindern (wie schon das mechanische Schloss), dass einfach irgendwelche Personen, wie z.B. Passagiere, die Techniken benutzen können. Die Zugangs-Einschränkungen werden jedoch auch dazu verwendet, Teile der Skripte (nämlich diejenigen Teile, die den Normal-Nutzern nicht verfügbar sein sollen) abzuschirmen. Bei der Torsonde geht es z.B. darum, dem Normal-Nutzer keinen Zugriff auf die Geräteeinstellungen zu geben. Der Zugriff auf die Einstellungen des Gerätes hängt nämlich wiederrum von der Sicherheitsstufe des Nutzers ab. Insgesamt gibt es drei Sicherheitsstufen: eine für den Standard-Nutzer, eine für die direkten Vorgesetzten und eine für die Bundespolizei. Während Nutzer als Vorgesetzte im Fall der Torsonde mit ihrem Passwort beispielweise auf die gespeicherten Daten zugreifen können (was einem normalen Nutzer nicht möglich ist), so kann die Sensitivität der Torsonde nur von der Bundespolizei eingestellt werden.[205]

---

[205] Auch die Zufallsquote der Torsonde kann unterschiedlich eingestellt werden: „Zufallsalarm: Ermöglicht die Generierung von Zufallsalarmen. Einstellbar von 0% bis 50% zu tatsächlichen Alarmen." (DTI - Detector Trade International 2008)

„Die Anzeige-Einheit des PD 6500i beinhaltet Multi-Level-Passwort Stufen mit unterschiedlichen Zugriffsebenen. Es erlaubt dem jeweils autorisiertenBediener unterschiedliche Zugriffs- und Einstellungsmöglichkeiten in den Programmen und in der Empfindlichkeitsänderung des Detektors. Drei Zugriffsebenen sind verfügbar: 1. Bediener - 2. Supervisor - 3. Administrator." (DTI - Detector Trade International 2008)

Beim Handgepäck-Röntgengerät geht es darum, das ‚Kontroll-und-Trainings-Skript' nur Vorgesetzten zugängig zu machen.

"The supervisor or manager may alter all settings associated with TIP configurations including: TIP Frequency: Defines the frequency at which a TIP image is inserted in the baggage displayed on screen." (Rapiscan Systems 2015c)

Auch beim Bodyscanner gibt es gestufte Zugangsbeschränkungen für unterschiedliche Nutzer-Typen:

"REPORTER: [...] An unspecified number of users, including TSA headquarters, maintenance contractors, and so called super users, have the ability to export raw image test data and can also change the ten privacy settings built into the machines." (CNN Transcripts 2010)

"Different levels of password protected access for operator, supervisors, maintenance technicians, system administrators, etc. [...] user access, and other operational parameters are automatically recorded by the system [...]." (Smiths detection 2013a)

Die Anforderungen an den Nutzer bezüglich der digitalen Schlüssel werden durch die Technik meist mit linguistischen Zeichen ausgedrückt: Auf einem Bildschirm wird der Nutzer durch einen kurzen Text aufgefordert sein Passwort einzugeben (s. Abbildung 49).

Zusammenfassend lässt sich bezüglich dieser Analyse-Dimension also feststellen: Um überhaupt als potentieller Nutzer für die Kontrolltechniken infrage zu kommen, muss man jeweils im Besitz mindestens eines (materiellen und/oder immateriellen) Schlüssels sein. Ist die Steuerungseinheit freigegeben, kann die Nutzung theoretisch beginnen. Für die Nutzung erfordern die Techniken zusätzlich bestimmte Fähigkeiten und Eigenschaften, die zwischen den Techniken variieren, jedoch alle nicht besonders hoch sind. Die Technik versucht so – vor allem durch die verpflichtende Nutzung von Schlüsseln – genau zu bestimmen, welche Nutzer überhaupt am Profiling-Prozess teilnehmen dürfen, nämlich nur solche, welche vorher von einer Organisation ausgewählt und eingewiesen wurden. Mittels der Durchführung dieser Vorauswahl übt die Technik stellvertretend Einfluss auf den Profiling-Prozess aus.

6.1.3 *Skript-Struktur*

Der Ausschluss des Nutzers aus weiten Teilen des Profiling-Prozesses durch Automatisierung vieler Aktivitäten führt in seiner Extremform zu einphasigen Skripten, in denen der Nutzer oft nur noch zum An-/Frei- und Aus-Schalten der Geräte ‚dient'. In einphasigen Skripten kann es nicht zu einer Verschiebung der Einflussverteilung innerhalb der Konstellation kommen. Anders bei mehrphasigen Skripten: Hier ist mit dem Beginn einer neuen Phase, theoretisch, jedes Mal eine Neuverteilung von Einfluss und Aktivitäten möglich. Was der Nutzer in der jeweiligen Phase zu tun hat, muss deshalb auch immer neu durch die Technik angezeigt werden. Dies kann auf unterschiedliche Art und Weise geschehen (s. Kapitel 3.2.5).

Die hier betrachteten Nutzungs-Skripte sind allesamt mehrphasig, im Verhältnis zur Analysetechnik in Kapitel 6.1.6 jedoch nicht sehr lang. Zur besseren Nachvollziehbarkeit möchte ich an dieser Stelle die wechselnde technische und menschliche Handlungsbeteiligung für alle drei Nutzungs-Skripte kurz skizzieren, um dann auf die jeweiligen technischen ‚Ansagen' im Skript einzugehen.

- *Röntgengerät-Standard-Nutzungs-Skript*

0.1 – Kontrolleinheit ist von Klappe verdeckt und mit Schloss verschlossen; ‚will' aufgeschlossen und geöffnet werden.

0.2 – Nutzer muss das Schloss aufschließen, um die Klappe entfernen zu können.

→ Tasten der Kontrolleinheit liegen frei und/oder kommen in den Fokus.

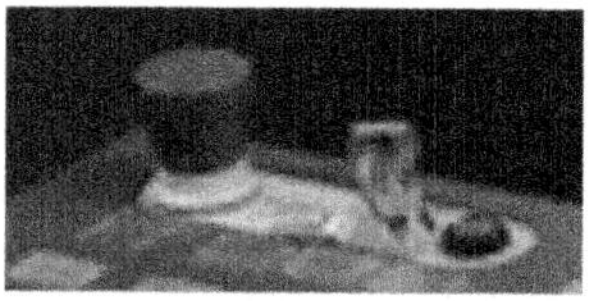

Abbildung 51 – Startknopf mit internationalem Startsymbol (rund, grün, ganz rechts) (Rapiscan Systems 2015b)

1.1 – Gerät ‚will' gestartet werden.

1.2 – Nutzer muss den Start-Knopf drücken.

2.1 – Gerät zeigt, an dass es hochgefahren ist: Leuchten des grünen Startknopfes an der Tastatur und Aufleuchten des Bildschirms; Gerät fragt nach Login-Daten.

2.2 – Nutzer muss seine Login-Daten eingeben.[206]

3.1 – Gerät ist betriebsbereit; Gerät zeigt automatisch durch die Laufrichtung des Förderbandes an, auf welcher Seite Gegenstände angegeben werden können; es zeigt außerdem deren maximale Größe an: durch die Größe der Öffnung, durch die das Laufband in das Gerät fährt.

Abbildung 52 – 'Eingang' eines Handgepäck-Röntgengerätes (Smiths detection 2013b)

3.2 – Nutzer kann Gegenstände angeben und auf das Laufband legen.

4.1 – Wenn ein Gegenstand ankommt, scannt das Gerät diesen selbstständig, erstellt ein Bild und bereitet es auf; in diesen Prozess darf während des Scannens nicht eingriffen werden (was u.a. durch die Bauart der Scanner-Box angezeigt wird, die keine manuellen Eingriffe zulässt).

Abbildung 53 – Gehäuse eines Handgepäck-Röntgengerätes (Smiths detection 2014)

---

[206] Die ID-Nummer wird dann auf dem Monitor angezeigt: “Additional [Monitor] Features: [...] user id-number” (Smiths detection 2014).

4.2 – Der Nutzer kann in den Röntgenprozess nicht eingreifen, kann jedoch das Laufband pausieren (um den Strom an Koffern zeitlich zu regulieren und um die an das Laufband gekoppelte Bildanzeige manipulieren zu können), wodurch er gleichzeitig auch den Scanprozess in seinem Ablauf verzögert (aber nicht verändert).

5.1 – Das Gerät zeigt das Bild auf einem Bildschirm an und gibt dem Nutzer (beschränkte) Zugriffsmöglichkeiten auf die Bildanzeige (durch die Kontrolleinheit).

5.2 – Der Nutzer kann die Bildanzeige durch ‚Knöpfe-Drücken' begrenzt beeinflussen: Pause, Zurück, Zoom und Filtern.

Abbildung 54 – Bildanzeige (Smiths detection 2014) und Bedienungseinheit eines Handgepäck-Röntgengerätes (Moro Electronic System 2012)

6.-8. – Zum Beenden des Skriptes muss sich der Nutzer wieder ausloggen, das Gerät herunterfahren und die Kontrolleinheit abschließen.[207]

x. – (Aufgrund der Gefährlichkeit der Röntgenstrahlen steht außerdem ein Notfall-Skript zum Ausschalten des Gerätes zur Verfügung; dafür muss man lediglich den richtigen Knopf drücken. Dieser kann zu jedem Zeitpunkt im Skript gedrückt werden.)

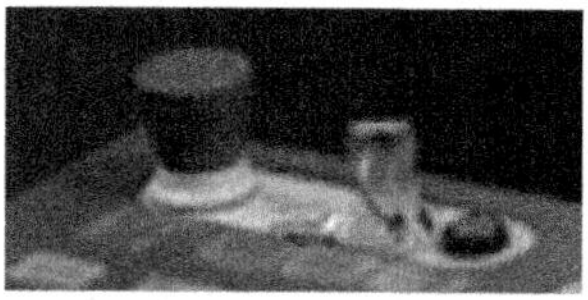

Abbildung 55 – Notfall-Stoppschalter eines Gepäck-Röntgengerätes (zylindrisch, rot, ganz links) (Rapiscan Systems 2015b)

[207] Dies konnte ich leider nicht live beobachten.

Phase 1 und 2, Phasen 3 bis 5 sowie Phasen 6 bis 8 bilden jeweils eine feststehende Sequenz an aufeinanderfolgenden Phasen. Die zweite Sequenz (3-5) kann nach Belieben wiederholt werden; außerdem können Phase 5.1 und 5.2 innerhalb der Sequenz mehrfach hintereinander auftreten. In den Phasen 4 und 5 hat der Nutzer eine gewisse Handlungsflexibilität.

- *Torsonden-Standard-Nutzungs-Skript*

0.1 – Kontrolleinheit mit Schloss verschlossen und manchmal auch von Klappe verdeckt; ,will' aufgeschlossen werden.

0.2 – Nutzer muss das Schloss aufschließen, um die Klappe entfernen und/oder die Kontrolleinheit freischalten zu können.

→ Tasten der Kontrolleinheit liegen frei oder kommen in den Fokus.

1.1 – Gerät ,will' gestartet oder aus dem Standby geholt werden.

1.2 – Nutzer muss (OPERATE/Test)[208] Taste drücken (s. Abbildung 49).

2.1 – Gerät zeigt an, dass es hochgefahren ist: durch Text auf dem Display; Gerät fragt nach Login-Daten (s. Abbildung 49).

2.2 – Nutzer muss seine Login-Daten eingeben.

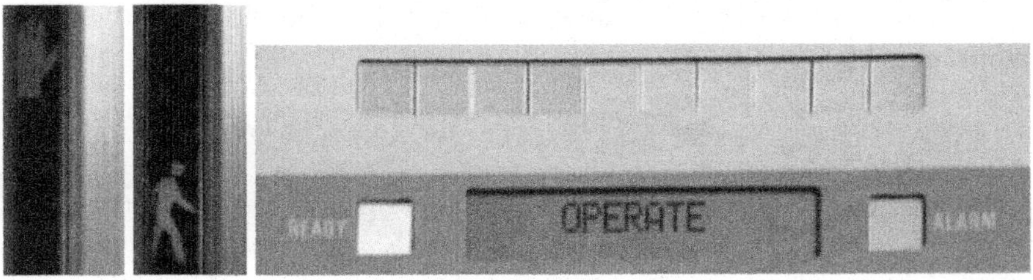

Abbildung 56 – Anzeigen auf Vorder- (links und Mitte; Garrett/Regton Metal Detectors 2009) und auf Rückseite (rechts; Garrett Detectors 2011) einer Torsonde

3.1 – Gerät zeigt an, dass es startbereit ist (über den Text OPERATE im Display und/oder eine grüne Leuchte neben dem Label ,Ready' auf der Luftseite; manche Torsonden zeigen auch ein grünes Männchen, statt

[208] Die Taste ,OPERATE/Test' ist auch dazu da, vor der Nutzung die Funktionsfähigkeit der Torsonde zu überprüfen: „Fragenkatalog BPOL §5 LuftSiG: Sie sind als Personenkontrollkraft eingeteilt. Was tun Sie, bevor sie vor Ort mit ihrer Tätigkeit beginnen? – Überprüfung der Funktionsfähigkeit von Torsonde und Handsonde." (iflipr.com o. J.)

einer roten Hand, auf der Landseite der Torsonde an).[209]

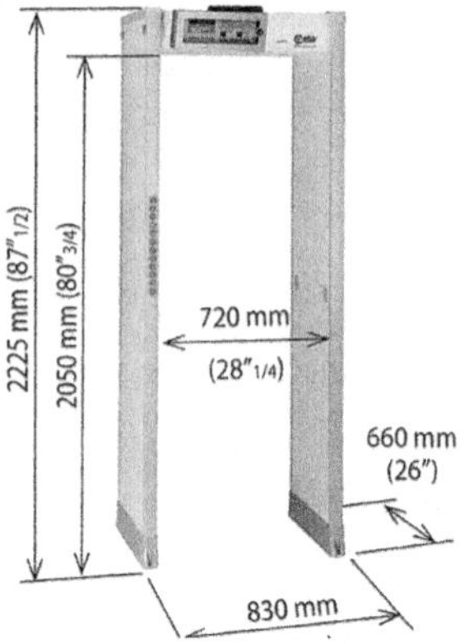

Abbildung 57 – Schematische Darstellung einer Torsonde mit Maßen (Smiths detection 2008)

Das Gerät zeigt außerdem durch seine Form an, welche Größe von Gegenständen/Personen maximal gescannt werden können, die Laufrichtung ist dabei egal.

3.2 – Nutzer kann Personen durch den Scanner schicken.

4.1 – Gerät scannt die Personen automatisch auf Metall und erzeugt einen (akustischen und optischen) Alarm.

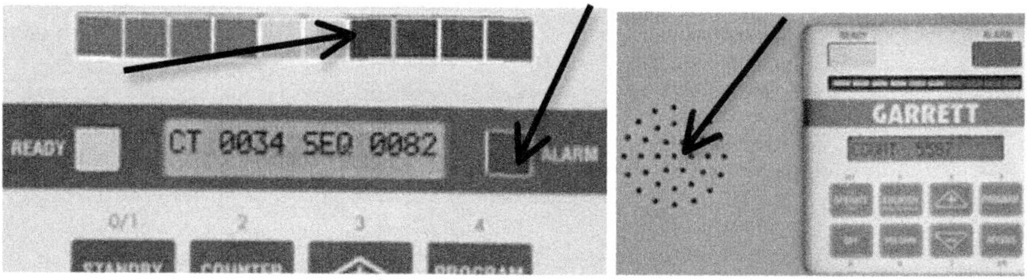

Abbildung 58 – Alarmanzeigen einer Torsonde (links: Garrett Detectors 2011, rechts: Garrett Electronics 2014)

(4.2 – Nutzer kann das Scanergebnis theoretisch durch Ausnutzung der Erschütterungsempfindlichkeit der Sensoren beeinflussen.)

209 „Ampellicht in Augenhöhe erhöht die Durchgangsrate. International verständliche Ampelsymbole ‚warten' und ‚gehen' an der Eingangsseite des PD 6500i." (DTI - Detector Trade International 2008)

5.-7. – Zum Beenden des Skriptes muss sich der Nutzer wieder ausloggen, das Gerät herunterfahren und die Kontrolleinheit abschließen.[210]

Phasen 0 bis 2, Phase 3 und 4 sowie Phasen 5 bis 7 bilden auch hier jeweils eine feststehende Sequenz an aufeinanderfolgenden Phasen und auch hier kann die zweite Sequenz (3+4) nach Belieben wiederholt werden. Zusätzlich zu den beschriebenen Pflicht-Phasen können jedoch zwischen den Sequenzen zusätzliche Phasen (ich nenne sie Einstellungs-Phasen) eingefügt werden, wie z.B. das Anpassen der Lautstärke des Alarms. Hier wird dem Nutzer etwas Flexibilität zugestanden; die in diesen Phasen allen Nutzern verfügbaren Einstellungen haben jedoch nur wenig Einfluss auf das Kontrollergebnis. Der beschriebenen Praktik des ‚Torsonden-Kickings' (s.a. Kapitel 5.1.2), mit der nach Belieben ein Alarm ausgelöst werden kann, entspricht keiner eigener Phase, da diese Aktivität des Nutzers nicht im Skript vorgesehen ist; die Nutzer machen sich dabei lediglich die Erschütterungsempfindlichkeit der Torsonden-Sensoren zunutze.

- *Bodyscanner-Standard-Nutzungs-Skript*

(0. – Der Touch-Screen (die Kontrolleinheit) ist nicht mit einem mechanischen Schloss gesichert, wie bei den anderen Geräten.)

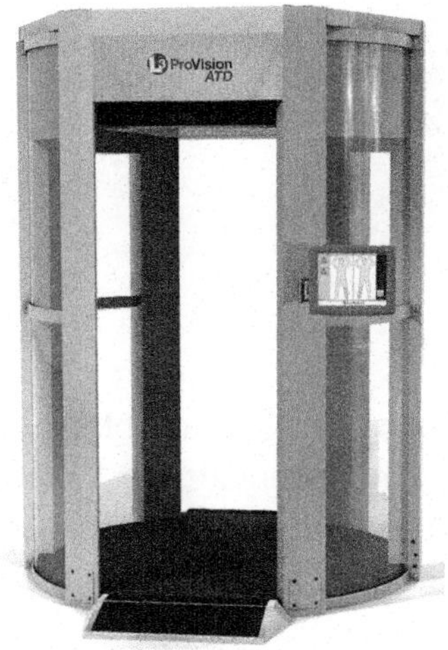

Abbildung 59 – Bodyscanner-Kabine (L-3 Security & Detection Systems 2013)

[210] Dies konnte ich leider nicht live beobachten.

1.1 – Das Gerät befindet sich im Standby-Modus und ‚will aufgeweckt' werden.[211]

1.2 – (Der Nutzer muss vermutlich einfach den Bildschirm berühren.)[212]

2.1 – Gerät zeigt an, dass es aus dem Standby hochgefahren ist: Aufleuchten des Bildschirms; Gerät fragt auf Touch-Screen nach Login-Daten.

2.2 – Nutzer muss Login-Daten eingeben.

3.1 – Das Gerät zeigt durch die Anzeige der entsprechenden Buttons an, dass es startbereit ist; das Gerät zeigt durch seine Form ungefähr an, wie groß Personen maximal sein dürfen, um hineinzupassen. (Bezogen auf die ‚Normalfigur', auf welche die Scanner ‚geeicht' sind (s. Kapitel 6.1.1), ist diese ‚Ansage' jedoch sehr ungenau.)

3.2 – Der Nutzer kann Personen in den Scanner schicken.

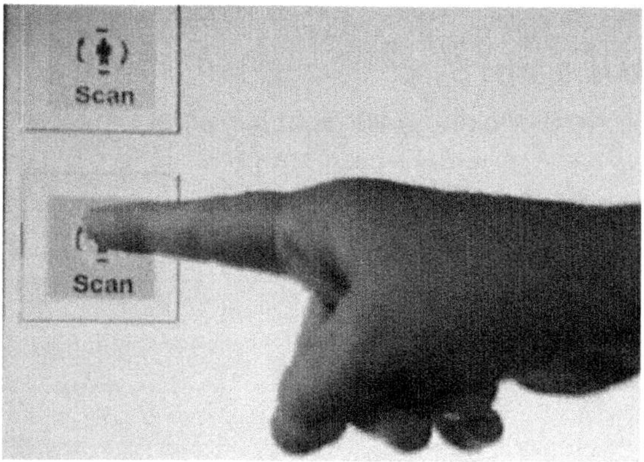

Abbildung 60 – Bodyscanner-Touchscreen mit zwei Scan-Buttons (blau oben, rosa unten) (L-3 Security & Detection Systems 2015)

4.1 – Das Gerät stellt den Nutzer vor die (verpflichtende) Wahl, ob dieser einen Mann oder eine Frau scannen möchte. (Im Gegensatz zur Torsonde und zum Röntgengerät wird der Scanvorgang also nicht automatisch durch das betriebsbereite Gerät ausgelöst, sobald sich ein scanbares

[211] Die Bodyscanner sind so gut wie nie ganz ausgeschaltet, da es sehr lange dauert, bis diese wieder hochgefahren und kalibriert sind. „Auch ausschalten darf man das Gerät nicht, weil das dauert ca. 6 Stunden, bis das dann hochgefahren, erwärmt ist usw." (Interview2_C:574#, Gruppe 1, Flughafensicherheit)

[212] Dies konnte ich leider nicht live beobachten.

Objekt in der Nähe der Sensoren befindet, sondern er muss durch Drücken eines Scan-Buttons in Gang gesetzt werden.)

„Und dann haben wir hier einen blauen und einen rosa Button. Entsprechend soll dann die Kollegin bzw. der Kollege den Passagier auffordern, sich da reinzustellen.“ (Interview2_C:535#, Gruppe 1, Flughafensicherheit)

4.2 – Der Nutzer gibt über Button an, ob eine Frau oder ein Mann im Scanner steht und startet damit zugleich den Scan-Prozess (Abbildung 60).

5. – Das Gerät scannt die Person selbstständig, erstellt ein Bild und bereitet es auf, analysiert es auf ‚unnormale' Dinge und zeigt das Ergebnis dem Touch-Screen an (Abbildung 61).

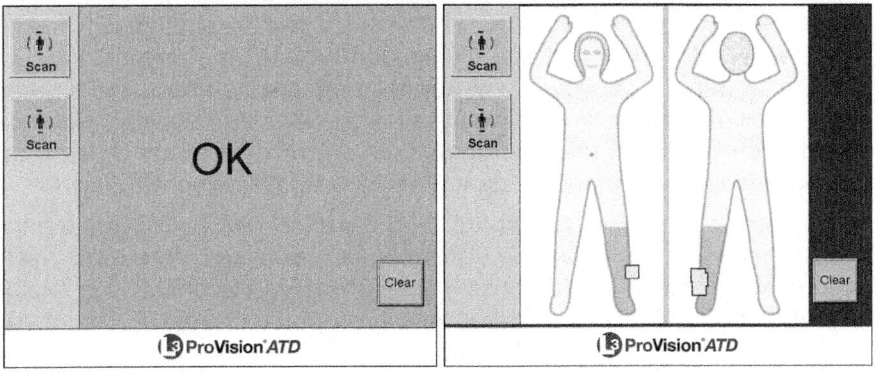

Abbildung 61 – Touchscreen eines Bodyscanners nach Scan ohne Fund (links: grüner Hintergrund) und nach Scan mit einem Fund (rechts: roter Hintergrund, Männchen von hinten und vorne mit gelben Markierungen am Bein) (L-3 Security & Detection Systems 2013)

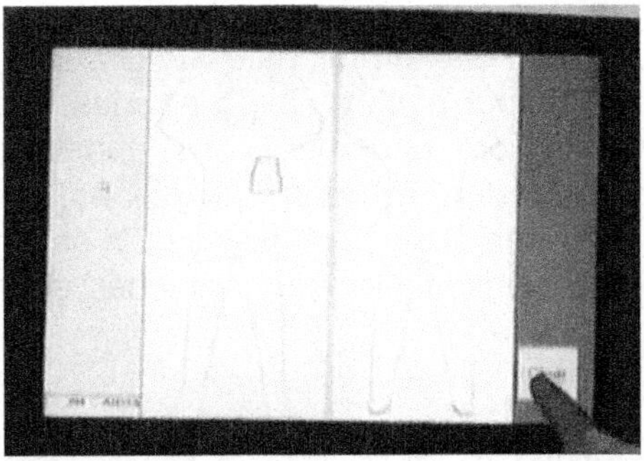

Abbildung 62 – Nutzer drückt den Clear-Button nach einem Fund (CityofBloomingtonMN 2014)

6.1 – Außerdem wird gleichzeitig ein Clear-/Reset-Button angezeigt, den der Nutzer drücken muss, um einen nächsten Scan machen zu können.

6.2 – Nutzer muss Clear/Reset drücken.

7. – Zum Beenden des Skriptes muss sich der Nutzer wieder ausloggen. (Gerät geht vermutlich irgendwann automatisch in den Standby-Modus.)[213]

Beim Bodyscanner bilden die Phasen 0 bis 2 und die Phasen 3 bis 6 eine feststehende Sequenz an aufeinanderfolgenden Phasen. Die zweite Sequenz kann nach Belieben wiederholt werden. Der Gesamtablauf weist lediglich eine minimale Handlungsflexibilität für den Nutzer auf: wenn dieser aufgefordert wird zu entscheiden, ob eine Frau oder ein Mann gescannt werden soll. Die ‚falsche' Ausnutzung dieser Flexibilität durch den Nutzer führt immer zu einer Verschlechterung des Scan-Ergebnisses; der Freiraum könnte aber vom Nutzer strategisch ausgenutzt werden (ähnlich wie beim ‚Torsonden-Kicking', s. Kapitel 5.1.2), um sich im größeren Kontext der Kontrollstelle weitere Handlungsmöglichkeiten zurück zu erobern (denn wenn der Scanner Alarm schlägt, wird von Hand nachkontrolliert und hier kommt der Nutzer wieder ins Spiel; allerdings hat das nichts mehr mit dem Skript des Bodyscanners zu tun).

Wann der Nutzer ‚Was' zu tun hat, wird bei allen drei Techniken je nach Phase materiell unterschiedlich ausgedrückt. In allen ‚Start-Sequenzen' kommen rein materielle Eigenschaften (etwa Eigenschaften von Metall oder Plastik als Material der Abdeckungen, deren Festigkeit Unbefugte von der Nutzung der Kontrolleinheiten abhalten soll), expressive Zeichen (z.B. in Form der Schlösser)[214] sowie linguistische Zeichen (z.B. die Aufforderung „Enter Passcode" auf dem Torsonden-Display) zum Einsatz.

Spätestens wenn die Geräte mechanisch freigeschaltet wurden, müssen sie gestartet werden. Die ‚Start-Knöpfe' können von den Nutzern als solche durch ihre Aufschrift erkannt werden (z.B. bei der Torsonde ‚OPERATE/Test' und beim Röntgengerät das internationale Startsymbol). Beide Knöpfe zeigen ihre ‚Drückbarkeit' aber auch dadurch an, dass sie sich von der Fläche dahinter materiell (in Form und/oder Farbe) abheben. Dies kann man als Ausdruckszeichen werten, da man (um dieses Zeichen entdecken und lesen zu können) einen Vorteil hat, wenn man schon weiß, was ein Knopf ist, die Aufmerksamkeit des Nutzers aber auch

---

[213] Dies konnte ich leider nicht live beobachten.

[214] Die verwendeten Schlösser können als expressives Zeichen gewertet werden, da sie durch ihre Standardisierung über ihre Funktionalität hinaus Symbolcharakter erhalten.

einfach durch die Andersartigkeit und die Absetzung vom Hintergrund geweckt werden kann.

In der nächsten Phase, derjenigen Phase, in welcher der Scan stattfindet, sind die Kontrolleinheiten sehr wichtig. Die Kontrolleinheit der Torsonde ist am simpelsten aufgebaut und besteht aus acht Tasten, mehreren verschiedenfarbigen LED-Leuchten und einer Digital-Anzeige, auf der kurze Worte angezeigt werden können. Über diese Digital-Anzeige kann das Gerät dem Nutzer z.B. anzeigen, dass es hochgefahren ist und nun ein Passwort erwartet. Dabei kommen linguistische Zeichen zum Einsatz. Da dem Nutzer im Röntgengerät-Skript insgesamt zahlreichere Handlungsmöglichkeiten präsentiert werden, ist hier auch die Kontrolleinheit etwas aufwendiger gestaltet. Die Funktion der LED-Leuchten und der Digitalanzeige (der Torsonde) werden hier in einem Bildschirm vereint, der wesentlich mehr Informationen (und vor allem auch Bilder) anzeigen kann; die Tasten werden um eine große Anzahl an Tasten erweitert, sodass man hier von einer Tastatur sprechen kann. Anders als bei der Torsonde sind die Tasten beim Röntgengerät nicht mit ganzen Worten beschriftet, sondern mit Kürzeln und Symbolen versehen (s. Abbildung 54, rechts). Anders als bei der Torsonde kann das Röntgengerät dem Nutzer auch über zwei Arten von Zeichen zeigen, dass es hochgefahren ist und nun die Login-Daten erwartet: zuerst über das Aufleuchten des Bildschirms (ein Ausdruckszeichen, welches dem Nutzer anhand funktionaler Elemente der Technik zeigt, dass seine vorherige Aktivität eine Reaktion hervorgerufen hat) und dann über eine textförmige Login-Aufforderung. Dies ist beim Bodyscanner auch so. Da der Bodyscanner jedoch einen Touchscreen als Kontrolleinheit besitzt, setzt er sich materiell gesehen bezüglich seiner ‚Nutzer-Ansagen' etwas von den anderen beiden Techniken ab. Der Touchscreen vereint Anzeigeeinheit und jegliche Art von Eingabemöglichkeit in einem Interface.

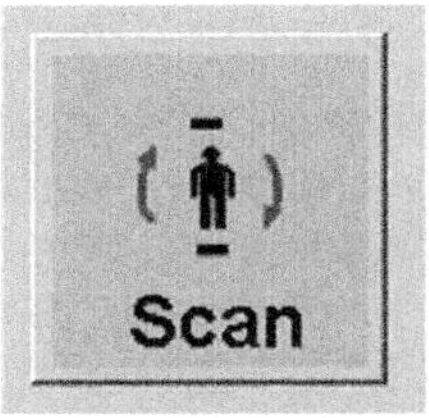

Abbildung 63 – Digitaler Button mit Schatten (L-3 Security & Detection Systems 2013)

Bei dessen Gestaltung greifen die Entwickler weitestgehend auf bekannte Elemente der anderen Kontrolleinheiten zurück, d.h. digitale Tasten werden ähnlich gestaltet wie ‚echte' Tasten (und z.B. mit einem Schatten versehen). Darüber hinaus wird mit derselben Farbsymbolik gearbeitet: Grün für ‚alles ok', rot und gelb für ‚Achtung'. Fast alle der Handlungsaufforderungen sind hier außerdem noch mit linguistischen Zeichen abgesichert (z.B. mit ‚Scan' oder ‚Clear'). Auf diese Weise wird die gewohnte Umgebung digital simuliert. Vereinfacht wird die Nutzung des Bodyscanners für ungelernte Nutzer außerdem dadurch, dass durch die digitale Umgebung nicht relevante oder ‚verbotene' Buttons einfach ausgeblendet werden können.

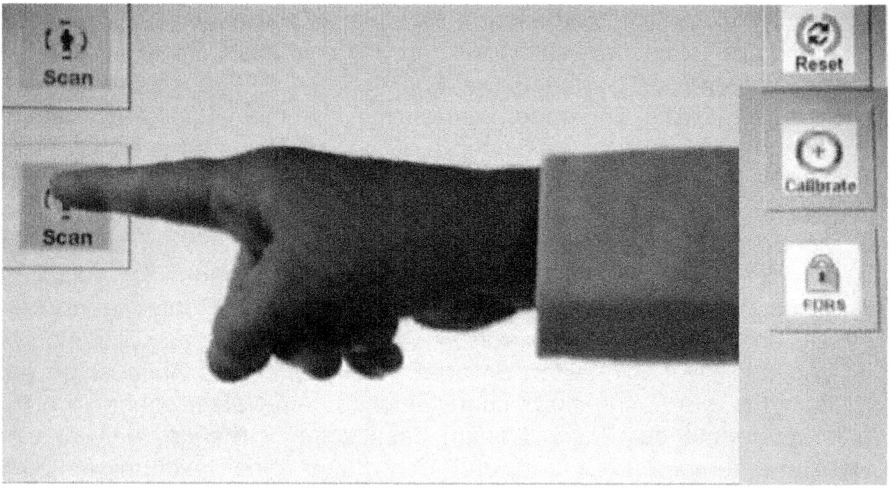

Abbildung 64 – Anzeigeelemente eines Bodyscanner-Touchscreens (L-3 Security & Detection Systems 2015)

Während die Tastatur des Röntgengerätes einen Nutzer anfangs durchaus überfordern kann, zeigt der Bodyscanner immer nur so viel (oder wenig) wie nötig an. Beispielsweise wird der Button ‚Calibrate' nur wenn nötig angezeigt,

> „Auf jeden Fall, alle 20 Minuten, verlangt das ‚Kalibrieren', also dass das sich neu justiert, neu einrichtet. Wenn man das nicht macht, dann steht der Passagier dumm da. Also sollten auch die Agents zwischendurch Kalibrieren drücken. [...] Das dauert ein paar Sekunden bis der, also bis der sich wieder einjustiert." (Interview2_C:573#, Gruppe 1, Flughafensicherheit)

während weitere Einstellungen nur Vorgesetzten zugängig sind.[215] Vor allem beim Bodyscanner ist also zu beobachten, dass manche technischen Ansagen erst in einer späteren Phase des Skriptes erkennbar werden und vorher (bevor sie relevant werden) nicht wahrnehmbar sind; allerdings kann das in Ansätzen auch schon bei der Torsonde (s. unterschiedlicher Text auf dem Display) und beim Röntgengerät (s. unter Klappe verstecktes Keyboard) beobachtet werden.

Die Ansagen an den Nutzer, ob die Geräte betriebsbereit sind, bestehen aus einer ähnlichen Mischung an Zeichenarten. Die Torsonden-Kontrolleinheit zeigt ihre Betriebsbereitschaft mehrfach explizit an (durch das Wort ‚READY' in Kombination mit einer grünen LED-Leuchte und das Wort ‚Operate' im Display und ein grünes Fußgänger-Ampel-Symbol) und setzt dabei nur auf linguistische Zeichen. Das Röntgengerät verwendet auch die grüne Farbsymbolik (durch die Lampe unter dem grünen Startknopf, die nach dem Drücken aufleuchtet), zeigt seine Betriebsbereitschaft ansonsten aber auf dem Bildschirm an: Losgehen kann es, wenn alle nötigen Anzeigen auf dem Bildschirm geladen sind. Ähnlich macht das auch der Bodyscanner: Gescannt werden kann, sobald die Scan-Buttons angezeigt werden. Ob Geräte laufen, kann man in der Regel auch durch ihre Betriebsgeräusche erkennen, ein weiteres mögliches Ausdruckszeichen. Ob dies von den Entwicklern in diesem Fall so gedacht war, konnte ich leider nicht feststellen. Betriebsgeräusche können lediglich ein Nebenprodukt der technischen Funktionen sein, allerdings werden heute bei immer mehr Techniken die Betriebsgeräusche ‚designt':

> „In Kronberg beschäftigen sich die Forscher unter anderem mit Zahnbürsten, Rasierern, Fönen und Küchengeräten. Für das möglichst perfekte Geräusch ist Wolfgang Brey zuständig. ‚In der Regel muss es leise und informativ sein', sagt er. So soll zum Beispiel ein Mann beim Rasieren hören, ob die Haut schon glatt oder noch stoppelig ist. Eine Ausnahme ist das Geräusch eines Föns. Es muss kräftig klingen und darf nicht zu leise sein, denn sonst trauen die Verbraucher dem Gerät nicht viel zu." (welt.de 2009)

Wie die zu scannenden Personen und Objekte schließlich platziert werden müssen, von welcher Seite sie angegeben werden müssen und wie

---

[215] FDRS steht für *Field Data Reporting System*: "Field Data Reporting System data is a recording of events on the device (logons, logoffs, etc.). [...] [Users with] Levels Two and One have more advanced capabilities, including the ability to download WBI Field Data Reporting System ('FDRS') data and to access and view FDRS databases and reports." (Rotenberg et al. 2010:4)

groß diese sein dürfen, um gescannt werden zu dürfen, wird von allen drei Techniken durch ihre Form ausgedrückt. Bei dieser Vorgabe (Größe der zu scannenden Einheiten) nutzt das Röntgengerät rein materielle Eigenschaften: Alles, was zu groß ist, kann nicht auf dem Laufband durch die Öffnung in die Box fahren. Auch Torsonde und Bodyscanner begrenzen durch ihre Form (also durch eine materielle Eigenschaft) ganz grob die Größe der scanbaren Personen (oder theoretisch auch Objekte). Durch Zeichen am Boden (in Form von Fußabdrücken) hilft der Bodyscanner dem Einweise-Personal außerdem zusätzlich, den Passagier optimal für den Scan zu positionieren.

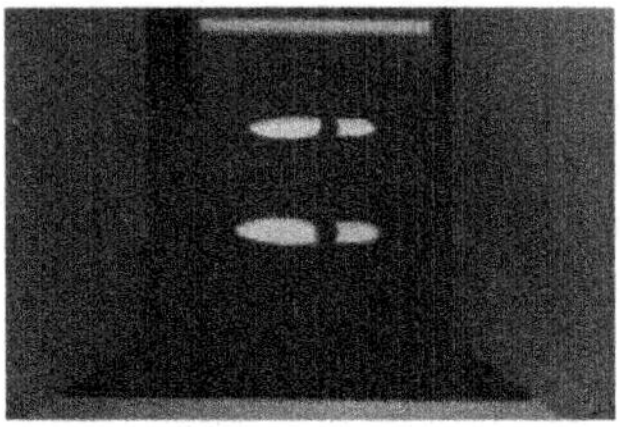

Abbildung 65 – Schuhabdrücke in einem Bodyscanner (eigene Abbildung)

Wie die Gegenstände auf dem Laufband des Röntgengerätes platziert werden müssen (z.B. über- oder nebeneinander), kann man hingegen nicht im Skript ablesen. Das Röntgengerät kann jedoch anzeigen, von welcher Seite die Koffer durch das Gerät geschickt werden müssen. Es zeigt dies durch das automatisch laufende Rollband bzw. durch dessen Laufrichtung an. Dabei wird die Funktion eines der rekrutierten technischen Elemente genutzt. Für das technische Funktionieren (d.h. das korrekte Auslösen eines Alarms) ist es Torsonde und Bodyscanner hingegen egal, von welcher Seite eine Person in/durch das Gerät geht. Die ‚richtige' Laufrichtung wird erst durch den Kontext klar, d.h. durch die Position, die das Gerät innerhalb des Checkpoints hat.

Während des automatischen Scanvorgangs soll der Nutzer bei allen drei Techniken nicht in den Ablauf eingreifen können. Dies wird einerseits wieder durch materielle Eigenschaften ausgedrückt. Durch die Ummantelung der Scan-Einheiten mit stabilem Material kann nämlich nicht nur das Verstauben der Elemente oder der Austritt radioaktiver Strahlung verhindert, sondern auch der Nutzer daran gehindert werden, den Scan-Vorgang zu beeinflussen. Die Handlungseinschränkung durch das Material wird darüber hinaus durch linguistische Zeichen unterstützt: beim Röntgengerät z.B. durch die rot blinkende Signallampen an Ein- und Ausgang des Gerätes, die teilweise mit ‚X-RAY ON' beschriftete sind (Abbildung 66); Bei Bodyscannern (zumindest bei manchen Modellen) wird stattdessen während eines Scans „Analyzing…" auf dem Touchscreen angezeigt (Abbildung 67).

Abbildung 66 – Rote ‚X-RAY ON' Signal-Leuchten eines Gepäck-Röntgenscanners (Rapiscan Systems 2015b)

Abbildung 67 – Touchscreen eines Bodyscanners (frühes Modell) (Plungis 2013)

Bei der Torsonde wird der Scan-Prozess über den Ausschlag der LED-Leuchten sichtbar gemacht. Am Ende des automatischen Scan-Prozesses geben alle Geräte dem Nutzer Feedback darüber, wie das Ergebnis des Scans war: bei der Torsonde optisch und akustisch, nur optisch (aber dafür detaillierter) beim Bodyscanner. Das auf dem Röntgengerät angezeigte Bild ist hingegen noch kein Endergebnis und muss erst noch mithilfe des Nutzers weiterverarbeitet werden.

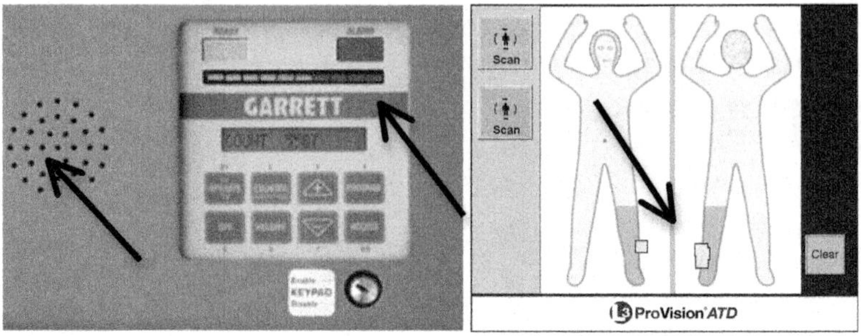

Abbildung 68 – Unterschiedliche Arten der Alarm-Anzeige von Torsonde (links: Garrett Electronics 2014) und Bodyscanner (rechts: L-3 Security & Detection Systems 2013)

Die Kontrolleinheit der Torsonde zeigt anhand von roten und grünen LEDs an, ob etwas gefunden wurde. Je nach Menge und/oder Masse an Metall nimmt die Anzahl der Leuchten (erst nur der grünen) zu und springt irgendwann von nur grünen Leuchten auf die roten Leuchten über. Ob viel oder wenig Metall gefunden wurde, wird also durch Anzahl und Farbe der Leuchten angezeigt. Teilweise gibt es zusätzlich separate Alarmleuchten (auch in rot). Außerdem können manche Torsonden durch in den Seitenwänden eingebaute LEDs die Position von Gegenständen am Körper anzeigen.[216] Beim Bodyscanner wird stattdessen am Ende ein Bild angezeigt – allerdings kein Abbild des Körpers, wie es von den Millimeterwellen ‚gezeichnet' wird, sondern die Visualisierung des automatisiert erstellten Analyseergebnisses: OK mit grünem Hintergrund oder generisches Männchen mit gelb-rot markierten Stellen. Zumindest bei heute in Deutschland eingesetzten Bodyscannern werden die Rohdaten den Nutzern so komplett entzogen (denn selbst über das Vorgesetzten-Skript sind sie nicht einsehbar):

> „Also wir haben da vom Bundesbeauftragten für Datenschutz auch ganz klare Richtlinien gehabt. Das sind komplette Stand-Alone-Geräte. [...] Wir haben also, diese Rohdaten, aus denen diese Ergebnisanzeige nachher resultiert. (Das) ist sehr groß, also im Gigabyte-Bereich. Wir müssen erst mal natürlich die ganzen analogen Daten in einen flüchti-

[216] Diese Funktion scheint allerdings nicht überall eingesetzt zu werden: „Es gibt Torsonden, die können, theoretisch leuchten die auf der Höhe wo (was) ist. Ist aber eigentlich gar nicht in Funktion, weil es ja doch nicht viel bringt. [...] [Denn] (meistens) ist es die Menge, nicht die Dichte [die den Alarm auslöst]. [...] Und dann wissen Sie auch wieder nicht ... also überall leuchtet es. Und das ist eigentlich nur ein Hilfsmittel um zu sagen, ok der hat Metall dabei." (Interview2_A:261#-263#, Gruppe 1, Flughafensicherheit)

gen Speicher stecken; also wir haben noch nicht mal temporäre Speicher auf einer Festplatte. Und d.h. sobald Sie den nächsten Scan beginnen, spätestens, ist eigentlich auch dieser flüchtige Speicher gelöscht bzw. wenn Sie diese Anlage abschalten. Und Vernetzung ist zurzeit nicht möglich. Das macht uns natürlich auch etwas Probleme, weil wir generell zur Prozessdatenerfassung, wie viele gehen durch, schon gerne das auch per Ferndiagnose abgelesen hätten. Aber das ist leider nicht möglich, weil wir sagen Datenschutz geht vor und diese Geräte müssen (Stand-Alone) sein. Also wir speichern da nichts." (Vortrag-BPol: 169#, Gruppe 2, Bundespolizei)

Das jeweilige Feedback dieser beiden Geräte triggert beim Nutzer keine auf das Gerät bezogene Anschlusshandlungen mehr. Das Feedback wird nur genutzt, um zu entscheiden, ob eine Nachschau (im Kontext des Checkpoints) stattfinden muss, nicht jedoch um zu entscheiden, auf welche Weise mit dem Gerät weiter interagiert wird. Die Signale zur Weiternutzung werden bei der Torsonde durch die grüne READY-Kontroll-Leuchte und das grüne Männchen auf der Landseite angezeigt; beim Bodyscanner leitet der Clear-Button einen neuen Nutzungsdurchgang ein.

Beim Röntgengerät ist das auf dem Bildschirm angezeigte Röntgenbild[217], wie gesagt, nicht das Endergebnis (welches über eine Nachschau entscheidet), sondern Grundlage für die weitere gemeinsame Aushandlung zwischen Gerät und Nutzer darüber, ob ein Alarm ausgelöst werden muss oder nicht. Die Ergebnisse eines Gepäck-Röntgenscans werden auf in dem Gerät integrierten Computer-Bildschirmen angezeigt (s. Abbildung 45). Die Bildschirme weisen eine Grundeinstellung für die Bilddarstellung auf (genannt *Hi-MAT*)[218], die Darstellung kann jedoch vom Nutzer je nach Bedarf beeinflusst werden (s. Abbildung 54 und Abbildung 69). Dafür stehen dem Nutzer verschiedene Zugriffsmöglichkeiten zur

---

217 Neben den Scans befinden sich auf dem Bildschirm in der Regel weitere Informationen, wie beispielsweise „date/time, luggage counter, user id-number" (Smiths detection 2014).

218 In dieser Bildschirmeinstellung können Gegenstände einerseits, durch Einfärbungen, nach Material (orange für Organisches, blau für Anorganisches und grün für Mischorganisches) und andererseits, durch Helligkeit, nach Dichte unterschieden werden; außerdem kann man anhand der Konturen Gegenstände an ihrer Form erkennen. Weitere mögliche Bildschirmanzeigen sind Hi-Cat und Black/White (B/W). Erstere zeigt nur Gegenstände mit hoher Dichte, wie beispielsweise Projektile (in den Farben rot bis orange) an; alles andere verblasst hellblau im Hintergrund. Letztere liefert Informationen über die Form der Gegenstände anhand der Konturen und über die Dichte anhand der Grau-Abstufungen. Beide geben jedoch keine Materialinformationen.

Verfügung, die ihm das Gerät zur Veränderung des Scan-Ergebnisses gibt: Das Förderband und der automatische Bilddurchlauf können beliebig pausiert werden (damit der Monitorkraft während der Evaluation eines Bildes keine gefährlichen Gegenstände auf einem anderen Bild entgehen) und es kann (während der Pause) in den Bildern vor- und zurück gespult werden (dafür stehen meist die letzten zehn Koffer-Scans zur Verfügung); zusätzlich kann in ein Bilder hineingezoomt und es können verschiedene Filter auf ein Bild angewandt werden.[219]

Abbildung 69 – Bedieneinheit eines Handgepäck-Röntgengerätes (Smiths detection 2013b)

Wird etwas gefunden (etwas, das als gefährlich erkannt wurde, oder etwas, das nicht als ungefährlich eingeordnet werden kann), markiert der Nutzer die Stelle im entsprechenden Bild und gibt dieses zur Nachschau an einen Kollegen weiter. Wenn schließlich die Pause des Laufbandes aufgehoben wird, geht die beschriebene Nutzungs-Sequenz am Röntgengerät weiter. Über den passendenden Zeitpunkt entscheidet immer der Nutzer.

Vergleicht man die in den verschiedenen Phasen von der Technik gegebenen ‚Ansagen', so fällt auf, dass eigentlich alle Phasen immer auf mehrere Optionen setzen, um das, was sie dem Nutzer mitteilen wollen, im Skript auszudrücken. Selten wird in einer der Phasen beispielsweise nur auf eine Art von Zeichen gesetzt. Viele der technischen Vorgaben

[219] Es gibt z.B. Filter, die nur organisches Material anzeigen, Filter, die alles Nicht-Organische zeigen, weiterhin solche, die das Bild als Negativ anzeigen (wodurch z.B. Kabel und andere kleine, dünne Objekte mit hoher Dichte mehr hervorstechen) oder Filter, die künstlich ein Bild mit höherer oder niedrigerer Durchdringung erzeugen.

werden also durch die gleichzeitige Nutzung mehrerer Ansagen abgesichert. Diese Ansagen sind teilweise für sehr unterschiedliche Sinne wahrnehmbar: Während z.B. die materielle Zugangsbeschränkung auch fühlbar ist, können Lampe und Aufschrift nur durch den Sehsinn wahrgenommen werden. Solche Unterschiede in der Wahrnehmbarkeit verweisen auf die Dimension der Nutzeranforderungen (s. Kapitel 6.1.2). Auffallend ist, dass sich die drei Gerätearten diesbezüglich nicht grundlegend unterscheiden und auch sonst keine Regelmäßigkeit entdeckt werden konnte. Zwar gibt es eine Tendenz, technische Ansagen an den Nutzer weiter zu digitalisieren, allerdings wird auch dabei meist auf die gleichen Zeichenarten zurückgegriffen. Betrachtet man also lediglich die Anzahl der Skript-Phasen und die jeweils vorgefundenen technischen ‚Ansagen' an den Nutzer, so lässt sich keine eindeutige Regel finden, die auf die jeweilige Einflussverteilung bzw. die Verteilung der Aktivitäten an Technik und Nutzer in den einzelnen Phasen schließen ließe.

Abgesehen davon lässt sich im Bereich Kontrolltechnik am Flughafen jedoch grundsätzlich eine ‚Vorliebe' zu verhältnismäßig kurzen Skripten feststellen. Wenn man dann noch diejenigen Phasen der Skripte ausblendet, die nur für den Start- bzw. Anmelde-Prozess und den Stopp- bzw. Abmelde-Prozess nötig sind,[220] bleiben am Ende meist nur ein- oder höchstens zweiphasige Nutzungs-Skripte übrig. In solch kurzen Skripten bleibt nur wenig Spielraum für Verhandlungen zwischen Technik und Nutzer. Dies versuchen sich die Entwickler zu Nutze zu machen: Der Nutzer muss nicht mehrmals überzeugt werden, bestimmte Dinge zu tun und/oder zu unterlassen, sondern nur ein Mal. Dies zeigt sich auch im Anspruch der Verantwortlichen vor Ort:

> „[Die Technik] muss, und da ist ein sehr großer Anspruch drin, trotz ihrer Feinfühligkeit und hohen Leistungsfähigkeit sehr simpel in der Bedingung und Auswertung sein. [...] Und dieser Anspruch, das ist glaube ich jetzt zur Zeit ein sehr sehr großer, weil es gibt Technik, aber sie muss auch irgendwo simpel und einfach sein, weil die Luftsicherheitsassistenten haben nicht vorher ein Ingenieur-Studium abgeschlossen. [...] Ja und da liegt eigentlich der große Anspruch: schnell zu sein, leicht zu sein, sicher in der Handhabung, simpel in der Bedienung, also auch keine Fehlbedienungen zulassen [...]." (Interview1:96#+99#+100#, Gruppe 1, Bundespolizei)

[220] Beim Bodyscanner beispielweise fällt die Phase des Hoch- und Herunterfahrens schon dadurch weg, da er aus technischen Gründen meist gar nicht erst heruntergefahren wird und dauerhaft ‚an' ist (s. Kapitel 6.1.3)

„Ich kann nur hoffen, dass die Technik, so schick wie sie ist, auch in der Bedienung simpler wird. [...] Keine Knöpfe zum Spielen dran, sondern simpel, wenig und einfach. Egal wie kompliziert das Innenleben ist." (Interview4:201#, Gruppe 1, Bundespolizei)

„Und ja wir haben hier keine technischen Experten, die dann entsprechend ein Ergebnis analysieren und auswerten können, sondern der Bediener muss auf einen Knopf drücken und danach bekommt er eine rote oder eine grüne Lampe und kann dann entscheiden: Wenn es eine rote Lampe ist dann gibt es einen Maßnahmenplan und dann weiß er ganz genau, was er zu machen hat. Das muss natürlich die Technik noch können. Sie darf also auch nicht zu komplex sein insbesondere in der Auswertung." (Vortrag-BPol:145#, Gruppe 2, Bundespolizei)

Die Ansagen der Kontrolltechniken am Flughafen sollen also möglichst simpel und eindeutig sein und dürfen keine Fehlinterpretationen zulassen. Sie sollen außerdem keinen Spielraum für selbständige Entscheidungen seitens des Nutzers lassen. Das Feedback der Geräte dient hier meist nicht mehr dem Nutzer (für dessen anschließende Entscheidung darüber, ob ein Passagier nun riskant ist oder nicht), die Signale, welche die Geräte von sich geben, sind stattdessen selbst das Ergebnis des Profiling-Prozesses. Diese Beobachtungen verweisen direkt auf die nächste Skript-Analyse-Dimension: die der Flexibilität.

6.1.4 *Skript-Flexibilität*

Die betrachteten Nutzungs-Skripte sind, wie oben gezeigt, allesamt (begrenzt) mehrphasig. Wie die Skript-Beschreibungen in Kapitel 6.1.3 auch gezeigt haben, lassen die Standard-Nutzungs-Skripte[221] den Nutzern jedoch trotz dieser Mehrphasigkeit nicht sonderlich viel Spielraum – was vor allem daran liegt, dass die Phasen der Skripte (bis auf ein paar wenige Ausnahmen, zu denen ich gleich kommen werde) als Sequenzen angeordnet sind. Die Phasen müssen also in einer bestimmten Reihenfolge hintereinander ablaufen. Bei der Torsonde und beim Bodyscanner können die zu scannenden Personen zwar theoretisch von beiden Seiten hindurch oder hinein geschickt werden, die Sequenzen stehen ansonsten jedoch fest. Lediglich einige wenige Skript-Phasen sind nicht Teil der Standrad-Sequenzen: Beim Bodyscanner kann man als Nutzer z.B. darüber entscheiden, ob eine Person als Mann oder als Frau gescannt

[221] Die Nutzungs-Skripte der Vorgesetzen zur Kontrolle und zum Training der Mitarbeiter sind vermutlich anders aufgebaut; hier konnte ich jedoch nicht bei der Umsetzung der Skripte zuschauen.

wird, die Reihenfolge der Sequenzen kann dadurch aber nicht verändert werden und bei der Torsonde kann der Nutzer einige wenige Einstellungen (wie z.B. die Lautstärke des Signaltons) als Zwischen-Phase an unterschiedlichen Stellen in das Skript integrieren, nicht jedoch mitten in einer laufenden Sequenz. Lediglich beim Röntgengerät wird dem Nutzer etwas mehr Eigenständigkeit zugestanden. Hier kann der Nutzer durch die Regelung der Geschwindigkeit des Scanvorgangs, die ‚Manipulation' der Bildanzeige und die Markierung von Objekten in den Bildern Einfluss darauf nehmen, welche Passagiere genauer kontrolliert werden sollen. Dadurch kann er auch die Ordnung der Phasen etwas mitbestimmen; so kann er beispielsweise die Phase der Bildbearbeitung beliebig oft wiederholen und kann außerdem bestimmen, wann der Scan-Prozess unterbrochen und wieder fortgesetzt wird. Allerdings ist die Reihenfolge der Phasen auch beim Röntgengerät nicht beliebig. Zusätzlich zu den angeführten Beispielen für Phasen, die nicht Teil der festen Scan-Sequenzen sind, können kurze, sogenannte Kalibrier-Phasen an einen fertigen Durchlauf der Scan-Sequenzen angeschlossen werden – allerdings kann auch hier der Nutzer nicht frei wählen, wann er die Phasen durchführt, da der Zeitpunkt für eine Kalibrierung oft von den Geräten selbst festgelegt wird. Lediglich beim Röntgengerät gibt es eine Phase, die vom Nutzer zu jedem Zeitpunkt im Skript gestartet werden kann: Aufgrund der Gefährlichkeit der Röntgenstrahlen gibt es hier eine spezielle Skript-Phase, um das Gerät im Notfall sofort stoppen zu können. Diese Phase kann durch einen Notfall-Knopf eingeleitet werden.

Das Handgepäck-Röntgengerät ist damit im Vergleich das Kontrollgerät mit dem flexibelsten Skript. Allerdings scheint es auch hier einen Trend hin zu immer mehr Automatisierung zu geben – einen Trend, der dem Nutzer der Kontrolltechniken Entscheidungsmöglichkeiten und Aktivitäten abnimmt und dadurch die Skripte noch unflexibler macht. So beschreibt beispielsweise der Hersteller Rapiscan auf seiner Webseite eine Software, die in den erstellten Röntgenbildern im sogenannten „automatic or interactive mode" selbstständig Gegenstände finden kann, welche Sprengstoffe sein könnten, und die anschließend durch eine „automatic detection alert" (in Form einer Markierung im Röntgenbild) die Monitorkraft über diese potentielle Gefahr informiert – ähnlich wie das schon bei den Bodyscannern der Fall ist.

> "Rapiscan Systems' Target™ function highlights a potential threat on the X-ray image. Used as an aid to accelerate the scanning process Target provides an automatic identification of potential explosive threat material. Target algorithms have been developed to detect a wide range of explosives [...]. Target™ uses a proprietary detection algorithm

that performs material analysis of a scanned item. By gathering data such as atomic number, mass, size and other properties of the scanned materials and comparing this information to the known characteristics of threat items such as explosives Target is able to identify potential threats." (Rapiscan Systems 2015b)

Geht man einmal davon aus, dass sich auch für die Handgepäck-Röntgengeräte Softwareerweiterungen durchsetzen werden, wie sie für den Bodyscanner schon derzeit genutzt werden, bleiben für alle Kontrolltechniken nur noch kurze, recht unflexible Skripte übrig.

Zusammenfassend lässt sich demnach feststellen, dass in mehrphasigen Skripten zwar grundsätzlich die Möglichkeit besteht, dass die Verteilung der Aktivitäten und damit auch der Einfluss, den Technik und Nutzer jeweils auf den Profiling-Prozess nehmen, neu ausgehandelt wird, zumindest bei allen betrachteten Kontrolltechniken konnten jedoch (trotz begrenzter Mehrphasigkeit) keine wesentlichen Aushandlungsprozesse beobachtet werden. Lange Skripte weisen damit nicht automatisch auf einen größeren Handlungsspielraum der Nutzer hin. Zur Feststellung der jeweiligen Einflussverteilung in längeren Skripten ist zusätzlich die Betrachtung der Phasenordnung vonnöten. Je unflexibler die Skripte – d.h. je mehr sequenzielle Ordnungen zu beobachten sind und je weniger frei austauschbare Phasen es gibt –, desto weniger Spielraum haben die Nutzer (auch in langen Skripten), Einfluss auf das Profiling-Ergebnis auszuüben – oder anders gesagt, desto mehr kann die Kontrolltechnik Ablauf und Ergebnis des Profiling-Prozesses beeinflussen.

6.1.5 *Skript-Transparenz*

Die letzte Analyse-Dimension ist die Skript-Transparenz. Der Wunsch der Verantwortlichen nach Einfachheit und Eindeutigkeit (s. letzter Abschnitt in Kapitel 6.1.3) verweist bereits darauf. Weiß der Nutzer, auf welches Ziel hin er geskriptet wird? Und handelt es sich bei dem Feedback, das die Technik dem Nutzer gibt, um ‚genuines' Feedback, oder versucht die Technik dem Nutzer ‚etwas vorzuspielen'? Diesbezüglich habe ich am Flughafen einen weiteren Trend beobachten können: Die eingesetzten Kontrolltechniken werden absichtlich immer opaker gestaltet. Am Beispiel der Torsonde lässt sich das sehr gut veranschaulichen.

„SIE: „Die Torsonden waren am Anfang, wie die Handsonden, komischerweise besser ausge-, also da konnte man besser variieren. Man hat genau gewusst wenn irgendjemand ein Handy oder ein Telefon oder ein Schmuckstück oder irgendwas hatte, konnte man genau ... Und jetzt [...] also die schlagen an, auch wenn die nichts haben. Und vorher war das, die haben halt funktioniert. Man hat genau gewusst der hat jetzt eine Uhr dabei oder so. Mit der Zeit weiß man die Töne und ... genau. Und jetzt, durch die, ja durch das mehr Technik und nebeneinander, stimmt das halt nicht. Die schlagen auch an ... Ich meine das ist ja eingestellt, Quotenalarm, ja Quote.

ICH: Ach die ersten Torsonden hatten gar keine Quoten?

SIE: Genau, das kam dann erst nachher. Aber die waren halt besser eingestellt und justiert praktisch. [...] Früher, als es rauskam, war ja Technik modern, so muss es funktionieren ... hat dann auch funktioniert. Ich sag ja, man konnte sich dann eine gewisse Zeit drauf verlassen, drauf verlassen was es ist. Und (die) haben auch eigentlich funktioniert.“ (Interview2_B:384#-389#+409#, Gruppe 1, Flughafensicherheit)

Wann eine Torsonde Alarm schlägt, d.h. wie sensibel die Sensoren eingestellt sind, ist den Luftsicherheitsassistenten nicht bekannt.[222] Sie wissen, dass die Sensibilität der Torsonde eingestellt werden kann,[223] können jedoch selbst keinen Einfluss darauf nehmen oder Einsicht in die Einstellungen erhalten. Die Einstellung der Torsonden kann nur von der Bundespolizei vorgenommen werden:

„Die [Torsonden] stellt ja auch die Bundespolizei ein. Das wissen nur sie was da eingestellt ist. [...] Man weiß halt nur, dass es klingelt. Mehr weiß man an dem Ding nicht.“ (Interview2_A:403#+408#, Gruppe 1, Flughafensicherheit)

Aus Perspektive der Transparenz ist auch das TIP-System für die Handgepäck-Röntgenscanner (s. Einleitung Kapitel 6.1) interessant. Durch dieses können Vorgesetzte im laufenden Betrieb falsche Bilder in das System einspielen, um ihr Personal zu testen.

„SIE: in der EU-Verordnung steht da Einführung des sogenannten TIP-System, ich weiß jetzt nicht genau was die Abkürzung heißt also da werden im realen Durchleuchtungsprozess in dem realen Koffer, der da kommt, von dem und dem und dem Fluggast, wird auf einmal eine Waffe oder irgendetwas in einem anderen Winkel eingespielt, technisch. – ICH: D.h. ich lege ein Bild drüber? – SIE: Es wird dort als Bild drunter gemogelt. – ICH: D.h. das ist im echten Koffer gar nicht drin, aber auf

[222] Dies gilt nur für den Echtalarm. Der Quotenalarm ist auch weiterhin für Luftsicherheitsassistenten als solcher erkennbar, visuell und akustisch.

[223] “Main features: Adjustable sensitivity with a wide range of settings [...].” (Smiths detection 2009)

dem Bildschirm. – SIE: Ja, genau." (Interview4:100#-104#, Gruppe 1, Bundespolizei)

Da man als Standard-Nutzer weiß, dass solche Situationen auftreten können, man aber nicht sehen kann, ob ein falsches Bild eingespielt wurde oder nicht, wird die Technik für den Nutzer damit äußerst intransparent. Im Vergleich wirkt der Algorithmus des Bodyscanners, der die erstellten Bilder analysiert, sehr transparent, da der Nutzer hier nicht davon ausgehen muss, bewusst hinters Licht geführt zu werden[224] – auch wenn die Scanner ansonsten (zumindest die Scanner, welche an europäischen Flughäfen zum Einsatz kommen) für alle Nutzer als Black-Box aufgebaut wurden:

> „Und mittlerweile ist das auch verschlossen, dass [stattdessen] einfach solche Avatar-Bilder aufgezeigt werden. Es gibt de facto, aus dieser Blackbox heraus, auf diese Blackbox keinen Zugriff. Und es gibt keinen Zugriff auf Rohdaten auch im Nachgang, nicht abrufbar, d.h. ich kann die Blackbox nicht irgendwann dann durch übergeordnete Entscheidungen aufmachen und die Rohdaten ziehen, weil die (wandeln) sich und überschreiben sich dann wieder weiter. Da hat man eigentlich ein gutes System gefunden und diese Avatar-Anzeige ist dort zielführend." (ebd.:58#)

Einer der bekanntesten Begründungen für Intransparenz von Sicherheits- und Kontrolltechnik am Flughafen ist die, dass man nicht möchte, dass die Maßnahmen für Außenstehende nachvollziehbar werden:

> „Also dieses Zufallsprinzip spielt schon eine große Rolle dabei. Und es ist auch unbedingt sinn(voll). Wir wollen nicht dass es [das System] aufklärbar wird. D.h. [wenn] jeder Dritte [kontrolliert wird], dann kann ich mich in die Schlange stellen, so, ich bin nicht dran. Das wollen wir nicht. [...] Es soll nicht aufklärbar sein, das ist eigentlich so ein Hauptziel-Gedanke mit dabei." (ebd.:184#+186#)

Dieses Prinzip der Verschleierung wurde anscheinend nach und nach (von den gescannten Entitäten) auch auf die Nutzer der Kontrolltechnik übertragen – möglicherweise aus Angst davor, dass sie etwas ausplaudern könnten, oder aber mit dem Ziel, das Personal durch Verunsicherung auf Trab zu halten. Interessanterweise haben Veränderungen im technischen Ablauf, die durch das Vorgesetzten-Skript hervorgerufen werden (wie eine andere Sensibilität oder ein ‚falsches' Röntgenbild), aber keinen Einfluss auf den Ablauf des Standard-Nutzungs-Skriptes. Da

[224] Zumindest ist mir hier kein solches Testprogramm bekannt.

die Nutzer der Torsonde nicht wissen, wie diese eigestellt ist und die Nutzer des Röntgengerätes nicht wissen, ob ihnen ein ‚echtes' Bild angezeigt wird oder nicht, handeln sie einfach in allen Fällen gleich.

Im Vergleich zu früherer Kontrolltechnik am Flughafen kann also ein Trend beobachtet werden hin zu einem unklareren Nutzer-Feedback. Die Geräte gewähren dem Standard-Nutzer immer weniger Einsicht und geben ihm unklarere Signale, wodurch der Nutzer die Technik und ihre ‚Handeln' nicht mehr so gut einschätzen kann. Mit Goffman könnte man also sagen, dass das ‚impression management' der Techniken immer undurchsichtiger wird. Ein ‚interaktives' Verhältnis mit der Technik und eine aktive Beteiligung der Nutzer am Profiling-Prozess wird so fast unmöglich; der Nutzer kann lediglich reagieren. Zwar weiß der Nutzer, dass er geskriptet wird, er hat in der Beziehung mit der Technik aber nur minimalen Spielraum (außer durch aktives Ignorieren oder Abweichen vom Skript). Die betrachteten Kontrolltechniken versuchen so, Handlungsmacht an sich zu binden, allerdings sollte beachtet werden, dass eine solche Strategie bei den Nutzern auch dazu führen kann, dass den Techniken nicht mehr vertraut wird und die Nutzer sich deshalb über das Skript hinwegsetzen bzw. parallel dazu einfach ihr eigenes Profiling betreiben (vgl. ‚Torsonden-Kicking' in Kapitel 5.1.2).

Wie die Ergebnisse der Analyse hinsichtlich der einzelnen Skript-Dimension zusammenzufassen sind, darauf werde ich in Kapitel 6.3 eingehen. Nun jedoch erst einmal Genaueres zu den Skripten der Vergleichs-Konstellation.

6.1.6 *Skripte der Kredit-Konstellation*

In der Kredit-Konstellation gibt es zwei (zusammenhängende) technische Systeme, welche an der Kategorisierung von Kunden nach Risiko-Gesichtspunkten beteiligt sind: einerseits die eingesetzte Datenanalysesoftware[225] in Zusammenhang mit der notwenigen Hardware und andererseits das System, das neue Kunden gemäß der generierten Regel in Kategorien einsortiert. Da der zweite Prozessteil prinzipiell automatisch, d.h. ohne Beteiligung von Nutzern abläuft, kann für dieses technische System auch kein Nutzungsskript beobachtet werden. Ich werde deshalb im Folgenden nur das Verhältnis von Nutzer und Datenanalysesoftware genauer betrachten. In dieser vorgelagerten sozio-

---

[225] Beide Anbieter der in diesem Kapitel betrachteten Software-Lösungen erwähnen übrigens „credit risk management" (stata.com 2015a) bzw. „Credit scoring" (IBM 2012b:30) als ein mögliches Anwendungsziel ihrer Software.

technischen Konstellation findet die Erstellung der dann im nächsten Schritt (automatisiert) angewandten Kategorisierungen statt. Da ich die in Kapitel 5.2.3 beschriebene ‚Oracle-Installation' leider nicht in Aktion erleben konnte, beziehe ich mich im Folgenden fast ausschließlich auf das Video-Interview mit der freiberuflichen Datenanalyse-Expertin. Dabei kam die Analysesoftware *Stata*[226] zum Einsatz (s.a. Kapitel 4.1.4). Zur Veranschaulichung werde ich Bildschirmfotos aus dem Interview sowie aus Online-Tutorials einsetzen.

Der Einsatzzweck der hier betrachteten Technik ist wesentlich diffuser als im Flughafen-Fall. Ganz anders als im Flughafenfall werden die meisten Analyseprogramme nicht mit einem bestimmten Einsatzkontext vor Augen erstellt.[227] Die Datenanalyseprogramme zeichnen sich deshalb durch recht allgemeine, unspezifische Nutzungsmöglichkeiten aus (auch wenn die verfügbare Vielfalt und Zahl an Analyseprogrammen darauf schließen lässt, dass vermutlich nicht alle zu exakt den gleichen Zwecken eingesetzt werden).

Es scheinen sich darüber hinaus auch keine differenzierbaren Teil-Nutzungs-Skripte herausgebildet zu haben. Zwar lassen sich auch bei der Analysesoftware unterschiedliche Ziele ausmachen (wie beispielsweise neben der Analyse von Daten durch statistische Methoden auch die Visualisierung der Ergebnisse oder die Dokumentation der einzelnen

---

226 Stata (ebenso wie die unten erwähnte SPSS-Software) war anfangs ein klassisches Statistik-Programm, das aus dem Bereich der Wissenschaft stammt. Heute ist es weltweit eines der bekanntesten Datenanalyseprogramme und wird auch über wissenschaftliche Kontexte hinaus eingesetzt. „ICH: Und Stata, ist das eher ein Programm was in der Wissenschaft eingesetzt wird oder wird das genauso in Konzernen verwendet? SIE: Generell gibt es eigentlich inzwischen keinen Unterschied mehr in dem Sinne zwischen Konzernen und Wissenschaft, weil auch da oft die Leute rüber wechseln. Bestes Beispiel ist, ein ganz berühmtes Datenanalyse-Buch ist von einem Exxon-Mitarbeiter geschrieben. Also die wechseln ohnehin immer ein bisschen hin und her." (Video-Interview:6#+7#, Gruppe 3, Datenanalyse-Expertin) Bezüglich der integrierten Methoden unterscheiden sich die bekannteren Softwarepakete auf dem Markt ohnehin oft nur in Details sowie ergänzenden Zusatzfunktionen und Eingabemasken. Stata lässt sich beispielsweise für unterschiedliche „Arten von statistischer Analyse, also sowohl klassische [...] lineare Modellchen bis hin zu neuronalen Netzwerken" (ebd.:16#) einsetzen.

227 Es gibt aber auch Fälle, in denen eine solche Software selbst geschrieben bzw. in Auftrag gegeben wird; so beispielsweise beobachtet in der Forschungs- und Entwicklungs-Abteilung des interviewten Automobilherstellers: „Was wir hier an Tools haben ist eigentlich auch alles in der eigenen Hand auch selbst geschrieben. Das ist auch wichtig, sonst hast du keinen (Durchgriff) drauf." (Interview2_A:262#, Gruppe 4, F&E Intelligente Videoanalyse) Die in solcher Software integrierten Methoden sind jedoch in der Regel auch in proprietären Software-Lösungen schon länger bekannt und bewährt.

Projekte), diese Nutzungsziele liegen jedoch alle sehr nah beieinander und könnten (je nach Analyseebene) auch als ein einziges Ziel angesehen werden. Die angesprochenen Aktivitäten gehen außerdem meist in einander über und werden von einem einzigen Nutzer umgesetzt. Ein und derselbe Nutzer kann die Software zur Betrachtung und Analyse importierter Daten sowie zur Umwandlung der Ergebnisse in Diagramme und dem anschließenden Export der Daten benutzen. Ein Vorgesetzten-Nutzungs-Skript (vgl. Flughafen-Fall) gibt es hier nicht. Auch hinsichtlich der Teil-Skripte, die keine Nutzungs-Skripte sind, können Unterschiede zum Flughafenfall ausgemacht werden. Die Ausdifferenzierung in unterschiedliche Arten von Teil-Skripten ist hier geringer. Zwar sind manche Teile des Skriptes auch hier dazu da, dem Nutzer die Nutzung überhaupt erst zu ermöglichen (Installation), während andere Teile ihm ermöglichend zur Verfügung stehen (Nutzung),[228] alle Teil-Skripte wenden sich jedoch potentiell an eine einzige Akteurs-Gruppe. Da ich die Installation der Software nicht beobachtet habe, werde ich mich im Folgenden nur auf das Nutzungs-Teil-Skript konzentrieren.

6.1.7 *Kontextbedingungen*

Das Funktionieren einer Analysesoftware und ihres Skriptes hängt teilweise von denselben infrastrukturellen Vorbedingungen ab, wie die Kontrolltechniken am Flughafen. Gemeinsam ist ihnen z.B. die Abhängigkeit von einer Stromquelle. Die betrachtete Technik des zweiten empirischen Falles unterscheidet sich jedoch in einem sehr wichtigen Punkt von der Kontrolltechnik des Flughafen-Falls. Während dort Hard- und Software eine für den Nutzer untrennbare Einheit bilden (denn man kann auf den Geräten nicht einfach ein neues Betriebssystem und neue Software laden, so dass man danach die Technik in anderer Weise verwenden kann), sind Hard- und Software in diesem Fall nur lose verbunden. Die Hardware wird damit zur austauschbaren (wenn auch notwendigen) Infrastruktur für die Software. Ohne Hardware kann die Software nicht laufen. Die Software wird jedoch ohne Hardware ausgeliefert

[228] Es konnte kein Reparatur-/Wartungs-Skript beobachtet werden, denn Softwareprodukte werden in der Regel nicht gewartet, sondern ‚ge-updated'. Der Unterschied zur Wartung ist, dass die Software im Fall des Updates nicht auf einen funktionalen Stand zurückgesetzt wird, sondern mit einer neuen (von Entwicklern umgeschriebenen) Version ersetzt wird. (In manchen Fällen wird der Nutzer oder entsprechendes Personal dazu aufgefordert, ein Update zu initiieren, in vielen Fällen geschieht dies jedoch mittlerweile automatisch und meist sogar unbemerkt im Hintergrund.) Man sollte deshalb beim Updaten nicht (wie beim Warten) von einem Skript-Typ sprechen.

und kann genauso gut auf einem Konsumenten-PC installiert werden wie auf einem Netzwerk an Computern und Servern. Welche Hardware genutzt wird, ist egal, so lange sie gewissen Mindestanforderungen entspricht (welche wiederum davon abhängen, mit welchen Mengen an Daten man arbeiten möchte).

> „Also sagen wir mal so, Hardware spielt schon eine Rolle, aber normal große Datensätze von ein paar Tausend bis ein paar Millionen Beobachtungen dafür reicht ein Konsumenten-PC ohne Probleme. [...] Man darf aber nicht vergessen wenn man große Datensätze hat, Terabyte-weise, da rechnet man die natürlich nicht mehr auf einem Consumer-Computer, sondern hat dann [...] die [Stata-]Variante, die auf mehreren Kernen mit großen Datenmengen rechnen kann.“ (Video-Interview:18#+417#, Gruppe 3, Datenanalyse-Expertin)

Welche Hardware-Anforderungen wann benötigt werden, kann man in der Produktbeschreibung auf der Webseite oder im Handbuch nachlesen.

> “The most important consideration when buying a computer on which to run Stata is the amount of RAM (memory) you will need. You need at least 1 GB of RAM for Stata to run smoothly. Stata loads all of your data into RAM to perform its calculations. You must have enough physical RAM to load Stata and allocate enough memory to it to load and analyze your datasets. Stata will be drastically slowed if the operating system has to use virtual memory to load your data or perform its calculations.” (stata.com 2013)

Wenn man das Handbuch nicht zu Rate zieht, kann man der Software nicht auf den ersten Blick ansehen, dass sie zum Laufen immer einen Computer (mit bestimmter Prozessorleistung, Arbeitsspeicher und ähnlichem) braucht, sondern wird dies erst aus der Performanz der Software ableiten können. Grundsätzlich scheint Stata jedoch keine allzu speziellen Ansprüche an die Hardware zu stellen.[229] Da das Konzept von Computern und Computerprogrammen heute international verbreitet ist, muss dem Nutzer in der Regel auch nicht mehr extra (über das externe oder interne Skript) gesagt werden, dass für die Ausführung des Programms ein Computer nötig ist, sondern höchstens welcher.

> „Eigentlich ist das klassische also Standardsoftware, könnte man fast sagen, ich meine von den Vorbedingungen [...] ist das jetzt nicht anders als Acrobat-Reader oder sowas.“ (Video-Interview:20#, Gruppe 3, Datenanalyse-Expertin)

[229] Stata läuft außerdem auch auf vielen unterschiedlichen Betriebssystemen.

Interessant wird es noch einmal hinsichtlich des ‚Inputs', also der Daten, welche von der Software verarbeitet werden können. Stata kann Daten nur ‚sinnvoll' importieren, wenn sie in einer bestimmten verarbeitbarer Form vorliegen.

> "Stata can read text datasets, which is technical jargon for datasets composed of characters – datasets that can be typed on your screen or printed on your printer. The alternative, binary datasets, can only sometimes be read by Stata." (StataCorp 2013:329)

> „Wir haben jetzt hier in Excel einfach diese Daten. So kann man die jetzt in dem Sinne (nicht), oder (die) könnte man vielleicht sogar direkt in Stata reinladen. Ich bevorzuge es immer, weil es einfach sonst unter Umständen zu irgendwelchen Komptabilitäts-Fehlern führt, den Umweg über .csv zu gehen, also sprich Rohdaten in Textform [und nicht in einer Tabelle]. Ich kann hier in Excel das einfach als .csv exportieren. Dann wird eine csv-Datei draus. [...] und jetzt haben wir hier genau das, die Daten nochmal in einer Rohform. Und das wiederum können wir dann relativ gut in Stata reinladen." (Video-Interview:33#-37#, Gruppe 3, Datenanalyse-Expertin)

Stata verweigert jedoch deshalb nicht das Laden von Daten in anderen Formaten.

> „ICH: Und wenn man einen Datensatz reinlädt, der das falsche Format hat? SIE: Dann würde ich das relativ schnell entdecken, weil dann hier [in der VARIABLEN-ANSICHT] Sachen sind, die z.B. Müll sind. ICH: Aber d.h. das müsste ich selber rausfinden indem ich in diesen Data-Browser gehe und mir das angucke, oder gibt es da eine Fehlermeldung? SIE: Nein eine Fehlermeldung in dem Sinne nicht weil Stata, an der Stelle zumindest, mit Absicht ein relativ dummes Programm ist. Es verlangt deswegen auch etwas mehr vom Nutzer weil es einfach macht was man sagt. [...] Es würde z.B. denken, wenn jetzt [...] in der Textdatei [...] da oben noch steht ‚Copyright so-und-so', (da) würde Stata denken das wären Daten und baut dann halt Mist damit. Das entdeckt man aber sehr sehr schnell. Da passiert selten was." (ebd.:49#-52#)

Selbst wenn man das Programm dazu zwingt, beispielsweise eine Bild-Datei zu öffnen, kommt nicht etwa eine Fehlermeldung, sondern solch ein ‚Text' dabei heraus (s. Abbildung 70). Diese Flexibilität hat jedoch zur Folge, dass der Nutzer die Aufgabe übernehmen muss, zu kontrollieren, ob die Daten wie gewünscht in das Programm geladen wurden (s. Kapitel 6.1.9). Vom Prinzip her kann hier eine Parallele zu den Kontextbedingungen des Bodyscanners gezogen werden (s. Kapitel 6.1.1): Wie beim Bodyscanner, für den das zu Analysierende an die Analysetechnik angepasst werden muss, wenn eine korrekte Funktionalität gewährleistet werden soll, muss der Nutzer die zu importierenden Daten für Stata entsprechend vorformatieren. Welche Datenformate verwendet werden sollten, wird dem Stata-Nutzer auch wieder über die Webseite und das Handbuch, d.h. über externe Präskriptionen, mitgeteilt. Hält man sich nicht daran, bekommt man eben „Mist“ (ebd.:49#-52#) geladen; d.h. auch hier kann man die Anforderungen wieder teilweise aus der Performanz der Software ableiten.

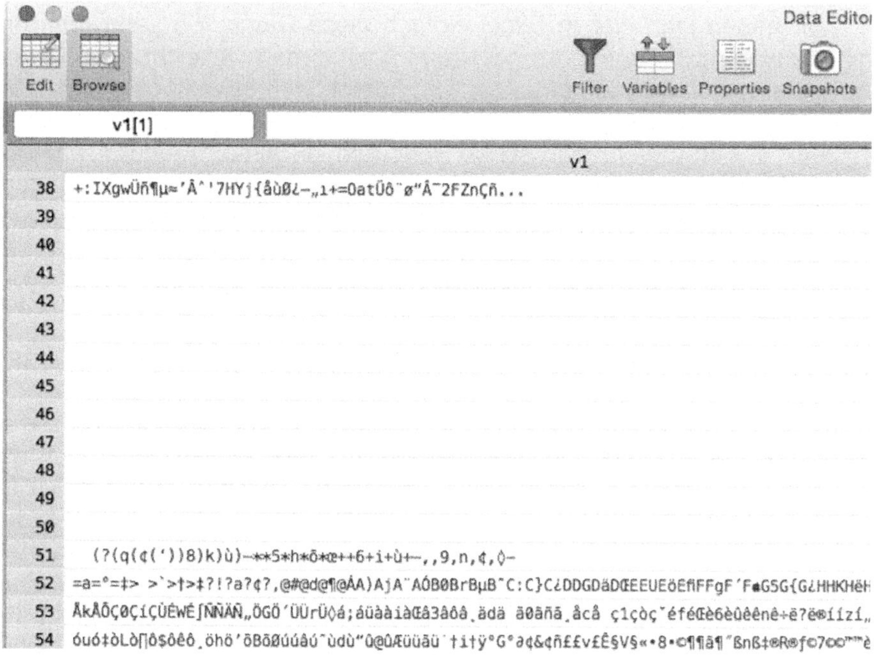

Abbildung 70 – Anzeige einer Bilddatei im Stata Data Editor (Interview Screenshot)

6.1.8 *Nutzeranforderungen und Skript-Zugänglichkeit*

Auch wenn es bei der hier betrachteten Analysesoftware nicht zu einer Ausdifferenzierung des Nutzungs-Skriptes und damit auch nicht zu unterschiedlichen Zugangsbeschränkungen für unterschiedliche Nutzer-Typen kommt, so kann man doch allgemeine Zugangsbeschränkungen bezüglich des Standard-Nutzungs-Skriptes beobachten. Und zwar gibt es erstens Beschränkungen monetärer Art: Je nach ‚Geschmack‘, kann man sich eine Software-Edition mit mehr oder weniger Einschränkungen bzw. Leistung, für mehr oder weniger Geld kaufen.

„Und Stata kostet natürlich was, aber wenn ich jetzt z.B. eine Einzel-Lizenz auf meinem PC einfach haben will sind das für einen normalen Nutzer irgendwie 200, 300 EURO und für Studenten noch billiger. Also kann man jetzt vernachlässigen an der Stelle." (ebd.:18#)

"Stata is available in four flavors, although perhaps sizes would be a better word. [...] The flavors are, from largest to smallest, Stata/MP, Stata/SE, Stata/IC, and Small Stata. Stata/MP is the multiprocessor version of Stata. [...] Stata/MP is the fastest version of Stata. [...] Stata/SE is like Stata/MP, but for single CPUs. [...] Stata/MP and Stata/SE have the same limits and the same capabilities and are intended for those who work with large datasets. [...] Stata/IC is standard Stata. Up to 2,047 variables are allowed. Statistical models may have up to 800 variables. Stata/MP, Stata/SE, and Stata/IC all allow up to 2,147,583,647 observations, assuming you have enough memory. [...] Small Stata is intended for students and limited to 99 variables and 1,200 observations." (StataCorp 2013:49f)

Die Module adressieren unterschiedliche Arten von Nutzern mit unterschiedlichen Interessen, haben im Kern jedoch alle dasselbe Nutzungsziel. Nach dem Kauf bekommt jeder Nutzer eine Lizenz-Nummer (also auch wieder eine Art Schlüssel) zugeteilt, die dann darüber entscheidet, an welcher Stelle dem Nutzer Grenzen gesetzt werden. Gerade bei Software ist es oft der Fall, dass für limitierte Versionen kein eigenes Programm geschrieben wird. Man schreibt stattdessen einmal das vollständige Programm mit allen seinen Funktionen, welche dann für manche Programmversionen (mit bestimmten Lizenz-Nummern) lediglich gesperrt werden. Dass ein solcher Schlüssel benötigt wird, zeigt einem Software in der Regel über ein Dialogfenster an, welches den Nutzer (mit einem kurzen Text, freien Textfeldern und einer Möglichkeit zur Bestätigung) zur Eingabe des ‚Schlüssels' auffordert.

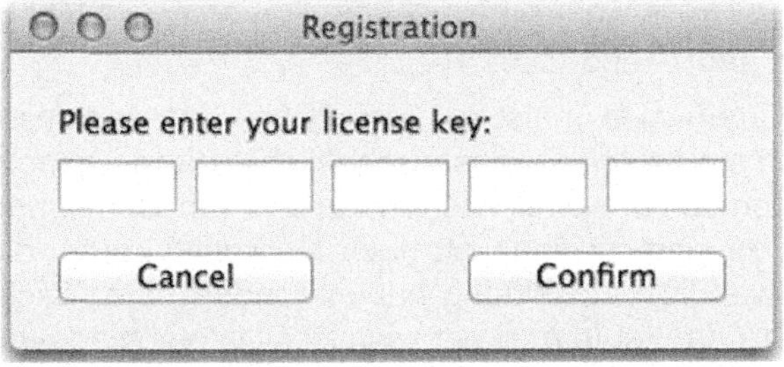

Abbildung 71 – Dialogfenster zur Registrierung gekaufter Software (eigene Abbildung)

Interessant ist, dass ich im betrachteten Fall darüber hinaus keinen weiteren Gebrauch von Schlüsseln zur Zugangsregelung feststellen konnte. Anders als am Flughafen scheint die betrachtete Analysesoftware nicht auf hierarchische organisationale Strukturen ausgerichtet zu sein. Zwar besitzt jeder Nutzer einen Schlüssel auf Gebäudeebene (z.B. seinen Mitarbeiterausweis) und auf Hardwareebene (z.B. seinen Mitarbeiter-Account mit Nutzernamen und Passwort), die Software kann jedoch ohne solche Einschränkungen funktionieren.

> „Also so eine Art Barriere? Nee, das ist in dem Moment eigentlich überhaupt nicht. [...] Also die Tools sind an sich komplett zugängig. Man merkt ganz klar, das sind Tools für Professionals [...], die im Zweifel ja hm Admin-Rechte [...] für dieses Programm komplett haben. Von Lizenz-Gebühren jetzt mal abgesehen, sind die User bei dem Programm eigentlich immer voll berechtigt. Das ist ein Profi-Werkzeug. ICH: Das heißt selbst bei eine Organisationsstruktur drum rum ist es eher unwahrscheinlich dass ... SIE: Ja. Das kann eigentlich nicht wirklich was ändern. Sagen wir mal so, wo die Organisationsstruktur halt eine Rolle spielt [...] die wichtigste Frage ist eher wie ernst man den Modellierer nimmt in der Organisationsstruktur. [...] Aber so lange man die Modellierer ernst nimmt gibt es von der Organisationform eigentlich nichts was die irgendwie hindern würde.“ (Video-Interview:698#-703#, Gruppe 3, Datenanalyse-Expertin)

Über einen Lizenz-Schlüssel hinaus benötigen alle Nutzer bestimmte Fähigkeiten.

> „Wenn man nicht weiß was man tut ist Stata an der Stelle eigentlich nicht so gut.“ (ebd.:638#)

> „Also Stata ist jetzt auch nichts, was man einfach so drauf los nutzen kann.“ (ebd.:14#)

> „Stata ist [an manchen Stellen] mit Absicht ein relativ dummes Programm. Es verlangt deswegen auch etwas mehr vom Nutzer, weil es einfach macht was man sagt.“ (ebd.:52#)

> „Bei Konzernen leistet man sich meistens eine echte Datenanalyse-Abteilung, die also auch ein bisschen wissenschaftlicher da ran gehen. Das ist insofern ein Unterschied, weil kleine Firmen und vor allem junge Firmen, Start-Ups etc. da sind es dann oft auch Marketing-Leute, die quasi gar nicht die notwendige Ausbildung haben sondern eher Click-Tools benutzen. [...] Also das ist immer ein wichtiger Unterschied, wer die Tools benutzt.“ (ebd.:8#+12#)

Stata (und die meisten anderen Datenanalyseprogramme auch) sind nicht für nicht für Nutzer, die durch und durch Laien sind gestaltet. Um mit den Programmen etwas anfangen zu können, d.h. um ‚sinnvolle' Ergebnisse produzieren zu können, sollte man schon eine gewisse Ausbildung haben. Diese Ausbildung bezieht sich jedoch vor allem auf die zum Einsatz kommenden Methoden und weniger auf die Bedienung der Software.

> „Wobei ich sagen muss, das geringere Problem ist das Programm zu bedienen. [...] Also der Lernaufwand waren wirklich über 90% bezüglich der Art der Modelle und wie man Modelle schätzt, verstehet, worauf man achten muss, was da dahinter steckt usw., und nur 10% wie kriege ich diese Modelle in Stata zum Laufen. [...] Die Software ist eigentlich nicht das was man erlernen muss. Da muss man sich drin üben, das ist keine Frage, aber das ist ein bisschen so als würde man von Word auf ein anderes Schreibprogramm umsteigen." (ebd.:684#-689#)

Softwarekenntnisse scheinen von den Nutzern meist schon mitgebracht zu werden. Methodenkenntnisse hingegen werden entweder (über den offiziellen Weg) in einer Methodenausbildung erworben, oder Nutzer bringen sich die benötigten Fähigkeiten selbst bei. Dabei scheinen wissenschaftliche Literatur, aber auch das Handbuch, Online-Tutorials und eine Mailing-Liste (über die man Fragen zu Stata stellen kann) wesentlich zu helfen.[230]

> „Das Manual [das als PDF mitgeliefert wird] ist bei Stata sehr berühmt, das ist teilweise Ursprung von Papern [...]. Wie gesagt, das hervorragende Manual, (ist) definitiv ein wichtiger Punkt. Ich weiß es in dem Fall nur von Stata, aber das gilt eigentlich für die meisten dieser Programme, wo das Manual wirklich sehr sehr gut ist. Und gleichzeitig gibt es in dem Sinne durch das Internet einfach einen riesen Vorteil, weil es gibt oft Tutorials, wo man dann halt wirklich bei Adam und Eva anfängt und so der Reihe nach lernt wie man überhaupt dieses Programm benutzt und was man durchgehen muss usw. Da kann man es sich auf jeden Fall ausreichend selber beibringen. [... und es gibt auch], das ist ganz wichtig, eine sehr aktive Mailing-Liste, die Stata-List. Die ist bekannt, da sind wirklich absolute Top-Shots. Und da schreibt man eben dann diese email an diese paar Tausend Leute weltweit die da drin sind, da ist auch alles dabei von Industrie über Wissenschaft bis Studenten oder so. Und schreibt halt hier das und das, und irgendwie macht das so keinen Sinn, und dann kriegt man sofort ziemlich hoch qualifizierte

---

[230] Dass Methodenkenntnisse und Kontextwissen in Datenanalyseprozessen entscheidend sind, wurde schon in Kapitel 5.2.3 gezeigt.

Antworten. D.h. da ist quasi eine aktive Community die einem genau bei solchen was soll das denn jetzt Fragestellungen Software-seitig einfach so weiter hilft als Teil der Nutzerschaft.“ (ebd.:198#+683#+750#)

Ansonsten hilft, wie so oft auch, einfach Google:

„Ich muss mal überlegen, es gibt so ein Kommando womit man bei Stata ... [...] Das läuft dann eigentlich auch meistens so, man guckt dann einfach hier [in einer Suchmaschine in einem Browser] also man kann über normale Internetseiten bei großen verbreiteten Statistikprogrammen eigentlich extrem viel finden.“ (ebd.:293#)

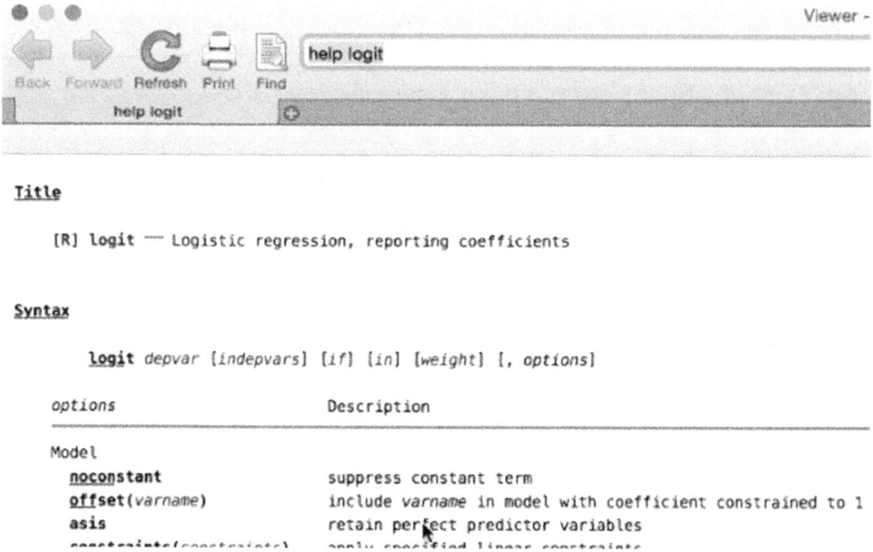

Abbildung 72 – Stata Hilfe (Interview Screenshot)

Die Inhalte des Handbuchs (bzw. Auszüge daraus) lassen sich bei Stata auch direkt aus dem Programm heraus aufrufen und anzeigen – z.B. über den Befehl ‚help‘ (s. Abbildung 72) –, wodurch sie leicht und schnell in den Arbeitsprozess eingebaut werden können.

„Wenn ich mich nicht, wie in dem Fall, mit der Art von Modell schon sehr gut auskenne, dann würde ich eigentlich im Standardfall immer erst mal sagen ‚hilf mir‘ und zwar bei was, bei ‚logit‘, so heißt dieses Modell. [...] Dann kommt hier so eine kleine Hilfe-Datei Übersicht [...] [Und] es gibt bei jedem, zumindest bei jedem relevanten dieser Hilfe-Dinger noch einen Link zu dem Manual.“ (ebd.:186#-188#+198#)

Gewisse grundlegende Fähigkeiten muss also jeder Nutzer mitbringen. Dazu gehört auch die Beherrschung der englischen Sprache. Dies ist zwar nicht verpflichtend, aber dennoch empfehlenswert:

> „Ich würde von der Tendenz sagen für Data Science Anwendungen ist Englisch eigentlich unvermeidbar, ja, [...] um irgendwie aktiv da voran zu kommen, auch mal im Detail ein Tutorial zu finden." (ebd.:696#)

Hinsichtlich der Anforderungen, die Nutzer zur Bedienung der Software mitbringen müssen, setzen unterschiedliche Softwareprodukte, wie Stata und ähnliche Produkte von IBM wie *SPSS Statistics* und *SPSS Modeler*[231], ansonsten auf unterschiedliche Strategien. Um dem Nutzer die Bedienung möglichst leicht zu machen, haben Programme wie der SPSS Modeler Benutzeroberflächen zum Klicken, mit vielen Buttons, Listen, Häkchen, Drop-Down-Menus und Symbolen (s. Abbildung 73).

> "IBM® SPSS® Modeler is a powerful, versatile data and text analytics workbench that helps you build accurate predictive models quickly and intuitively, without programming. Discover patterns and trends in structured or unstructured data more easily, using a unique visual interface supported by advanced analytics." (spss.com 2015)

> „Und bei SPSS Modeler darf man nicht vergessen, das (ist) zwar so ein bisschen so ein Frontend was halt das ganze ja zusammen fasst [...], aber selbst das führt das dahinter liegende SPSS aus und das ist nur so ein Wizard der vorne drauf liegt." (Video-Interview:699#, Gruppe 3, Datenanalyse-Expertin)

Was die Interface-Gestaltung betrifft, sind Stata und SPSS Statistics (s. Abbildung 74 und Abbildung 75) grundsätzlich wesentlich textlastiger aufgebaut als der SPSS Modeler; sie bieten heute neben der Nutzung durch Eingabe von Befehlen selbst geschriebene ‚Commands', jedoch auch eine grafische Benutzeroberfläche an.

> "With both a point-and-click interface and a powerful, intuitive command syntax, Stata is fast, accurate, and easy to use." (stata.com 2015b)

> „ICH: Du kommunizierst mit dem Programm nur über das Command-

---

231 IBM bietet mit *SPSS Predictive Analytics* ein Software-Paket an, das Stata recht ähnlich ist, verkauft es jedoch anders als *StataCorp* als Teil einer ‚Sammlung' an Modulen zur Datenanalyse: "Our portfolio consists of four product families which are designed to work together to help you meet your research and business goals. [...] The four families are: • The Statistics family [...] The Modeling Family [...] The Data Collection Family [... and] The Deployment Family." (IBM 2012a). Stata hingegen "is not sold in modules, which means you get everything in one package!" (stata.com 2015b)

Feld? SIE: Ja, das ist eigentlich der Ursprung. Inzwischen gibt es (aber) hier oben [im Menu] Klicki-Bunti-Befehle.“ (Video-Interview:63#-64#, Gruppe 3, Datenanalyse-Expertin)

„Es gibt halt diese GUI [graphical user interface], die einem hilft die Befehle zu bauen, wenn man will. Aber die meisten, vor allem reiferen *Stata*-Nutzer oder die von früher, die es noch überwiegend so kennen, nutzen es eigentlich damit [über die Kommando-Zeile]. Die Statistik-Programme sind klassischerweise immer Kommando-Zeile, in dem Sinne Programmierung. [...] Das ist in SPSS übrigens genau das gleiche.“ (ebd.:71#-73#)

„Und das ist dann halt auch so ein bisschen netter gemacht, damit (man) auch im Zweifel die Sachen nicht verwechselt.“ (ebd.:81#)

Programme, die überwiegend auf grafische Benutzeroberflächen setzen, stellen damit an vielen Stellen weniger Anforderungen an den Nutzer bezüglich dessen Fähigkeiten als diejenigen Programme, die dem Nutzer die Wahl zwischen beiden Eingabeoptionen lassen, schränken ihn dadurch aber auch mehr ein (s. Kapitel 6.1.10). Um als Nutzer der hier betrachteten Technik infrage zu kommen, muss man also ganz andere Eigenschaften, Fähigkeiten und sonstige Anforderungen erfüllen als am Flughafen. Während Schlüssel eine lediglich untergeordnete Rolle spielen und Nutzereigenschaften gar nicht angesprochen werden, liegt der Schwerpunkt hier auf den mitzubringenden Fähigkeiten, mit dem Programm sinnvoll zusammenarbeiten zu können. Keines der Softwareprodukte ist für Laien geeignet – auch wenn ein Trend zu weniger hohen Ansprüchen vor allem an die Programmier-, aber auch an die Methodenkenntnisse auszumachen ist. Da sich theoretisch jeder mit ein wenig Geld die Software kaufen und installieren kann, findet die Aussortierung ‚nicht geeigneter Nutzer‘ erst im Nutzungsprozess und nicht, wie am Flughafen, schon vor Beginn der Nutzung statt.

Abbildung 73 – SPSS Modeler Hauptfenster (IBM 2012b:12)

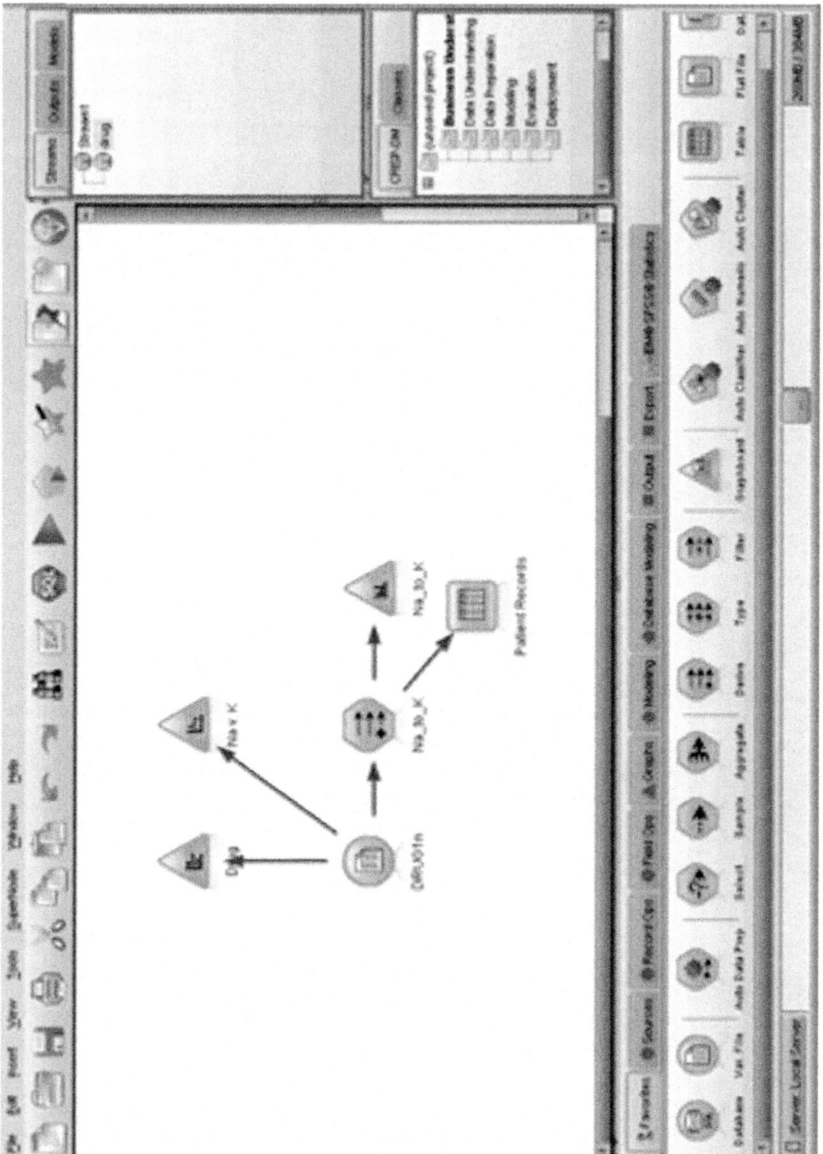

Abbildung 74 – SPSS Statistics Viewer (Gillman, IBM 2014:Figure13)

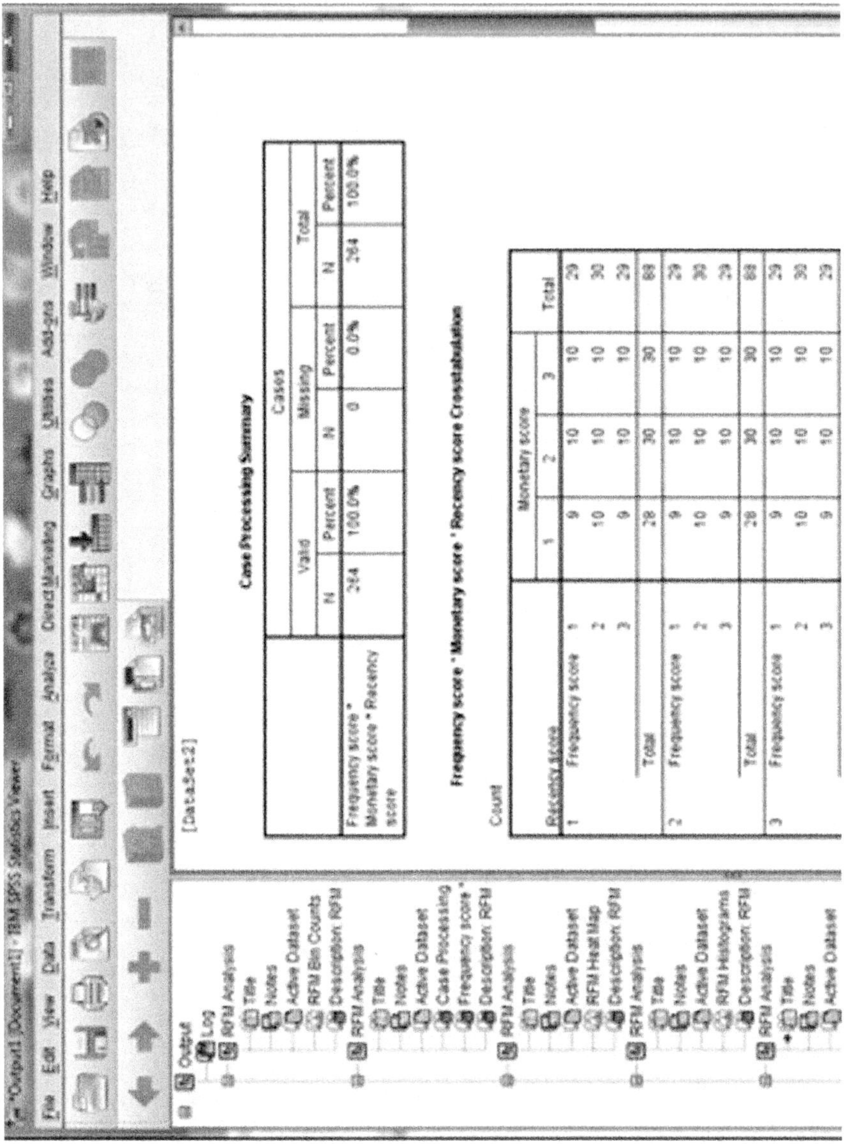

Abbildung 75 – SPSS Syntax-Editor (IBM KnowledgeCenter 2012a)

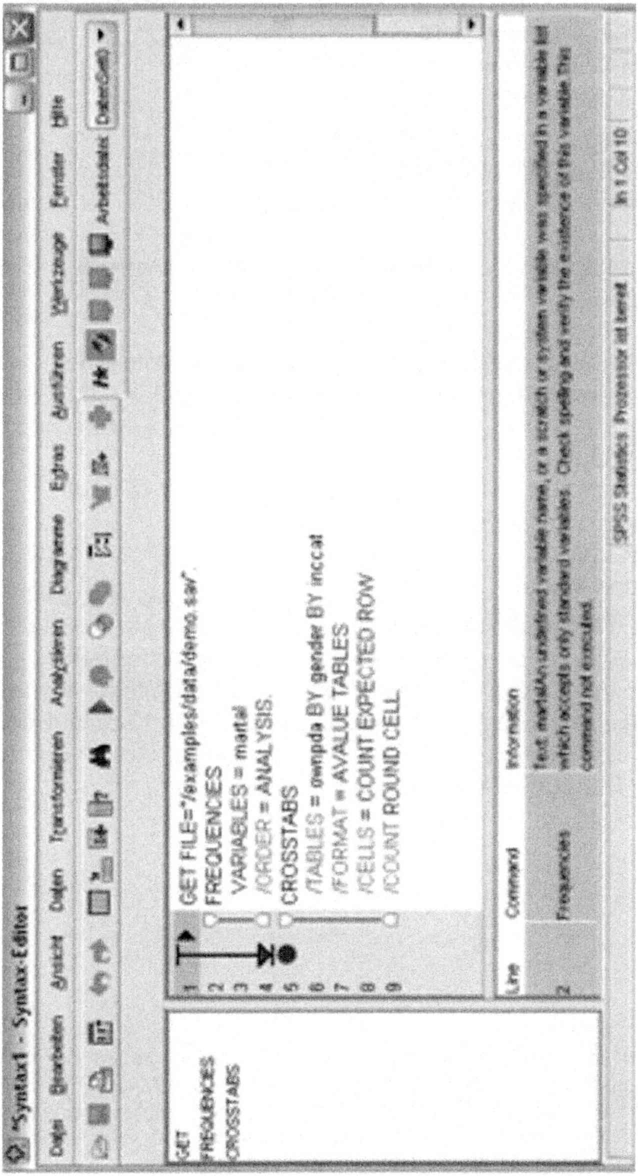

6.1.9 *Skript-Struktur*

Das Nutzungs-Skript der Datenanalysesoftware Stata hat sehr viele Phasen. Die Phasen sind in ihrer Anordnung sehr flexibel, weshalb es für Stata auch nicht *einen* Skript-Ablauf, sondern lediglich typische Skript-Abläufe gibt. Auf den Punkt der Skript-Flexibilität gehe ich in Kapitel 6.1.10 näher ein; im Folgenden möchte ich erst einmal einen möglichen Stata-Skript-Ablauf skizzieren:

1. Starte das Programm (Pflicht-Phase).
2. Importiere Daten (Pflicht-Phase).
3. Prüfe importierte Daten auf Konsistenz und bereite alle Variablen auf.

X. Wähle die abhängige Variable und eine passende Methode (Pflicht-Phase).

4. Suche unabhängige Variablen aus.
5. Lasse ein Modell generieren (Pflicht-Phase; voll-automatisch); gleichzeitig werden immer auch Diagnosen zum Modell durchgeführt.
6. Bewerte den Output;
   (dann zurück zu Phase 3, 4 oder 5 bzw. weiter zu Y, Z oder 7)

Y. Mache zusätzlich Diagnosen.

Z. Teste das Modell.

7. Exportiere das Modell.

Phase 1: Wie auch die Checkpoint-Technik muss die Software zu Beginn gestartet werden (wozu jedoch kein weiterer Schlüssel erforderlich ist, weil bereits bei der Installation die Lizenz-Nummer eingegeben wurde). Stata öffnet sich beispielsweise ganz einfach durch einen Klick auf das Programm-Logo in der Menu-Leiste (s.a. Abbildung 83). Abbildung 76 zeigt das nach dem Start geladene Benutzer-Interface.[232]

[232] Alle Ergebnisse und sonstige ‚Mitteilungen' von Stata werden im großen Hauptfeld (RESULTS) angezeigt. Darunter befindet sich ein Eingabefeld (COMMAND), links der VERLAUF (REVIEW) aller gemachten Eingaben, und rechts (oben) sieht man eine Liste der VARIABLEN des Datensatzes sowie (darunter) Informationen über EIGENSCHAFTEN (PROPERTIES) des Datensatzes.

Abbildung 76 – Stata Benutzeroberfläche mit Kommando-Zeile und Menu-Leiste (Interview Screenshot)

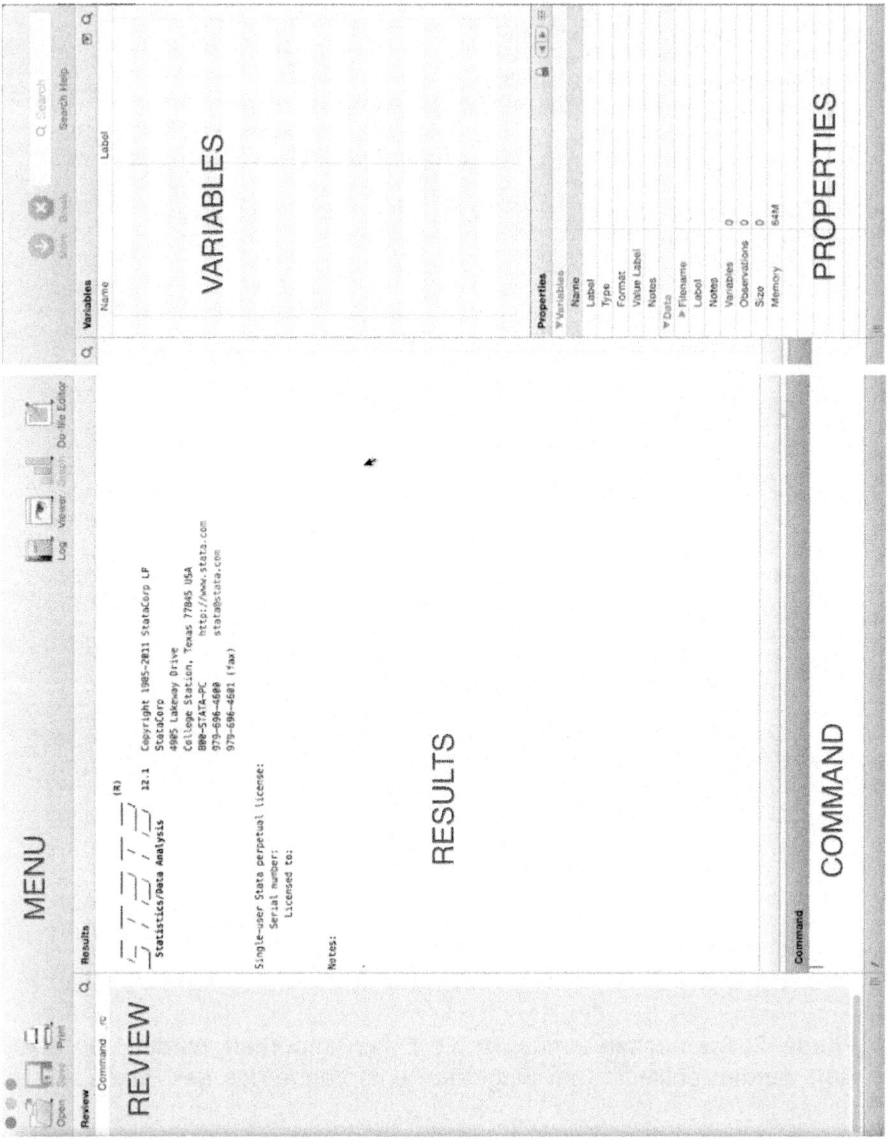

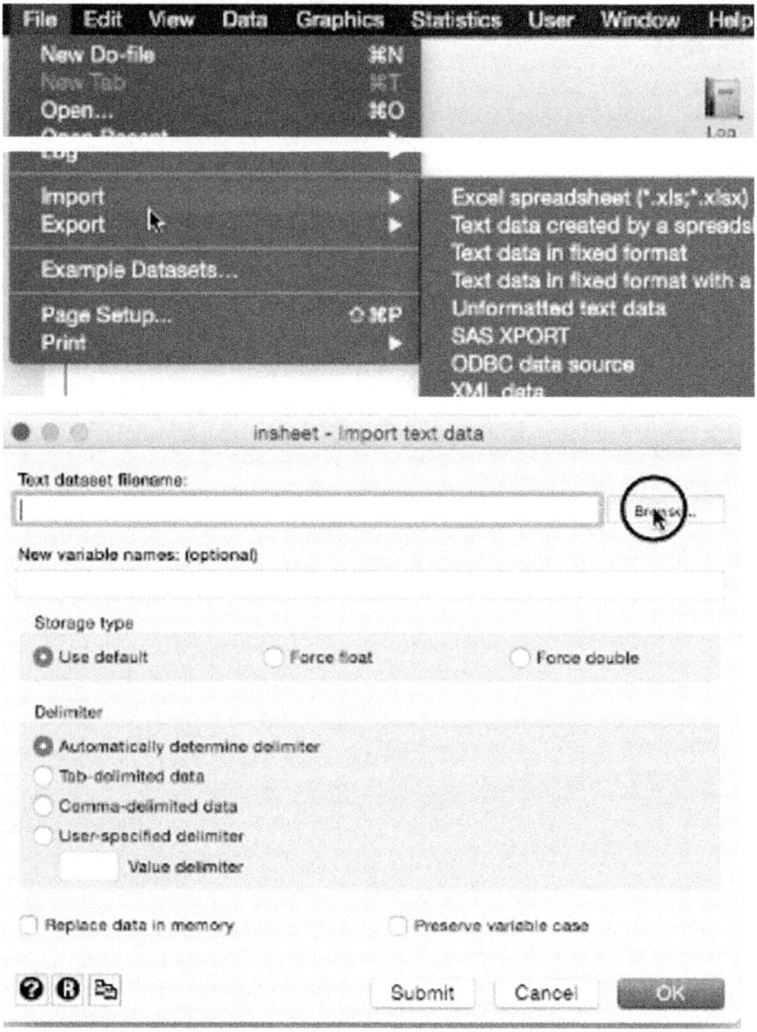

Abbildung 77 – Stata Menu ‚Import File' und das entsprechende Dialogfenster (Interview Screenshot)

Phase 2: Als nächstes müssen die Daten importiert werden, die analysiert werden sollen[233] (am Flughafen entspräche das der Phase, in wel-

233 Im Interview verwenden wir einen frei im Internet verfügbaren, sehr umfangreichen und gut dokumentierten Datensatz mit Kreditdaten der Firma *Bondora*. Zu diesem Datensatz

cher der Passagier bspw. im Bodyscanner platziert wird). Es können entweder frühere Projekte geladen oder aber ganz neue Daten importiert werden. Aus Gründen der Anschaulichkeit werde ich mich auf letzteren Fall konzentrieren. Dateien können über zwei Varianten in das Programm geladen werden (s. Abbildung 77): entweder über das Menu (Menu → File → Import → ‚Text data created by a spreadsheet' → Browse → Datei auswählen → Open → Ok) oder über das Kommando-Feld (‚insheet using path/LoanData.csv' + Enter-Taste). Auch Phase 2 muss also vor Beginn der Analyse stattfinden, lässt dem Nutzer aber mehrere Möglichkeiten, wie sie stattfindet.

Phase 3: Die geladenen Daten können an mehreren Stellen in unterschiedlicher Detail-Tiefe betrachtet werden. Einen ersten Überblick bekommt man über die beiden Rubriken des Interfaces VARIABLES und PROPERTIES (s. Abbildung 76 und Abbildung 78). Nach dem Laden sollten die Daten jedoch noch genauer überprüft werden, ob sie so importiert wurden wie erwartet oder ob sie aufbereitet werden müssen.

> „Und jetzt laden wir mal diese Daten, in der Hoffnung dass das Format passt. Kann sein, dass man dann da immer nochmal ein bisschen rumbauen muss." (ebd.:43#)

> „Das sind halt Vorprüfungen in den Daten, die man lieber mal macht und dann sieht, hier ist was Komisches." (ebd.:143#)

Dies ist keine Pflicht-Phase, denn man könnte theoretisch sofort mit dem Modellieren loslegen; Stata würden den Nutzer nicht daran hindern.

> „Wir machen das mal direkt live. Wir sagen Stata, bitte ein logit-Modell rechnen, von der abhängigen Variable [...] und jetzt machen wir es mal ganz simpel, ich tippe mal nichts anderes mehr ein und sage nur mach mir ein Modell der Variable [...]. Und das funktioniert auch, ich kann Enter drücken." (ebd.:213#-216#)

Zu wissen, wie verwertbare Daten aussehen (bzw. wie man sie verwertbar machen kann, falls sie nicht in der gewünschten Form vorliegen), gehört zu den Fähigkeiten, die man während der Methodenausbildung lernt. Ein ‚guter' Modellierer weiß, dass dies notwendig ist, auch ohne dass die Technik ihm das vorschreibt. Zur Überprüfung hält Stata einige Möglichkeiten bereit, wie z.B. den Data-Browser, der es dem Nutzer ermöglicht, den Datensatz im Detail (ähnlich wie in Excel) durchzugehen.

> „Man kann auch übrigens jederzeit, über den Data-Browser [in den

gehört auch ein sogenannter Codeplan, der aufführt, welche Variablen im Datensatz enthalten sind und welche Ausprägungen die Variablen haben können.

Datensatz] rein gucken. Das sieht dann ähnlich aus wie in Excel. [...] So kann man auch sicherstellen, dass nicht aufgrund von Formatproblemen oder so, irgendwas nicht vernünftig durch kommt." (ebd.:48#)

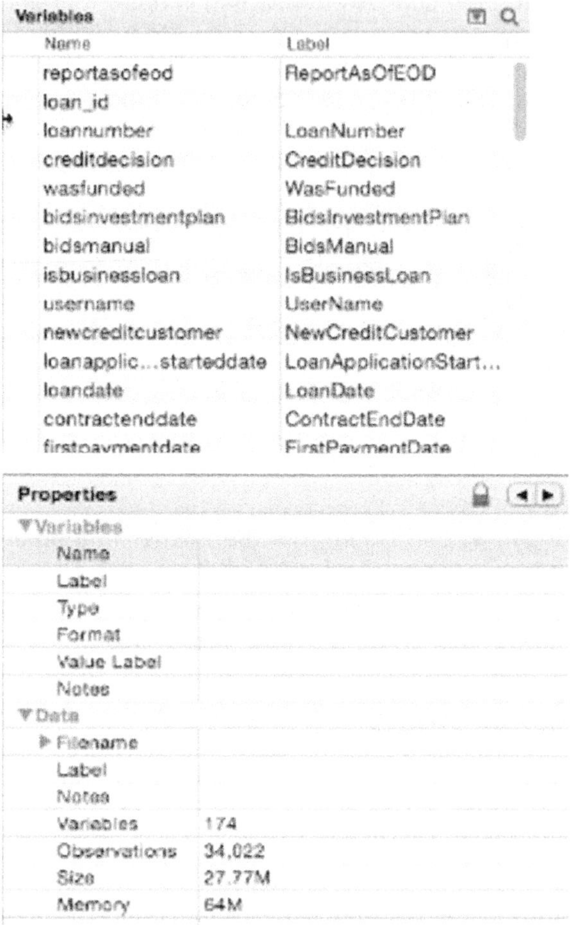

Abbildung 78 – Stata Variables- und Properties-Felder nach Datenimport (Interview Screenshot)

Außerdem kann man sich verschiedene Aspekte und Eigenschaften des Datensatzes und der Variablen auch im RESULTS-Feld anzeigen lassen.

„Man guckt dann auch im Zweifelsfall als erstes Mal rein mit so einem Describe-Befehl, was haben wir hier überhaupt. [...] Und dann kann man schon sehen, ok was liegt jetzt in diesem Datensatz drin und wie viele Beobachtungen habe ich [... und welche] Variablen." (ebd.:55#)

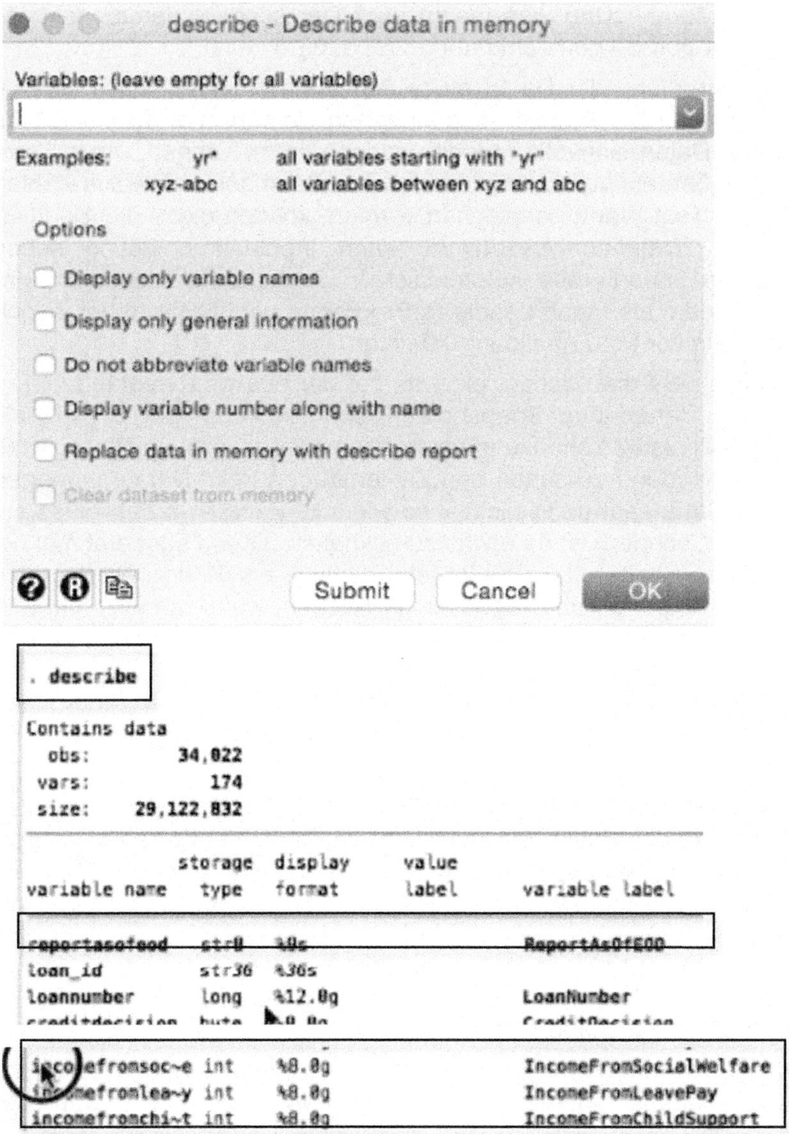

Abbildung 79 – Stata Dialogfenster ‚descibe data' und der Output im RESULTS-Feld (Interview Screenshot)

Das geht wieder einerseits über das Menu oder über das KOMMANDO-Feld (‚describe' + Enter-Taste) (s. Abbildung 79). Beide Befehle machen im Ergebnis genau das gleiche.

[Klickt im Menu:] „Und was macht der? Der schreibt genau *describe* hin, was wir gerade gemacht haben." (ebd.:69#)

Bei der Überprüfung der Daten muss man darauf achten, dass wirklich nur ‚echte' Daten als Variable aufgenommen werden (s.a. Kapitel 6.1.7). Um mit den Daten sinnvolle Modelle generieren zu können, muss Stata die Daten außerdem vollständig ‚verstehen'. Wenn beispielsweise Zahlen (1, 2, ...) als Text-Werte gespeichert werden, können diese nicht addiert werden o.ä.. Datenanalysesoftware kann Input-Daten häufig schon während des Importierens automatisch in ‚brauchbare' Variablen umwandeln. Anders als manch anderes Programm geht Stata dabei jedoch sehr vorsichtig vor (s.a. Abbildung 79 unten).

„Und dann sieht man richtig, ok, was hat der aus was verstanden. [...] (Hier) das Datum des Snapshots [‚ReportAsOfE00'] hat er halt als String [‚str8'] also Zeichenkette verstanden, weil er nicht weiß wie er mit den Slashes [den / zwischen den Zahlen in den Input-Daten] umgehen soll. Und Stata sagt dann nicht – so wie z.B. Excel – ja das muss ein Datum sein, sondern ist da etwas zurückhaltender und sagt erst mal bei den meisten Sachen, ok das ist jetzt einfach ein String den ich nicht kenne. Dann gibt es aber auch einige Sachen, wenn man da mal rein guckt, die er sofort erkennt, z.B. haben wir hier ‚Income' und da sieht er das sind alles ganze Zahlen also macht er halten einen ‚integer' [‚int'] draus. Das sieht er dann schon. Er würde den nie forcieren, aber wenn er sieht alles passt in das Schema dann nimmt er es auch so rein." (ebd.:56#-60#)

An den Stellen, wo Stata sich nicht sicher ist, welcher Typ von Variable vorliegt, kommt der Nutzer ins Spiel. Bei großen Datensätzen kann eine solche Überarbeitung der Daten recht lange dauern, jedoch sollten alle Daten, die man im Modellierungsprozess nutzen möchte, mindestens auf Daten-Typen und Konsistenz geprüft werden. Dafür können weitere Befehle, wie z.B. ‚sum' (summary) und ‚tab' (tabulate), genutzt werden (s. Abbildung 80), um sich die einzelnen Ausprägungen und der Variablen noch genauer anzuschauen.[234]

„Was ich jetzt mal gemacht habe – hier diese ‚sum' steht für summary statistics – das ist eigentlich üblicherweise der zweite Schritt den man

---

[234] Die Variablen und ihre Verteilung kann man sich, je nach Präferenz, auch grafisch anzeigen lassen. „ICH: Das heißt ich kann mir auch alle einzelnen Variablen nochmal visualisieren lassen? SIE: Ja, in jeder Variante visualisieren und sonst was. Man kann auch z.B. den, rein optisch darstellen wie ist der Zusammenhang zwischen [zwei Variablen]. [...] Man kann [...] alles Mögliche irgendwie grafisch darstellen." (ebd.:255#-256#+264#)

macht. Da guckt man erst mal rein, was man überhaupt in diesen Variablen drin hat. Und wir sehen z.B. bei vielen Variablen 0 Beobachtungen. Das hängt meistens damit zusammen, dass er nicht weiß was es für eine Art von Variable ist. Also z.B. hatten wir vorhin dieses Datum [... und] weil er die Ausprägung nicht verstanden hat, dieses Datumsformat das da drin steht, sagt der erst mal vorsichtshalber, nee ich kann hier nichts beobachten, ich hab hier keine Daten die ich irgendwie verstehe. Also sagt er da hätte er 0 Beobachtungen. Bei den anderen, z.B. bei der Nummer des Loans, das ist einfach eine durchlaufende Nummer, und wir sehen hier die geht von 37 bis 351.733, da hat er für alle 34.022, was hier auch die Gesamtzahl der Beobachtungen ist, [...] auch eine Nummer die er versteht. Hier guckt man rein, macht das alles Sinn?" (ebd.:86#-92#)

Variablen, die man für das Modell verwenden möchte, müssen (in vielen Fällen) aber noch weiter aufbereitet werden. Um alle Variablen so präparieren zu können, dass sie in optimaler Form für die Analyse vorliegen, sollte bereits feststehen, welche die abhängige Variable sein soll, d.h. was eigentlich erklärt werden soll (s. Phase X), dies ist jedoch an dieser Stelle nicht verpflichtend. Wie Phase 3 beispielweise weiter ablaufen kann, möchte ich an drei Beispielen zeigen. Wenn wir davon ausgehen, dass das Geschlecht einen Einfluss auf die abhängige Variable hat (weil bspw. frühere Theorien Ähnliches gezeigt haben), wollen wir hier eine möglichst klar definierte Variable haben. ‚Gender' kann im hier verwendeten Datensatz drei Ausprägungen haben: männlich (0), weiblich (1) und ‚nicht-spezifiziert' (2). Der letzten ‚Gruppe' gehören nur sehr wenige Datensätze an. Wenn man nicht auch die Auswirkung eines unbestimmten Geschlechts untersuchen will, kann man sie löschen (‚drop') – und hat im Ergebnis eine ‚saubere' binäre Variable.

„Ok wir haben hier wirklich gender ‚undefined' [...] Das gefällt uns nicht, weil wir wollen Gender [zur Prognose] benutzen. Also sagen wir: drop if gender == 2 , und jetzt sind diese 2.378 Beobachtungen rausgeflogen." (ebd.:99#+101#)

Auf ähnliche Art und Weise können unterschiedliche Ausprägungen von Variablen auch zu einer neuen Ausprägung zusammengefasst werden (z.B. wenn man die Variable ‚Kinder' mit den Ausprägungen keine Kinder, 1 Kind, 2 Kinder, 3 Kinder und mehr als 3 Kinder auch als binäre Variable haben möchte und sie umwandelt in: ‚keine Kinder' und ‚Kinder'). Oder aber es können aus bestehenden Variablen ganz neue Variablen generiert werden (mit dem Befehl ‚tab-gen').

```
. sum
```

Variable	Obs	Mean	Std. Dev.	Min	Max
reportasof~d	0				
loan_id	0				
loannumber	34022	185322.9	115748	37	351733
creditdeci~n	34022	.8512139	.3558827	0	1
wasfunded	34022	.5699253	.4950936	0	1
bidsinvest~n	34022	1026.835	1545.962	0	11480
bidsmanual	34022	504.5607	916.2685	0	26370
isbusiness~n	34022	.004115	.064017	0	1
username	0				
newcreditc~r	34022	.8668215	.3397726	0	1
applicatio~r	34022	14.29887	5.085059	0	23
applicatio~y	34022	3.367292	1.800313	1	7
verificati~e	33882	2.700992	1.223494	1	4
language_c~e	34022	3.421668	2.279175	1	23
age	34022	37.37479	11.73699	0	80
gender	33882	.540582	.6234854	0	2
country	0				
credit_score	33445	947.9205	127.3726	0	1000

```
. tab country
```

Country	Freq.	Percent	Cum.
EE	15,326	48.65	48.65
ES	8,072	25.62	74.27
FI	7,630	24.22	98.49
SK	476	1.51	100.00
Total	31,504	100.00	

Abbildung 80 – Stata RESULTS-Feld mit Output für die Befehle sum und tab (Interview Screenshot)

„Country ist z.B. 0 [...] aber wahrscheinlich steckt da doch ganz schön viel drin. [...] Also gucken wir mal was es da gibt. [tab country] Und wir sehen EE, das dürfte für Estonia stehen [...] ES ist Spanien, [FI ist Finnland, usw.] [...] Jetzt haben wir das Problem, also das sind ja keine quantitativen Angaben. Im Endeffekt weiß Stata weder was EE ist noch FI und wir müssen Stata irgendwie klar machen, dass er Variablen nutzen kann, um daraus also um in dem Fall diese Information quantitativ zu nutzen. Da gibt es das sogenannte tab-gen, also tabulate-generate. Ich sage ihm einfach: Mach das hier nochmal [tab country], nur, für jede Zeile die du hier durchgehst – EE, ES, usw. –, baue mir eine [neue] Variable. Die nennen wir halt irgendwie countryX. [... Und] wenn wir nochmal ‚summary' machen, haben wir jetzt plötzlich vier neue [binäre] Variablen, die er jetzt quantitativ benutzen kann, countryx1, countryx2, countryx3 und countryx4. Die gehen (jeweils) von 0 bis 1, also ja oder nein. [...] Man hat also jetzt hier etwas womit man rechnen kann gebaut." (ebd.:112#-118#+126#)

Mit solchen Problemen kann man sich als Nutzer eine ganze Weile beschäftigen.

Phase X: Spätestens am Ende dieser ‚Aufräum-Phase' sollte man sich klar machen, was man mit seinem Modell einmal erklären möchte (vgl. Findung der Zielgröße in Kapitel 5.2.3) und wie, d.h. mit welcher Methode, man das erreichen möchte.

„Also sollten wir sollten uns als Erstes mal fragen, was wollen wir überhaupt untersuchen." (ebd.:127#)

In diesem Fall haben wir uns für die Variable *actual default* (‚ad') aus dem verwendeten Datensatz entschieden.

„Wir erstellen jetzt also ein Modell dafür, ob ein actual default stattfindet. So, die Fragestellung die wir jetzt beantworten werden mit dem Modell ist, welche Treiber führen in welcher Ausprägung dazu, dass jemand mindestens 3 Monate, mindestens drei seiner Zahlungen nicht geleistet hat." (ebd.:136#)

Die Methode sollte so gewählt werden, dass sie zur Struktur der Zielgröße passt.

„Actual default in dem Fall, sieht man, hat nur zwei mögliche Ausprägungen: 0 oder 1 [...]. Es gibt hier Grenzen im System, es gibt eine Untergrenze bei 0 und eine Obergrenze bei 1. [Und] wichtig ist halt, dass man kein Modell schätzt, was einen Zusammenhang findet der z.B. linear ist oder so, weil dann könnte man ja auch Werte über 1 oder unter 0 erzielen, was [in diesem Fall] keinen Sinn macht. Dafür gibt es eine eigene Modell-Klasse, das sind die sogenannten binary oder dichotomen Modelle, die eben genau dafür gebaut sind quantitative Analysen zu machen für eine abhängige Variable, die zwischen 0 und 1 liegt, inklusive halt nur 0 und nur 1. Da gibt es eigentlich drei Stück. Der Klassiker ist das sogenannte Logit Modell." (ebd.:165#-168#)

Da die abhängige Variable und die Methode zur Modellerstellung theoretisch irgendwann vor Phase 5 gewählt werden können, erhält diese

Phase von mir keine Nummer. Es zeigt sich bereits an dieser Stelle, dass sich im Stata-Skript keine klare Phasenordnung ausmachen lässt (s Kapitel 6.1.10). Spätestens zu Beginn von Phase 5 müssen jedoch zumindest Methode und abhängige Variable feststehen, denn ohne sie kann kein Modell erstellt werden.

Phase 4: Bevor es mit der Modellerstellung losgeht, schiebt sich jedoch in der Regel noch eine weitere Phase dazwischen: die Auswahl der unabhängigen Variablen sowie optionaler Parameter (s.a. Kapitel 5.2.3). Diese Phase ist in diesem Fall optional, denn Stata lässt den Nutzer die Logistische Regression (die hier gewählte Methode) auch ohne solche Parameter und unabhängige Variablen ausführen, ohne sie kann man jedoch kein aussagekräftiges Modell erstellen. Die Notwendigkeit dieser Phase ist demnach keine technische, sondern eine methodische und wird nicht durch das Skript durchgesetzt. Die Parameter und Variablen müssen vor dem Start der Methode ausgewählt und dieser mitgegeben werden. Sie sind so etwas wie die möglichen Einstellungen für eine Methode. Die Methoden können durch diverse Parameter so abgeändert werden, dass sie die automatisch ablaufenden Prozesse auf eine ganz bestimmte (die gewünschte) Art und Weise durchführen.

> „Nein, also Voreinstellungen in dem Sinne haben die Programme also quasi nicht [...] man kann diese Funktionen [aber] intensivst parametrisieren. [...] also ich gehe jetzt nicht einfach nur auf ‚Bitte Analyse machen'." (ebd.:184#-185#+211#)

Phase 5: Phase 5 ist eine Pflicht-Phase, da der Analyseprozess ohne die Durchführung der Methode unvollständig ist. Um den automatisierten Prozess der Modellerstellung zu starten, muss der Methodenname, zusammen mit der abhängigen und den unabhängigen Variablen, in das KOMMANDO-Feld eingegeben werden. Dieser Befehl muss (in der programmeigenen Sprache) äußerst korrekt erteilt werden.

Abbildung 81 – Stata Command-Feld: simples Logit-Modell der Variable ‚ad' (Interview Screenshot)

Sind die Befehle beispielsweise falsch geschrieben, kann die Methode nicht ausgeführt werden. Die korrekten Befehle und die entsprechende Syntax lassen sich in der schon besprochenen Stata-Hilfe und dem Manual nachschauen (s. Abbildung 72).

> „Wenn ich mich nicht, wie in dem Fall, mit der Art von Modell schon sehr gut auskenne, dann würde ich eigentlich im Standardfall immer

erst mal sagen ‚hilf mir' und zwar bei was, bei ‚logit', so heißt dieses Modell. [‚help logit' + Enter-Taste] ... Dann kommt hier so eine kleine Hilfe-Datei-Übersicht. [...] [Da] steht: wie baue ich das, wie ist die Syntax aufgebaut, was für Optionen gibt es. [... Und] inzwischen sagt der einem hier auch, wo man das im Menu finden würde, wenn man es mit Klicki-Bunti eingeben will [...] falls einem so Dialogfelder lieber sind als eine Kommando-Zeile." (ebd.:186#-195#)

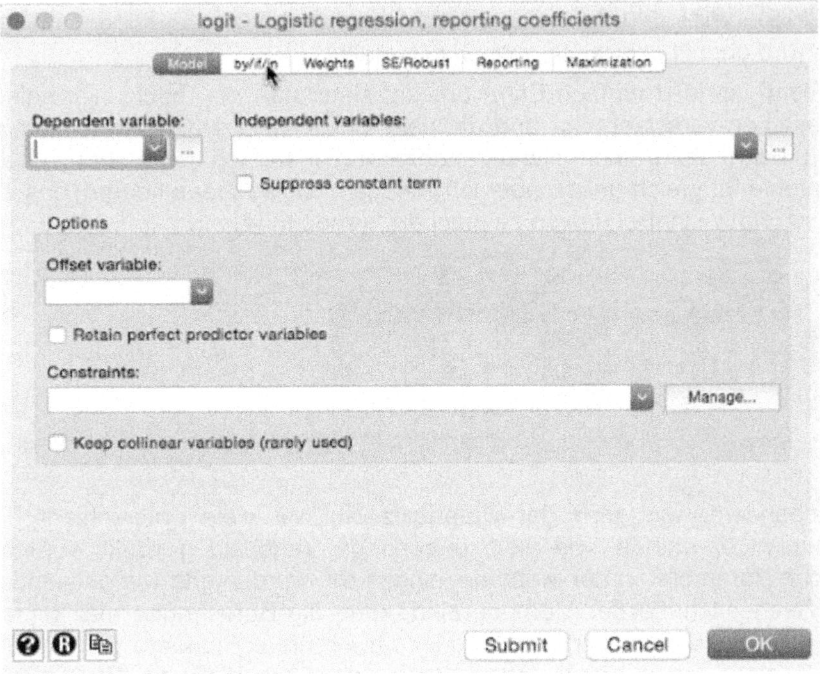

Abbildung 82 – Stata – Erstellung eines Logit-Modells über das Menu (Interview Screenshot)

Alternativ kann man also auch hier wieder das ‚Menu' bemühen (s. Abbildung 82). Auch in diesem Fall müssen jedoch (über ein Drop-Down-Menu) zumindest alle Pflichtangaben gewählt werden, um (durch Drücken des OK-Buttons) den Prozess starten zu können. Der Nutzer muss also auch in diesem Fall wissen, welche Art von Methode er mit welcher abhängigen Variablen durchführen lassen möchte (s.a. Phase X).

„Wenn man mal ehrlich ist, wenn man jetzt ganz doof rangeht, könnte man ja auch sagen, naja ich habe ein binäres Outcome, ok [klickt im Menu: Statistics, Binary outcomes], ah, (da) gucke ich vielleicht mal im Internet noch was die Dinger hier jeweils machen und dann benutze ich halt einfach eines. Könnte man durchaus ja so machen, einfach diese 20 Dinger die einem das Programm hier anbietet für binäre Variablen [s. Abbildung 90]. Und ich meine auf die Idee zu kommen dass ‚actual default' binär ist muss man schon selber." (ebd.:691#-693#)

Einmal gestartet, läuft die Methode völlig automatisch ab. In dieser Phase kann der Nutzer auch nicht mehr in den Prozess eingreifen.

„Man merkt das daran, dass nichts mehr geht. jetzt ganz stumpf gesagt." (ebd.:435#)

Das wird dem Nutzer auch optisch mitgeteilt.

„Wenn ich jetzt einfach Enter drücke, sieht man der macht hier seine Kästchen-verschiebung, und da weiß ich der ist gerade am Arbeiten. Ich kann dann auch nichts anderes machen. Ich kann ihm schon Befehle für gleich geben aber ich weiß ja nicht was raus kommt, das ist also relativ sinnfrei das so zu machen." (ebd.:445#)

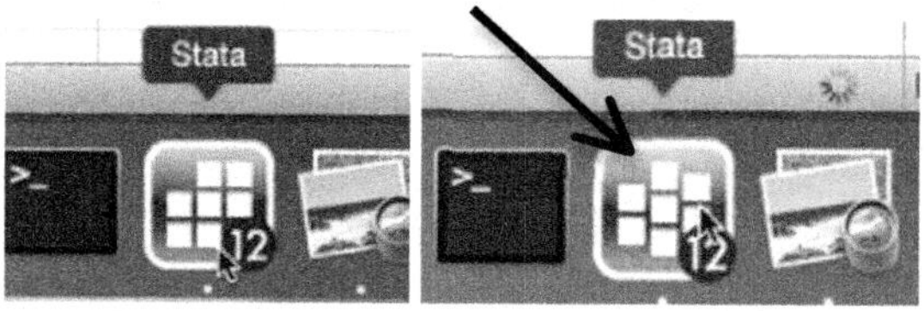

Abbildung 83 – Stata–Logo in der Dock-Leiste mit verschobenen Kästchen (Interview Screenshot)

Je nachdem, wie groß der Datensatz ist, wie viele unterschiedliche Variablen er enthält, wie viele unabhänge Variablen gewählt wurden, welche Parameter in der Methode ‚eingestellt' wurden und wie aufwendig die Rechenschritte der Methode sind, kann die Berechnung mal kürzer (d.h. nur Sekunden) und mal länger (d.h. mehrere Stunden) dauern. Ist die Berechnung durchgelaufen, werden die Ergebnisse im RESULTS-Feld angezeigt, was gleichzeitig die nächste Phase einleitet.

Phase 6: Abbildung 84 zeigt den in Textform aufbereiteten Output eines sehr simplen Logit-Modells mit einer einzigen unabhängigen Variablen (‚Alter'): *logit ad age*. Die gezeigte „Zahlentapete" (ebd.:600#) ist eine Darstellung des Modells; sie enthält außerdem Modellgüte-Kennzahlen, wie ‚log likelihood' oder ‚Pseudo R^2'.

„Log likelihood [...] [das ist] ungefähr ganz stumpf gesagt die Summe aller Fehler zur Realität. [...] Wir sehen es ja schon an dem Minus, man muss so nah wie möglich an null kommen, weil null ist der Optimalzustand, alles andere ist Abweichung." (ebd.:346#+239#)

„Und wir sehen hier ein paar Sachen [...] Wir können an dem (Pseudo)

R^2 – was die Varianzaufklärung also die Aufklärung der Unterschiede zwischen verschiedenen Fällen betrifft – können wir sehen ob wir insgesamt besser werden oder nicht.“ (ebd.:218#+220#)

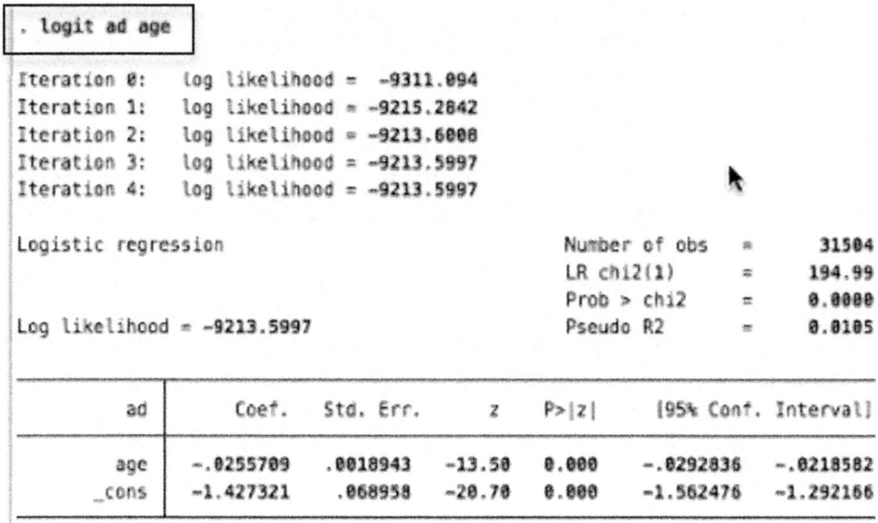

```
. logit ad age

Iteration 0:   log likelihood =  -9311.094
Iteration 1:   log likelihood = -9215.2842
Iteration 2:   log likelihood = -9213.6008
Iteration 3:   log likelihood = -9213.5997
Iteration 4:   log likelihood = -9213.5997

Logistic regression                         Number of obs   =     31504
                                            LR chi2(1)      =    194.99
                                            Prob > chi2     =    0.0000
Log likelihood = -9213.5997                 Pseudo R2       =    0.0105

------------------------------------------------------------------------------
          ad |      Coef.   Std. Err.      z    P>|z|     [95% Conf. Interval]
-------------+----------------------------------------------------------------
         age |  -.0255709   .0018943   -13.50   0.000    -.0292836   -.0218582
       _cons |  -1.427321    .068958   -20.70   0.000    -1.562476   -1.292166
------------------------------------------------------------------------------
```

Abbildung 84 – Stata Results-Feld: simples Logit-Modell (Interview Screenshot)

An den Kennzahlen[235] kann der Modellierer erkennen, wie gut das berechnete Modell ist. Das Feedback des Algorithmus' befähigt den Nutzer somit, eine Bewertung des aktuellen Modell, d.h. des gemeinsam mit der Technik produzierten Ergebnisses vorzunehmen. An den Ausprägungen, die diese Werte annehmen, kann der Modellierer sein weiteres Handeln im Modellierungsprozess orientieren. Der im RESULTS-Feld angezeigte Output hat für den menschlichen Modellierer also Signalcharakter, denn die Ausprägung der Werte beeinflusst das nachfolgende Technik-Nutzer-Verhältnis und die Wahl einer anschließenden Skript-Phase. Der Modellierer sollte nach jeder Modellerstellung prüfen, ob „die Signifikanzen stimmen, die Größenordnungen stimmen [und ob] die

[235] Für die Diagnose einzelner Regressionskoeffizienten sowie für das Gesamtmodell gibt es eine Menge an Verfahren, wie beispielsweise die Maximum-Likelihood-Methode, deren Güte in entsprechenden Kennzahlen ausgedrückt wird. Sie werden bei jedem Durchlauf der Methode automatisch mit erstellt und angezeigt. Auf die Verfahren selbst werde ich an dieser Stelle nicht im Detail eingehen. Für die Skript-Analyse interessant ist lediglich ihr Signal-Charakter für den menschlichen Modellierer.

Richtungen stimmen“ (ebd.:661#).[236]

„Die spannende Frage ist aber, war es sinnvoll Alter rein zu tun? Und da muss man jetzt aufpassen. [...] Also wir haben drei Fälle, die wir immer abhaken müssen, a) ist es zumindest halbwegs signifikant? [...] Der zweite Punkt ist, und das ist eigentlich finde ich, der wichtigste: In welche Richtung zeigt das Vorzeichen? Gibt es eine Theorie, womit ich mir das irgendwie erklären kann? [...] Der dritte Punkt der wichtig ist: Macht die Größenordnung Sinn?“ (ebd.:269#+271#-272#+276#)

Die Antworten auf diese drei Fragen entscheiden dann darüber, ob eine erklärende Variable im Modell bleibt oder nicht. In diesem Fall scheint alles dafür zu sprechen:

„Fangen wir mal an einfach mit der Signifikanz [P>|z|]. Da sieht man, man achtet hier immer auf diesen P-Wert, P ist im Endeffekt [...] in wie viel Prozent der Fälle liege ich damit falsch. Und jetzt ist es hier 0,000, dahinter könnte durchaus was stehen, irgendwann wird auch was kommen, aber zunächst mal ist es sehr genau. [...] Das ist ein bisschen Definitionssache. Allerdings ist das hier [0,000] eigentlich auch für den allerschlimmsten Hardliner dann noch sehr signifikant. [...] So der zweite Punkt [...] also hier sehen wir z.B. dass mit steigendem Alter sinkt das ‚default risk'. Da finde ich persönlich, ja das kann durchaus sein. [...] Man muss immer überlegen, ob man es selber schon erklären kann oder ob man wenigsten auf eine Theorie zurückgreifen kann, die das erklären kann. [...] [Zum] dritte[n] Punkt [...] also wenn jetzt hier z.B. stehen würde, -1 oder so, dann würde das bedeuten, für jedes Jahr Alter würde ich hier um 1 springen, also sprich vom Mittelpunkt abweichend würden wenige Jahre Alter es komplett in irgendeine Richtung zerschießen, das macht dann überhaupt gar keinen Sinn und muss ein statistisches Artefakt sein. Das ist hier natürlich nicht der Fall. (ebd.:269#-273#+276#-280#)

Alle relevanten Kennzahlen werden von Stata auf Grundlage eingangs festgelegter Verfahren errechnet; die Interpretation der Zahlen muss jedoch vom Nutzer kommen.

„Also ich hatte z.B. im Laufe meiner Dissertation nie den Effekt dass ich was gerechnet hab und dann Feedback bekommen habe, nee so geht

[236] Diese drei Aspekte sollten für alle neuen Variablen im Modell geprüft werden; gleichzeitig sollte aber auch darauf geachtet werden, dass sich bei ‚alten' Variablen (durch die neu hinzugenommenen) nicht auf einmal das Vorzeichen ändert oder diese insignifikant werden.

es aber nicht, sondern das habe ich schon selber gemerkt. [...] Man merkt dann schon selber was eigentlich noch fehlt damit es was Ordentliches ist. das geht schon mit Selbst-Information.“ (ebd.:735#)

```
note: 0.home_ownership_type_id != 0 predicts failure perfectly
      0.home_ownership_type_id dropped and 23 obs not used

note: countryx2 omitted because of collinearity
note: countryx3 omitted because of collinearity
note: countryx4 omitted because of collinearity
note: c.countryx2#c.age omitted because of collinearity

home_ownership_type_id |
                     0 |          0  (empty)
                     2 |   .0859946   .1022159      0.84   0.400
                     3 |   .0912047   .1036953      0.88   0.379
                     4 |  -.3924859   .1717438     -2.29   0.022
                     5 |   .3353514   .2683049      1.25   0.211
                     6 |  -.1790991   .1843383     -0.97   0.331
                     7 |   .0134939   .1183474      0.11   0.909
                     8 |  -.1635878   .1377837     -1.19   0.235
                     9 |  -.4222175   .3504703     -1.20   0.228
                       |
          totalnumdebts |   .1009334   .0116448      8.67   0.000
```

Abbildung 85 – Stata Results-Feld: ‚automatically omitted variables‘ (Interview Screenshot)

Für die Interpretation der Zahlen muss der Nutzer wissen, welche Verfahren dabei zum Einsatz kommen (was in der Regel wieder über die Hilfe oder das Handbuch passiert). Wie bereits in Phase 2 (‚Import der Daten‘) gezeigt, greift Stata bei der Interpretation von Daten und der Bewertung des erstellten Modells nur in äußerst eindeutigen Fällen ein: Wenn Variablen in einem Modell beispielsweise zu einem überdefinierten Modell führen (vgl. Over-fitting; erklärt in Anmerkung 10), entfernt Stata diese automatisch, teilt dem Nutzer dies jedoch immer in den RESULTS mit (s. Abbildung 85).

„Das ist jetzt ein Service von Stata, dass es merkt wenn das Modell überdefiniert ist, dass es dann anfängt Sachen rauszuschmeißen, weil es eben nicht will, dass nur durch diese Kombinationen Sachen perfekt determiniert werden.“ (ebd.:586#)

Der Algorithmus kann jedoch vom Nutzer immer auch gezwungen werden, das Modell mit allen angegebenen Variablen zu berechnen – z.B. durch die Spezifizierung des optionalen Parameters ‚asis':

„‚Asis', [...] steht für ‚as is', also dass er alles drin behalten soll." (ebd.:593#)

In den Phasen 5 und 6 findet also ein aufeinander aufbauender, wechselseitig orientierter Modellierungsprozess statt, an dem Nutzer und Technik gleichermaßen beteiligt sind. Je nach Output und Diagnoseergebnis des Algorithmus entscheidet der Nutzer in jeder Situation neu darüber, mit welcher Phase es weiter geht. Auf diese Weise kommt es so lange zu einer Aneinanderreihung der Phasen 3 bis 6 (in wechselnder Abfolge) – neue Variablen kommen dazu oder alte werden herausgenommen, eventuell rekodiert, zu interagierende Variablen zusammengefasst usw. –, bis der Nutzer mit dem erstellten Modell zufrieden ist.

„Dann sagst du ok, die schmeiße ich wieder raus oder die nehme ich rein. Das ist viel Trial-and-Error einfach nach Gefühl und nach Theorie." (ebd.:389#)

„ICH: [...] und woher weiß ich wann ich fertig bin? [...] SIE: Also das eine ist: Wie viel Informationen hast du überhaupt. Also wenn du alle Variablen ausprobiert hast und alle dazugehörigen Ausprägungen und Kombinationen und Interaktionen etc., dann hast du einfach nicht mehr Daten, dann weißt du das ist jetzt das Ende der Fahnenstange. Das ist ein ganz stumpfes Kriterium [...] Und dann auch ob man zufrieden ist, ob der Zweck schon erfüllt wurde." (ebd.:385#+388#-390#)

Phasen Y und Z: In der hier vorgestellten Modellierweise sagt einem das Programm nicht, wann man den Modellier-prozess beenden kann oder sollte; die Entscheidung darüber liegt vollständig beim Nutzer, der den Prozess nach Belieben abbrechen kann. Ist es schließlich soweit, geht der Nutzer aktiv in die Diagnose- (Y) und/oder Test-Phase (Z) über. In Phase Y wird das Modell in der Regel noch ein letztes Mal eingehend auf Fehler überprüft. Zwar werden Diagnosen des Modells bereits in Phase 5 ständig mit durchgeführt, am Ende des Modellierprozesses wird das Modell jedoch in der Regel noch einmal eingehender getestet – auch wenn diese Phase wieder nicht zwingend vorgeschrieben ist.

„Normalerweise würde man jetzt eben auch Analysen machen. [...] Zumindest in der wissenschaftlichen Datenanalyse [...] aber ich würde jetzt, außer irgendwelchen völlig schmerzfreien Buden, jetzt nicht unterstellen dass das nicht auch gemacht wird." (ebd.:632#)

Diagnosen zum Modell werden also entweder automatisch durch den

Algorithmus während Phase 5 durchgeführt; sie können aber auch vom Nutzer separat davon (als Teil-Prozess von Phase 6 oder als unabhängiger Prozess-Teil (Phase Y)) gestartet werden. Die Tests helfen dem Nutzer dabei herauszufinden, ob das Modell zufriedenstellend arbeitet. Für jede Methode gibt es unterschiedliche Aspekte, die man prüfen und beachten muss.

> „Es gibt zwei klassische Vorwürfe, die bei so einem Modell schief gehen können, oder drei, drei klassische Problemfälle. [...] Das erste wäre ein sogenannter ‚omitted variable bias', dass du halt einen wichtigen Einflussfaktor der reingehört, der auch existiert, dass du den entweder nicht in den Daten hast oder vergessen hast oder keinen Bock hattest rein zu nehmen, oder ihn als insignifikant wieder rausgeschmissen hast, weil andere Variablen den überschrieben haben den Einfluss, der aber wichtig ist. Da gibt es auch Test für um die durchzuführen. [...] Die nächste spannende Frage ist: Habe ich endogene Variablen? Deswegen kann man z.B. nicht einfach alles reinkippen was im Datensatz ist, weil irgendwas wird da sein, was de facto ‚endogen' sein wird, also sprich etwas das ohnehin was mit der abhängigen Variable zu tun hat. [...] D.h. man würde so ein bisschen den ‚actual default' mit sich selber vorhersagen, das macht natürlich wenig Sinn an der Stelle. Insofern man kann jetzt nicht einfach alles reinkippen. [...] [Das] dritte Problem [ist] die Multi-Kollinearität. Was nichts anderes bedeutet als die Variablen haben miteinander was zu tun und machen sich dadurch gegenseitig kaputt. [...] also wie stark bedingen die Variablen sich gegenseitig." (ebd.:391#-394#+456#)

Im Anschluss daran geht der Nutzer meist direkt in die Test-Phase (Phase Z) über.

> „Jetzt sagen wir, wir finden das Ding [das Modell] eigentlich gar nicht so schlecht insgesamt und wollen jetzt mal gucken wie das überhaupt so klassifizieren würde, wenn man es jetzt benutzt." (ebd.:598#)

Auch diese Phase ist keine Pflicht-Phase und kann immer durchgeführt werden, sobald ein erstes Modell erstellt (d.h. Phase 5 das erste Mal durchgeführt) wurde.

> „Man kann immer mal zwischendurch diese Statistiken aufrufen, was man eigentlich so [mit dem Modell] schon hinkriegen würde." (ebd.:290#)

Der Output des im Beispiel verwendeten ‚estat'-Befehls (Abbildung 86) zeigt im RESULTS-Feld an, wie viele Personen eines Datensatzes das Modell richtig einordnen würde, wie viele Falsch-Positive und Falsch-Negative es dabei gäbe, usw..

„So da haben wir also wie er das einteilen würde, also z.B. sehen wir er hat [71,49]% ‚correctly classified'." (ebd.:308#)

```
. estat class, cutoff(.1)

Logistic model for ad

              ——————— True ———————
Classified |         D            ~D  |      Total
-----------+--------------------------+-----------
     +     |      1259          7499  |       8758
     -     |      1482         21264  |      22746
-----------+--------------------------+-----------
   Total   |      2741         28763  |      31504

Classified + if predicted Pr(D) >= .1
True D defined as ad != 0
--------------------------------------------------
Sensitivity                     Pr( +| D)   45.93%
Specificity                     Pr( -|~D)   73.93%
Positive predictive value       Pr( D| +)   14.38%
Negative predictive value       Pr(~D| -)   93.48%
--------------------------------------------------
False + rate for true ~D        Pr( +|~D)   26.07%
False - rate for true D         Pr( -| D)   54.07%
False + rate for classified +   Pr(~D| +)   85.62%
False - rate for classified -   Pr( D| -)    6.52%
--------------------------------------------------
Correctly classified                        71.49%
```

Abbildung 86 – Stata Results-Feld: Statistiken (Interview Screenshot)

Die Klassifizierleistung eines Modells hängt auch wesentlich vom sogenannten Cut-off-Punkt ab. Der Cut-off-Wert bezeichnet hier die Wahrscheinlichkeit, ab der eine Person als ‚Defaulter' gilt. Standardmäßig liegt er bei 0,5 (bzw. 50%), kann jedoch vom Modellierer (oder auch vom späteren Nutzer des Modells) angepasst werden.[237]

„[D]ie Frage ist ob diese [0,1] der richtige Cut-off-Punkt sind. [...] Das ist durchaus ein Parameter den man nachher selber auch rausfinden

[237] Der optimale Cut-off-Punkt hängt stark davon ab, welches Risiko (Fehlalarm vs. Nichtentdeckung) man bei der Nutzung des Modells zu Vorhersagen eingehen will.

muss. [...] Ja, das ist jetzt so ein typischer Fall von Abwägung. Wenn wir also wirklich sagen, wir MÜSSEN DIE finden [die Defaulter], dann sind wir mit einer 0,1 finden wir schon die Hälfte aller Defaulter [Sensitivity 45,93%]. Man muss sich mal überlegen was das wert ist. Das heißt wir haben immerhin die Hälfte aller Defaulter richtig vorhergesagt und ¾ aller Nicht-Defaulter [Specificity 73,93%]. Also sprich das ist schon ein durchaus brauchbares Modell wenn man sich überlegt wo man den Cut-off setzt." (ebd.:313#+376#-378#)

Die Klassifizierleistung eines Modells kann man sich auch wieder grafisch anzeigen lassen, z.B. in einer ROC-Kurve (s.a. Kapitel 5.2.3).

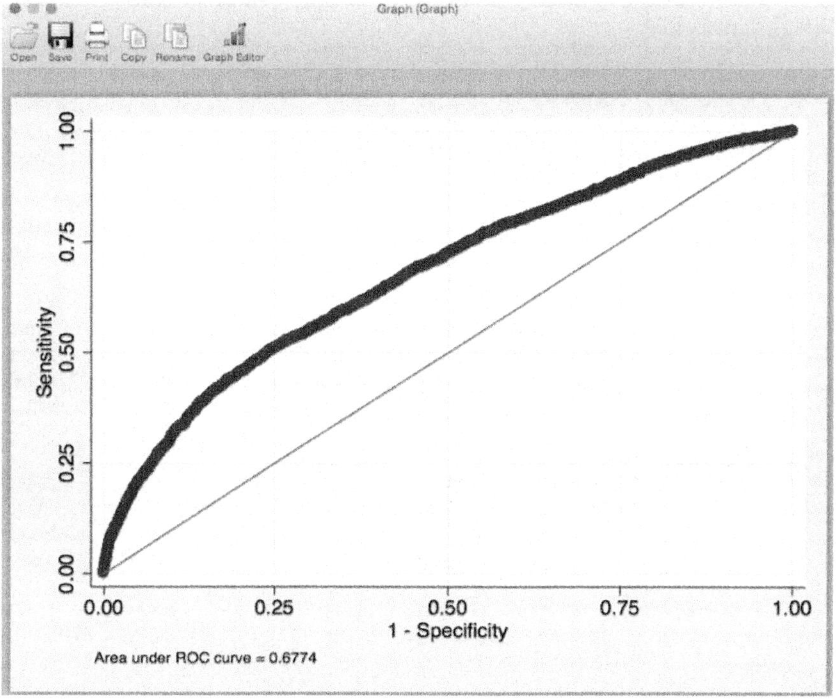

Abbildung 87 – Stata Graph: ROC-Kurve (Interview Screenshot)

Phase 7: Das fertige Modell kann nun gespeichert und/oder exportiert werden. Auch diese Phase ist nicht verpflichtend, findet jedoch in der Regel ganz am Ende eines Modellierungsprozesses statt. Dies erfordert vom Nutzer nichts weiter, als die Werte der ersten beiden Spalten der im RESULTS-Feld angezeigten Tabelle (Abbildung 88) sowie die mathematische Form des Modells irgendwo zu notieren. Möchte man das Modell nutzen, müssen lediglich die notierten Werte sowie die der Person, für welche die Kreditausfallwahrscheinlichkeit vorhergesagt werden soll, in das Modell eingesetzt und ausgerechnet werden.

Logistic regression	Number of obs	=	28379
	LR chi2(34)	=	952.54
	Prob > chi2	=	0.0000
Log likelihood = -7029.5104	Pseudo R2	=	0.0635

ad	Coef.	Std. Err.	z	P>|z|	[95% Conf.	Interval]
age	-.0476211	.0151972	-3.13	0.002	-.077407	-.0178352
c.age#c.age	.0002758	.0001906	1.45	0.148	-.0000978	.0006495
countryx2	-.6122957	.2042357	-3.00	0.003	-1.01259	-.212001
countryx3	-.2594047	.0904962	-2.87	0.004	-.436774	-.0820355
countryx4	2.090305	.1076331	19.42	0.000	1.879348	2.301262
c.countryx2#c.age	.0202901	.0051219	3.96	0.000	.0102514	.0303289
useofloan						
0	.8521689	.0690333	12.34	0.000	.7168661	.9874718
1	.1077565	.1763092	0.61	0.541	-.2378032	.4533162
2	.3637587	.0745987	4.88	0.000	.217548	.5099695
3	.1751605	.1452782	1.21	0.228	-.1095795	.4599006
4	.3059964	.1440754	2.12	0.034	.0236137	.588379
5	.1172722	.1399068	0.84	0.402	-.1569402	.3914845
6	.4888673	.0935977	5.22	0.000	.3054191	.6723156
8	.2968053	.1430318	2.08	0.038	.0164682	.5771424
marital_status_id						
2	.0180689	.070329	0.26	0.797	-.1197734	.1559111
3	.0890069	.0726609	1.22	0.221	-.0534059	.2314197
4	.0981127	.0925878	1.06	0.289	-.0833562	.2795815
5	.3676139	.1759233	2.09	0.037	.0228105	.7124172
dependants	.1753177	.0555462	3.16	0.002	.0664491	.2841863

Abbildung 88 – Stata Results-Feld: ‚fertiges' Logit-Modell (Interview Screenshot)

„Unser Modell ist tatsächlich gar nichts anderes als diese Zahlentapete. Diese Zahlentapete ist keine Diagnosen oder so, sondern diese Zahlentapete ist schon die Anleitung. [...] Wenn ich jetzt sage ich bin mir ganz sicher und die anderen haben eh alle keine Ahnung, dann schicke ich nur diese Koeffizienten hier rüber, und schreibe immer ran für welche Variable, also im Endeffekt nur diesen vorderen Teil hier des ganzen Dings, und das sagt was ganz einfaches, das Modell sagt: Nimm eine Logit-Funktion, also [SIE sagt die Formel auf] und x = (-0,476211 * Alter_in_Jahren) + (0,0002758 * (Alter_in_Jahren * Alter_in_Jahren))

+ (-0,6122957 * Land_ist_Spanien) + usw.. Und wenn man diese Formel ausrechnet, wenn man da Werte einsetzt, und diese Formel dann ausrechnet, kommt ein Wert zwischen 0 und 1 raus und das ist die Wahrscheinlichkeit, dass [für eine Person mit diesen Werten] ein Default auftritt.“ (ebd.:600#-606#)

Durch stärkere Automatisierung mancher der beschriebenen Phasen kann sich diese soeben beschriebene Skript-Struktur etwas ändern; im Großen und Ganzen bleibt der Ablauf der Datenanalyse jedoch gleich. Auf die Unterschiede in den Skripten stärker automatisierter Software werde ich im Folgenden kurz eingehen.

- *Struktur stark automatisierter Datenanalyse am Beispiel von ‚Stepwise' (Stata) und ‚Auto Classifier' (SPSS Modeler)*

Stärker automatisierte Modelliermethoden als die soeben beschriebene stehen heute in den meisten Analyseprogrammen zur Verfügung.

> „Such automatic methods are available in most modern data mining computer packages.“ (Hand, Mannila und Smyth 2001:379)

Wie in Kapitel 6.1 gezeigt, kann Automatisierung und die Fähigkeit der Technik, flexibel auf die Umwelt einzugehen, dazu verwendet werden, den Nutzer immer mehr aus der Profiling-Konstellation zu verdrängen. In dem hier betrachteten Fall konnte jedoch genau das Gegenteil beobachten werden. Automatisierung wird im Stata-Fall nicht zur Phasenreduktion im Skript genutzt, sondern dazu, das Technik-Nutzer-Skript flexibler zu gestalten (s.a. Kapitel 6.1.10). Man kann Stata zwar einerseits (wenn man über ausreichend Fähigkeiten verfügt) fast wie ein ‚simples Werkzeug' verwenden, das einfach umsetzt, was man vorgibt – in diesem Fall läge dann ein eher instrumentelles Verhältnis zwischen Nutzer und Technik vor.

> „Stata ist eigentlich ein rein ausführendes Programm. Also ich sage Stata was es machen soll und sage analysiere mir *das* unter den Maßgaben. Das kann natürlich dann auch alle möglichen automatischen Voodoo-Sachen machen. Aber eigentlich gebe ich sehr viel vor.“ (Video-Interview:13#, Gruppe 3, Datenanalyse-Expertin)

Der Nutzer kann den ihm vom Programm zugestandenen Handlungsspielraum aber auch zu großen Teilen an Stata zurückgeben: In den Phasen 5 und 6 beispielsweise kann sich der Nutzer entscheiden, wie viel Aktivität er dem Programm überlassen möchte.

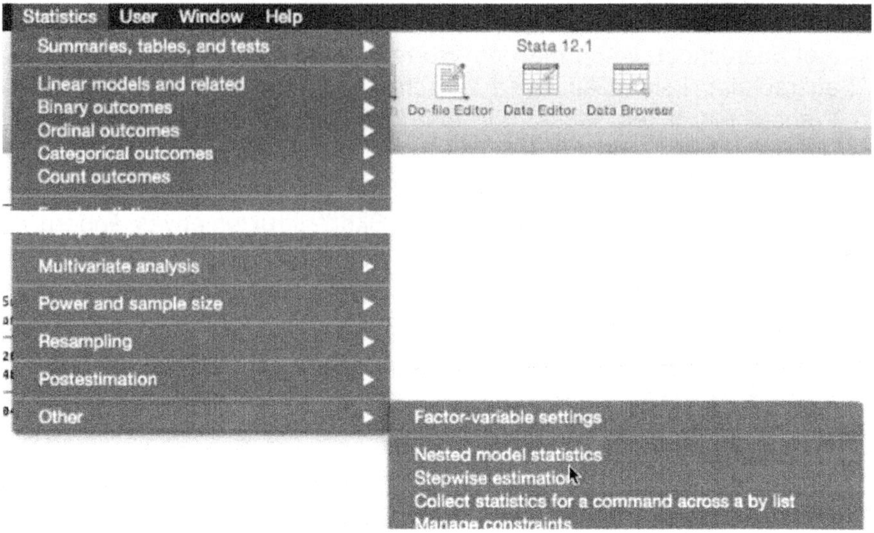
Statistics
User
Window
Help
Summaries, tables, and tests
Linear models and related
Binary outcomes
Ordinal outcomes
Categorical outcomes
Count outcomes
Multivariate analysis
Power and sample size
Resampling
Postestimation
Other
Stata 12.1
Do-file Editor
Data Editor
Data Browser
Factor-variable settings
Nested model statistics
Stepwise estimation
Collect statistics for a command across a by list
Manage constraints

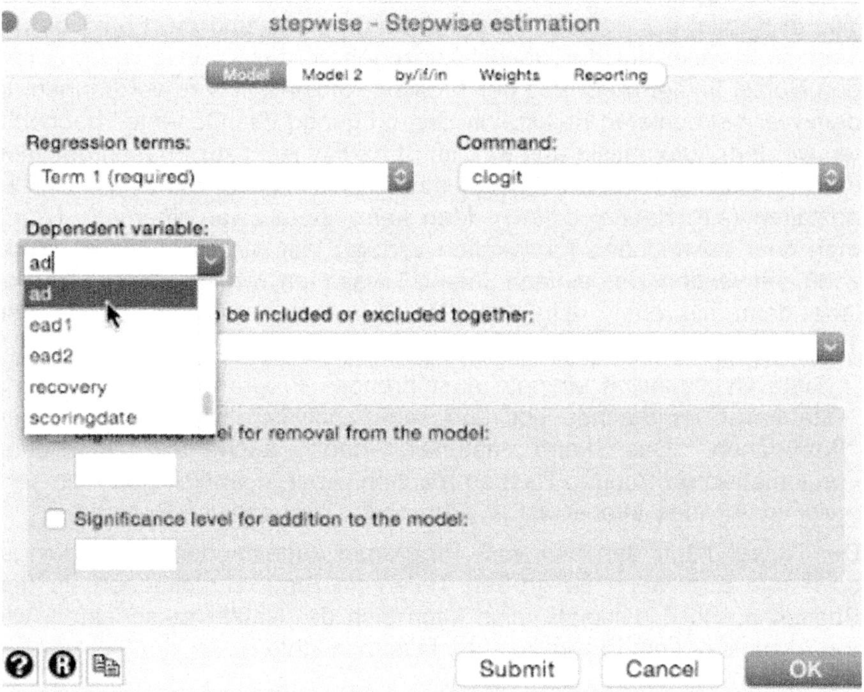
stepwise - Stepwise estimation
Model
Model 2
by/if/in
Weights
Reporting
Regression terms:
Term 1 (required)
Command:
clogit
Dependent variable:
ad
ad
ead1
ead2
recovery
scoringdate
be included or excluded together:
l for removal from the model:
Significance level for addition to the model:
Submit
Cancel
OK

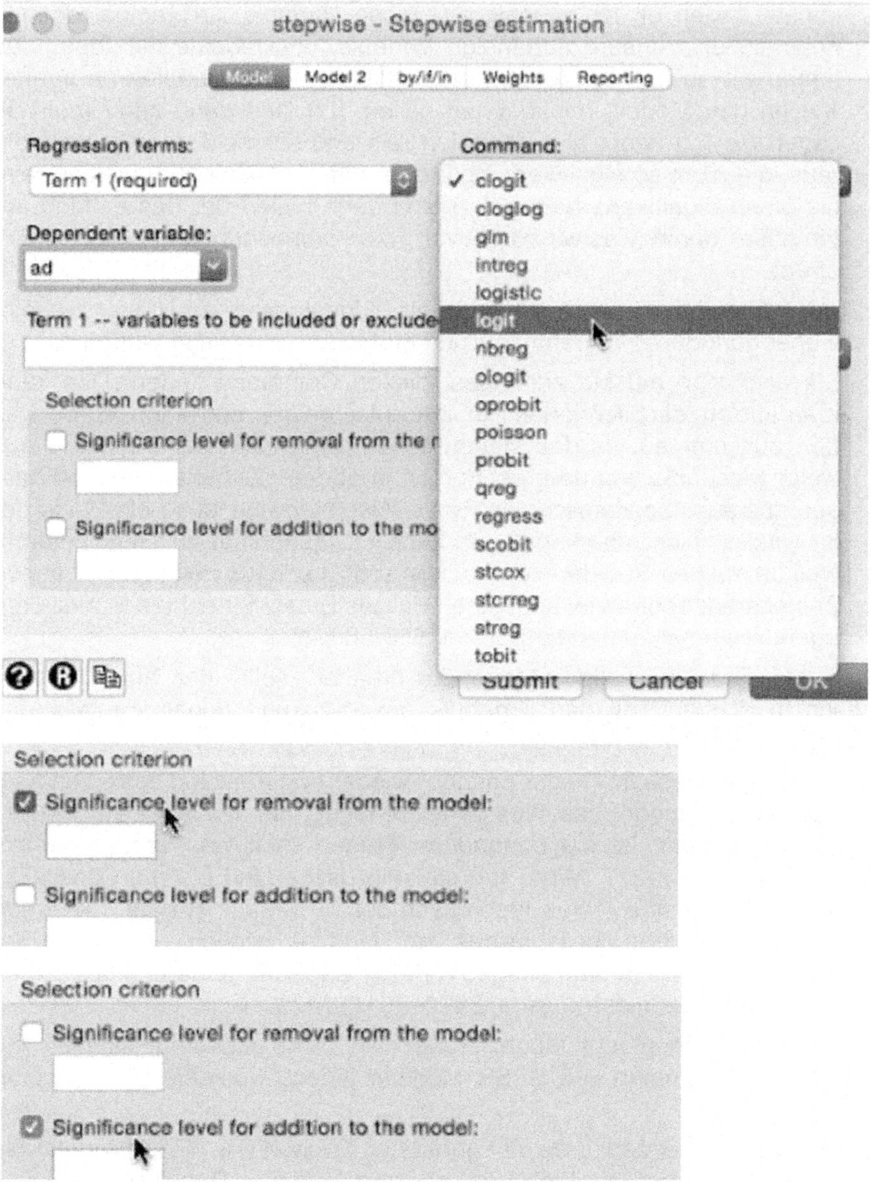

Abbildung 89 – Stata Stepwise-Estimation eines Logit Modells (Interview Screenshots)

„Ja, wenn man keine Ahnung hat könnte man, das hab ich vorhin angesprochen, dieses ‚stepwise' machen [Abbildung 89]. Das heißt man könnte sagen ok ich möchte [...] diese Variable ‚ad' [actual default] nehmen, also unsere abhängige Variable, und möchte mit ‚logit', das haben wir auch eben benutzt, rausfinden welche Variablen da irgendwie [in das Modell] reinkommen sollen. [...] Und dann kann mal halt sagen ok, [...] nimm alle Variablen rein und schmeiß dann jeweils die raus, die nicht so signifikant sind; oder nimm (andersrum) welche rein, die diese Signifikanz hätten. [...] Und dann ballert der das einfach automatisch durch, was wir vorhin von Hand gemacht hätten.“ (ebd.:648#-659#)

Solche Analysemethoden scheinen ein Zugeständnis an Nutzer zu sein, die über geringere Programmier- und Methodenkenntnisse verfügen.

„Ja also man müsste zumindest diesen Command finden. Das kann man aber tatsächlich jedem Idioten aufschreiben und dann würde was bei rauskommen. Ja das stimmt schon. Man kann sagen, wähle aus welche Variable und dann, klick das, klick das. Dementsprechend hassen das auch so ziemlich alle Profis. Also stepwise ist so ein Punkt der ist wirklich nicht anerkannt. Ich finde es manchmal zu stark bestraft, weil an einigen Punkten könnte man sich durchaus damit ein bisschen Zeit sparen, aber es ist auf keinen Fall als Ersatz für echtes Modellieren irgendwie ernst zu nehmen.“ (ebd.:659#-660#)

Um am Ende ein valides Modell zu erhalten, sollte der Nutzer jedoch auch in diesem Fall das Ergebnis bewerten und gegebenenfalls das Modell verändern können.

„Und dann muss man aber nachher wieder den Aufwand betreiben [und dem Modell sagen] das alles darfst du nicht, und das ist Quatsch usw.. [...] [Und] dann ist die spannende Frage: Nach was schmeißen die (Programme) raus? (Was) tun sie rein usw.? Und bis man das alles internalisiert hätte – was theoretisch geht [...] [das] ist dann die Frage ob es sich nicht mehr lohnt das von Hand zu machen. Gerade so Sachen wie, ob es in die richtige Richtung zeigt und so, das müsste man alles vorher definieren.“ (ebd.:397#+401#)

Automatisierung macht Modellierung also nicht unbedingt simpler, sie wird in Programmen wie SPSS Modeler jedoch trotzdem immer weiter vorangetrieben.

„Es gibt Tendenzen ... es gibt gerade so Sachen wie SPSS Modeler die das [Modellieren] ein bisschen ersetzen wollen ... Das hier ist ja nicht die einzige Methode wie man binäre Daten analysieren kann, man kann sich andere denken [...] z.B. diese Baum-Geschichte. Und SPSS Modeler das ist ein Programm das setzt auf SPSS [Statistics] auf – was ähnlich aufgebaut ist wie hier [Stata] nur ein bisschen mehr Klicki-Bunti –

(und) das macht nichts anderes als ganz hart zu sagen die [Modelle] hier [Abbildung 90] alle durchzugehen, alles durchzuprobieren was man mit dieser Art von Variable machen kann, und dann zu schreiben: Was hat wie gut klassifiziert und wie gut kommt das hin.“ (ebd.:667#-669#)

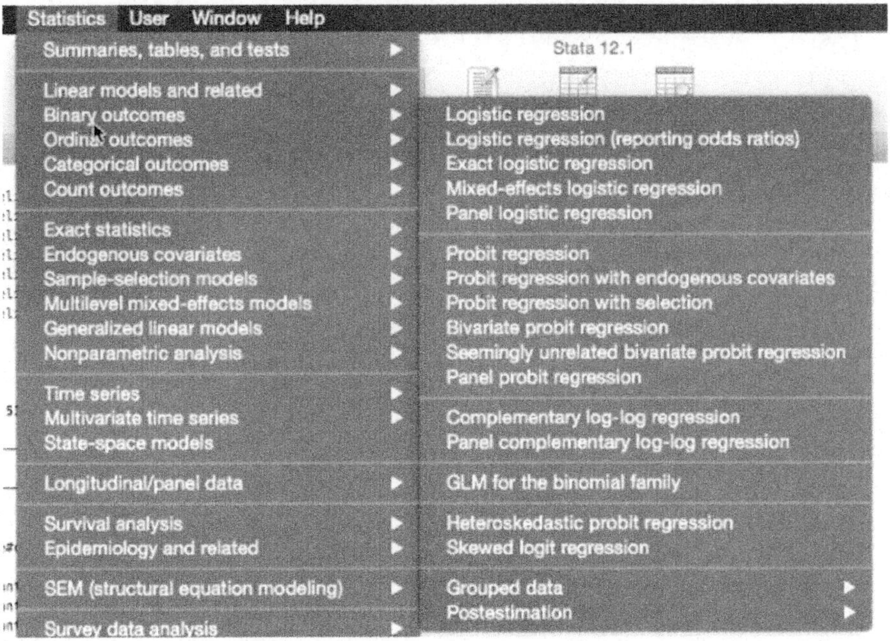

Abbildung 90 – Stata: Modelle zu Analyse binärer Daten (Interview Screenshot)

Im SPSS Modeler können sogenannte *Nodes* zu *Streams* ‚zusammengeklickt' (bzw. per Drag&Drop aus einer Nodes-Palette zusammengestellt) und somit der grobe Ablauf der Analyse bestimmt werden (s. Abbildung 91).

“Data mining using IBM® SPSS® Modeler focuses on the process of running data through a series of nodes, referred to as a stream. This series of nodes represents operations to be performed on the data, while links between the nodes indicate the direction of data flow. Typically, you use a data stream to read data into SPSS Modeler, run it through a series of manipulations, and then send it to a destination, such as a table or a viewer.” (IBM 2012b:41)

Abbildung 91 – SPSS Modeler Interface mit Auto-Classifier-Dialogfenster (IBM 2015)

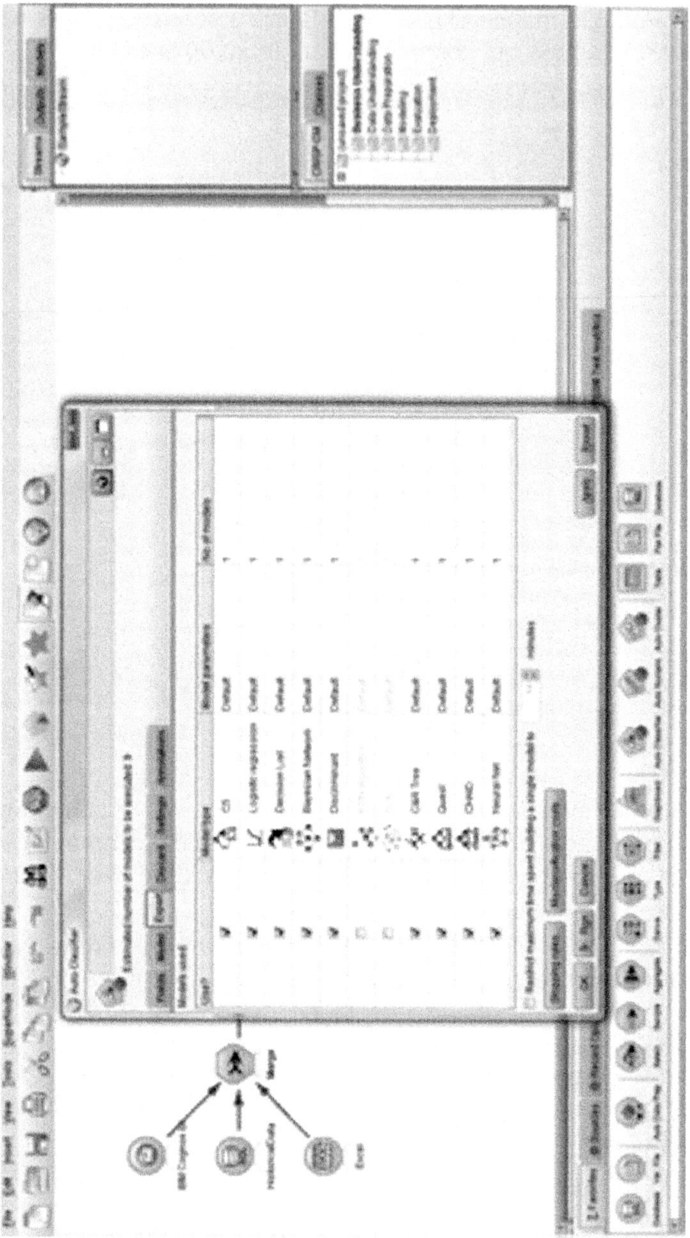

In der ersten *Node* werden beispielsweise Daten importiert, in weiteren *Nodes* können die importierten Daten dann ‚inspiziert' (*Audit Node*)[238] und transformiert (z.B. *Binning Node*)[239] werden, es kann die Zielvariable festgelegt und bestimmt werden, welche Variablen in ein Modell einbezogen werden sollen (*Type Node*); außerdem gibt es Nodes, welche die Modellerstellung übernehmen (z.B. *Auto Classifier Node*) und *End-Nodes* für das Ergebnis. Der Vorteil eines solchen Vorgehens, um z.B. einen Klassifizierer zu erstellen, liegt auf der Hand: Die Auto Classifier Node berechnet mehrere automatisch Modelle parallel, wodurch der Nutzer am Ende sehen kann, welche der Methoden mit den verfügbaren Daten zum besten Ergebnis führt.

> "The Auto Classifier node can be used for nominal or binary targets. It tests and compares various models in a single run. You can select which algorithms (Decision trees, Neural Networks, KNN, ...) you want and even tweak some of the properties for each algorithm so you can run different variations of a single algorithm. It makes it really easy to evaluate all algorithms at once and saves the best models for scoring or further analysis." (TM1 Tutorials 2013)[240]

Um zu einem vergleichbaren Ergebnis zu gelangen bräuchte man mit der weniger automatisierten Methode um Einiges länger. Von professionellen Nutzern werden automatisierte Analysemöglichkeiten jedoch vor allem deshalb nicht verwendet, weil sie berechtigte Vorannahmen ignorieren und dem Nutzer meist nicht ausreichend Möglichkeit geben, alle Vorannahmen im Vorhinein zu spezifizieren und zu integrieren.

> „[Das] wird von Wissenschaftlern nicht ernst genommen, muss man klar sagen, weil es halt einfach zu hard-core ist; also man ignoriert einfach was an Theorie in den Daten stecken könnte, Hauptsache die Praxis lässt es durch. Und das ist jetzt nicht gegen Praxis, sondern das ist einfach an der Idee vorbei dass es irgendwo auch einen nachvoll-

---

238 "[The 'Data Audit' node] is one of the most useful nodes of SPSS Modeler. It will display a graph and statistics for all variables and locate if there are missing values or outliers in the data." (TM1 Tutorials 2013)

239 "We can use the 'Binning Node' that has a very good feature called optimal binning. This method will bin the data and try to fight find the optimal bins according to a supervisor field which is usually the target so that this new variable can help better to predict the target." (TM1 Tutorials 2013)

240 „Folgende Modelltypen werden unterstützt: ‚Netzwerk', ‚C&RT-Baum', ‚QUEST', ‚CHAID', ‚C5.0', ‚Logistische Regression', ‚Entscheidungsliste', ‚Bayes-Netz', ‚Diskriminanz', ‚Nächster Nachbar' und ‚SVM'." (IBM KnowledgeCenter 2012b)

> ziehbaren Wirkzusammenhang gibt.“ (Video-Interview:670#, Gruppe 3, Datenanalyse-Expertin)

Je automatisierter eine Methode, desto schwieriger ist es, offensichtlich berechtigte Vorannahmen (z.B. dass die Variable Alter nie negativ sein kann) dem Algorithmus zu Beginn mitzugeben:

> “Typically, background knowledge about the variables referred to [...] have great influence in the interestingness of the rule. [...] Generally, there is no single method for automatically taking background knowledge into account, and rule discovery systems need to make it easy for the user to use such application-dependent criteria for interestingness.” (Hand, Mannila und Smyth 2001:440f)

Beim SPSS Modeler werden alle ‚Einstellungen’ vom Nutzer vor Ablauf des Streams in den einzelnen Nodes vorgenommen.

> “At the most basic level, you can build a data stream using the following steps: * Add nodes to the stream canvas. * Connect the nodes to form a stream. * Specify any node or stream options. * Run the stream.” (IBM 2012b:41)

Der Stream läuft dann, einmal erstellt, ohne Zutun des Nutzers ab. Es findet also ganz grob eine Zweiteilung der Handlungsverteilung statt. Der erste Teil umfasst all die Skript-Phasen, in denen der Nutzer mit-agieren kann und zusammen mit der Software den Ablauf des Streams verhandelt. Dabei nimmt der SPSS Modeler seine Nutzer wesentlich mehr ‚an die Hand’ als beispielsweise Stata. Überwiegend mit Dialogfenstern (mit Drop-Down-Menus, Buttons und Check-Boxen) wird der Nutzer durch den Prozess geführt, einen Stream zu erstellen. Dabei ist es den Nutzern auch gestattet, Nodes einfach mit der Maus an die gewünschte Stelle in einem Stream zu ziehen. Der Prozess ist damit wesentlich optischer gestaltet, dem Nutzer werden jedoch nicht alle Handlungsspielräume genommen (wie im Flughafenfall in Kapitel 6.1 beschrieben). Der methodisch kompetente Nutzer kann dabei auch weiterhin einige ‚Voreinstellungen’ in den Nodes vornehmen und den späteren automatisch ablaufenden Analyseprozess damit beeinflussen; außerdem kann die Phasenordnung auch weiterhin vom Nutzer ausgewählt und angeordnet werden. In einem zweiten Teil wird der Nutzer dann jedoch so lange aus dem Analyseprozess herausgehalten, bis alle Modelle fertig erstellt sind. Ein Unterschied zwischen Programmen wie Stata und Programmen wie SPSS Modeler ist damit, dass dem Nutzer in letzterem Fall nicht mehr die Wahl gegeben wird zu entscheiden, ob er Arbeitsschritte automatisieren möchte oder nicht (s.a. Kapitel 6.1.10).

Wie im Bereich Kontrolltechnik am Flughafen, so lässt sich auch hier also ein leichter Trend in Richtung kürzerer Skripte beobachten, anders als am Flughafen werden diese jedoch weder so radikal gekürzt, noch wird versucht, den Nutzer aus allen Prozessschritten herauszuhalten. Das Skript legt nur einen Teil des Skriptablaufes fest und bestimmt auch in der stärker automatisierten Variante nicht vollständig, wie viele Phasen es im Endeffekt hat. Auffällig ist die Gestaltung der (meisten der) Programme auf eine Art und Weise, dass unterschiedliche Typen von Nutzern mit leicht unterschiedlichem Wissen oder verschiedenen Vorlieben das Programm auf unterschiedliche Weise bedienen können. Die vor allem grafisch gehaltenen technischen Ansagen richten sich dabei an einen Nutzer-Typ, während die textlastigen Ansagen im RESULTS-Feld meist an eine andere Gruppe von Nutzern gerichtet sind. Vor allem letztere Ansagen lassen viel Spielraum zur Interpretation und können in der Regel nur von methodisch versierten Nutzern richtig verstanden werden. Die Skripte lassen den Nutzern damit – trotz Automatisierung vieler Prozessschritte – viele Entscheidungs- und Einflussmöglichkeiten auf den Profiling-Prozess.

6.1.10 *Skript-Flexibilität*

Wie bereits immer wieder angesprochen (s. Kapitel 6.1.9), bietet aktuelle Analysesoftware wie *Stata* mehrere Optionen an, mit ihr in Interaktion zu treten. Dem Nutzer wird dadurch viel Freiheit in seinen Aktivitäten zusammen mit der Software gegeben. Der große Spielraum, welcher dem Nutzer hier eingeräumt wird, bringt jedoch auch einiges an ‚Arbeit' bzw. Verantwortung für das Analyseergebnis seitens des Nutzers mit sich. Stata ist beispielsweise beim Importieren von Daten deshalb so robust, weil es die Entscheidung darüber, ob denn die Daten, die geladen wurden, auch sinnvoll sind, dem Nutzer überlässt. Andere Programme, wie auch der SPSS Modeler, versuchen dem Nutzer mehr dieser Interpretationsarbeit abzunehmen. Profi-Nutzer von Analysesoftware betonen jedoch immer wieder, dass sich die Prozesse (wie in Kapitel 6.1.9 beschrieben) nicht vollständig automatisieren ließen, da viel zu viele Ausnahmen beachtet werden müssten. Würde man versuchen, ein Programm zu bauen, das auf alle Eventualitäten so reagieren kann, wie das in einem ‚interaktiven' Technik-Nutzer-Verhältnis möglich ist, würde vermutlich schon das Schreiben des Programms viel zu lange dauern; außerdem käme am Ende ein System mit sehr hoher Spezifizität heraus.

> „Das hier, dieses sich vorher überlegen, was ist meine abhängige Variable, was für eine Struktur muss das Modell eigentlich haben, welche

Einflussfaktoren könnten darauf wirken, die von Hand prüfen, [...] stimmen die Richtungen, stimmen die Signifikanzen, stimmen die Größenordnungen wie es wirkt, das ist eigentlich nur dann irgendwie zu ersetzen wenn ein anderer Algorithmus eine Tiefe hat die man da einfach nicht trifft." (Video-Interview:661#, Gruppe 3, Datenanalyse-Expertin)

Automatisierung wird jedoch auch von Profi-Nutzern nicht grundsätzlich abgelehnt.

„Und das ist so ein Punkt, der kommt ein bisschen. Ich bin selber persönlich davon überzeugt dass man es trotzdem richtig hinkriegen kann. Also ich glaube man kann irgendwo so in der Mitte sein. [...] Was man machen könnte wären Sachen wie, also ich meine das ist eine Vision, das Programm gibt es so noch nicht [...] dass du sagst, bei all diesen Variablen muss ich mir vorher, weil das ist auch ehrlicher, apriori, dranschreiben in welche Richtung darf es wirken, [...] dass man das vorher sagt, und dann trotzdem alle gleichzeitig reinschmeißen kann. Weil wenn man vorher schon definiert hat welche in die eine Richtung, welche in die andere Richtung und welche offen sind, und alle gleichzeitig drin sind und der Algorithmus bei der Berechnung, bei der Schätzung die dann im Zaum hält, dass die halt auch nur in eine Richtung gehen dürfen, Multi-Kollinearität misst also sprich sagt wenn Alter und Einkommen miteinander kämpfen dann eben genau Newton-mäßig da rumbauen um dann das schwächere rauszuschmeißen, dann kann man schon was automatisieren. Aber die momentanen Ansätze sind halt einfach ganz anders und viel zu schmerzfrei, weil die eben vor allem so Sachen wie Sinnhaftigkeit der Wirkrichtung und Multi-Kollinearität an der Stelle komplett ignorieren würden." (ebd.:671#-675#)

Solange dem Nutzer (wie bei Stata und SPSS Statistics) immer beide Möglichkeiten angeboten werden – die ‚smarte' und die ‚dumme' –, bleibt das Skript solcher Systeme sehr flexibel. Anders als im Flughafen-Fall kann man aus den vielen Möglichkeiten zur Beeinflussung der automatisierten Prozesse schließen, dass solche Software wesentlich mehr an Profis als an Laien gerichtet ist (s.a. Kapitel 6.1.8). Der Einsatz automatisierter Prozesse muss also nicht ‚automatisch' heißen, dass die menschlichen Akteure der Teil-Konstellation kein ‚Mitspracherecht' mehr haben.

Die Flexibilität des Stata-Skriptes drückt sich im vorliegenden Fall vor allem darin aus, dass erstens nur sehr lose Sequenzen zu finden sind (irgendwann im Ablauf des Skriptes müssen irgendwelche Daten geladen, eine Methode und eine Ziel gewählt und der Prozess zur Modellerstellung gestartet werden), die zugrundliegende Pflicht-Sequenz ist jedoch nicht sehr eng gekoppelt und kann von Phasen unterbrochen werden, die – zumindest aus Sicht des Skriptes – gar nicht ausgeführt werden müssen und an den unterschiedlichsten Stellen (sogar mehrfach) ausgeführt werden können. Außerdem können, durch die beschriebene Gestaltung des Nutzer-Interfaces (mit Text-Kommandos und einer grafischen Oberfläche zum Klicken), immer auch in ihrer Funktion äquivalente Phasen gewählt werden.

> „Also hier [in einem Dialogfenster] kann man einstellen, welche Variablen soll ich machen, was soll er alles anzeigen usw. Im Endeffekt kommt es aber absolut aufs gleiche raus als würde man das direkt tippen." (ebd.:83#)

Das Skript von Stata scheint damit eine ‚interaktive', flexible Beziehung zwischen Technik und Nutzer zu fördern und damit die endgültige Einflussverteilung am Profiling-Prozess nicht von vorneherein festlegen zu wollen.

6.1.11 *Transparenz*

Das Skript der hier betrachteten Analysetechnik ist in vielerlei Hinsicht sehr transparent. Im Gegensatz zu den Flughafen-Checkpoint-Techniken kann ein Stata-Nutzer erstens genauestens überprüfen, auf welche Art und Weise die Analyseergebnisse vom gewählten Algorithmus automatisiert errechnet werden.

> „Aber spannend wird es eben wenn man mal über diese Sachen hinweggegangen ist [im Manual] und in die Abteilung REMAKRS kommt, da gibt es dann noch wesentlich mehr Details: Beispielanwendungen, wie er rechnet, damit wir auch genau wissen was er da macht; dann kommt eine ‚technical note', was irgendwie falsch interpretiert werden könnte, wo man aufpassen muss, was für Probleme auftreten können, wie man das ganze verstehen kann. Und das wichtigste ist eigentlich dann [...] genau, da kommt dann das berühmte Kapitel METHODS AND FORMULARS wo eben, in dem Fall bei Stata im Manual, mal ganz genau beschrieben ist was da eigentlich dahinter steckt. [...] Man sieht was genau das Modell wirklich rechnet, also das ist der mathematische Befehl den er maximiert oder minimiert entsprechend. Wie er das genau macht technisch. [...] So dass man eben schon [...] sehr tief einsteigen kann was eigentlich überhaupt gerechnet wurde." (ebd.:200#-209#)

Wie Wood und Introna bereits bemerkten (s. Kapitel 3.2.5), kann man Software, anders als einer mechanischen Maschine, nicht beim ‚Laufen' zuschauen. Den Code zu kennen heißt deshalb nicht unbedingt, zu wissen wie die Software von dort zu ihrem Ergebnis kommt; dies ist jedoch ein systemisches Problem, das im Fall von Software immer auftritt. Man kann aber (wenn man möchte) dem Algorithmus bei der Berechnung ‚über die Schulter schauen'.

> „Ich kann aber wenn ich möchte dem Ganzen auch zugucken. Dafür gibt es den sogenannten trace-Befehl. [...] Wenn ich ‚trace' sage kann ich zugucken, wie er diese Variablen annähert." (ebd.:440#+446#)

Die Zwischenschritte und -ergebnisse werden dann während der Berechnung nach und nach im RESULTS-Fenster anzeiget. Im Unterschied zu der Checkpoint-Technik wurden auch darüber hinaus große Bemühungen unternommen, die Technik und ihr Funktionieren transparent zu gestalten – obwohl es sich um proprietäre Software handelt. Der jeweilige Code für die einzelnen Methoden-Module liegt in sogenannten ADO-Dateien:[241]

> „[E]in ‚ado-file' [...] ist eine Datei für Stata, die so übrigens auch einsehbar ist; also man kann reingucken wie es programmiert ist. Stata ist in dem Sinne nicht open-source, aber Stata ist mehr so ein Rechenkern und die jeweiligen Module und Einzelmodelle kann man in ihrer Implementation wirklich auch nachvollziehen, damit eben dieser Voodoo-Faktor möglichst gering ist. [...] So dass man eben schon [...] sehr tief einsteigen kann was eigentlich überhaupt gerechnet wurde; dass das eben kein Voodoo bleibt wo man einfach nur drauf klickt." (ebd.:205#+209#)

Wie das Feedback, das der Nutzer durch Stata erhält, generiert wurde, ist deshalb sehr transparent. Solch transparentes Feedback bedeutet jedoch nicht automatisch, dass dem Nutzer auch ständig angezeigt wird, ob er Operationen ‚richtig' durchgeführt hat oder nicht bzw. was er als nächstes tun soll. Das Nutzer-Skripting läuft bei Stata in der klassischen Variante (d.h. wenn Befehle über das Kommando-Feld erteilt werden) eher implizit ab und baut stark darauf, dass der Nutzer schon weiß, was er tut. Stata produziert klassischerweise z.B. nur sehr wenige Fehlermeldungen – wenn beispielsweise ein Befehl falsch geschrieben wurde und dadurch nicht erkannt wird.

> „Wir gucken mal nach, was wir da an Informationen haben [für die Variable ‚ad']. Da ist irgendein Quatsch passiert. Hier haben wir z.B. einen Stata-Fehler wo er schon sagt: Ok, das was du von mir willst verstehe ich nicht." (ebd.:131#)

---

[241] Die Dateien werden größtenteils von Stata im Software-Paket mitgeliefert, Nutzer können jedoch zusätzliche ADOs aus dem Internet laden oder selbst schreiben und so der Software zusätzliche Funktionen bescheren (s.a. Kapitel 6.2).

```
. tab AD
variable AD not found
r(111);

. tab ad
```

Abbildung 92 – Stata Fehlermeldung wegen Groß-/Kleinschreibung, Text in rot (Interview Screenshot)

> „Das war jetzt falsche Syntax, nee, Moment, so jetzt“ (ebd.:147#)

```
. sum if creditdecision==0 & ad=1
invalid syntax
r(198);

. sum if creditdecision==0 && ad==1
0& invalid name
r(198);

.

Command
sum if creditdecision==0 & ad==1
```

Abbildung 93 – Stata Fehlermeldung wegen falscher Syntax, Text in rot (Interview Screenshot)

> „Jetzt sieht man wie streng Stata ist. Er sagt ‚type mismatch’, weil ich wollte eine 10 zuweisen, aber das ganze Ding sind für ihn Strings, weil er hier [10Plus] auch einmal ein paar Buchstaben hat.“ (ebd.:531#)

> „Es einfach macht was man sagt – außer es knallt halt an echte Fehler. Also wenn man jetzt z.B. zwei Zahlen miteinander addieren will und die eine Zahl ist a und die andere ist f dann sagt mir Stata, Moment mal du kannst nicht a und f addieren.“ (ebd.:52#)

```
. replace nr_of_dependants = 10 if nr_of_dependants =="10Plus"
type mismatch
r(109);
```

Abbildung 94 – Stata Fehlermeldung bei unpassenden Variablen-Typen, Text in rot (Interview Screenshot)

Bei echten Fehlern wird, statt des Ergebnisses, der Grund, weshalb der Befehl nicht ausgeführt werden konnte, im RESULTS-Feld angezeigt (in der Signalfarbe Rot).

In der GUI-Variante können dem Nutzer viele der Fehler gar nicht erst passieren, da falsche Schreibweisen und unverständliche Syntax durch die Automatisierung der Teilschritte ausgeschlossen werden. Fehlermeldungen gibt es hier aber auch – und wenn, dann sehr direkt. Vergisst der Nutzer beispielsweise eine Pflichtangabe in einem Modell zu setzten, erscheint ein Pop-Up-Fenster, welches ihn (in Textform) auf das Problem hinweist und Tipps zur Lösung des Problems gibt.

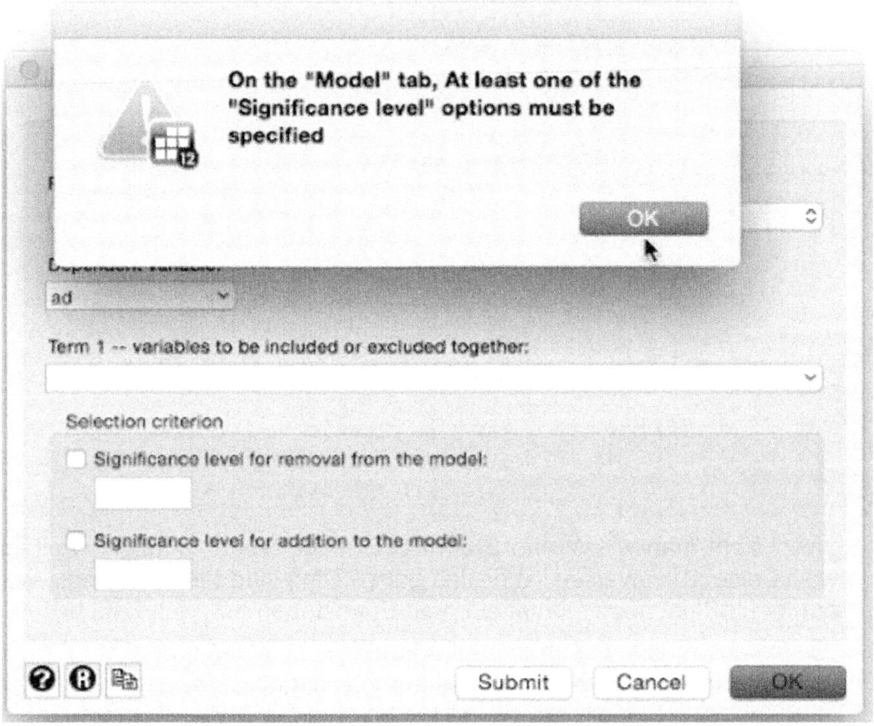

Abbildung 95 – Stata GUI-Fehlermeldung wegen fehlender Pflichtangabe (Interview Screenshot)

> „Ich weiß gar nicht kann der das jetzt schon oder fehlt da noch was? ... [klickt auf OK] ... Ah ja. [Pop-Up-Fenster in Abbildung 95 erscheint]" (ebd.:653#-655#)

Das Skript der hier betrachteten Analysetechnik ist zweitens deshalb transparent, da alle möglichen ‚Einstellungen' der Software (zur Gestaltung und Beeinflussung der automatisiert ablaufenden Algorithmen durch entsprechende Parameter) allen Nutzern offengelegt werden. Es wird nicht versucht, einzelne Einstellungsmöglichkeiten vor bestimmten Nutzern abzuschirmen, sondern ganz im Gegenteil werden die Nutzer über entsprechende Möglichkeiten aufgeklärt: über das Menu, Dialog-Fenster, die integrierte Hilfe, das Handbuch usw.. bestimmte Parameter, die man beispielsweise als Laie lieber nicht nutzen sollte, sind in der Hilfe und im Handbuch immer mit entsprechenden Hinweisen versehen.

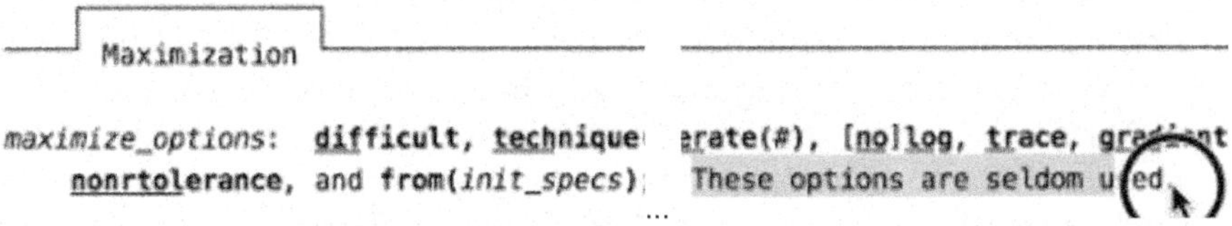

Abbildung 96 – Stata Hilfe-Eintrag: Warnung vor Variablen, die selten genutzt werden (Interview Screenshot)

> „[...] da hat der nämlich schon so Hinweise wie ‚these options are seldom used'. [...] Also es gibt schon häufiger, gerade bei den absoluten Detail-Geschichten, den Hinweis: Da musst du ein bisschen aufpassen." (ebd.:716#+724#)

Auf solche Parameter wird man als neuer Nutzer vermutlich nicht sofort stoßen, weil sie tiefer in der Struktur des Programms bzw. der Hilfe liegen.

> „ICH: Das heißt es gibt Optionen die liegen einfach ... SIE: die sind etwas tiefer ... ICH: in dieser Struktur, so dass man sie nicht sofort sieht sondern sich da ein bisschen durchklicken muss und erst mal finden muss dass man das einstellen kann? SIE: Ja das auf jeden Fall. [...] Wobei das Gute ist wiederum, also von der Struktur wie es aufgemacht ist, dass man die dann findet, wenn man das Problem hat was diese Optionen lösen könnten." (ebd.:736#-729#+739#)

Nutzer, die wissen, nach was sie suchen, können von Stata per Link aber auch direkt an diese Stellen geführt werden.

Die Transparenz des Skriptes ist darüber hinaus auch noch daran festzumachen, wie das Feedback der automatisierten Methoden für den Nutzer präsentiert wird. Die Algorithmen unterteilen sich diesbezüglich grob in zwei Arten: solche, welche die gefundenen Zusammenhänge explizit repräsentieren, und solche, die nur bedingt Einsicht in die Prozesse zwischen Informations-Input und -Output ermöglichen. Der Übergang ist dabei fließend.

> „Es gibt verschiedenen Arten von Verfahren. [...] [Es gibt Verfahren da] ist es sehr schwer entsprechend sozusagen Kausalketten aufzubauen. D.h. also ich kippe die ganzen Daten in so ein Maschine Learning Ver-

fahren, das bildet mir einen Klassifikator, und wenn ich dann eine neue Person angucke und die wird irgendwo reinklassifiziert, dann kann der Klassifikator mir nicht genau sagen warum das so ist, sozusagen. Der kann mir in aller Regel sinngemäß dann nur sagen: weil sich das aus diesen vielen Daten, die ich vorher gesammelt habe, irgendwie ergibt. [...] Es gibt verschiedenen Arten von Verfahren, also manche Verfahren können das, andere nicht. Vielleicht die intuitivste Art der Klassifikation sind sogenannte Entscheidungsbäume. [...] Und da kann ich natürlich schon sagen, diese 10 Eigenschaften haben dazu geführt, dass er hier so klassifiziert wurde, aber ich kann (auch) nicht gut überblicken wie es zu diesem Baum eigentlich kam; ich kann [nur] nachvollziehen, wie der Baum arbeitet." (Interview6:17#+19#, Gruppe 4, Expertin Data-Profiling)

„Ich bin halt auch persönlich ein Freund davon, Theorie-basierte Erklärungen und Prognosen zu machen, d.h. ich kann alles sehen, kann reingucken. Genauso gut könnte ich ja auch ein Modell benutzen, was z.B. auf neuronalen Netzen rein klassieren will, wo ich nicht mehr reingucken kann, welcher hier der Mechanismus ist wie Alter und so eingeht, wo er halt sagt, es gibt halt 5 Gruppen und dann macht der z.B. so einen hierarchischen Baum-Klassierer oder so, also als erstes gucke ich ob Männlein oder Weiblein, und – jetzt als Beispiel – wenn Männlein, dann ist sowieso Default, und wenn Weiblein gucken wir noch genauer rein. Die sind teilweise so kompliziert, dass man sie so nicht abbilden kann; teilweise sind sie aber auch einfach, also das was ich gerade gesagt habe könnte man hier ohne Probleme abbilden, aber manche Strukturen eben nicht mehr. Die große Frage ist halt ob man dann noch von einem Modell im Sinne von einer Theorie-basierten nachvollziehbaren Analyse sprechen kann, oder ob es nur noch drum geht irgendwie auf Basis von Daten irgendwas vorher zu sagen. [...] [Wir haben] den riesen Vorteil, dass wir hier, quasi unser Theorie-Gerüst, was wir uns bauen was das Modell beschreibt, ja sehen. Das heißt wir können sehen, macht der Einfluss Sinn, ist das irgendwie erklärbar, welchen Zusammenhang hat der gefunden." (Video-Interview:420#-424#+429#-431#, Gruppe 3, Datenanalyse-Expertin)

Die Nachvollziehbarkeit der Ergebnisse, die der gewählte Algorithmus produziert, hängt natürlich einerseits davon ab, wie groß die Methoden- und Theoriekenntnisse des Nutzers sind (s. Kapitel 6.1.8); die Methode und die Form der Ergebnisse, die er produziert, tragen jedoch auch dazu bei.

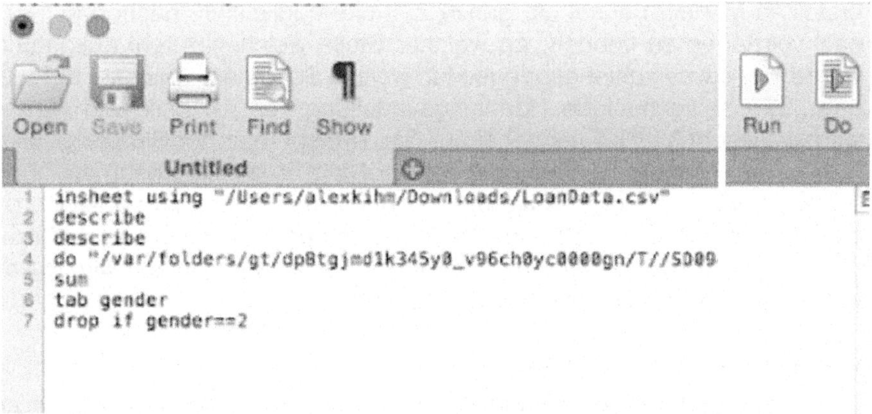

Abbildung 97 – Stata Do-File-Editor (Interview Screenshot)

Explizit hervorzuheben sind an dieser Stelle die Bemühungen der Entwickler, die Aktivitäten der Datenanalyse auch für Außenstehende (die nicht am Prozess beteiligt waren) und über längere Zeit nachvollziehbar zu machen. Die Befehle des Nutzers und der dazugehörige Output des Algorithmus werden alle aufgezeichnet (erstere im REVIEW- und letztere im RESULTS-Feld), so dass der Skript-Verlauf, der zu einem Ergebnis geführt hat, zu jedem Zeitpunkt nachvollzogen werden kann. Zur Speicherung dieser Informationen stehen dem Nutzer weitere Möglichkeiten zur Verfügung.

> „Das ist ein sogenannter Do-File-Editor [s. Abbildung 97]. Da kann ich halt skripten [...]. Das hat den Riesenvorteil [...] – wenn die Analysen größer und aufwendiger sind – spätestens danach wenn man alles gemacht hat schreibt man normalerweise seine Befehle [die im REVIEW-Feld als kompletter Verlauf angezeigt werden] in so ein Do-File rein, damit man jemand anders auch die Daten und dieses Do-File geben kann, damit der es dann nachvollziehen kann, dass also nicht in den Daten irgendwo etwas gemacht wurde, verändert wurde, gefiltert oder sonst was wurde wo man dann nachher nicht mehr nachvollziehen kann was da der Fall ist. Das ist eigentlich nicht nur Best-Practice, sondern es gehört sich so bei den Rohdaten immer anzufangen, die importiert werden durch das Skript, und dann eben seine sämtlichen Filterungen, Aufarbeitungen, Umformungen, Umwandlungen, Löschungen alles im Do-File in dem Sinne ja zu dokumentieren, so dass es halt nachvollziehbar ist und Dritte dann auch nachher gucken können was man da gemacht hat.“ (ebd.:74#+77#)

Stata bietet seinen Nutzern (und möglichen späteren Anwendern der erstellten Modelle) somit die ganze Zeit die Möglichkeit, nachprüfen und nachvollziehen zu können, an welcher Stelle welcher Befehl ausgeführt wurde, wo etwas schief gegangen ist, welche Schritt auf welchem aufbaut usw.. Die abwechselnde Handlungsverteilung von Technik und Nutzer wird in diesem Verlauf festgehalten. Die Transparenz der Skripte ermöglicht es den Nutzern, Einfluss auf den Profiling-Prozess zu nehmen, ohne dabei selbst (aus Perspektive der Technik) an Einfluss zu verlieren, da das Ergebnis im hier betrachteten Skript immer von Technik und Nutzer gemeinsam abhängig ist. Umnutzungsstrategien der Nutzer wird damit eher präventiv als restriktiv begegnet.

6.2 Exkurs – Umnutzung

Über den eigentlichen Umfang der Skriptanalyse hinaus möchte ich an dieser Stelle kurz auf den Aspekt der Umnutzung der betrachteten Techniken eingehen – auch wenn dies methodisch gesehen nicht Teil der Skriptanalyse sein kann (s. Kapitel 4). Interessanterweise konnte ich in beiden Fällen nur in sehr geringem Umfang nicht-Skript-gemäße Nutzung ausmachen. Dies kann einerseits daran liegen, dass mir bestimmte Intentionen der Entwickler (gegen die verstoßen wurde) aus methodischen Gründen nicht bekannt waren; es hat vermutlich aber auch andere Gründe, die ich im Folgenden darlegen werde.

Dass es am Flughafen fast keine Umnutzungen durch das Personal gibt, wird vermutlich stark durch den weiteren Kontext bedingt sein, in den die Konstellation eingebettet ist. Vertraglich festgelegte negative Sanktionen im Fall von Fehlverhalten (wie z.B. Kündigung) sowie fehlende positive Anreize sind ein Grund dafür, die Technik nicht stärker umnutzen zu wollen. Aus Sicht des (oft unterbezahlten und wenig ausgebildeten) Personals sind kleinere Umnutzungen sinnvoll, welche die Arbeit leichter machen (vgl. Torsonden-Kicking in Kapitel 5.1.2), nicht jedoch solche, welche sie ihre Arbeit kosten könnten. Während kleinere Umnutzungen wie das Torsonden-Kicking anscheinend toleriert werden, sind mir in meinen Beobachtungen und Interviews keine weiteren Fälle bekannt geworden.

Im Fall der Softwareanalyse ist das geringe Maß an Umnutzung der Programme auf andere Gründe zurückzuführen. Fälle, in denen die Software umgenutzt wird, sind hier vor allem auf ungewollte Fehler im Programm zurückführbar.[242] Durch die hohe Flexibilität und die vielseiti-

[242] „Ein häufiger Satz im Forum ist ‚I don't know why Stata does this, but ...' und dann ‚Here is a way to fix it'. Es ist jetzt nicht dass das Programm völlig[er Mist] wäre, überhaupt nicht, das ist einfach sau komplex. [...] Allerdings ist das jetzt nicht dass die ir-

gen Nutzungsmöglichkeiten sehen die meisten Nutzer ansonsten keine Notwendigkeit, die Technik anders nutzen zu wollen als vorgesehen. Wenn ‚alles' erlaubt ist, muss man sich auch keine Handlungsmacht erkämpfen. Für die Nutzer, welche die Technik trotzdem anders nutzen möchten, als von den Entwicklern vorgesehen, ist eine ‚Re-Scripting'-Möglichkeit explizit vorgesehen.

> "*Stata* allows user-written commands, distributed as so-called ado-files, to be straightforwardly downloaded from the internet which are then indistinguishable to the user from the built-in commands. [...] Some user-written commands have later been adopted by StataCorp to become part of a subsequent official release after appropriate checking, certification, and documentation." (Eintrag zu Stata auf en.wikipedia.org)

Nutzer können sogenannte *ado-Files* (auf denen Stata basiert; s. Kapitel 6.1.11), selbst schreiben und in ihr Programm importieren oder diese ado-Files anderen Nutzern zur Verfügung stellen, um der Software zusätzliche Möglichkeiten hinzuzufügen. Diese Fähigkeit, die Software und damit potentiell auch deren Skript zu ändern, wird hier nicht nur den Entwicklern, sondern auch den Nutzern zugestanden.

Aus Perspektive der Skriptanalyse lässt sich bezüglich der Umnutzung der betrachteten Techniken also einerseits feststellen, dass in beiden Fällen (sehr unterschiedliche) Maßnahmen umgesetzt wurden, um Umnutzung zu verhindern. Andererseits zeigen die Beobachtungen auch, dass es in den betrachteten Fällen nur sehr wenig Nutzungssituationen zu geben scheint, die analytisch nicht mit der Skript-Analyse erfasst werden können (zur potentiellen Umnutzung der Techniken durch externe Angreifer s. Kapitel 7.3).

6.3 Fazit – Einflussverteilung in der Konstellation hinsichtlich unterschiedlicher Ausprägungen der Analyse-Dimensionen

Die Beschreibungen der Kapitel 6.1 und 6.1.6 haben gezeigt, dass sich die Skripte der an den Profiling-Prozessen beteiligten Techniken in einigen Punkten ähnlich sind und in anderen stark unterscheiden. Welche Punkte das jeweils sind, möchte ich im Folgenden noch einmal zusammenfassen, um mich dann der Beantwortung der Frage zu widmen, welche Eigenschaften von Technik Einfluss auf ihr jeweiliges Wirken

gendwo, also es gibt jetzt in dem Sinne nicht durch das Programm eine Fehlerquelle, dass was falsches rauskommen könnte, das wäre übertrieben. Sondern eher dass was nicht klappt und man sich dann fragt warum." (Video-Interview:745#-246#+249#, Gruppe 3, Datenanalyse-Expertin) haben und inwiefern sich unterschiedliche Technisierung der Konstellationen auf die Einflussverteilung auswirkt.

6.3.1 *Gegenüberstellung*

In der vorangegangenen Analyse der Skript-Dimensionen in unterschiedlich technisierten sozio-technischen Konstellationen wurden die Nutzungs-Skripte der am Profiling-Prozess beteiligten Techniken betrachtet. Wie sich bei der Betrachtung der Ausdifferenzierung der Skripte gezeigt hat, lassen sich erste Unterschiede hinsichtlich der Zweck-Spezifität, auf welche die Skripte ausgerichtet sind, feststellen.

	FLUGHAFEN-SICHERHEITS-KONTROLLTECHNIK	**für CREDIT-SCORING genutzte ANALYSE-SOFTWARE**
Zweck-spezifität	mittel; Tendenz steigend (Bodyscanner)	niedrig

Tabelle 2 – Vergleich Zweckspezifität

Die Flughafen-Kontrolltechniken werden sehr spezifisch auf einen eingegrenzten Nutzen in einem konkreten Kontext hin gestaltet und konstruiert. Dies hat sich im Laufe der Zeit immer mehr verstärkt. Während beispielsweise die Torsonde in ihren Einsatzmöglichkeiten noch etwas flexibler ist, müssen beim Bodyscanner sehr viel genauere Kontextbedingungen eingehalten werden, um den gewünschten Nutzen zu erzielen. Die beim Credit-Scoring eingesetzte Analysesoftware hingegen wurde von ihren Entwicklern nicht auf den Einsatz in einem bestimmten Kontext hin gestaltet und kann für alle möglichen Arten der Datenanalyse eingesetzt werden. Es kann darüber hinaus zwischen diversen Methoden gewählt werden, mit denen die Daten analysiert werden sollen. Die beim Data-Mining eingesetzte Analysesoftware ist im Vergleich zur am Flughafen eingesetzten Kontrolltechnik also eher unspezifisch gestaltet.

Die Umsetzung der Skripte ist, wie gesagt, immer von bestimmten Kontextbedingungen abhängig. Alle von mir betrachteten Techniken stellen hier ähnliche Grundansprüche (wie die Zuführung von Strom oder die Anbindung an ein Netzwerk). Ein Großteil heutiger technischer ‚Mit-Akteure' würde ohne diese Infrastruktur un-nutzbar werden. Im Credit-Scoring-Fall wird der Anspruch an den Kontext (über den gemeinsamen Grundanspruch) noch weiter getrieben. Während Hardware (d.h. Computer mit ihren Bildschirmen, Tastaturen und sonstigen Ein- bzw. Ausgabe-Terminals) im Flughafen-Fall Teil der Konstellation und untrennbarer Teil der beteiligten Technik ist, wird diese im zweiten Fall in den Kontext ausgelagert. Hardware ist zwar notwendig, um die verwendete Analysesoftware laufen zu lassen und mit ihr zu interagieren, sie wird jedoch – ähnlich wie der Stromanschluss – austauschbar und in gewisser Weise beliebig. Es kann also im zweiten Fall ein höherer Anspruch an den Kontext ausgemacht werden.

	FLUGHAFEN-SICHERHEITS-KONTROLLTECHNIK	**für CREDIT-SCORING genutzte ANALYSE-SOFTWARE**
Kontext-bedingungen – Grundansprüche	mittel (Strom, Netzwerk)	hoch (Strom, Netzwerk + Hardware, Betriebssystem)
Kontext-bedingungen – Abhängigkeit von Form der zu analysierenden Objekte	Anfangs gering (Torsonde); Tendenz mit zunehmender Automatisierung steigend (Bodyscanner)	Anfangs gering (Stata); Tendenz mit zunehmender Automatisierung steigend (SPSS Modeler)

Tabelle 3 – Vergleich Kontextbedingungen

Interessante Unterschiede bezüglich der Kontextabhängigkeit konnten bei der Abhängigkeit der Techniken von der Form der zu analysierenden Objekte beobachtet werden, welche der Nutzer der Technik zuführen muss. Alle Techniken sind (um zum gewünschten Ziel zu führen) davon abhängig, dass man sie mit Gegenständen, Personen oder Daten versorgt, dabei sind sie jedoch unterschiedlich anspruchsvoll. Während es bei der Torsonde und beim derzeitigen Handgepäck-Röntgengerät genügt, die Personen und Koffer einfach nur in die Nähe der einmal zu Beginn aktivierten Scanner zu bringen, müssen beim Bodyscanner vor Auslösen des Scans wesentlich mehr Vorbereitungen getroffen werden. Die zu analysierenden Personen und Objekte müssen also unterschiedlich stark ‚präpariert' werden. Damit die Torsonde beispielsweise nicht bei jeder Person Alarm schlägt (und damit ihren Einsatz ad absurdum führt), sollten die Personen vorher von metallischen Gegenständen befreit werden. Dies sollte beim Bodyscanner auch passieren, allerdings stellt der Bodyscanner zusätzlich Ansprüche an die optimale Form der Personen, die gescannt werden sollen. Eine solche Abhängigkeit von ‚richtigen' Input-Daten ist auch bei der Analysesoftware im Credit-Scoring zu beobachten. Stata ist diesbezüglich (im Vergleich zu ähnlicher Software) verhältnismäßig flexibel und importiert sogar ‚sinnlose' Daten, wenn es vom Nutzer dazu aufgefordert wird. Andere Softwareprogramme versuchen, anders als Stata, schon beim Importieren des Datensatzes automatisch, alle möglichen Rückschlüsse bezüglich der Art der einzelnen Daten zu ziehen und sind deshalb (was die Form der Daten angeht) anspruchsvoller.

Sind die Grundansprüche an den Kontext erfüllt, kann die Nutzung theoretisch beginnen. Anders als im Fall der Analysesoftware lassen sich Nutzungs-Skripte der Techniken am Flughafen in zwei Teil-Skripte mit sehr unterschiedlichen Zielsetzungen unterteilen: Während die Luftsicherheits-Assistenten an den Checkpoints die Technik nutzen, um gemeinsam mit dieser zu bestimmen, welche Passagiere einer genaueren Kontrolle unterzogen werden sollen, können manche Vorgesetzte der Luftsicherheits-Assistenten dasselbe technische System verwenden, um gesammelte Informationen zu den Kontrollen auszuwerten und ihr Kontrollpersonal ihrerseits zu kontrollieren. Im ersten Nutzungs-Teil-Skript sind die Luft-Sicherheitsassistenten Teil der Konstellation; im zweiten Nutzungs-Teil-Skript ist das Handeln der Luftsicherheits-Assistenten lediglich Input-Information für die Akteure, die das ‚Vorgesetzen-Skript' nutzen. Das Nutzungs-Skript der Analysesoftware weist keine solche Ausdifferenzierung auf. Diese Beobachtung verweist direkt auf die Analyse-Dimension ‚Nutzeranforderungen'.

Die ausdifferenzierten Skripte stellen jeweils unterschiedliche Anforderungen an die erwarteten Nutzer der Teil-Skripte, während die Analysesoftware dieselben Anforderungen an alle Nutzer stellt. Die Möglichkeit zur Umsetzung der einzelnen Teil-Skripte hängt wesentlich von diesen Anforderungen ab. Für die Umsetzung der Skripte müssen Nutzer immer bestimmte Fähigkeiten, Eigenschaften und Schlüssel (seien sie nun materielle Gegenstände oder Passwörter) mitbringen, d.h. bestimmte Anforderungen erfüllen, die sie in die Lage versetzen, mit der Technik in die gewünschte Beziehung zu treten. Unterschiede zwischen den Fällen konnten beim Einsatz der Schlüssel beobachtet werden. Während das Skript der Analysesoftware auf einen einmaligen Schlüssel zum anfänglichen Freischalten der Software setzt[243], werden die Schlüssel im Flughafen-Fall vor jeder einzelnen Nutzung benötigt. Diese Schlüssel sind eng mit der jeweiligen organisationalen Struktur verknüpft. Die Berechtigung der Nutzer am Flughafen wird vor jeder Nutzung aufs Neue überprüft,

---

243 Weitere Schlüssel (z.B. ein Passwort, um den Computer nutzen zu können) werden in die Infrastruktur ausgelagert (s. Kapitel 6.1.8).

während die Analysesoftware einfach allen Nutzer zur Verfügung steht, die Zugriff auf die Infrastruktur haben. Je nach Hierarchie-Ebene (und entsprechendem Schlüssel) stehen dem Nutzer am Flughafen dann unterschiedliche Teile des Skriptes zur Verfügung.[244]

	FLUGHAFEN-SICHERHEITS-KONTROLLTECHNIK	**für CREDIT-SCORING genutzte ANALYSE-SOFTWARE**
Anforderungen an den Nutzer / Zugang zum Skript	(erwartete Eigenschaften meist nur implizit spezifiziert)	(erwartete Eigenschaften nicht spezifiziert)
	Schlüssel vor jeder Nutzung	einmaliger Schlüssel zu Beginn
	grundlegende Technikkompetenz; + geringes Methodenwissen, Tendenz weiter sinkend	grundlegende Technikkompetenz; + hohes Methodenwissen, Tendenz leicht sinkend

Tabelle 4 – Vergleich Nutzeranforderungen

Bei den von den Nutzern erwarteten Fähigkeiten und Eigenschaften kann zwischen solchen unterschieden werden, die sich auf die Bedienung der Technik beziehen (so wird beispielsweise erwartet, dass der Nutzer bestimmte Farben unterscheiden kann), und solchen, die sich auf die jeweilige Methodik beziehen, welche gemeinsam mit der Technik angewandt wird (d.h. auf die Kontroll- oder Analysemethoden). Nutzer beider Techniken sollten immer eine gewisse grundlegende Technikkompetenz mitbringen.[245] Was diesen Anspruch angeht, unterscheiden sich die Techniken der beiden Fälle nicht sonderlich.[246] Über die generelle Tech-

---

[244] Dass der Besitz bestimmter Schlüssel am Flughafen (zur erfolgreichen Nutzung der Technik) stark von der Organisations-Struktur abhängt, zeigt sich auch darin, dass die Passwort-Barrieren aus technischer Perspektive nicht gezwungenermaßen eingerichtet werden müssen, sondern optional zur Verfügung stehen.

[245] Im Fall der Analysesoftware und des Body-Scanners wird beispielsweise erwartet, dass der Nutzer weiß, dass er durch Klicken auf Buttons (oder auch Links) Prozesse starten kann.

[246] Interessant ist, dass die erwartete Technikkompetenz in beiden Fällen mittlerweile stark internationalisiert wurde. Da es weltweit nur einige wenige Herstellerfirmen gibt, die Kontrolltechniken für Flughäfen produzieren und vertreiben dürfen und da diese Geräte weltweit eingesetzt werden, findet man auf allen Geräten sehr ähnliche Zeichen und

nikkompetenz hinaus wird bei allen Nutzern Methodenwissen vorausgesetzt. Hier ist ein großer Unterschied zwischen den Fällen auszumachen.

	FLUGHAFEN-SICHERHEITS-KONTROLLTECHNIK	**für CREDIT-SCORING genutzte ANALYSE-SOFTWARE**
Skript-Struktur	mehrphasig, geringe Phasenanzahl, kurze Skripte	mehrphasig, hohe Phasenanzahl, lange Skripte
Skript-Flexibilität	strikte Kopplung zwischen den Phasen (Sequenzen)	Grundsequenz mit loser Kopplung der Phasen
	keine funktional äquivalenten Phasen	funktional äquivalente Phasen (u.a. durch die ‚doppelte' Interface-Gestaltung)
	technische und methodische Notwendigkeiten für Nutzer-Aktivitäten fallen zusammen	Command-Feld-Eingabe: Nutzer achtet auf von der Software produzierten textförmigen Output und andere visuelle Hinweise und richtet Verhalten ‚frei' daran aus; GUI-Eingabe: Technische und methodische Notwendigkeiten für Nutzer-Aktivitäten fallen meist zusammen
	Skripte können nur mit sehr geringem Spielraum umgesetzt werden	Skripte können mit großem Spielraum umgesetzt werden; sehr robustes Skript, das Rückschläge und Umwege verkraften kann

Tabelle 5 – Vergleich Skript-Struktur und –Flexibilität

Symbole wieder. Auch im Bereich der Analysesoftware (und der zugrundeliegenden Hardware) lässt sich dieses Phänomen beobachten. Um internationale linguistische Zeichen verstehen zu können, ist es in beiden Fällen von Vorteil, der englischen Sprache mächtig zu sein.

Während die Methodenausbildung im Flughafenfall relativ kurz ausfällt und die Kontrolltechniken (bis auf den Gepäck-Röntgenscanner) auch von wenig geübten Nutzern ‚korrekt' genutzt werden können, ist das Wissen um bestimmte Methoden vor allem im Analysesoftware-Fall von hoher Bedeutung. Zusätzlich zur Beherrschung bestimmter Methoden wird hier zur Nutzung der Software in vielen Fällen das Beherrschen der Software-eigenen Programmiersprache vorausgesetzt. Die beobachtete Analysesoftware ist also vor allem für Nutzer mit spezieller Expertise gedacht, während die Kontrolltechnik am Flughafen für ‚Fast-Laien' gestaltet wird. Der wesentlich höhere Anspruch an die Nutzer der Analysetechnik ist jedoch kein ‚K.o.-Kriterium' für potentielle Nutzer. Ein Skript-Durchlauf lässt sich prinzipiell auch ohne eingehende methodische und technische Kenntnisse durchführen, die Qualität des auf diese Weise gemeinsam (eher zufällig) generierten Ergebnisses lässt das dann aber auch erkennen (s. Skript-Flexibilität). Interessanter Weise kann in beiden Fällen (ausgehend vom jeweiligen Expertise-Level) ein allgemeiner Trend hin zu niedrigeren Erwartungen an die Fähigkeiten der Nutzer beobachtet werden. Dieser Trend wird durch die Möglichkeiten unterstützt, welche die fortschreitende Automatisierung mit sich bringt. Wenn nämlich durch Automatisierung Aktivitäten (und damit meist auch Einfluss) an die Technik delegiert werden, können Nutzeranforderungen heruntergeschraubt werden.

Große Unterschiede konnten bei der Struktur und der Flexibilität der betrachteten Skripte, d.h. bei der Art und Weise festgestellt werden, wie einzelne Phasen längerer Skripte verknüpft sind. Im Flughafen-Fall ist die Zahl der Phasen wesentlich geringer und das Skript damit kürzer als im Fall der Analysesoftware. Außerdem ist hier die Koppelung zwischen den Phasen viel genauer festgelegt: Es sind vor allem Sequenzen an Phasen zu beobachten; nur vereinzelt gibt es Phasen, welche an verschiedenen Stellen und zu unterschiedlichen Zeiten im Skript auftreten können. Desweiteren konnten hier auch keine funktional äquivalenten Phasen beobachtet werden. Die Skripte der Kontrolltechnik am Flughafen erlauben also fast keine Abweichungen von der vorgesehenen Skript-Struktur und lassen dem Nutzer damit wenig Handlungsspielraum. Das Skript der Analysesoftware des zweiten Falles ist hingegen viel offener und flexibler gestaltet. Dieses Skript weist nur eine lose Grundsequenz (mit einigen verpflichtenden und einigen nicht-verpflichtenden Phasen) auf. Länge des Skriptes und Anordnung der Phasen sind dabei nur grob vorgegeben. Durch das ‚doppelte Interface' (über das Kommando-Feld oder die Menu-Leiste) können viele Phasen vom Nutzer auf unterschiedliche Art und Weise umgesetzt werden – allerdings läuft bei allen diesen äquivalenten Phasen im Hintergrund trotzdem derselbe Code ab. Darüber hinaus können innerhalb des Skriptes viele Phasen doppelt auftreten. Vor allem in der Text-lastigen Nutzungsform werden die Übergänge zwischen den Phasen von der Technik nur selten erzwungen, sondern dezent angeboten (z.B. über die Beschriftung des Menus oder Kennzahlen im RESULTS-Feld). Statt aus einer technischen Notwenigkeit werden die meisten Phasenübergänge vom Nutzer aus einer methodischen Notwendigkeit heraus gewählt. Diese Flexibilität ist u.a. der ‚Un-Spezifität' des Nutzungszwecks der Software geschuldet. Angesichts des auch hier zu beobachtenden Trends zu mehr Automatisierung im Analyseprozess und des damit einhergehenden Trends zu grafischen Benutzeroberflächen (anstelle von Kommando-Feldern), fallen technische und methodische Notwendigkeiten jedoch auch hier zunehmend zusammen. Wird der Software ein Befehl über das Menu (durch Klicken) anstatt in Form von Kommandos (durch Tippen) gegeben, kann das entsprechende Dialogfenster beispielsweise nur dann bestätigt werden, wenn methodisch gesehen alle Pflichtangaben ausgefüllt wurden. Ansonsten werden die Nutzer in ihren Aktivitäten jedoch auch weiterhin nur wenig eingeschränkt. Insgesamt erweisen sich die unterschiedlichen Softwareanalyse-Skripte hinsichtlich der beobachteten Flexibilität als sehr robust und führen in der Regel trotz kleinerer Rückschläge (oder über Umwege) ans Ziel. Wie ‚gut' das gemeinsam erstellte Ergebnis am Ende ist, hängt jedoch stark von der Methodenkompetenz des Nutzers und dessen Wissen um die technischen Abläufe ab. Da die Technik nur sehr geringe Grundanforderungen an die Nutzer stellt, kann ein Ergebnis auch durch ‚uninformiertes Klicken' erstellt werden, lässt dann aber auch entsprechend Qualität vermissen. Dies wird bei der Flughafen-Technik dadurch verhindert, dass wichtige Aktivitäten dem Nutzer erst gar nicht zugeteilt werden.

Große Unterschiede konnte man auch bei der Transparenz der betrachteten Skripte beobachten. Die Möglichkeit des Einblicks in automatisiert ablaufende Aktivitäten der Analysesoftware für den Nutzer ist Teil der allgemein hohen Transparenz des technischen Systems, was von den Entwicklern ganz explizit so gewollt ist. Zwar lässt es sich nicht vermeiden, dass auch hier (wie bei jeder Software) die von Wood und Introna als ‚obscure' bezeichnete systemische Intransparenz (s. Kapitel 3.2.5) auftritt und man auch Stata nicht direkt beim ‚Laufen' zuschauen kann; ansonsten wird jedoch versucht, technische Undurchsichtigkeit, wo es geht, zu vermeiden. Dies wird erreicht, indem beispielsweise alle Methoden-Algorithmen offengelegt werden; außerdem können Nutzer sich Zwischenschritte des Algorithmus während des ‚Laufens' anzeigen lassen und so den Ablauf (zumindest in Teilen) verfolgen.

	FLUGHAFEN-SICHERHEITS-KONTROLLTECHNIK	für CREDIT-SCORING genutzte ANALYSE-SOFTWARE
Skript-Transparenz	niedrig (explizit so gewollt)	hoch (explizit so gewollt)
	Nutzer wissen, dass sie geskriptet werden, aber werden über das Funktionieren der Techniken und das Zustandekommen des Feedbacks immer mehr im Unklaren gelassen	systemische Intransparenz ist nicht vermeidbar; der Ablauf der automatisierten Tätigkeiten ist jedoch vom Nutzer grundsätzlich einsehbar und beeinflussbar
	geringes Feedback der Technik	Nutzer wird über das Feedback der Technik und dessen Bedeutung (wenn er möchte) detailliert aufgeklärt

Tabelle 6 – Vergleich Skript-Transparenz

Darüber hinaus ermöglicht es die Software, den gesamten Prozessverlauf (mit jeder technischen und menschlichen Handlungsbeteiligung) zu dokumentieren und so auch später noch im Detail nachverfolgen zu können.

Im Gegensatz dazu werden Nutzer von Kontrolltechnik am Flughafen über das Funktionieren der Techniken und über die Bedeutung des jeweiligen Feedbacks immer mehr im Unklaren gelassen. Anders als die professionellen Nutzer der Analysesoftware wird den ‚professionellen' Nutzern am Flughafen beispielsweise nicht einmal mehr mitgeteilt, wie sensibel die Sensoren der Torsonde gerade eingestellt sind oder ob sie gerade ein Röntgenbild eines genuinen Reisegepäcks betrachten. Dabei wissen die Nutzer ganz genau, dass diese Möglichkeiten bestehen. Die ‚Ansagen', welche die Nutzer auf diese Weise von der Technik bekommen, sind in ihrer Konsequenz (Passagier kontrollieren oder nicht kontrollieren) zwar äußerst eindeutig, bleiben ansonsten für den Nutzer jedoch schwer zu interpretieren, da ihr Entstehungskontext komplett entfernt wurde. Eine interaktive, flexible Beziehung wird damit unmöglich gemacht. Dies zeigt sich auch dadurch, dass sich an das Feedback, das diese Kontrolltechniken geben, keine weitere Skript-Phase anschließt, sondern das Skript von neuem gestartet wird. Die anschließenden Handlungen der Luftsicherheits-Assistenten (die Kontrolle der Passagiere) ergeben sich nicht mehr aus dem Skript heraus, sondern aus dem Kontext des gesamten Checkpoints und den Arbeitsanweisungen der Organisation.[247]

	FLUGHAFEN-SICHERHEITS-KONTROLLTECHNIK	für CREDIT-SCORING genutzte ANALYSE-SOFTWARE
Materialität + Zeichen	- Häufig Einsatz mehrere Zeichen und/oder Zeichen-Arten parallel, die mit menschlichen Sinnen unterschiedlich wahrnehmbar sind - Tendenziell höhere Anzahl und Mischung an Zeichenarten bei höherem techn. Eigenniveau (aber nicht notwendiger Weise) - Tendenz zur vermehrten Verwendung linguistischer Zeichen und externer Skripte bei langen, komplexen Skripten - Bei vermehrtem Software-Einsatz in den techn. Systemen Trend zur Anzeige von Ansagen erste dann wenn sie im Skript relevant werden; Trend hin zu grafischen, möglichst eindeutigen Benutzer-Interfaces	

Tabelle 7 – Vergleich Materialität und Zeichen

Bezüglich der im gesamten Skript verwendeten materiellen Eigenschaften, Zeichen und Symbole fällt auf, dass die damit ausgedrückten, an den Nutzer gerichteten ‚Ansagen' keiner eindeutigen Regelmäßigkeit folgen. Grundsätzlich sind bei allen beobachteten Techniken expressive und linguistische Zeichen in fast allen Phasen anzutreffen. Auch bezüglich des technischen Aktivitäts-Niveaus konnte ich kein eindeutiges Muster bei der Verwendung von Zeichen-Arten erkennen. Bei den hier betrachteten Techniken – die alle ein relativ hohes, wenn auch nicht das gleiche Eigenniveau haben – sind vermutlich häufiger eine größere Anzahl und eine stärkere Mischung an Zeichen anzutreffen als bei Techniken mit niedrigen Eigenniveau, dies ist jedoch keine Notwendigkeit.[248] Festge-

[247] Dies macht noch einmal deutlich, dass jede Skriptanalyse in einen größeren Kontext eingebettet ist, dessen Skript man – eine systemische Ebene höher – auf die gleiche Art und Weise analysieren kann.

[248] Einen linearen Zusammenhang scheint es hier nicht zu geben. Sprachliche Zeichen, die dem Nutzer anzeigen sollen, was er zu tun hat, kann man auch bei passiven Techniken beobachten. Eine Türe beispielsweise (passive Technik) kann durch die Beschriftungen PUSH und PULL ihre Öffnungsrichtung anzeigen. Auch eine Fußgängerampel (mit Ei-

stellt werden kann deshalb nur der häufig auftretende gleichzeitige Einsatz unterschiedlicher Zeichen-Arten für ein und dieselbe ‚Ansage' an den Nutzer.

Bestätigt werden konnte darüber hinaus die These (s. Kapitel 3.2.1), dass Skripte für komplexe Prozesse häufiger auf externe Skripte (wie Handbücher u.ä.) zurückgreifen, da nicht mehr alle Ansagen materiell im Skript ausgedrückt werden können. Die externen Skripte beschreiben das, was Nutzer zu tun haben, meist ausschließlich in Form linguistischer Zeichen. Da auch die in Software integrierten Hilfe-Funktionen dem Nutzer meist in Textform erklären, was er zu tun hat, ist bei einem hohen Anteil von Software in technischen Systemen die Unterscheidung, ob die linguistischen Zeichen Teil des internen Skriptes der Technik oder Teil eines externen Skriptes sind, nicht mehr eindeutig vorzunehmen. Mehr Software-Einsatz muss jedoch nicht immer automatisch zu vermehrter Verwendung linguistischer Zeichen führen. Das Interface des Bodyscanners setzt beispielsweise ganz explizit auf bekannte technische Elemente seiner ‚Vorgänger' (wie Knöpfe und Schalter) und imitiert diese in digitaler Form. Die ‚digitale Materialität' des Bodyscanners orientiert sich somit stark an ‚haptischer Materialität', nutzt aber gleichzeitig auch die Vorteile, die mit dem Einsatz von Software einhergehen: Um das Interface simpel und übersichtlich zu halten, werden dem Nutzer immer nur die Handlungsmöglichkeiten angezeigt, die er zum besagten Zeitpunkt umsetzen sollte. Anders als beispielsweise bei der Tastatur des Röntgengerätes, wird so die Komplexität der Bedienung für den Nutzer heruntergesetzt – allerdings meist auf Kosten der Flexibilität. Die betrachteten Softwareanalyseprogramme versuchen die Komplexität für ihre Nutzer auf ähnliche Weise zu vermindern – wenn auch in ungleich kleinerem Umfang. Dieser Trend steht im Zusammenhang mit den mittlerweile etwas geringeren Anforderungen bezüglich des Programmier- und Methodenwissens der Nutzer.

6.3.2 *Kausalzusammenhänge*

Welche Aussagen lassen sich auf dieser Grundlage nun über die Einflussverteilung in den unterschiedlichen sozio-technischen Konstellationen treffen? Eine Sonderstellung scheint hier die Analyse-Dimension

---

genniveau 2) arbeitet mit Zeichen (rotes Männchen, grünes Männchen), die von vorneherein als Zeichen entwickelt wurden. Auf der anderen Seite lassen sich auch expressive Zeichen bei Techniken mit einem hohen Eigenniveau finden. Die schon besprochene Form eines Smartphones (inklusive der Positionierung von Lautsprecher und Mikrofon) zeigt dies beispielhaft. Es lassen sich also beide Zeichenarten auf allen Aktivitätsniveaus finden.

‚Kontextbedingungen' einzunehmen. Die beobachteten Ausprägungen dieser Dimension lassen als einzige auf einen eindeutigen, von anderen Dimensionen unabhängigen, alle beobachteten Techniken betreffenden Effekt schließen: Je abhängiger die Techniken von verschiedenen Kontextbedingungen sind, desto mehr sind sie vor Beginn der jeweiligen Nutzung darauf angewiesen, dass der Nutzer ihnen alle benötigten Ressourcen zur Verfügung stellt.

Kontextanforderungen (um die der Nutzer sich kümmert)	hoch	niedrig
Einfluss der Technik in der Konstellation:	→ niedrig	→ hoch

Tabelle 8 – Vergleichsdimension ‚Kontextbedingungen'

Um die Wirkmacht einer Technik zu erhöhen, sollte sie diesbezüglich also möglichst unabhängig vom Nutzer sein. Techniken mit hohem Aktivitätsniveau unabhängig von externen Ressourcen zu machen scheint in der Praxis jedoch ziemlich aufwändig zu sein. Passive Techniken (wie z.B. ein Hammer) lassen sich wesentlich leichter kontextunabhängig gestalten als komplexere Techniken wie beispielsweise der Mond-Rover *Asimov* (s. Kapitel 3.1.2). Eine Möglichkeit, solche Abhängigkeiten vom Nutzer zu reduzieren, besteht darin, die Aufgabe der Zuführung von Ressourcen anderen Akteuren zu übertragen, anstatt den tatsächlichen Nutzer darüber entscheiden zu lassen; ist jedoch der Nutzer dafür verantwortlich, wirkt sich das negativ auf den Einfluss der Technik in der Konstellation aus. Eine weitere Möglichkeit besteht darin, Technik und Infrastruktur möglichst gut aufeinander abzustimmen. Solche Allianzen zwischen technischen Systemen garantieren dann anstelle des Nutzers oder anderer Akteure, dass beispielsweise Informationen aus dem Kontext auch ‚sinnvoll' verarbeitet werden können. Die Handlung- bzw. Wirkmacht der Technik kann so gegenüber dem Nutzer gesteigert werden – die Technik wird durch diese Abhängigkeit von einer passenden Infrastruktur aber immer auch angreifbar gemacht und die Abhängigkeit damit im Grunde lediglich verlagert (s.a. Kapitel 7.3).

Über die Kontextabhängigkeit hinaus weisen alle anderen Analyse-Dimensionen in den beiden verglichenen Kontexten unterschiedliche Ausprägungen auf (vgl. Tabelle 9). Bezüglich der Anforderungen an den Nutzer ziehen die Kontrolltechniken am Flughafen ihre Handlungsmacht aus dem konsequent ansteigenden Ausschluss des Standard-Nutzers aus wichtigen Entscheidungen im Profiling-Prozess. Durch die gleichzeitige Ausdifferenzierung des Nutzer-Skriptes in verschiedene Teil-Skripte mit unterschiedlichen Zielsetzungen, die starke Eingrenzung des mit dem Standard-Nutzungs-Teil-Skript verfolgbaren Zwecks und die Zugangsbeschränkung aller Nutzungs-Teil-Skripte mit speziellen Schlüsseln können die Standard-Nutzer der Techniken nur noch an sehr wenigen Stellen in den Profiling-Prozess eingreifen. Die Kontrolltechniken versuchen auf diese Weise die Nutzer zu zwingen, ihnen allein die wichtigen Entscheidungen im Profiling-Prozess zu überlassen. Die Entwickler der Technik müssen sich in diesem Fall auf die Fähigkeiten der Technik verlassen, mit dem jeweiligen Kontext und den zu analysierenden Objekten mehr oder weniger selbstständig umgehen zu können (auch wenn das, wie beim Bodyscanner gezeigt, nicht immer auf Anhieb zu klappen scheint). In Konsequenz daraus können die Standard-Nutzer der Kontrolltechniken gering ausgebildete ‚Laien' sein, die über nur sehr wenig Wissen über technische Abläufe und Methoden verfügen müssen.

Praxisbeispiel	**Flughafen-Fall**	**Credit-Scoring-Fall**
Zweckspezifität	mittel / hoch	niedrig
Ausdifferenzierung	hoch	niedrig
Zugangsbeschränkung durch Schlüssel	immer; unterschiedlich	einmalig; für alle gleich
Fähigkeiten	niedrig	hoch
Struktur	mehrphasig, kurz	mehrphasig, lang
Flexibilität	niedrig	hoch
Transparenz	niedrig	hoch

Tabelle 9 – Ausprägungen der Vergleichsdimensionen (ohne ‚Kontextbedingungen')

Im Fall der Credit-Scoring-Analysesoftware spielen Zugangsschlüssel nur eine untergeordnete Rolle und es ist keine Ausdifferenzierung des Nutzungs-Skriptes sowie eine eher niedrige Zweckspezifität des einzigen Nutzungs-Skriptes zu beobachten. Die Technik zwingt sich dem Nutzer deshalb nicht auf, sondern bietet sich ihm an. Der Nutzer kann und darf erst einmal fast alles mit der Technik machen. Im Umkehrschluss zu den Beobachtungen am Flughafen-Checkpoint müsste diese Unterspezifizierung zu einer geringen Wirkmacht der Technik in der Konstellation führen.

Praxisbeispiel	Flughafen-Fall	Credit-Scoring-Fall
Ausdifferenzierung	hoch	niedrig
Zweckspezifität	mittel / hoch	niedrig
Zugangsbeschränkung durch Schlüssel	immer; unterschiedlich	einmalig; für alle gleich
Einfluss der Technik in der Konstellation:	→ hoch	→ niedrig? (noch undefiniert; s.u.)
Fähigkeiten:	→ niedrig (ausreichend)	(noch undefiniert; s.u.)

Tabelle 10 – Technischer Einfluss (a)

Allerdings sucht sich auch die Analysesoftware ‚ihre' Nutzer recht genau aus und übt in der Interaktion mit ihnen Einfluss auf sie aus; dieser Einfluss ist jedoch wesentlich subtiler. Die Analysesoftware selektiert Nutzer nicht (wie die Kontrolltechnik am Flughafen) über Zugangsschlüssel, sondern sucht sich Nutzer über deren Fähigkeiten aus. Die Aussortierung ‚nicht geeigneter' Nutzer findet damit erst im Nutzungsprozess und nicht, wie am Flughafen, schon vor Beginn der Nutzung statt. Ein Nutzer mit geringen Methoden- und Programmierkenntnissen kann die Software zwar starten und in gewissem Umfang auch ‚bedienen', den ‚Anweisungen' der Software so zu folgen, dass am Ende ein ‚sinnvolles' Ergebnis herauskommt, schaffen jedoch nur bestimmte Nutzer mit bestimmten Fähigkeiten. Sind die Anweisungen an den Nutzer also ‚indexiert' genug, um nur von bestimmten Nutzern verstanden zu werden, kann auch eine ansonsten sehr offene und flexible Technik einen hohen Einfluss auf den Nutzer ausüben. Bringt der Nutzer nicht die richtigen Fähigkeiten mit, bleibt ihm die Nutzung der Technik verwehrt; Nutzern mit den erwarteten Fähigkeiten kann die Technik aber durchaus anzeigen, wie sie im jeweiligen nächsten Schritt handeln sollen.

Die Entscheidung darüber, wie viel Einfluss Technik und Nutzer im Profiling-Prozess jeweils erhalten sollen, kann also schon ziemlich früh fallen (wie im Flughafen-Fall) oder erst im Laufe der Nutzung ausgehandelt werden (wie im Fall der Analysesoftware).

Praxisbeispiel	Credit-Scoring-Fall	
Ausdifferenzierung	niedrig	niedrig
Zweckspezifität	niedrig	niedrig
Zugangsbeschränkung durch Schlüssel	einmalig; für alle gleich	einmalig; für alle gleich
+ Fähigkeiten	niedrig	mittel - hoch
Einfluss der Technik in der Konstellation:	(niedrig/zufällig)	→ mittel - hoch

Tabelle 11 – Technischer Einfluss (b)

In beiden Fällen können einem ‚Erstkontakt' zwischen Technik und Nutzer kürzere oder längere Skripte mit einer unterschiedlichen Anzahl an Phasen folgen. (Auch Skripte, in denen der Nutzer nur sehr wenig Einfluss hat und vor allem ‚assistierende' Tätigkeiten zugewiesen bekommt, können mehrere Phasen aufweisen, im betrachteten Fall am Flughafen konnten jedoch vor allem recht kurze Skript-Strukturen beobachtet werden, während die Softwareanalyse-Skripte sehr viel mehr Phasen aufweisen.) Lange Skripte bieten immer wieder die Möglichkeit, die Einflussverteilung zwischen Technik und Nutzer für die jeweilige Phase neu festzulegen. Kurze Skripte haben deshalb (aus Sicht der Entwickler bzw. der Technik) den Vorteil, den Nutzer nicht viele, sondern nur einige wenige Male davon zu überzeugen, eine bestimmte ‚Rolle' in der Konstellation einzunehmen.

Praxisbeispiel	Flughafen-Fall	Credit-Scoring-Fall
Struktur	mehrphasig, kurz	mehrphasig, lang
→ Möglichkeit der Einflussverschiebung	→ gering	→ hoch

Tabelle 12 – Vergleichsdimension ‚Struktur' und die Möglichkeit der Einflussverschiebung

Die Länge der Skripte alleine sagt aber noch nichts über die Einflussverteilung in der Konstellation aus, sondern weist nur auf die Möglichkeit der Einflussverschiebung während des Nutzungs-Prozesses hin. Während dieses Prozesses wirken vor allem die Ausprägungen der Analyse-Dimensionen Skript-Flexibilität und Skript-Transparenz auf die Einflussverteilung in der Konstellation ein. Durch die niedrige Flexibilität und die ebenso niedrige Transparenz der Standard-Nutzungs-Skripte der Kontrolltechniken am Flughafen bleibt dort nur wenig Spielraum für ‚Verhandlungen' zwischen Technik und Nutzer. Selbstständige Entscheidungen seitens des Nutzers sind nicht gewünscht; das zeigt sich auch darin, dass den Nutzern in den meisten Fällen (außer bei den heutigen Handgepäck-Röntgenscannern) kein ‚Zwischenergebnis' bzw. ‚Rohmaterial' präsentiert wird, welches er verwenden kann, um eine ‚Profiling-Entscheidung' zu fällen, sondern das Feedback der Geräte selbst das Ergebnis des Profiling-Prozesses ist. Innerhalb des Skriptes kann auf die Signale, welche die Technik von sich gibt, nur auf die immer gleiche Weise reagiert werden. Je unflexibler die Skripte – d.h. je mehr sequenzielle Ordnungen zu beobachten sind und je weniger frei austauschbare Phasen es gibt –, desto weniger Spielraum haben die Nutzer, Einfluss auf das Profiling-Ergebnis auszuüben und desto mehr kann die Kontrolltechnik Ablauf und Ergebnis des Profiling-Prozesses bestimmen. Durch die Intransparenz der Skripte am Flughafen wird dieser Effekt noch verstärkt. Das undurchsichtige ‚impression management' der Techniken führt dazu, dass ein ‚interaktives' Verhältnis mit der Technik und eine aktive Beteiligung der Nutzer am Profiling-Prozess (aufbauend auf den Informationen, welche die Technik gesammelt hat) unmöglich wird.

Praxisbeispiel	**Flughafen-Fall**	**Credit-Scoring-Fall**
Flexibilität	niedrig	hoch
Transparenz	niedrig	hoch
Einfluss der Technik in der Konstellation:	→ hoch	→ niedrig? (noch undefiniert; s.u.)
Fähigkeiten:	→ niedrig (ausreichend)	(noch undefiniert; s.u.)

Tabelle 13 – Technischer Einfluss (c)

Anders als am Flughafen wird im Softwareanalyse-Skript nicht versucht, den Nutzer aus möglichst vielen Prozess-Schritten herauszuhalten, sondern die Zusammenarbeit mit ihm gesucht. Dem Nutzer wird in vielen Fällen die letzte Entscheidung darüber zugestanden, wie bestimmte Prozess-Schritte durchzuführen sind und ihm wird Einblick in alle Prozess-Schritte gewährt, die im Laufe der Nutzung automatisiert ablaufen.

Trotz Automatisierung einer Vielzahl von Prozessschritten ist in dieser Konstellation der Einfluss auf den Profiling-Prozess also nicht einseitig zu Gunsten der Technik verteilt. Der endgültige Einfluss von Technik und Nutzer hängt wieder stark von den mitgebrachten Fähigkeiten der Nutzer ab. Versierte Nutzer können die Analysesoftware in weiten Teilen so nutzen, wie sie es für richtig halten und ihre Vorstellungen mithilfe der Technik umsetzen. Nutzer, welche etwas weniger Methoden- oder Programmierkenntnisse (oder in manchen Fällen auch einfach nur wenig Zeit oder Muße) mitbringen, können aber auch viele Entscheidungen an die Technik ‚zurück-delegieren'. Zu gering dürfen die jeweiligen Kenntnisse jedoch auch in diesem Fall nicht sein.

Praxisbeispiel	**Credit-Scoring-Fall**		
Flexibilität	hoch	hoch	hoch
Transparenz	hoch	hoch	hoch
+ Fähigkeiten	niedrig	mittel	hoch
Einfluss der Technik in der Konstellation:	(niedrig /zufällig)	→ hoch	→ mittel

Tabelle 14 – Technischer Einfluss (d)

Die Ausprägung der Analyse-Dimension ‚Fähigkeiten' ist somit im Fall der Softwaretechnik einmal mehr das ‚Zünglein an der Waage', während im Fall der Kontrolltechniken am Flughafen die methodischen Kenntnisse (seien sie nun sehr detailliert oder nur minimal) immer unbedeutender werden und im Skript fast keine Relevanz aufweisen. Auch wenn ein Flughafen-Sicherheitsassistent genau weiß, wie eine Torsonde funktioniert, wann sie anschlägt, wie man die Passagiere am besten präpariert, welche Einstellungen vor dem Scan vorgenommen werden können u.ä., so hat er trotzdem nicht mehr Einfluss auf das Profiling-Ergebnis als ein Flughafen-Sicherheitsassistent, der das alles nicht weiß – außer er setzt sich bewusst über das Skript hinweg. Solch restriktive Skripte mit geringer Flexibilität und Transparenz sind deshalb oft auf außerhalb der Skripte liegende Anreize und Sanktionen angewiesen, welche flexible, transparente Skripte zu ihrer Einhaltung nicht benötigen. Durch die große Flexibilität und Transparenz im Skript greifen Techniken wie die Analysesoftware potentiellen Umnutzungsversuchen stattdessen vor: Wenn fast alles möglich ist, besteht keine Notwendigkeit zur Umgehung oder Umschreibung der Skripte. Wie weit die Nutzer ihren eigenen Anteil am Analyseprozess ausweiten, hängt hier stark von ihren mitgebrachten Fähigkeiten ab.

6.3.3 *Technische Wirkstrategien*

Die ausgemachten Kausalzusammenhänge lassen sich zu idealtypischen Wirkstrategien zusammenfassen, die jeweils durch ganz bestimmte Kombinationen an Ausprägungen der Skript-Dimensionen geprägt sind, welche wahrscheinlich auch nur in dieser Zusammensetzung wirksam sind. Je nach Strategie gehen die Techniken anders vor, um ihre Nutzer dazu zu bringen eine bestimmte Handlungsaufteilung bzw. Einflussverteilung in der Konstellation anzuerkennen. Zweckspezifität der Technik, Ausdifferenzierung in Teil-Skripte, Nutzeranforderungen in Form von Schlüsseln sowie vorausgesetzte Fähigkeiten, Skript-Flexibilität und Skript-Transparenz haben sich dabei als wichtige Analyse-Dimensionen erwiesen.

Die Strategie der Kontrolltechniken am Flughafen setzt auf technischen Zwang und versuchet, den Nutzer durch zugangsbeschränkte, nutzungsbegrenzte, unflexible, intransparente Skripte zu zwingen, eine ganze bestimmte Handlungsaufteilung zu akzeptieren. Der Nutzer wird dabei an sehr vielen Stellen einfach aus dem Prozess ausgeschlossen und durch automatisierte Techniken ersetzt. Die Entwickler der Technik verlassen sich damit stark auf die ‚Fähigkeiten' der Technik, mit dem jeweiligen Kontext und den zu analysierenden Objekten bzw. Personen mehr oder weniger selbstständig umgehen zu können. Der Einfluss auf die Entscheidung, welcher Passagier wie kategorisiert werden soll, liegt fast vollständig bei der Kontrolltechnik am Checkpoint und die Nutzer werden immer mehr zum Assistenten degradiert. Sie sind damit zwar noch Teil des Gesamtablaufes, ihren Einfluss auf das Profiling-Ergebnis müssen sie jedoch immer mehr abgeben. Einfluss auf das Profiling-Ergebnis ist in vielen Fällen nur noch durch ‚Missachtung' und ‚Umgehung' der Skripte möglich.

Anders als bei der Kontrolltechnik am Flughafen wird von der im zweiten Fall eingesetzten Analysetechnik eine interaktive, wechselseitige Beziehung zwischen Technik und Nutzer geradezu gesucht. Der Nutzer soll hier nicht durch Zwang, sondern durch attraktive Angebote und Informationen davon überzeugt werden, gewisse Aktivitäten an die Technik abzutreten und sein eigenes Handeln dann dementsprechend an dem technischen Ablauf auszurichten. Dem Nutzer wird eine viel größere Flexibilität in seinen Aktivitäten zugestanden und detailliert Einsicht in den Ablauf der technischen Aktivitäten gewährt. Außerdem ist die Handlungsaufteilung zwischen Technik und Nutzer nicht von vorneherein festgelegt, sondern wird erst im Laufe des Skriptverlaufes zwischen beiden Parteien ausgehandelt.

Handlungs-spielraum Nutzer:	NEIN	JA	JA
Handlungs-spielraum Technik:	JA	JA	NEIN
→ Wirk-strategie:	Technischer Zwang	Interaktiv vermitteltes technisches Angebot	Passives technisches Angebot (nicht beobachtet)[249]
→ Einfluss auf das Profiling Ergebnis (Einfluss-verteilung):	→ Nutzer: gering → Technik: hoch	→ Nutzer / Technik: unterschiedlich hoch	→ Nutzer: hoch → Technik: gering

Tabelle 15 – Einflussverteilung nach eingesetzter technischer Wirkstrategie

Auch hier macht die Technik dem Nutzer gewisse Vorgaben, diese Vorgaben sollen jedoch vor allem gewährleisten, dass der Nutzer ‚im Rahmen der technischen Möglichkeiten' bleibt, d.h. sie sollen sicherstellen, dass die Aktivitäten des Nutzers für die der Technik anschlussfähig bleiben. Anders als beim technischen Zwang dienen die ‚technischen Ansagen' hier also dem Fortbestand der wechselseitigen Beziehung zwischen Technik und Nutzer, anstatt diese zu unterbinden.

Es lässt sich also feststellen, dass Technik eines gewissen (mindestens aktiven) Handlungs-Niveaus unterschiedliche Strategien des Wirkens zur Verfügung zu stehen (welche wiederum durch bestimmte Dimensionsausprägungen charakterisiert sind), um beim Nutzer eine bestimmte Aktivität zu erzielen und so mit ihm ein gewünschtes Ziel zu erreichen. Doch wie sieht nun der Zusammenhang zwischen diesen Strategien und einem steigendenden Technisierungsgrad in den entsprechenden soziotechnischen Konstellationen aus?

[249] Die dritte Wirkstrategie kann idealtypisch all den Techniken zugeordnet werden, die ein passives Aktivitätsniveau haben und deshalb stark auf die Initiative der Nutzer angewiesen sind. Das Tabellen-Feld ist ausgegraut, da ich Techniken dieses Typs in dieser Arbeit nicht näher betrachtet habe. Der Vollständigkeit halber soll die Strategie an dieser Stelle jedoch zumindest erwähnt werden.

6.3.4 *Wirkstrategien und Technisierungsgrad*

Die ausgemachten Wirkstrategien scheinen nicht linear mit dem Grad der Technisierung der Konstellation zusammenzuhängen. Anders als in vielen Studien zum Thema Überwachung und Sicherheit angenommen, führt mehr Technik bzw. mehr automatisierte Technik in sozio-technischen Konstellationen nicht zwingendermaßen zu steigendem Einfluss technischer Instanzen in sozio-technischen Konstellationen bei gleichzeitigem Einflussverlust der menschlichen Akteure der Konstellation.

> „Die Mensch-Maschine-Interaktion ändert sich grundlegend, wenn avancierte Technik im Spiel ist [...]. Mit der zunehmenden Autonomie von Technik verändert sich also der Status des Menschen. [...] Der Mensch wird zum passiven Beobachter eines Systems, das er immer weniger versteht. Er muss sein Verhalten der Maschine anpassen und wird dabei zunehmend zu passiv-reaktivem, adaptivem Verhalten gezwungen." (Weyer und Cramer 2007:279)

Allerdings führen immer aktivere Techniken, die in Konstellationen viele Aktivitäten selbsttätig umsetzen können, auch nicht automatisch zu interaktiveren Einflussbeziehungen.

> „Je höher das Eigenniveau der technischen Elemente ist, desto mehr verschiebt sich die Beziehung zwischen Menschen, Wirk- und Zeichenobjekten von der einfachen Instrumentalität zur vielfältigen Interaktivität." (Rammert 2009:26)

Wann welche Strategie zum Einsatz kommt, ist nicht davon abhängig, wie hoch der Technisierungsgrad der sozio-technischen Konstellation ist. In beiden der hier analysierten Fälle wird Technisierung eingesetzt, um Aktivitäten, die vormals von menschlichen Akteuren umgesetzt wurden. auf technische Instanzen zu übertragen – allerdings mit unterschiedlichem Effekt. Die vergleichende Analyse von Technisierungsprozessen unterschiedlicher ‚historischer' Konstellationen mit der heutigen Situation und einigen aktuellen Trends (wie bspw. Pläne, die Handgepäck-Röntgengeräte mit Analysesoftware auszustatten) weist auf einen völlig anderen Zusammenhang zwischen Einflussverteilung und Technisierung hin als der Vergleich der heutigen Situation am Flughafen mit der heutigen Situation im Credit-Scoring-Bereich (welche ja stellvertretend für zukünftige Entwicklungen im Flughafen-Sicherheitsbereich gewählt wurde). Im ersten Fall kann die fortschreitende Delegation von Aktivitäten an die Technik bei gleichzeitiger Einschränkung der Handlungsmöglichkeiten der Nutzer beobachtet werden. Im Extremfall werden die Beziehungen in der Konstellation durch das Skript auf einen einzigen Kontaktpunkt reduziert (nämlich das Entsperren und/oder ‚In-Gang-Setzen' eines ansonsten vollständig automatisierten Prozesses) und vormals ermöglichende Techniken auf diese Weise zu ersetzenden Techniken ‚umdefiniert'. Technisierung führt hier zum Einflussverlust der menschlichen Akteure der Konstellation. Auch im zweiten Fall wurden der Technik im Zuge der fortschreitenden Technisierung Aktivitäten zugeschlagen, welche vormals durch menschliche Akteure umgesetzte wurden. Der große Unterschied ist jedoch, dass dies nicht in-transparent geschieht und es dem (kompetenten) Nutzer weiterhin ermöglich wird, die Prozesse einzusehen und in sie einzugreifen. Die Technik bietet dem Nutzer an, bestimmte Aktivitäten zu übernehmen; wie und ob dies stattfindet, wird jedoch meist dem Nutzer überlassen. Automatisierung wird hier also genutzt um dem Nutzer Aktivitäten abzunehmen, in denen die Technik ‚besser' ist (bzw. welche die Technik schneller und verlässlicher umsetzen kann), nicht jedoch, um den Nutzer aus dem gemeinsamen Handlungsablauf zu verdrängen.[250] Eine Technisierung dieser Konstellation führt nicht zum Einflussverlust der menschlichen Akteure der Konstellation. Einfluss kann jedoch an technische Instanzen der Konstellation abgegeben werden. Die Automatisierung von Aktivitäten kann sich also äußerst unterschiedlich auf das technische Wirken und die Einflussverteilung in einer sozio-technischen Konstellation auswirken. Wann welche technische Wirkstrategie zum Einsatz kommt, hängt immer auch vom Eigenniveau der beteiligten Techniken ab – eine der Interaktion ähnliche wechselseitige Beziehung zwischen Technik und Nutzer wird mit steigendem Aktivitäts-Niveau wahrscheinlicher –, die wachsenden Fähigkeiten der Technik müssen sich jedoch nicht unbedingt auf das Verhältnis zu ihren Nutzern auswirken, sondern können auch dazu führen, dass die Technik immer besser und unabhängiger vom Nutzer mit der zu analysierenden Umwelt umgehen kann. Die Weiterentwicklungen von der noch recht ‚simplen' Torsonde zum ‚smarten' Bodyscanner mit integrierter Bildanalysesoftware oder die Pläne, derzeit noch verhältnismäßig interaktiv gestaltete Handgepäck-Röntgengeräte mit zusätzlicher ‚smarter' Analysesoftware auszustatten, sind Beispiele dafür, wie fortschreitende Automatisierung der am Profiling beteiligten Techniken die menschlichen Akteure nach und nach aus der Konstellation drängt. Der Einsatz von Datenanalysesoftware kann – wie die vorgelagerte Teilkonstellation zeigt – jedoch auch zu einer gegenteiligen Entwicklung führen. Ein höheres Eigenniveau scheint somit eine notwendige, aber nicht hinreichende

[250] Menschliche Akteure werden nicht grundsätzlich, sondern vor allem in ihrer Funktion als ungelernte Arbeitskräfte (in der Konstellation vor Ort) zunehmend ersetzbar.

Bedingung für ein interaktives Verhältnis zwischen Technik und Nutzer zu sein. Wie der Einfluss im Profiling-Prozess letztendlich verteilt ist, hängt über das Eigenniveau hinaus stark von der durch die Entwickler für die Technik gewählten technischen Wirkstrategie ab. Die Wahl der Wirkstrategie scheint vor allem von äußeren Bedingungen des Kontextes abhängig gemacht zu werden. Sollte sich die gesamte Flughafen-Sicherheits-Konstellation in Zukunft nicht grundlegend ändern, wird die Verbreitung von Bodyscannern und ähnlichen Geräten sowie Analysesoftware für Röntgenscanner u.ä. – d.h. fortschreitende Automatisierung der Kontrolltechniken vor Ort – vermutlich nicht zu einer Veränderung hinsichtlich der gewählten Wirkstrategie führen. In der vorgelagerten Teil-Konstellation könnte es jedoch ganz anders aussehen. Bisherige Experten (z.B. die Analysten des BKA) werden hier nicht einfach durch automatisierte technische Experten ersetzt, sondern werden viel eher anderen menschlichen Experten Platz machen müssen – nämlich solchen, welche über die von der Technik geforderten Fähigkeiten verfügen (oder sich dementsprechend weiterbilden). Auch wenn der Umbau der Flughafen-Profiling-Konstellation nach Vorbild der Credit-Scoring-Konstellation also vermutlich einen personellen Umbau nach sich ziehen würde, hieße das nicht, dass menschliche Akteure grundsätzlich aus dem Entscheidungsprozess ausgeschlossen würden, es würde jedoch ziemlich sicher eine Einflussverlagerung zu beobachten sein: von bisherigen Akteuren und Instanzen vor Ort hin zu (fast ausschließlich) menschlichen und technischen Experten der vorgelagerten Konstellation.

Meine Beobachtungen zeigen also, dass Automatisierung einerseits zu *inter*-aktiverer Technik und einer geteilten Einflussverteilung in der Konstellation, andererseits aber auch zum de facto-Ausschluss der menschlichen Akteure aus der Profiling-Konstellation führen kann. Was diese Erkenntnisse für die (technik-) soziologische Theorie und für die Surveillance Studies bedeuten, darauf möchte ich im letzten Kapitel zu sprechen kommen.

7 Exkurs: Praktische Schlüsse für Profiling am Flughafen

Wie in Kapitel 4 angekündigt, möchte ich an dieser Stelle noch die Vorteile des gewählten Forschungsdesigns nutzen und mich der Frage widmen, welche praktischen Schlüsse Akteure zukünftiger Konstellationen im Flughafen-Sicherheits-Kontext aus den Erkenntnissen der Konstellations- und Skriptanalysen der aktuellen Credit-Scoring-Konstellation ziehen können. Dies halte ich für wichtig (auch wenn es sich dabei nicht direkt um Antworten auf die Forschungsfrage dieser Arbeit handelt), da es hierbei keinesfalls um eine rein akademische Diskussion geht. Wie in Kapitel 5.1.5 gezeigt, wird eine solche Übertragung bereits in der Praxis versucht. Drei kontextspezifische Problempunkte einer stark automatisierten Flughafen-Profiling-Konstellation nach dem ‚Vorbild' der vorgestellten Credit-Scoring-Konstellation (trotz augenscheinlicher Parallelen der stark automatisierten Profiling-Konstellationen, s. Kapitel 5.3) möchte ich im Folgenden diskutieren. Sie zeigen, dass eine einfache Übertragung des Profiling-Prozesses von Kunden-Risiko-Assessment auf Passagier-Risiko-Assessment nicht möglich ist.

7.1 Fehlende Zielgröße

Da es in der vorgelagerten Teil-Konstellation hypothetischer und US-amerikanischer Konstellationen darum geht, in großen Datenmengen interessante Muster zu finden, die Aussagen über das Risiko bestimmter Arten von Menschen zulassen, kann man zunächst einmal davon ausgehen, dass sich auch die in Kapitel 5.2.3 beschriebenen Methoden und Abläufe übertragen lassen. Es gibt jedoch vor allem einen entscheidenden Unterschied: die verfügbare Datenbasis. Im Verhältnis zu anderen Anwendungskontexten gibt es im Flughafen-Sicherheitskontext nur sehr wenige Beobachtungen, welche sich zum Anlernen von Algorithmen bzw. zur Modellerstellung eignen.

> "Data-mining [...] software is often modelled on the fraud-detection applications used by financial institutions. But terrorism is much rarer. So spotting conditions that may precede attacks is harder." (economist.com 2008)

> „Deine Handvoll Terroristen ist halt zu wenig. [...] Weil du würdest einen Datenraum von im Grunde genommen 1 Milliarde Menschen (du musst das ja weltweit sehen), [den] musst du gegen 10 Terroristen halten, die vielleicht, von mir aus 300 Merkmale jeweils haben. Und damit hast du 3000 Merkmale gegen 300 Milliarden Merkmale, das ist ein bisschen mau würd ich sagen." (Interview9:149#+151#, Gruppe 4, Expertin Neuronale Netze)

Eine Faustregel in der Credit-Scoring-Szene ist, dass man mindestens 100 Fälle für ‚Kreditausfall' und mindestens ebenso viele ‚Nicht-Ausfälle' als Grundlage braucht (s. Abbildung 98).

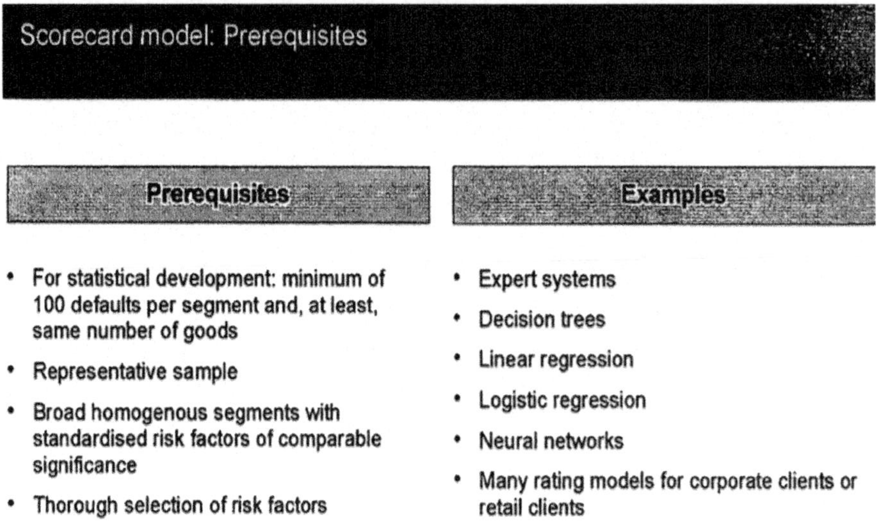

Abbildung 98 – Folie einer ‚Big-Four-Wirtschaftsprüfung' zum Thema Score-Cards

Aufgrund der (glücklicherweise) recht kleinen Anzahl an verwertbaren Datensätzen über Terroristen können die Klassifikationsmethoden aus dem Credit-Scoring also nur bedingt übertragen werden. Es scheint Verantwortlichen einfach schwer zu fallen, zu definieren, nach was im Flughafen-Sicherheitskontext eigentlich gesucht wird.

> „ICH: Wenn ihr nun diese ganzen Daten habt, wie kommt ihr dann zu den Risiko-Profilen, bzw. woher wisst ihr nach wem ihr eigentlich sucht? SIE: Nun, das ist in der Tat die 1-Million-Dollar-Frage." (Interview3:12#, Gruppe 2, IATA)

Während man recht genau weiß, wie das Profil eines Kunden aussieht, der seinen Kredit höchstwahrscheinlich nicht bedienen wird – weil es davon einfach schon Unmengen an Fällen gab –, gibt es für Terroristen kein eindeutiges Profil. Der zu erklärenden Variable ‚Terrorist' muss man sich deshalb über andere Variablen nähern. Auch ‚Kreditausfall' lässt sich, wie gezeigt (s. Kapitel 5.2.1), nicht einfach als einzelne Variable fassen, sondern muss über verschiedene Proxys definiert werden, welche dann wiederum die latente Variable ‚Kreditausfall' umschreiben. Bei der Variable ‚Terrorist' scheint es jedoch ungleich schwieriger zu sein,

Proxys für die Variable ‚Passagier-mit-hohem-Anschlagsrisiko' zu finden. Dies mag daran liegen, dass sich das Verhalten von Terroristen möglicherweise grundsätzlich schlechter beschreiben lässt, es liegt aber auch wesentlich an der kleinen Fallzahl. Aus einer kleinen Zahl (sehr unterschiedlicher) Fälle lässt sich einfach weniger gut generalisieren.

> "Terrorist plots are different. There is no well-defined profile and attacks are very rare. [...] Certainly, many terrorist plots share common warning signs, but each is unique, as well. The better you can define what you're looking for, the better your results will be." (Schneier 2006, nicht paginiert)

> "With a relatively small number of attempts every year and only one or two major terrorist incidents every few years – each one distinct in terms of planning and execution – there are no meaningful patterns that show what behavior indicates planning or preparation for terrorism. Unlike consumers' shopping habits and financial fraud, terrorism does not occur with enough frequency to enable the creation of valid predictive models." (Jonas und Harper 2006:7f)

Data-Mining-Algorithmen (wie beispielsweise neuronale Netze) sind zwar in der Regel verhältnismäßig gut darin, mit kleinen Fallzahlen in großen Datenmengen umzugehen, aber ohne bekannte, typische Vergleichsfälle, an denen sie ihren Lernfortschritt messen können, kommen auch sie nicht aus. Wenn also in der zugrunde liegenden Datenbasis nicht ausreichend Fälle enthalten sind, die auf eine Struktur hinweisen – wie das gerade im Bereich des Terrorismus der Fall ist –, kann der Algorithmus auch nur schwerlich so trainiert werden, dass er zukünftige Fälle erkennt. Data-Mining-Prozesse können demnach nicht einfach aus anderen Kontexten in den Flughafen-Sicherheitsbereich übertragen werden.[251] Wendet man sie trotzdem an, kommt es sehr wahrscheinlich zu einer großen Menge an Fehlalarmen. Es fehlt also im Flughafen-Sicherheitskontext (vor allem aufgrund der spärlichen Datenlage) eine verlässliche abhängige Variable bzw. Zielgröße, anhand derer man die Data-Mining-Algorithmen kalibrieren könnte.

---

[251] Recht gute Chancen könnte hingegen der Einsatz von Data-Mining im Bereich von Einbrüchen oder Diebstählen haben, da hier typische Muster und große Mengen an Kriminalitätsdaten zu den Fällen vorliegen: „Einbruchdiebstahl, das ist eine Sache, die relativ klar ist, d.h. wir haben sehr viele Daten. [...] Bei seltenen Delikten können Sie keine Statistik erstellen. [...] Also wenn sie eine gute Anzahl der Fälle haben, wenn diese Anzahl der Fälle recht gut verteilt ist über die gesamte Fläche, dann können Sie auch Wahrscheinlichkeiten einschätzen. Ansonsten wenn Sie punktuell zwei, drei Taten haben, da können Sie kein Modell bauen. [...] Was wir machen das sind Massendelikte. Und Massendelikte leben eben von der Anzahl." (Interview4:4#+12#+14#, Gruppe 4, Expertin Statistik)

Um mit diesem Problem umzugehen, gibt es mehrere Strategien. Eine Herangehensweise – die wohl auch bei der NSA Anwendung findet (vgl. Greenwald 2013 und Interview8, Gruppe 4[252]) – besteht darin, nach Anomalien im Vergleich zu einem Normalverhalten zu suchen, also nach Abweichungen anstatt nach typischen ‚terroristischen' Merkmalen.

> "Without patterns to use, one fallback for terrorism data mining is the idea that any anomaly may provide the basis for investigation of terrorism planning." (Jonas und Harper 2006:7f)

Solches Anomalie-Profiling wird z.B. auch im Bereich der Netzwerk- und Serversicherheit eingesetzt.[253] Was genau dabei als Anomalie gilt, ist relativ und ist bei jedem Anwendungsfall immer neu zu definieren[254] – dabei hängt es meist von den Interessen der Betreiber der jeweiligen Systeme ab.

> „Und wenn ich jetzt sage ich möchte abnormes Verhalten modellieren, dann muss ich mir erst mal überlegen was ist sozusagen die Norm [...]. Und die Frage ist: Wer stellt diese Frage und mit welcher Intention [...] und wer bezahlt das Ganze? [...] Das heißt das passiert nicht alles einfach irgendwie neutral weil irgendjemand sich da ein objektives Bild von Abnormität macht, sondern das ist einfach immer zweckbetrieben." (Interview3_A:11#+12#+13#, Gruppe 4, Informatikerin)

Mit einem solchen Ansatz umgeht man das Problem der fehlenden abhängigen Variable ‚Terrorist', indem man sie mit der neuen Variable ‚unnormaler Passagier' ersetzt.

---

252 „Also wir machen maschinelles Lernen. Das maschinelle Lernen ist die Grundlage für diese ganzen Techniken, die auch von der NSA benutzt werden; ich kenne sogar die Kollegen, die das gemacht haben [...]. [Vor 10 Jahren] auf unserer Hauptkonferenz [...] da haben wir das im Grunde besprochen, wie die die großen Datenmengen also jetzt wirklich mal auswerten. Aber die haben damals sich vor allem für so epidemiologische Studien interessiert, [...] also das sozusagen mathematisch vernünftig aufzubereiten, dass man Ungewöhnliches findet in Datenmengen, das ist sozusagen das Ziel damals gewesen. Und das ist im Grunde auch nicht anders bei den Risikoprofilen. Also es gibt ja sozusagen ganz normale Leute, die halt normal in der Gegend rumfliegen und so und dann gibt es eben auch welche die halt so in irgendeiner Form ungewöhnlich sind." (Interview8:1#, Gruppe 4, Expertin Machine Learning)

253 [Bei] Hackerangriffen haben wir sozusagen ein ähnliches Problem. Also da hat man sozusagen den normalen Netzverkehr, und dann gibt es irgendwie die Angreifer, und die [...] sind auf systematische Art und Weise anders" (Interview8:3#, Gruppe 4, Expertin Machine Learning)

254 Bei der Aufdeckung von Kreditkartenbetrug schaut man beispielsweise auf die Höhe der abgehobenen Beträge und auf die Anzahl der Abhebungen in einem bestimmten Zeitraum.

„So und jetzt ist die Frage wie kann man überhaupt rausfinden was normal ist und was nicht. Es gibt einen Algorithmus der macht nichts anderes als zu sagen, also (alle) Datenpunkte sind jetzt in einem großen, hochdimensionalen Raum, sind so eine Wolke, und jetzt versucht man diese Wolke durch einen Ball zu umschließen. Das ist sozusagen der Ball der Normalität. Und jetzt gibt es ein paar die also am Rande des Balls sind oder irgendwo ganz wo anders. Und dann kann man messen wie weit ist der sozusagen von der Hülle des Balls entfernt; und das ist eine feste Größe. – Und dazu muss man nicht wissen wonach man sucht." (Interview8:11#, Gruppe 4, Expertin Machine Learning)

Die Suche nach Anomalie-Profilen ist grundsätzlich immer dann möglich, wenn zu ‚normalem' Nutzer- oder Kundenverhalten viele Beobachtungen vorliegen. Auch im Flughafenfall kann man sehr leicht große Mengen an Daten über ‚normale' Passagiere sammeln und verarbeiten.

„Eine Passagierliste für ein Flugzeug ist sowieso viel zu klein, da ist dann jeder ein Abweichler, so ungefähr. Aber sagen wir Sie haben alle Passagiere der nächsten 2 Monate oder sowas und dann kann man sicherlich Abweichungen entdecken." (Interview6:53#, Gruppe 4, Expertin Data-Profiling)

Allerdings reichen auch genügend Fallzahlen zur Generierung eines Profils für ‚normale Passagiere' nicht unbedingt aus, um damit im Umkehrschluss auf das Profil ‚gefährlicher Passagiere' (als Teilmenge aller Abweichler) schließen zu können; denn zusätzlich muss das Verhalten der ‚normalen Passagiere' typische Eigenschaften aufweisen, die sich ausreichend von dem der Terroristen unterscheiden.

"[F]raud is [only] detectable if the legitimate users have fairly regular behavior that is generally distinguishable from the fraudulent behavior." (Tom und Provost 1997:291)

Da man nur sehr wenig über terroristisches Passagierverhalten weiß, kann man nicht einfach davon ausgehen, dass sich dieses von dem ‚normalen' Passagierverhalten auch wirklich absetzt. Es ist somit doppelt fraglich, ob die Datenpunkte, die außerhalb der ‚Normalität' liegen, wirklich riskante Terroristen sind. Es lassen sich auf diese Weise also nicht nur Terroristen finden, sondern alle möglichen ‚unnormalen' Passagiere (wie z.B. solche, die zum ersten Mal fliegen) und wahrscheinlich sogar viel mehr davon als wirkliche Terroristen, denn die Wahrscheinlichkeit, einen Terroristen zu schnappen, ist schon allein durch deren Seltenheit relativ gering.

„Wenn man da also sagt, Mensch, hier gibt es Leute die sind in vielen Eigenschaften anders als alle anderen, und das sind dann Outlier, aber das sagt natürlich noch nichts über das Risiko aus." (Interview6:54#, Gruppe 4, Expertin Data-Profiling)

„Und dann ist sozusagen die zweite Frage, was ist irgendwie jetzt das Besondere an den [Outliern]? Also die Frage ist, wie kann ich das interpretieren, dass die jetzt da draußen sind? Und dann wird es vielleicht ein paar geben, die hier rausfliegen, die halt vielleicht Terroristen sind und ein paar, die halt einfach ungewöhnliche Geschäftsreisende sind, oder irgendwelche Menschen mit einer palästinensischen Großmutter, weiß der Geier was." (Interview8:22#, Gruppe 4, Expertin Machine Learning)

"Treating 'anomalous' behavior as suspicious may appear scientific, but, without patterns to look for, the design of a search algorithm based on anomaly is no more likely to turn up terrorists than twisting the end of a kaleidoscope is likely to draw an image of the Mona Lisa." (Jonas und Harper 2006:8)

Wenn man einmal gesellschafts-politische Aspekte außer Acht lässt, ist es natürlich grundsätzlich möglich, auf diese Weise Terroristen zu finden, die hohe Fehlerrate wird sich jedoch in hohen (nicht nur monetären) Kosten niederschlagen.[255]

Eine weitere Strategie, mit dem Problem der fehlenden Variablen umzu-

[255] Die Kosten von Fehlalarmen (jeglicher Art und Form) sind bei der Suche nach Terroristen – d.h. wenn ein Passagier fälschlicher Weise als riskanter Passagier klassifiziert und des Terrorismus verdächtigt wird – wesentlich höher als in vielen anderen Bereichen, wo solche Methoden auch eingesetzt werden, wie beispielsweise im Marketing. Solche ,Fehlalarme' (auch ,False Positives' genannt) sind einerseits für die Betreiber der Sicherheitsmaßnahmen mit relativ hohen (z.B. personellen) Kosten verbunden: "[D]ata-mining systems won't uncover any terrorist plots until they are very accurate, and [...] even very accurate systems will be so flooded with false alarms that they will be useless. [...] This is exactly the sort of thing we saw with the NSA's eavesdropping program: the New York Times reported that the computers spat out thousands of tips per month. Every one of them turned out to be a false alarm. And the cost was enormous" (Schneier 2006, nicht paginiert). In der Diskussion um eine tolerierbare Fehlerrate solcher Systeme sollte man jedoch nicht nur die monetären Kosten der Bertreiber in Betracht ziehen, sondern auch die Konsequenzen, die ein Fehlalarm für die Betroffenen hat: "The 'damage' done by an imperfectly aimed direct-mail piece may be a dollar lost to the marketer and a moment's time wasted by the consumer. That is an acceptable loss to most people. The same results in a terror investigation would not be acceptable." (Jonas und Harper 2006:6f) / „Und es gibt ja dann auch die Frage, was ist denn die Konsequenz des Fehlalarms? Wenn ich da eine Selbstschussanlage auslöse ist es halt was anderes als wenn jemand nochmal in eine Zusatzkontrolle rein muss, von der Wirkung her auf denjenigen. Aber beides wäre ja eine mögliche automatische Reaktion die ich mache" (Interview3_A:32#, Gruppe 4, Informatikerin) Beide 'Kostenarten' sind z.B. bei fälschlicherweise an Kunden verschickten Werbemails, die eigentlich gar nicht für das beworbene Produkt geeignet sind, wesentlich geringer.

gehen, ist die Befragung von erfahrenen Sicherheitsbeamten und anderen Experten, um auf diese Weise an Proxys für das Terroristen-Profil zu kommen. Diese Herangehensweise wird z.B. im INDECT-Projekt angewandt (s.a. Kapitel 2.2).

> „Für die Modellbildung wurden 199 polnische Polizisten befragt, was sie für verdächtig halten." (Johnigk und Nothdurft 2010, nicht paginiert)

Auch hier hängt das Ergebnis wieder ganz wesentlich von der Datenbasis ab – nur dass diese hier nicht in digitaler Form, sondern in Form von Beobachtungen, Erfahrungen und Erinnerungen der befragten menschlichen Experten vorliegt. Um auf Grundlage dieser Informationen Profile erstellen zu können, müssen diese (wie bereits beschrieben) erst einmal in eine Form gebracht werden, die der Algorithmus verarbeiten kann – und hier liegt eines der großen Probleme dieses Ansatzes. Das Wissen darüber, welcher Passagier sich nach Meinung des Polizisten oder Sicherheitsbeamten ‚suspekt' verhält, können diese meist nur schwierig explizieren.

> „Man sieht diesen Testpersonen an, dass sie aufgeregt sind, also ein geschulter, also ein Beamter mit viel Erfahrung, ein geschulter Blick. [...] Also die Schmetterlinge im Bauch sagen, irgendwas ist hier nicht richtig, ich weiß nicht was, aber irgendwas stimmt hier nicht, das ist anders." (Interview4:47#, Gruppe 1, Bundespolizei)

> „Wenn sie nicht geschult wurden, [dann ist es oft so] dass sie es unbewusst tun, Schmetterlinge, meine Erfahrung, irgendwas ist anders, ohne ... Was ist denn anders? Weiß ich nicht, ist aber anders." (ebd.:82#)

Das implizit vorliegende Wissen muss irgendwie aus dem Erfahrungsschatz der Polizisten extrahiert werden – und ein solcher Prozess kann (wenn man eine verlässliche Datenbasis generieren möchte) recht kompliziert und langwierig sein.

> „Weißt du warum die das nicht wissen? Die werden dir sagen es kommt drauf an. Und zwar JA mit dem und dem, dann JA, aber wenn so, dann NEIN. Und das können die gar nicht in Worte fassen. Das ist ja genau das Wissen, was in deren Gehirn stattfindet. Theoretisch müsste man es glaube ich so machen, also jetzt nur mal theoretisch, dass man dem sagt: Immer wenn du [lieber Polizeibeamter] einen rausgezogen hast, schreibst du auf, was dir aufgefallen ist, die ersten 10 Begriffe, die schreibst du einfach in eine Liste nacheinander weg; kein Text, nur der kam an und das was ist dir aufgefallen. [...] Und dann könntest du theoretisch von jedem [Polizeibeamten] ein kleines neuronales Netz bauen. Das muss natürlich, das musst du den ganzen Tag machen über ein paar Wochen hinweg, und das reicht noch nicht an Daten, das muss

jeder dort machen. Und dann könntest du das rausfinden; da würde wahrscheinlich zum Schluss, da kommt ganz viel Müll raus, aber bestimmte Sachen bilden sich raus. [...] Aber sich [nur] dahinter stellen [und beobachten] würde nicht funktionieren, weil dann [...] du gehst mit deinen subjektiven Dings dran. [...] Und deswegen brauchst du jemanden der eigentlich diese Quelle schon hat, nämlich die Erfahrung. Deswegen können es nur die [Polizeibeamten] machen. [...] Die Quelle hier ist ja sagen wir mal der Polizeibeamte, und in dem Fall ist die Quelle seine 10jährige Erfahrung, und die kannst du ja nicht abbilden wenn du jetzt nur hinter dem stehst, weil du die [Erfahrung] nicht hast. Du müsstest wahrscheinlich 10 Jahre hinter ihm stehen und der sagt [dir], der hier guck mal da und da und da." (Interview9:143#-166#, Gruppe 4, Expertin Neuronale Netze)

Als Ergebnis erhält man Proxys darüber, was die Befragten oder beobachteten Personen für ‚suspekt' oder ‚gefährlich' halten. Dass auch anderweitig erhobene Daten immer einen Bias enthalten können, steht außer Frage; wenn aber wie im Fall von INDECT lediglich 200 polnische Polizisten befragt wurden, bleibt zu bezweifeln, ob auf dieser Grundlage generalisierende Aussagen über die Fälle der Stichprobe hinaus gemacht werden können. Auch dieser Ansatz, mit dem Problem der fehlenden Zielgröße für Terroristen-Profiling umzugehen, erweist sich deshalb als nicht ideal.[256]

Es bleibt noch eine weitere (theoretische) Möglichkeit, deren Erfolg jedoch auch äußerst ungewiss ist, und auch hier braucht man zumindest einige ‚Terroristen-Fälle', um zu einem Profil zu kommen. Wenn man, wie im Fall der generischen Scorekarten (s. Kapitel 5.2), so gar keine Ahnung hat, wie man seine Passagiere kategorisieren soll, kann man versuchen, über den Umweg einer klassischen Clusteranalyse (wie sie oft im Marketing-Bereich angewandt wird) zu einer Zielgröße zu kommen. Die Clusteranalyse wird dann vor einem Klassifikationsverfahren eingesetzt, um eine Zielgröße zu generieren.

„Wenn du ein Zielattribut hast kannst du eine Klassifikation machen.

[256] Zu den Schwierigkeiten, die beim Versuch der Explizierens impliziten Wissens auftreten, vgl. Rammert et al. 1998 – „Das Problem impliziten Wissens besteht demnach nicht darin, dass es als fest umrissener arkaner Bereich existiert, der nicht explizit gemacht werden kann, sondern dass das implizite Wissen bei jeder Form von Explizieren naturwüchsig entsteht, es gleichsam ein ständiges Nebenprodukt bei der Produktion von Transparenz und Expliziertheit ist." (ebd.:159) – sowie auch Rammert 2007. Die Texte zeigen u.a., dass implizites Wissen zwar prinzipiell expliziert werden kann, dabei jedoch immer auch Wissen verloren geht.

Wenn du kein Zielattribut hast nennt sich das dann wieder Clustering. Da kannst du versuchen in der Gruppe die du hast [verschiedene] Cluster zu definieren: Da gibt es eine große Gruppe, die haben alle irgendwie ähnliche Eigenschaften. Dann gibt es irgendwie eine kleine Gruppe, die sind nochmal separat davon und unterscheiden sich halt in bestimmten Attributen.“ (Interview1_B:46#, Gruppe 3, Telekommunikationsunternehmen)

Während bei der Klassifikation die Zielgröße (bei einer Regression auch die ‚abhängige Variable' genannt) schon vorher bekannt sein muss und es dann darum geht, Merkmale bzw. ‚erklärende Variablen' zu finden, die verschiedene Ausprägungen der Zielgröße vorhersagen können, kennt die klassische Cluster-Analyse keine Zielgröße, sondern teilt Daten ohne explizite Vorgabe rein deskriptiv nach Ähnlichkeiten ein.

„Bei so einem Clustering [...] der Algorithmus guckt nur der Eigenschaftsvektor, ist der ähnlich zu einem anderen. Und je nachdem zu welchem er ähnlich ist, zu dem Cluster wird er zugeordnet. Am Ende hast du dann ‚Klassen' die kannst du beschreiben durch irgendwie den Mittelwert von irgendwelchen Attributen.“ (ebd.:60#+61#)

Wie Kunden oder Passagiere hier in Cluster (und manchmal auch in wie viele Cluster sie) zusammengefasst werden, ist vorher nicht bekannt und wird durch das verwendete Distanz- oder auch Ähnlichkeitsmaß bestimmt.

„Du kannst halt Distanzmaße definieren: Wie soll er [der Algorithmus] denn den Abstand zwischen Merkmalen messen. Das ist ein Unterschied ob das jetzt quasi ein quantitatives Maß ist wie Körpergröße oder ein diskretes Merkmal wie weiß ich nicht Haarfarbe, da brauchst du ganz andere Distanzmaße. Das kannst du konfigurieren. Du kannst konfigurieren: Welche Dimension soll er denn stärker gewichten. Du kannst sagen er soll jetzt irgendwie, weiß ich nicht, Nationalität irgendwie stärker gewichten als irgendwie Haarfarbe. Das sind alles so Parameter – die aber nichts daran ändern, dass das letztendlich vom Input abhängt, was der Algorithmus überhaupt berechnen kann.“ (ebd.:92#+93#)

„Sie müssen halt so etwas wie ein Ähnlichkeitsmaß oder ein Abstandsmaß zwischen Personen definieren, also Sie müssen dann sagen, wenn ich zwei Personen vergleiche, wie ist denn die Ähnlichkeit dieser beiden Personen. Aufgrund deren Ähnlichkeit: Kommen sie in ein Cluster oder werden sie in zwei verschiedene Cluster eingeteilt? D.h. ich muss definieren – und das beeinflusst dann natürlich auch wie sich die Cluster bilden. Und dann sage ich so was wie: Also besonders wenn sie die gleiche Sprache sprechen ist es eine hohe Ähnlichkeit und wenn sie die gleiche Haarfarbe haben kommt nur ein bisschen noch was zur Ähnlichkeit dazu, weil mir die nicht so wichtig ist z.B.. Also das muss ich dann selber definieren was eigentlich Ähnlichkeit bedeutet. [...] Und ähnlich heißt hier – von mir aus, wenn Sie es so programmiert haben – in allen Aspekten, die in meiner Datenbank drinstehen, da haben Sie 20 Eigenschaften einer Person, und immer wenn 2 Werte gleich sind bei dieser Person dann sage ich, das ist ein Stückchen Ähnlichkeit. Und je mehr Sachen dann gleich sind, desto ähnlicher sind die. [...] Das können Sie auch gewichten und fein machen, aber so ungefähr könnten Sie das, also das wäre die ganz simpelste Methode." (Interview6:43#+63#+65#, Gruppe 4, Expertin Data-Profiling)

Außerdem kann die Anzahl der gewünschten Cluster nach oben und/ oder unten begrenzt und so das Clustering beeinflusst werden. Dies ist einerseits wichtig, wenn externe Bedingungen eine bestimmte Cluster-Anzahl erfordern (wie z.B. beim Checkpoint-of-the-Future, der ja drei Kontrolllinien haben soll und deshalb drei Cluster erfordern würde); zum anderen ist dies wichtig, da es sonst (wenn dem Algorithmus freie Hand gelassen würde) schnell zu ‚uninteressanten' oder ‚unsinnigen' Ergebnissen kommen kann. Von ‚unsinnigen' Mustern kann man sprechen, wenn die Analyse z.B. zu einem einzigen großen Cluster für die komplette Datenbank oder zu separaten Clustern für jeden einzelnen Datensatz der Datenbasis (auch Over-Fitting genannt; s. Anmerkung 10)[257] geführt hat. ‚Uninteressant' sind Strukturen z.B. dann, wenn man durch die Clusterung völlig triviale Strukturen entdeckt, die uns nicht ‚neu' erscheinen, wie z.B. Cluster, die besagen, dass nur Frauen Kinder bekommen können. Dem Algorithmus ist das egal; für ihn sind alle Ergebnisse gleich sinnvoll.

„Du kannst die Parameter mitgeben statt 3 Klassen brauche ich 50. Dann macht der dir halt irgendwie 50. Und innerhalb dieser Klassen sind dann diese Merkmalsvektoren relativ ähnlich. Also sprich die [Personen], die in diese Klasse fallen, haben irgendwie ähnliche Eigenschaften. Aber der Algorithmus sagt dir nicht, ich mach hier jetzt irgendwie 3 Klassen, weil ich habe nur Gute, Schlechte und ganz Schlechte, sondern der nimmt das was du ihm als Input gibst." (Interview1_B:91#, Gruppe 3, Telekommunikationsunternehmen)

---

[257] Um testen zu können, ob ein Over-fitting-Effekt auftritt, können z.B. sogenannte Holdout-Methoden angewandt werden: zur Modellerstellung bzw. zum Anlernen des Algorithmus werden dabei nicht alle verfügbaren Daten verwendet, sondern ein Teil der Daten wird zurückgehalten, um mit diesen später testen zu können, ob das Modell bzw. der Klassifikator generalisieren kann und nicht lediglich den Lerndatensatz abbildet bzw. ‚auswendig gelernt' hat.

Hier wird wieder die Relevanz der menschlichen Akteure in der Profiling-Konstellation ersichtlich (s. Kapitel 5.2.3). Welche der entdeckten Cluster nun die riskanten Passagiere enthält bzw. ob die ‚Clusterung' überhaupt dazu geeignet ist, riskante von nicht-riskanten Passagieren zu unterscheiden, dies muss im Anschluss durch Experten aus dem jeweiligen Anwendungsbereich definiert werden und kann nicht vom Algorithmus bestimmt werden.

> „Jetzt müsste halt ein Experte sagen: Warum unterscheiden die sich? Und diese andere kleine Gruppe, ist das vielleicht eine Hoch-Risiko-Gruppe? Da kannst du dann wieder Expertenwissen einfließen lassen." (ebd.:46#)

> „Also ich sag mal die Schwierigkeit ist wenn du jetzt sagst ich hab 30 Eigenschaften pro [Person], ich weiß aber selber gar nicht welche von denen ist denn eigentlich gut oder schlecht, dann kann dir das auch der Algorithmus nicht sagen. Das Einzige, das der Algorithmus sagen kann, ich kann versuchen quasi meine 5000 [Personen] die ich habe irgendwie [...] einzuteilen: Wo ist dieser Merkmalsvektor ähnlich, wo ist er maximal unähnlich. Der sagt dir dann einfach nur: drei [Cluster]. Der sagt dir aber nicht: [Cluster] 3 ist jetzt [Cluster] 3 weil das sind besonders auffällige [Personen], sondern das muss dann wieder ein Experte machen." (ebd.:89#)

Eine aussagekräftige Trennung (d.h. eine Einteilung der Datengrundlage in für einen bestimmten Kontext verwendbare/interessante Cluster) entsteht in der Regel auch nicht auf Anhieb, sondern in einem längeren Trial-and-Error-Prozess.

> „Es können natürlich auch Cluster herauskommen, die man nicht gut interpretieren kann. [...] und dann muss man weiter machen und sagt ok ich hab Cluster, die ich nicht haben will, dann kann ich sagen na gut, versuchen wir es mal mit neuen Clustern, mal sehen was dann rauskommt, ich versuche es mal mit 15 Clustern, ich versuche es mal mit 2 Clustern. Also da kann man ein bisschen rumspielen, das ist ein entdeckerischer Vorgang sozusagen." (Interview6:36#+38#, Gruppe 4, Expertin Data-Profiling)

> "Machine learning algorithms have lots of knobs, and success often comes from twiddling them a lot [...]. [It] is not a one-shot process of building a data set and running a learner, but rather an iterative process of running the learner, analyzing the results, modifying the data and/or the learner, and repeating." (Domingos 2012, nicht paginiert)

Ein Terroristen-Profil bekommt man auf diese Weise also eher durch Zufall: wenn man so lange herumprobiert, bis man alle bekannten terroristisch motivierten Vorfälle in einem Cluster hat.

Von Gegnern des Einsatzes automatisierten Profilings zum Aufspüren von Terroristen ist aus all diesen Gründen immer wieder die Forderung zu hören, sich stärker auf menschliche Techniken des Profilings zu konzentrieren. Im Unterschied zu den besprochenen Algorithmen sind Menschen nämlich besser dazu in der Lage, auf Grundlage weniger Informationen recht gute Verallgemeinerungen zu treffen.

> „'[I]n the data (and hardware) lies the power' [... setzt] voraus, dass genügend viele Daten in hinreichend guter Qualität zur Verfügung stehen. In vielen Anwendungsbereichen von wissensbasierten Systemen sind jedoch nur in begrenztem Umfang Beispieldaten verfügbar. Menschen sind in der Lage, auch aus relativ wenigen, ggf. sogar fachfremden Beispielen mit verschiedenen Arten von Zusatzwissen und Analogien gute Verallgemeinerungen zu treffen." (Puppe 2011:69)

Kritiker heben darüber hinaus hervor, dass Menschen viel besser in der Lage seien, mit kontextbezogenen Informationen in komplexen Situationen umzugehen. Dies belegt der Soziologe Harvey Molotch in seinem Buch *Against Security* u.a. damit, dass verhinderte Anschläge (wie der des Schuhbombers 2002 oder des Unterwäschebombers 2009; s. Kapitel 5) nicht durch ausgefeilte technische Sicherheitssysteme, sondern durch menschliche Beobachtungstechniken erkannt wurden.

> "People utilize all their senses, simultaneously applied, pretty much with 'no time out.' People see not just forward and back, but sideways as well. They take in details and particulars from all sorts of cues: verbal, touch, visual, olfactory, including facial expressions, laughs, kinetic movements, and side conversations. They grasp elements not in an additive way, but as gestalt, as simultaneous comprehending how things 'add up', either instantaneously or in sharp iterative instants. So-called security workers could be doing this but are deprived, in systematic ways, from easily being able to do so. The sociological field of ethnomethodology has the word 'indexicality' to explain how we manage to understand what goes on in our world by relating everything to everything else in our purview. By eliminating whole ranges of information that come with 'small talk,' and jokes from routine interactions on 'irrelevant topics,' the security regime blocks information that might otherwise come out in passing. [...] It thus might not come as a surprise that the handful of would-be perpetrators (and occasional actual ones) were mostly caught through the alertness of ordinary people as opposed to those charged with doing security itself. It was passengers and flight crew who foiled shoe-bomber Richard Reid." (Molotch 2012:114f)

Auch wenn es Profiling in seiner Reichweite erweitert, muss die Technisierung der Prozesse demnach nicht unbedingt zu einem besseren Ergebnis führen – zumindest nicht im Bereich des Terrorismus.[258] Egal wie hoch der Technisierungsgrad am Ende ist – wenn die Profiling-Prozesse nicht ausreichend an die jeweiligen Begebenheiten des Kontextes angepasst werden, kann das zu unangenehmen Konsequenzen für alle Betroffenen führen, denn Profiling mit falschen oder ungenauen Zielgrößen kann für die Individuen, welche dadurch als riskante Passagiere kategorisiert werden, weitreichende Folgen haben.

7.2 Unzureichende Testumgebung

Die Generierung von Terroristen-Profilen – auf welche Weise auch immer sie nun erstellt werden – weist darüber hinaus noch ein weiteres Problem auf. Anders als beim Credit-Scoring ist es im Flughafen-Sicherheitskontext ungleich schwerer, die Güte der generierten Profile zu bewerten. Dies liegt vor allem daran, dass man nicht einfach testen kann, was denn passiert, wenn man die Kategorisierung von Passagieren an den Checkpoints beispielsweise einfach mal aussetzt und so ihre Wirksamkeit demonstriert. Ob die erstellten Scorekarten Kunden so einteilen wie erwartet, lässt sich hingegen einfach im laufenden Betrieb herausfinden: Es werden für kurze Zeit die Scorekarten ausgesetzt, als ‚riskant' eingestufte Kunden trotzdem angenommen und dann über die Zeit verfolgt, ob die getroffenen Prognosen eintreten (s. Kapitel 5.2.3).

> „Was du machen kannst, du kannst mal welche annehmen, die du sonst abgelehnt hättest, und guckst ob dein Modell noch passt." (Interview2:282#, Gruppe 3, Telekommunikationsunternehmen)

Am Flughafen sind solche Tests nicht möglich. Erstens ist aufgrund der Seltenheit der Fälle (s. Kapitel 7.1) gar nicht garantiert, dass während der Zeit, in der die Kontrollen an einem Flughafen ausgesetzt werden, auch tatsächlich ein Terrorist dort vorbeikommt. Zweitens möchte niemand die Folgen eines terroristischen Vorfalles verantworten, sollte er denn doch

---

[258] Die Frage, ob denn nun ‚menschliches' oder ‚technisches' Profiling besser geeignet ist, um an Flughafen-Sicherheits-Checkpoints Terroristen ausfindig zu machen, kann aus drei Gründen – selbst wenn ich es wollte – hier nicht beantwortet werden: Erstens werden existierende Zahlen über die Performanz von Techniken und Nutzern von verantwortlichen Stellen aus Geheimhaltungsgründen fast immer unter Verschluss gehalten; zweitens können aufgrund der geringen Fallzahl von Terroristen an Flughäfen im Umfang einer Arbeit wie dieser keine eigenen Zahlen über die Performanz der Systeme erhoben werden (s. Kapitel 7.1) und drittens ist es im Sicherheitskontext aufgrund der möglichen ‚Nebenwirkungen' (s. Kapitel 7.2) prinzipiell äußerst schwierig, technische Systeme auf ihre Effizienz hin zu testen.

einmal in besagtem Zeitraum stattfinden. Am Flughafen versucht man deshalb mit anderen Methoden, dem Problem beizukommen – auch wenn diese nicht annähernd so aussagekräftig sind. In der heutigen Konstellation am Flughafen werden hierfür sogenannte Realtester genutzt. Das sind Personen, die von der Bundespolizei als ‚Undercover-Passagiere' eingesetzt werden, um mit Waffen oder Bombenattrappen am Körper oder im Gepäck durch die Sicherheitskontrollen zu gehen. In einiger Entfernung wird dieser Tester durch eine weitere Person begleitet, die den Ablauf beobachtet und im Zweifelsfall eingreifen kann.

> „Die werden durch uns ausgestattet mit einer Bordkarte, weil sonst kommen sie irgendwo nicht durch. Und es sind in der Regel Kollegen, Beamte oder zivile Angestellte oder zivile Beamte aus der Behörde, die hier nicht vom Flughafen sind, die hier nicht bekannt sind. [...] Die ganze Maßnahme dann auch wieder ein bisschen gedeckt begleitet durch Mitarbeiter der Behörde, die dann eingreifen können, weil es ja im laufenden Prozess stattfindet." (Interview4:22#, Gruppe 1, Bundespolizei)

Getestet werden soll, ob das Personal am Checkpoint gut genug ist, um die Tester und die versteckten Gegenstände aufzuspüren.

> „Die Tests sind so angelegt, dass sie sich konzentrieren auf die Kontrolle von Personen und Handgepäck, in bestimmten Fällen auch auf die Kontrolle von Reisegepäck, [aber] da wo eine automatisierte Anlage das alles macht, in der automatisierten Anlage kann man nichts testen oder so. Aber überall dort wo der Faktor Mensch mit dabei ist kann man sowas natürlich tun." (ebd.:13#)

Allerdings führen auch solche, möglichst nah an der Realität durchgeführten Test nicht unbedingt dazu, dass eine Aussage darüber gemacht werden kann, ob mit den getroffenen Maßnahmen auch wirklich Terroristen herausgefiltert werden können. Anstatt zu lernen, wie sich Terroristen verhalten, sammeln Luftsicherheitsassistenten auf diese Weise möglicherweise lediglich Erfahrungen, wie sie Realtester am besten erkennen können:

> „Das machen alte Hasen bei uns, die machen das bei Personenkontrollen, weil sie ja immer diese Realtests machen, da kommen immer wieder [...] Personen von der Bundespolizei durch, die versuchen irgendwas durchzuschmuggeln, zum Testen ob es gefunden wird oder ob es nicht gefunden wird. Und wenn das halt nicht gefunden wird ist das halt ne irreliche Sache mit Abmahnung und Tralala. Wenn man sich ganz fahrlässig angestellt hat, grobfahrlässig, kann man auch rausfliegen durch die Sache. Also es ist nicht ganz so einfach oder so schön. Und so alte Hasen, die schätzen die Leute ein und die gehen erst mal mit

einem Gespräch auf sie zu. Im Monitoring der kann nicht aufstehen und reden, aber viele machen das bei der Personenkontrolle, die sagen dann erst, ah Hallo wo geht's denn hin, wenn jetzt so ein Realtester kommt. Der ist ja so oft auf manche Fragen gar nicht vorbereitet, der weiß dann gar nicht wo er hinfliegt oder sowas. Und dann kann man sagen, au Achtung Vorsicht, je nachdem wie der reagiert. Also es gibt Leute die machen das, gehört aber nicht zur Aufgabe dazu, das ist einfach ein Erfahrungswert durch langes Arbeiten, weil man sich einfach absichern will. Also da guckt man dann schon, wie ist die Person. Im Prinzip ist das gerade gegenläufig wie es vielleicht sein sollte, also wenn jetzt der Ajatollah kommt mit nem langen Bart und sieht komisch aus: Oh, der ist harmlos, der ist bestimmt kein Beamter. Und wenn einer kommt, der wie ein deutscher Beamter aussieht [...] dann denkt man: Oh, gefährlich. Wenn sie dann noch zu zweit sind, oder hat Kontakt zu dem [da hinten]: Oh, gefährlich. Und dann wird halt abgecheckt, um zu gucken wie er reagiert, um sich dadurch drauf einzustellen. Das aber also wird nicht geschult und ist auch keine Aufgabe.“ (Interview2_A:163#-169#, Gruppe 1, Flughafensicherheit)

Das Beispiel zeigt, mit welchen Problemen man zu kämpfen hat, wenn man ein System unter nicht realen Bedingungen testen muss. Dieser Aspekt, das Fehlen ‚echter' Testbedingungen, ist einer der Hauptgründe dafür, warum sich die tatsächliche Wirkung von Sicherheitsmaßnahmen so schlecht beweisen lässt – sogar von den Verantwortlichen selbst, welche auch auf Daten zugreifen können, die vor der Öffentlichkeit geheim gehalten werden.

7.3 Umnutzungsmöglichkeiten

Ein letzter praktischer Hinweis für zukünftige Konstellation im Flughafen-Sicherheitskontext lässt sich aus der Skript-Analyse der am Kategorisierungsprozess beteiligten Techniken sozio-technischer Konstellationen an heutigen Sicherheits-Checkpoints in Deutschland ableiten. Um nicht-autorisierte Personen von der Nutzung der Sicherheitstechniken am Checkpoint bzw. um nicht-autorisiertes Personal von der Nutzung bestimmter Funktionen der Techniken abzuhalten, setzen Kontrolltechniken am Flughafen (jeglichen Aktivitäts-Levels und Automatisierungs-Grades) digitale und/oder materielle Schlüssel ein. Der Besitz oder die Kenntnis dieser legt fest, welche Nutzer welche Teil-Skripte umsetzen können. Dies wird u.a. damit begründet, dass die Kontrolltechniken an den Checkpoints möglichst ‚sicher' sein müssen und deshalb von den Standard-Nutzern nur auf eine ganz bestimmte (eingeschränkte) Art und Weise genutzt werden sollen. Nun scheint die Umnutzung der eingesetzten Techniken am Checkpoint durch das Personal (d.h. durch die legitimen Nutzer) ohnehin nicht sonderlich populär zu sein (s. Kapitel 6.2), allerdings gibt es eine andere Gruppe von Akteuren, die daran sehr interessiert ist: die Gruppe der von der Profiling-Konstellation gesuchten Terroristen. Zwar kann nicht jeder terroristische Angriff mit einer Umnutzung der Kontrolltechniken gleichgesetzt werden,[259] ein solches Szenario (in dem Terroristen kurzzeitig zu nicht vorgesehenen ‚Nutzern' der Kontrolltechnik werden) kann jedoch durchaus auftreten. An einem Beispiel lässt sich das gut illustrieren. In Bodyscannern, die an US-amerikanischen Flughäfen eingesetzt werden bzw. wurden, sind standardmäßig Festplatten zur Speicherung von Daten und ein USB-Anschluss eingebaut, um die gesammelten Daten vom Scanner herunterladen zu können. Diese Möglichkeit darf jedoch nur von ganz speziellen Akteuren genutzt werden. Von den Entwicklern wurden absichtlich verschiedene Teil-Nutzungs-Skripte eingeschrieben, die jeweils nur speziell autorisierten Nutzern zur Verfügung stehen sollen und deshalb durch die Abfrage bestimmter Schlüssel den Nutzern verschlossen bleiben, welche die entsprechenden Schlüssel nicht besitzen.

> "REPORTER: A 2008 press release says 'the machines have zero storage capability', but a TSA document, written just three months earlier, spelling out requirements for potential manufacturers said the machines had to have 'the capability to capture images of non-passengers for training and evaluation purposes'. The procurement document was recently obtained by EPIC, the Electronic Privacy Information Center.
>
> EPIC SPOKES PERSON: We think it's obvious. The machines are designed to store and record images. [...]
>
> REPORTER: [...] EPIC fears that the ability to save images during the test mode leaves open the potential for abuse by insiders and outsiders. The document says that the machines must have 'hard drives' for storage and 'USB ports' and 'ethernet connectivity' that could allow

---

[259] Wenn Angreifer die Konstellation überlisten wollen, indem sie in der Passagier-Rolle versuchen, in der Menge der analysierten Objekte und/oder Personen nicht aufzufallen, so liegt keine Umnutzungssituation vor, da der Angreifer nicht mit einer Kontrolltechnik in Beziehung tritt, sondern sich in seinem Handeln auf die gesamte Profiling-Konstellation bezieht. Die Angreifer sind dann keine Nutzer der Kontrolltechnik, sondern machen sich mögliche Schwachstellen der sozio-technischen Konstellation zu Nutze. Technik und Nutzer können beispielsweise durch ‚falsche' Daten irritiert werden; absichtliches, zielvolles Täuschen ist jedoch sehr schwierig, da man in der Regel als Überprüfter nicht weiß, welche Daten mit welchem Algorithmus wie ausgewertet werden und welchen Effekt dies hat.

downloading of images. An unspecified number of users, including TSA headquarters, maintenance contractors, and so called super users, have the ability to export raw image test data and can also change the ten privacy settings built into the machines. [...] TSA officials tell CNN, yes the machines can retain and export images when they are in TSA testing facilities, but it says those functions are disabled by the manufacturer and machines are 'delivered to the airports without the capability to store, print, or transmit images.' The TSA says 'there is no way for someone in the airport environment to put the machine into the test mode' or change the privacy filters. The TSA says all images are deleted from the system after they were viewed by a remotely located operator, and it says the machines are not networked and cannot be hacked." (CNN Transcripts 2010)

Die fraglichen Teil-Skripte scheinen vor Auslieferung an die Flughäfen zwar nicht komplett ‚ausgebaut', wohl aber gesperrt zu werden. Warum kann sich eine solche technische Gestaltung von Kontrolltechnik als problematisch erweisen? Solch ‚gesperrte' Technik ist deshalb anfällig für ‚Umnutzungsversuche', da sie potentielle Nutzungsmöglichkeiten enthält, die Angreifern helfen können, leichter durch die Kontrollen zu kommen, welche lediglich darauf warten, ‚freigeschaltet' zu werden. Skripte von Techniken, die nur durch Passwörter oder materielle Schlüssel eingeschränkt wurden, lassen sich leicht ‚missbrauchen', da zur nicht-intendierten Nutzung (oder streng genommen zur Nutzung eines Teil-Skriptes durch nicht-intendierte Typen von Nutzern) das Teil-Skript einfach nur ‚aufgeschlossen' und nicht etwa ‚re-skripted' werden muss. Die Schlüssel, welche als Zugriffskontrolle verwendet werden, lassen sich außerdem, anders als Fähigkeiten und Eigenschaften, leicht entwenden, verbreiten und aneignen. Auch wenn die zusätzlich zum ‚Standard-Nutzen' eingebauten Funktionalitäten also für bestimmte Nutzer ihre Vorteile haben mögen, ist deshalb die Pluralisierung der möglichen Zwecke der Technik bei gleichzeitiger Zugangsbeschränkung eines Teils der Nutzungsmöglichkeiten durch übertragbare Schlüssel aus Sicherheitsperspektive problematisch. Ein weiteres Beispiel zeigt, dass auch bei den Handgepäck-Röntgengeräten zusätzliche Funktionalitäten der Vorgesetzen-Skripte als Einfallstor für Angreifer dienen können:

"Could a threat-simulation feature found in airport x-ray machines around the country be subverted to mask weapons or other contraband hidden in a traveler's carry-on? The answer is yes, according to two security researchers [...]. [They] say the so-called Threat Image Projection ['TIP-System'] function could someday backfire. The feature is designed to train x-ray operators, and to periodically test their proficiency at spotting banned items. It allows supervisors to superimpose a chosen image of contraband onto the screen of any baggage system in the airport. That same capability would allow someone with access to the airport supervisor's workstation to superimpose a harmless image of socks or underwear over an x-ray scan that would otherwise reveal a weapon or explosive." (Zetter 2014, nicht paginiert)

Solch eine (theoretisch gesehen) minimale Umnutzung des Skriptes kann praktisch gesehen große Folgen haben. Je mehr Teil-Skripte mit Zugangsbeschränkungen im Skript existieren, desto mehr potentielle Möglichkeiten zur Umnutzung gibt es. Diese Form der Umnutzung ist deshalb so ‚leicht' zu bewerkstelligen, da lediglich der Schlüssel für das Teil-Skript beschafft werden muss; kann dieser vorgewiesen werden, ist man ‚in den Augen' der Technik ein legitimer Nutzer. Die Vermutung liegt damit nahe, dass vor allem Skripte, in denen technische ‚Features' lediglich deaktiviert und durch Schlüssel zugangsbeschränkt wurden, ein leichtes Ziel für strategische Umnutzung bieten und somit auch eher als andere Techniken das Ziel von Angriffen durch Außenstehende werden.

Interessanter Weise entscheiden sich viele Entwickler beim Versuch, bestimmte Missbrauchs- bzw. Nutzungsmöglichkeiten in diversen Techniken einzuschränken, häufig dafür, lediglich eine Hürde zwischen einen möglicherweise unberechtigten Nutzer und einen bestimmten Skript-Teil zu setzen, anstatt die fraglichen Funktionalitäten (d.h. Code oder Hardware-Module) ganz zu löschen. Auch die große Zweck-Pluralität heutiger technischer Systeme hat vermutlich dazu geführt, dass die im letzten Abschnitt diskutierte Problematik allgegenwärtig geworden ist.

"The general-purpose computer is one of the crowning achievements of industrial society. Prior to its invention, electronic calculating engines were each hardwired to do just one thing, like calculate ballistics tables. John von Neumann's 'von Neumann architecture' and Alan Turing's 'Turing-complete computer' provided the theoretical basis for building a calculating engine that could run any program that could be expressed in symbolic language. That breakthrough still ripples through society, revolutionizing every corner of our world. [...] [W]hile we've spent the past 70 years perfecting the art of building computers that can run every single program, we have no idea how to build a computer that can run every program except the one that infringes copyright or prints out guns [...]." (Doctorow 2014, nicht paginiert)

Aus einer Sicherheits-Perspektive wäre es jedoch aus besagten Gründen vorteilhafter, entsprechende Funktionalitäten in Techniken, die beispielsweise vor Ort am Flughafen zu Sicherheitszwecken eingesetzt werden, genauestens auf ihre Notwendigkeit zu überprüfen und die fraglichen ‚Features' im Zweifelsfall besser vollständig zu entfernen – wie beispielsweise in der europäischen Version der an Flughäfen eingesetzten Bodyscanner, in die Speicherfunktionen und USB- oder ähnliche Anschlüsse erst gar nicht eingebaut werden dürfen und die deshalb auch nicht missbraucht werden können.

8 ‚Lessons Learned' – Implikationen für eine techniksoziologische Theorie des Handelns und für die wissenschaftliche Betrachtung von Überwachung

8.1 Konzeptualisierung ‚technischer Wirk-Instanzen'

Wie wir gesehen haben kann technisches Wirken (ebenso wie menschliches Handeln) sehr unterschiedlich daherkommen. In meiner Analyse bin ich einerseits auf verhältnismäßig *inter*-aktive Techniken gestoßen, die zu einer vorher nicht genau festgelegten, geteilten Einflussverteilung in der Konstellation führen. Andererseits konnte ich auch sehr ‚sture' Techniken beobachten, die versuchen, Interaktion möglichst früh und möglichst vollständig zu unterbinden um stattdessen das Handeln der Akteure ganz grundsätzlich zu prägen. In Beziehungen zwischen technischen Instanzen (mit mehr als passivem Aktivitätsniveau[260]) und menschlichen Akteuren können demnach unterschiedliche Formen der Handlungsbeeinflussung ausgemacht werden. Die entdeckten Wirkstrategien (s. Kapitel 6.3) scheinen dabei mit ganz bestimmten Einflussbeziehungen (s.a. Kapitel 3.1.3) zu korrespondieren.

Wirkstrategie:	Technischer Zwang	Interaktiv vermitteltes technisches Angebot	Passives technisches Angebot (nicht beobachtet)
Einflusspotential Nutzer:	NEIN / gering	JA	JA / hoch
Einflusspotential Technik:	JA / hoch	JA	NEIN / gering
→ Einfluss-beziehung:	strukturell	interaktiv	instrumentell (nicht beobachtet)

Tabelle 16 – Technische Wirkstrategien und korrespondierende Einflussbeziehungen

In einer Einflussbeziehung zwischen Technik und Nutzer, welche der Inter-

260 Instrumentelle Beziehungen mit Techniken eines meist passiven Aktivitätsniveaus wurden in dieser Arbeit nicht betrachtet.

aktion ähnelt, können menschlicher Akteur und technische Instanz analytisch als ‚Interaktionspartner' betrachtet werden, die wechselseitig aufeinander einwirken.[261] In der zweiten Beziehungsform, die technisch bedingt keine Interaktion zulässt, ist es hingegen sinnvoller, das technische Ensemble der Profiling-Konstellation als eine Art Infrastruktur zu betrachten, die das Handeln der Nutzer einseitig prägt. Die Nutzer können das Wirken solcher Infrastrukturen ihrerseits nicht punktuell, sondern nur grundsätzlich strukturell beeinflussen.

Die Checkpoint-Techniken des ersten betrachteten Falles kann man dem strukturellen Beeinflussungsmodus zuordnen (s. Kapitel 6.1). Wir haben es hier mit einem Beeinflussungsmodus zu tun, der nicht interaktiv ausgelegt ist. Zwar handelt es sich auch hier prinzipiell um ermöglichende Techniken, die den Nutzern bei ihrer Arbeit behilflich sein und Gelegenheiten schaffen sollen, allerdings hat man es mit einer anderen Art der Ermöglichung zu tun. Das Ergebnis der ‚Interaktion' mit der Technik ist nicht verhandelbar, die technischen Struktur können lediglich (wie sie sind) in Anspruch genommen werden (oder eben nicht). Die von der Technik vorgegebenen Regeln werden teilweise zusätzlich durch in den ‚nicht-technischen' Kontext ausgelagerte (und nicht etwa durch direkte technische) Sanktionen gestützt: Wenn man die Technik nicht nutzt wie vorgegeben, wird einem gekündigt. Es kann bezüglich der Beeinflussung des Nutzers also die Kooperation mit einer weiteren (in diesem Fall nicht-technischen) Infrastruktur beobachtet werden.

Der zweite in dieser Arbeit betrachtete Fall (s. Kapitel 6.1.6) ist dem interaktiven Beeinflussungsmodus zuzuordnen. Nutzer der Analysesoftware treten hier mit der Technik quasi in eine Art Verhandlung darüber ein, wie genau der Profiling-Prozess abläuft und wer wie viel Einfluss darin hat. Dies zeigt sich auch in der hohen Flexibilität des Skriptes. Die Software wirkt grundsätzlich ermöglichend und verschafft dem Nutzer Gelegenheiten, die er ohne sie nicht hätte. Darüber hinaus ist sie sehr transparent und ‚informationsfreudig'. Durch Informationsbereitstellung soll der Nutzer u.a. davon überzeugt werden, bestimmte Aktivitäten durchzuführen und andere an die Technik abzugeben. Überzeugung durch Veränderung der Wissengrundlage funktioniert jedoch nur bei Nutzern mit entsprechenden Kompetenzen. Beeinflussung durch Bestrafung kommt hier nicht zum Einsatz.

---

[261] Eine tatsächliche ‚Interaktion' kann zwischen Technik und menschlichem Akteur jedoch nie erreicht werden, da Technik immer stellvertretend für andere (nicht anwesende) Akteure wirkt (s. Kapitel 8.3).

Die Erkenntnisse zeigen, dass es sinnvoll ist, technisches Wirken genauso differenziert zu betrachten wie menschliches und dass technisches Wirken in dem Sinne mehr-dimensional ist, dass es durch verschiedene Eigenschaften von Technik vermittelt werden kann. Ließen sich über technisches Wirken bisher nur sehr allgemeine Theorien finden, die nicht dazu geeignet sind, dieses im Detail zu analysieren (s.a. Kapitel 3.2), so konnte mit der erweiterten Skript-Analyse ein erster Versuch präsentiert werden, dieses Wirken systematisch zu differenzieren. Davon profitiert nicht nur die (technik-)soziologische Theorie – auch aus empirischer Sicht kann das präsentierte Vorgehen helfen, technischen Einfluss in Prozessen und die jeweiligen Auswirkungen in bestimmten sozialen Kontexten wesentlich detaillierter betrachten und erklären zu können.

8.2 Vorzüge der vergleichenden Skriptanalyse bei der wissenschaftlichen Betrachtung von Überwachung

Die in dieser Arbeit durchgeführte Analyse zweier Profiling-Konstellationen mit anschließender, vergleichender Skriptanalyse hat gezeigt, dass die Surveillance Studies von einer sozio-technischen Betrachtung ihres Gegenstandes auf der Mikroebene profitieren können. Überwachungstechniken werden nicht etwa einfach nur, je nach Kontext, mal ‚gut' und mal ‚böse' (d.h. instrumentell) eingesetzt; es sind außerdem auch nicht nur soziale Strukturen (wie der Zwang durch Verträge oder ‚best practices' der jeweiligen Branche), welche die Nutzer zu einer bestimmten Anwendung der Überwachungstechniken drängen. Durch die in ihr Skript eingeschriebenen Wirkstrategien prägen die Techniken ihren Einsatz und die Einflussverteilung in Profiling-Prozessen deutlich mit. Diesen Anteil an der Wirkung von Überwachungstechniken kann ohne die hier eingenommene techniksoziologische Perspektive nicht systematisch betrachtet werden.

Bestätigt werden kann das in den Surveillance Studies vorherrschende Motiv der stetig steigenden Technisierung von Überwachung. Sowohl im historischen Rückblick als auch in den Prognosen zu zukünftigen Entwicklungen lässt sich in beiden betrachteten Konstellationen eine solche Verschiebung feststellen. Auch die in den Surveillance Studies immer wieder wahrgenommene räumliche, zeitliche und quantitative Ausdehnung von Profiling-Prozessen konnte beobachtet werden. Vor allem das in dieser Arbeit beobachtete Auftreten einer räumlich von der Situation vor Ort getrennt stattfindenden Erstellung und Anwendung der eingesetzten Kategorisierungen, unter Hinzuziehung immer mehr in der Vergangenheit gesammelter, vor allem Maschinen-lesbarer Informationen, stützt diese in den Surveillance Studies verbreitete Beschreibung. Wurde Profiling anfangs vor Ort im direkten Kontakt mit den Sicherheitsassistenten/Beamten/Kredit-gebern durchgeführt, kann man in stark technisierten Profiling-Konstellationen wie im Credit-Scoring vor allem Experten antreffen, die ‚vorgelagerte' (von den einzelnen Fällen vor Ort relativ unabhängige) Datenanalysen durchführen. Dabei entscheiden jedoch nicht nur menschliche Experten über Kategorisierungen, sondern immer auch technische Instanzen – und hier setzt die Stärke der Techniksoziologie an. Vor allem in heutigen professionellen Kontexten ‚profilen' menschliche Akteure niemals allein, sondern immer in einer sozio-technischen Konstellation; ihnen werden mindestens passive Techniken (wie Listen) oder diverse aktivere Techniken zur Seite gestellt. Es ist deshalb nicht angebracht – aufgrund der Vielfältigkeit der Beziehungen zwischen Überwachungstechniken und Anwendern, der unterschiedlichen technischen Wirkstrategien und der daraus resultierenden Verschiedenartigkeit des Wirkens technischer Instanzen in Überwachungsprozessen –, bei einer erhöhten Technisierung von Profiling-Prozessen einfach von einer ‚höheren Wirkung' der jeweiligen sozio-technischen Konstellation auszugehen. Mehr Technik bedeutet niemals nur ‚mehr Wirkung', so wie aktivere Technik nicht einfach auf ‚mehr Interaktion' hinweist (s.a. Kapitel 6.3.4). Ja, die unterschiedliche Technisierung von Profiling-Konstellationen wirkt sich auf die Einflussverteilung der am Profiling beteiligten Instanzen aus, das Einflussverhältnis in der Konstellation wird jedoch nicht linear durch den Grad der Technisierung bestimmt, sondern durch die den Techniken eingeschriebenen Wirkstrategien. Um detailliert auf die Auswirkungen von Überwachungstechnik eingehen zu können, muss der Einfluss von Technik am Profiling-Prozess deshalb auch bzw. gerade bei stark automatisierten Techniken sehr differenziert betrachtet werden. Mit dem Instrument der erweiterten vergleichenden Skriptanalyse kann man solchen Dynamiken auf die Spur kommen und erhält zusätzliche Einsichten in das Wirken von Überwachungstechnik, ohne die das Gesamtbild unvollständig bleiben würde. Eine solche Analyse ist demnach unverzichtbar, wenn es darum geht, Wirkung von Überwachungstechnik zu analysieren und dürfte helfen, derzeitige Entwicklungen besser zu verstehen.

Umgekehrt können auch die Skriptanalyse und die techniksoziologische Theorie des Handelns etwas aus den häufig gesellschafts-politisch geprägten Surveillance Studies mitnehmen, wie ich ihm nächsten Abschnitt zeigen werde.

8.3 Akteure hinter der Technik

Im Anschluss an die in dieser Arbeit durchgeführte Skriptanalyse stellt sich aus gesellschafts-politischer Perspektive die Frage, wer sich denn eigentlich hinter dem Skript der technischen Instanzen verbirgt. Dass die aufgedeckten Strategien nicht den Techniken selbst entspringen, sondern von Entwicklern an diese delegiert werden, dürfte mehr als klar geworden sein (s.a. Kapitel 3). Es sind nicht die Techniken, welche die strategische Entscheidung treffen, sich dem Nutzer gegenüber auf eine bestimmte Art und Weise zu verhalten; sie setzen Strategien, welche ihnen von menschlichen Akteuren mitgegeben wurden, lediglich um. Da Techniken zwar mit-handeln und wirken können, jedoch (zumindest bis dato) keine ‚vollwertigen' Akteure sind, ist die Betrachtung technischen Wirkens ohne den Einbezug der dahinterstehenden Akteure zwingendermaßen eine abkürzende Beschreibung. Der Fokus dieser Arbeit auf Technik-Nutzer-Beziehungen hat diese Akteursgruppe in den Hintergrund treten lassen. Ich möchte diese recht abstrakte Gruppe von Akteuren die ‚Skript-Forderer' nennen (s. Abbildung 99).

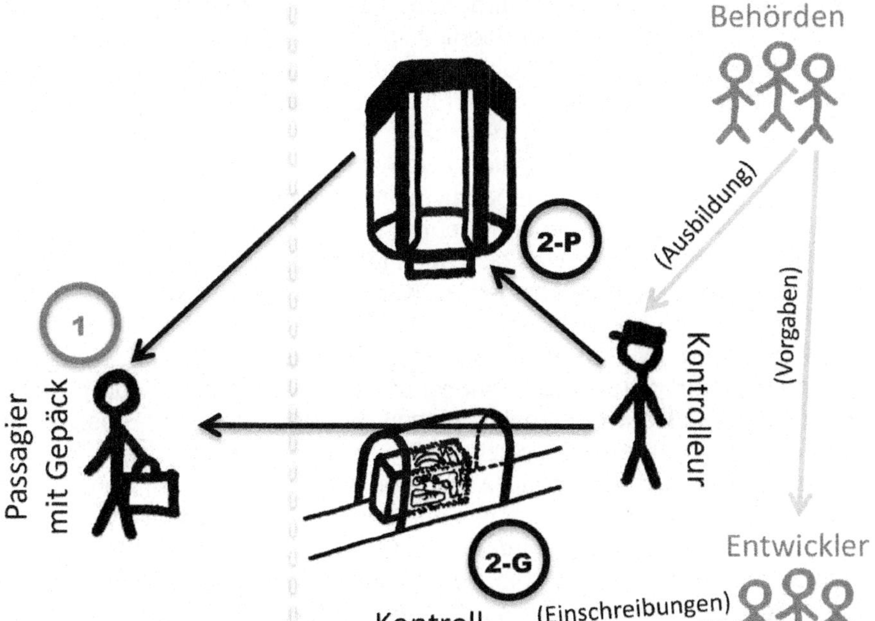

Abbildung 99 – Eine Profiling-Konstellation am Flughafen (beispielhaft; s.a. Kapitel 5)

Dazu können beispielsweise Behörden gehören oder die Firmen bzw. Organisationen, welche die Entwicklung von Techniken in Auftrag geben. Sie sind nicht identisch (können sich aber überschneiden) mit der Gruppe der Entwickler (also der ‚Skript-Generierer'). Von den Entwicklern (und den Nutzern) der hier betrachteten Techniken unterscheiden sich die ‚Skript-Forderer' vor allem dadurch, dass sie Technik weder herstellen noch nutzen, sondern meist Nutznießer sind, die mit den Techniken nicht direkt zu tun haben, aber von ihrem Einsatz profitieren – wie beispielsweise die Bundespolizei (der in Abbildung 99 etwas ungenau als ‚Behörden' betitelten Gruppe zuzuordnen).

Im Rahmen der Fragestellung ‚Wer hat Einfluss im Profiling-Prozess?' habe ich diese ‚unsichtbaren Entscheider' im Hintergrund in meiner Analyse ausgespart und mich vor allem auf die Nutzer und darüber hinaus die Entwickler konzentriert. Diese Lücke kann sich in manchen Fällen praktisch als völlig unwichtig herausstellen. Wenn Entwickler und Auftragsgeber versuchen, Nutzer und Nutzungszweck zu antizipieren und dementsprechend Nutzungsanweisungen in die Technik einbauen, kann sich eine Betrachtung der Auftraggeber und zukünftigen Nutznießer aus einer ‚Skript-Perspektive' als überflüssig erweisen. Die Analysetechniken beispielsweise, die beim Credit-Scoring eingesetzt werden (und ziemlich sicher auch im entsprechenden Flughafen-Kontext zum Einsatz kommen), sind schon seit Längerem nicht mehr auf den Einsatz in einem bestimmten Kontext hin gestaltet. Zwar wurden Stata und SPSS (und mit ihnen auch viele andere Datenanalyseprogramme) meist ursprünglich für Wissenschaftler geschrieben, heute werden sie jedoch Branchenübergreifend eingesetzt (was sich auch in der sehr geringen Zweckspezifität der Techniken widerspiegelt; s. Kapitel 6.1.6). Von den Entwicklern wurde hier keine kontextspezifische Wirkung intentional in die Software eingeschrieben (wie es etwa am Flughafen der Fall ist).[262] Auch die ‚Skript-Forderer' (wie etwa Firmenchefs oder ähnliche Akteure) wollen von den Entwicklern der Analysetechnik in der Regel keine bestimmten technischen Details umgesetzt sehen, sondern fordern lediglich ein zufriedenstellendes Ergebnis (z.B. einen effizienten Klassifizierer), egal wie die Technik dies zusammen mit dem Nutzer erreicht. Wie hier in welchem Kontext geprofilt wird, hängt deshalb verhältnismäßig stark vom Nutzer ab. Er ist es, der die zu analysierenden Daten aussucht, die Methode wählt, gemeinsam mit der Software einen Klassifizierer erstellt und am Ende meist auch entscheidet, wo (zum fraglichen Zeitpunkt) der

[262] Was natürlich nicht heißt, dass solche Software ‚objektiv' wäre. So manch eine (‚diskriminierende') Wirkung von Technik wurde der Technik nicht intentional eingeschrieben, sondern aus technischer Notwendigkeit heraus oder auf Grundlage impliziter Annahmen (vgl. Spielkonsolen-Beispiel in Kapitel 3.2.1).

‚cut-off' anzusetzen ist[263] (s. Kapitel 5.2). Im Flughafenfall ist die Frage ‚Wer hat Einfluss im Profiling-Prozess?' unter der hier diskutierten Perspektive hingegen ganz anders zu beantworten. Die Entwickler der Checkpoint-Kontrolltechniken bekommen in diesem Fall (von der abstrakten Gruppe der Entscheider im Hintergrund) recht genaue Vorgaben, welche Anforderungen die Technik erfüllen, welche Vorgaben sie den Nutzern später machen und welche Aktivitäten sie welchen Nutzern verbieten muss. Hinter dem technischen Skript stehen hier Akteure mit ganz konkreten Forderungen, die im Skript umgesetzt werden müssen.

Die Betrachtung dieser Akteure im Hintergrund wird in dieser Arbeit nur am Rande gestreift, diese Akteure müssten zu vollständigen Beantwortung der Frage nach der Einflussverteilung im Profiling-Prozess jedoch streng genommen immer mitbetrachtet werden. Die durchgeführte Skriptanalyse fragt nicht nach der Quelle der an die Techniken delegierten Strategien – theoretisch betrachtet wäre dies jedoch sogar im Kontext der Skriptanalyse leistbar. Da der Skriptbegriff bereits eine Verknüpfung zwischen Technikgeneseforschung und Techniknutzungsforschung beinhaltet – indem er den (antizipierten) Nutzer und den delegierenden Entwickler, der seine und andere Intentionen, Ziele und Träume an die Technik weitergibt, im Konzept des Skriptes vereint –, ist es grundsätzlich möglich, im Bereich der Geneseforschung einfach etwas weiter auszuholen und die durchaus wichtige Akteursgruppe der Skript-Forderer mit in die Analyse einzubinden. Ein solches Unterfangen würde an dieser Stelle den Rahmen sprengen, lässt jedoch für die Zukunft hoffen, die Techniksoziologie und den gesellschafts-politisch motivierten Teil der Surveillance Studies noch stärker zusammenführen zu können.

8.4 Generalisierbarkeit der Ergebnisse

Hinsichtlich der Generalisierbarkeit der Ergebnisse müssen an dieser Stelle noch einige Einschränkungen gemacht werden: Die Wahl der empirischen Fälle begrenzt die Generalisierbarkeit der Ergebnisse erstens auf solche Techniken, die a) im gemeinsamen Handeln mit dem Nutzer ermöglichend wirken und b) auf solche, die von den Nutzern im Kontext ihrer professionellen Arbeit genutzt werden ‚müssen'. Inwieweit sich die Ergebnisse dieser Arbeit auf andere Nutzungssituationen über-

---

263 Je nachdem in welcher Firma, mit welcher Kundenbasis und zu welchem Zeitpunkt man den ‚cut-off' setzt kann dieser sehr unterschiedlich ausfallen. Manchmal möchte man nur ‚richtig gute' Kunden annehmen, dann wieder sind auch die ‚etwas riskanteren' Kunden interessant.

tragen lassen – z.B. solche, in denen Technik (mehr oder weniger) freiwillig von Privatpersonen genutzt werden kann oder solche, in denen Technik einschränkend auf die Nutzer wirken soll –, kann deshalb nicht mit Sicherheit gesagt werden.

Zweitens ist fraglich wie ‚un-ähnlich' die Techniken (die in einer Skriptanalyse verglichen werden sollen) sein dürfen. In dieser Arbeit wurden unterschiedlich stark ‚handlungsfähige' Techniken verglichen, die aber alle auf dasselbe Ziel ausgerichtet sind: nämlich gemeinsam mit dem Nutzer ‚unerwünschte' bzw. ‚riskante' Kunden und/oder Passagiere auszumachen. Diese Zielsetzung bildet die Grundlage für den vorgenommenen Vergleich. Ist eine solche gemeinsame Basis nicht vorhanden, kann es sich möglicherweise als schwierig herausstellen, mit dem vorgestellten Analyse-Raster Techniken zu untersuchen – wie beispielsweise einen Hammer mit einem Betriebssystem –, da sich die beobachteten Unterschiede in den Analyse-Dimensionen und die Wirkung der Technik irgendwann nicht mehr aufeinander beziehen lassen.

Als unproblematisch dürfte sich die Übertragung meiner Ergebnisse auf ‚nicht-deutsche' Technik-Nutzer-Konstellationen herausstellen. Zwar wurden alle Interviews und Beobachtungen in Deutschland geführt und vorgenommen; da die Techniken und ihre Skripte im internationalen Einsatz in Form und Ausführung jedoch nur minimal voneinander abweichen (s.a. Anmerkung 246), dürften die Ergebnisse auch auf andere internationale Kontexte übertragbar sein. Unterschiede in der Wirkung können darüber hinaus natürlich immer durch nicht-technische, die sozio-technischen Konstellationen begleitende Regeln hervorgerufen werden. Um die These zu untermauern, wäre es hilfreich, die vergleichende Skriptanalyse auf internationaler Ebene zu wiederholen.

Literaturverzeichnis

aclu.org. 2005. „The Four Biggest Problems With the ‚Secure Flight' Airline Security Program". *Webseite der American Civil Liberties Union ACLU.* Abgerufen 2. Januar 2015 (www.aclu.org/technology-and-liberty/four-biggest-problems-secure-flight-airline-security-program).

Adey, Peter. 2004. „Secured and Sorted Mobilities: Examples from the Airport." *Surveillance & Society* 1(4):500–519.

aero.de. 2010. „IATA zeigt System für vollautomatisierte Fluggastkontrolle (07.06.2010)." *aero.de Luftfahrtnachrichten.* Abgerufen 5. April 2015 (www.aero.de/news-12812/IATA-zeigt-System-fuer-vollautomatisierte-Fluggastkontrolle.html).

aero.de. 2014. „Körperscanner sollen bundesweit eingesetzt werden (30.10.2014)." *aero.de Luftfahrtnachrichten.* Abgerufen 3. November 2014 (www.aero.de/news-20602/Koerperscanner-sollen-bundesweit-eingesetzt-werden.html).

Akrich, Madeleine. 1992. „The De-Scription of Technical Objects." S. 205–24 in *Shaping Technology - Building Society*, herausgegeben von Wiebke E. Bijker und John Law. Cambridge, MA: MIT Press.

Akrich, Madeleine. 1995. „User Representations: Practices, Methods and Sociology." S. 167–85 in *Managing Technology in Society*, herausgegeben von Arie Rip, Thomas J. Misa, und Johan Schot. London / New York: Pinter Publishers.

Akrich, Madeleine. 2006a. „Die De-Skription technischer Objekte." S. 407–28 in *ANThology: ein einführendes Handbuch zur Akteur-Netzwerk-Theorie*, herausgegeben von Andréa Belliger und David J. Krieger. Bielefeld: transcript Verlag.

Akrich, Madeleine. 2006b (1998). „Les utilisateurs, acteurs de l'innovation." S. 253–65 in *Sociologie de la traduction: textes fondateurs*, herausgegeben von Madeleine Akrich, Michel Callon, und Bruno Latour. Paris: Presses des Mines. Die Seitenzahlen beziehen sich auf die frei im Internet verfügbare Version des Textes.

Akrich, Madeleine. 2010 (1987). „Comment décrire les objets techniques ?" *Techniques et culture* 54-55:205–19.

Akrich, Madeleine, Michel Callon, und Bruno Latour. 2006. *Sociologie de la traduction: textes fondateurs*. Paris: Presses des Mines.

Akrich, Madeleine und Bruno Latour. 2006. „Zusammenfassung einer zweckmäßigen Terminologie für die Semiotik menschlicher und nicht-menschlicher Konstellationen." S. 399–405 in *ANThology: ein einführendes Handbuch zur Akteur-Netzwerk-Theorie*, herausgegeben von Andréa Belliger und David J. Krieger. Bielefeld: transcript Verlag.

Alder, Ken. 2006. „Der heisse Stuhl." *NZZ Folio - Die Zeitschrift der Neuen Züricher Zeitung* (Lügen / August). Abgerufen 27. August 2014 (http://folio.nzz.ch/2006/august/der-heisse-stuhl).

Anderson, Chris. 2008. „The End of Theory: The Data Deluge Makes the Scientific Method Obsolete (23.06.2008)." *Wired magazine*. Abgerufen 27. August 2014 (http://archive.wired.com/science/discoveries/magazine/16-07/pb_theory).

Anderson, Raymond. 2007. *The credit scoring toolkit theory and practice for retail credit risk management and decision automation*. Oxford & New York: Oxford University Press.

Andrejevic, Mark. 2004. *Reality TV: the work of being watched*. Lanham Md.: Rowman & Littlefield Publishers.

Avihai, Hillel. 2006. „Chronology of aviation terrorism: 1968-2004 (database)." Abgerufen 2. Januar 2015 (www.skyjack.co.il/chronology.htm).

Ball, Kirstie. 2002. „Elements of surveillance: A new framework and future directions." *Information, Communication & Society* 5(4):573–90.

Ball, Kristie, Kevin D. Haggerty, und David Lyon. 2012. *Routledge Handbook of Surveillance Studies*. Abingdon, OX / New York, NY: Routledge.

Balzacq, Thierry, Tugba Basaran, Didier Bigo, Emmanuel-Pierre Guittet, und Christian Olsson. 2010. „Security Practices." *„International Studies Encyclopedia Online"*. Abgerufen 2. Januar 2015 (www.isacompendium.com/subscriber /tocnode?id=g9781444336597_chunk_g978144433659718_ss1-2).

Baumann, Zygunt und David Lyon. 2013. Daten, Drohnen, Disziplinen. EIn Gespräch über flüchtige Überwachung. Berlin: edition suhrkamp.

Beck, Ulrich. 1986. *Risikogesellschaft: auf dem Weg in eine andere Moderne.* Frankfurt am Main: Suhrkamp Verlag.

Beniger, James R. 1986. *The Control Revolution: Technological and Economic Origins of the Information Society.* Harvard University Press.

Bennett, Colin J. 2011. „In Defense of Privacy: The Concept and the Regime." *Surveillance & Society* 8(4):485–96.

Berger, Peter L. und Thomas Luckmann. 1977. *Die gesellschaftliche Konstruktion der Wirklichkeit: eine Theorie der Wissenssoziologie.* Frankfurt a.M.: Fischer Verlag.

Berger, Roland. 2006. „Gerätestecker (mit Buchse)." *Wikimedia Commons.* Abgerufen 25. April 2015 (https://commons.wikimedia.org/wiki/File:Geraetestecker.jpg?uselang=de).

Berlin Script Collective. 2014. „Vergleichende Analyse von Scripten (Vortrag)." *Forschungscolloquium Technik- und Innovationsforschung, IfS, Berlin, 10.12.2014.*

Bigo, Didier. 2006. „Globalized (in)Security: the Field and the Ban-opticon." S. 109–56 in *Translation, Biopolitics, Colonial Difference*, herausgegeben von Naoki Sakai und Jon Solomon. Hong Kong University Press.

Bijker, Wiebke E., Thomas P. Hughes, und Trevor Pinch. 1989. *The Social Construction of Technological Systems: new directions in the sociology and history of technology.* paperback. Cambridge, MA: MIT Press.

BMBF. 2013. „Sicherheitsforschung." *Webseite des Bundesministeriums für Bildung und Forschung.* Abgerufen 1. April 2015 (www.forschungsrahmenprogramm.de/sicherheit.htm).

BMBF. 2014. „Fortschreibung des Programms ‚Forschung für die zivile Sicherheit' - Hightech-Strategie - BMBF". *Webseite des Bundesministeriums für Bildung und Forschung.* Abgerufen 1. April 2015 (www.bmbf.de/de/15181.php).

Bonß, Wolfgang. 1995. *Vom Risiko. Unsicherheit und Ungewißheit in der Moderne.* Hamburg: Hamburger Edition HIS Verlagsgesellschaft.

Bonß, Wolfgang. 1996. „Die Rückkehr der Unsicherheit. Zur gesellschaftstheoretischen Bedeutung des Risikobegriffs." S. 165–84 in *Risikoforschung zwischen Disziplinarität und Interdisziplinarität. Von der Illusion der Sicherheit zum Umgang mit Unsicherheit*, herausgegeben von Gerhard Banse. Berlin: edition sigma.

Bonß, Wolfgang. 2002. „Riskantes Wissen? Zur Rolle der Wissenschaft in der Risikogesellschaft.“ S. 1–14 in *Gut zu Wissen – Links zur Wissensgesellschaft*, herausgegeben von Heinrich-Böll-Stiftung. Westfälisches Dampfboot.

Bumacov, Vitalie und Arvind Ashta. 2011. „The conceptual framework of credit scoring from its origins to microfinance (Draft for Conference).“ in *„Second European Research Conference on Microfinance, 16-18 June“.* Groningen, the Netherlands. Abgerufen 2. Januar 2015 (www.rug.nl/research/globalisation-studies-groningen/research/ conferencesandseminars/conferences/ eumicrofinconf2011/papers/new.10c.bumacov.format.doc).

Butler Analytics. 2015. „Big Data Analytics. A Guide for Managers.“ Abgerufen 6. April 2015 (http://butleranalytics.com/wp-content/uploads/BigAnalyticsa4.pdf).

Buyetendjik, Frank und Lucie Tepanier. 2010. „Predictive Analytics: Bringing The Tools To The Data, An Oracle White Paper.“ Abgerufen 14. April 2015 (www.oracle.com/ us/products/ middleware/bus-int/crystalball/risk-mgmt-analysis-wp-326822.pdf).

BVerfG. 2010. „BVerfG, 2 BvL 8/07 vom 4.5.2010, Absatz-Nr. (1 - 157).“ *Webseite des Bundesverfassungsgerichts*. Abgerufen 22. August 2014 (www.bverfg.de/entscheidungen/ls20100504_2bvl 000807.html).

C.A.S.E.-Collective. 2006. „Critical Approaches to Security in Europe: A Networked Manifesto.“ *Security Dialogue* 37(4):443–87.

Callon, Michel. 1991. „Techno-economic networks and irreversibility.“ S. 132–61 in *A Sociology of monsters: essays on power, technology, and domination*, herausgegeben von John Law. London and New York: Routledge.

Callon, Michel. 2006. „Einige Elemente einer Soziologie der Übersetzung: Die Domestikation der Kammmuscheln und der Fischer der St. Brieuc-Bucht.“ S. 135–74 in *ANThology: ein einführendes Handbuch zur Akteur-Netzwerk-Theorie*, herausgegeben von Andréa Belliger und David J. Krieger. Bielefeld: transcript Verlag.

CEIA. 2015. „Classic - Walk-through metal detector.“ Abgerufen 23. Januar 2015 (http://img.directindustry.com/pdf/repository_di/26369/ walk-through-metal-detector-single-zone-125937_1b.jpg).

CityofBloomingtonMN (City of Bloomington Minnesota). 2014. „How it Works: Airport Body Scanner." Abgerufen 4. Juni 2014 (www.youtube.com/watch?v=530Xv_EKnKs).

CNN Transcripts. 2010. „Full-Body Scanners & Privacy." Abgerufen 20. September 2015 (http://edition.cnn.com/TRANSCRIPTS/1001/11/cnr.03.html).

cnn.com. 2009. „HP looking into claim webcams can't see black people (24.12.2009)." *CNN Cable News Network.* Abgerufen 27. Mai 2014 (www.cnn.com/2009/TECH/12/22/hp.webcams/index.html).

cnn.com. 2010. „Lighting affects Kinect's face recognition, report says (05.11.2010)." *CNN Cable News Network.* Abgerufen 22. April 2014 (http://edition.cnn.com/2010/TECH/gaming.gadgets/11/04/kinect.dark.skin/).

Collins, Harry. 1990. *Artificial experts: social knowledge and intelligent machines.* Cambridge, MA: MIT Press.

Collins, Harry und Martin Kusch. 1998. *The shape of actions: what humans and machines can do.* Cambridge, MA: MIT Press.

Cooley, Charles. 1902. *Human nature and the social order.* New York: Scribner.

Correa, Alejandro, Andrés González, Catherine Nieto, und Darwin Amezquita. 2012. „Constructing a Credit Risk Scorecard using Predictive Clusters." in *„SAS Global Forum 2012 - Data Mining and Text Analytics".*

Daase, Christopher. 2009. „Der erweiterte Sicherheitsbegriff." S. 137–53 in *Internationale Politik als Überlebensstrategie*, herausgegeben von Mir A. Ferdowsi. München: Bayerische Landeszentrale für Politische Bildungsarbeit.

Daase, Christopher. 2010. „Wandel der Sicherheitskultur." *APuZ Aus Politik und Zeitgeschichte, Beilage zur Wochenzeitung Das Parlament* 50(Sicherheitspolitik):9–16.

Daase, Christopher. 2011. „Sicherheitskultur – Ein Konzept zur interdisziplinären Erforschung politischen und sozialen Wandels." *S+F Sicherheit und Frieden* 29(2):59–139.

Dagdas Projects Polizeibedarf. 2015. „Garrett PD 6500i Dual Optics Durchgangs-Detektor." Abgerufen 11. September 2015 (http://polizeibedarf-dagdas.de/artikeldetails/ kategorie/torsonden/ artikel/garrett-pd-6500i-dual-optics-durchgangs-detektor.html).

Deleuze, Gilles. 1990. „Post-scriptum sur les sociétés de contrôle." *L'autre journal* 1(mai).

DHS Publications. 2007. „Deception Detection Identifying Hostile Intent." *Webseite des Department of Homeland Security DHS*. Abgerufen 10. August 2013 (www.dhs.gov/deception-detection).

DHS Publications. 2012. „DHS' Progress in 2011 : Community Engagement." *Webseite des Department of Homeland Security DHS*. Abgerufen 10. August 2013 (www.dhs.gov/dhs-progress-2011-community-engagement).

DHS Testimony. 2009. „Testimony of Acting Under Secretary Bradley I. Buswell, Science and Technology Directorate, before the House Committee on Appropriations, Subcommittee on Homeland Security, ‚Science and Technology Research and Transitioning Products Into Use'." *Webseite des Department of Homeland Security DHS*. Abgerufen 10. August 2013 (www.dhs.gov/news/ 2009/03/26/testimony-science-and-technology-research-and-transitioning-products-use).

DHS-CRCL. 2011. „Future Attribute Screening Technology (FAST) – Interactive and Passive Programs (Civil Rights / Civil Liberties Impact Assessment)." *Webseite des Department of Homeland Security DHS*. Abgerufen 10. August 2013 (www.dhs.gov/ xlibrary/assets/crcl/crcl-assessment-fast.pdf).

dlr.de. 2012. „Der autonome Mondrover Asimov." *Portal des Deutschen Zentrums für Luft und Raumfahrt e.V.* Abgerufen 24. September 2012 (www.dlr.de/dlr /desktopdefault.aspx/tabid-10664/ 1151_read-4808/#gallery/7407).

Doctorow, Cory. 2014. „How Laws Restricting Tech Actually Expose Us to Greater Harm." *Wired magazine*, Dezember. Abgerufen 24. Dezember 2014 (www.wired.com/2014/12/government-computer-security/).

Domingos, Pedro. 2012. „A few useful things to know about machine learning." *Communications of the ACM* 55(10):78–87.

Don Sweeny. 2014. „Metal Defender Walk Through Metal Detector Assembly in 5 MINS." Abgerufen 23. Januar 2015 (www.youtube.com/watch?v=6iuN6VyEKO8).

Donaldson, Andrew und David Wood. 2004. „Surveilling strange materialities: Categorisation in the evolving geographies of FMD biosecurity." *Environment and Planning D: Society and Space* 22(3):373–91.

Douglas, Mary und Aaron Wildavsky. 1982. *Risk and Culture*. Berkeley und Los Angeles: University Of California Press.

DTI - Detector Trade International. 2008. „Garrett PD 6500i." Abgerufen 17. September 2015 (www.detector-trade.de/uploads/media/Datasheet-Garrett-PD-6500i-german.pdf).

Dubbeld, Lynsey. 2006. „Telemonitoring of cardiac patients: user-centred research as input for surveillance theories." S. 182–205 in *Theorizing Surveillance The Panopticon and Beyond*, herausgegeben von David Lyon. Devon, UK: Willan Pub.

Duhigg, Charles. 2012. „How Companies Learn Your Secrets (16.02.2012)." *The New York Times Magazine*. Abgerufen 6. April 2015 (www.nytimes.com/2012/02/19/magazine/shopping-habits.html?_r=1).

Durkheim, Emile. 1897. *Le suicide. Étude de sociologie*. Paris: F. Alcan.

Durkheim, Emile. 1961. *Die Regeln der soziologischen Methode*. Neuwied: Luchterhand.

economist.com. 2008. „Data mining - Know-alls (25.09.2008)." *The Economist*. Abgerufen 3. Juli 2013 (www.economist.com/node/12295455/print).

Elias, Bart. 2014. „Risk-Based Approaches to Airline Passenger Screening (CRS REPORT, Prepared for Members and Committees of Congress, 31.03.2014)." *Congressional Research Service*. Abgerufen 6. April 2015 (www.hsdl.org/?view&did=752251).

en.wikipedia.org. 2007. „Profiling." *Wikipedia, the free encyclopedia*. Abgerufen 6. April 2015 (https://en.wikipedia.org/w/index.php?title=Profiling&oldid=142643050).

Endreß, Christian und Nils Petersen. 2012. „Die Dimensionen des Sicherheitsbegriffs.“ *bpb Bundeszentrale für politische Bildung.* Abgerufen 5. April 2015 (www.bpb.de/ politik/innenpolitik/innere-sicherheit/76634/dimensionen-des-sicherheitsbegriffs?p=all).

epic.org. 2014. „Passenger Profiling.“ *Webseite des Electronic Privacy Information Center EPIC.* Abgerufen 2. Januar 2015 (https://epic.org/privacy/airtravel/profiling.html).

Ericson, Richard V. und Kevin D. Haggerty. 2002. „The Policing of Risk.“ S. 238–72 in *Embracing Risk. The Changing Culture of Insurance and Responsibility*, herausgegeben von Tom Baker und Jomathan Simon. Chicago: University of Chicago Press.

Esser, Hartmut. 2002a. *Soziologie. Spezielle Grundlagen (Institutionen).* Frankfurt/New York: Campus Verlag.

Esser, Hartmut. 2002b. *Soziologie. Spezielle Grundlagen (Sinn und Kultur).* Frankfurt/New York: Campus Verlag.

European Commission. 2004. „STUDY ON CIVIL AVIATION SECURITY FINANCING. Summary of Final Report (TREN/F3/51-2002).“ *Webseite der Europäischen Kommission.* Abgerufen 6. April 2015 (http://ec.europa.eu/transport/modes/air/studies/air_en.htm).

Evers, Adalbert und Helga Nowotny. 1987. *Über den Umgang mit Unsicherheit: die Entdeckung der Gestaltbarkeit von Gesellschaft.* Frankfurt am Main: Suhrkamp Verlag.

Fayyad, Usama, Gregory Piatetsky-Shapiro, und Padhraic Smyth. 1996. „From Data Mining to Knowledge Discovery in Databases.“ *AI Magazine* (FALL):37–54.

faz.net. 2014. „Polizei-Gewerkschaft - Flugsicherheit sollte komplett in staatliche Hand (22.12.2014).“ *Frankfurter Allgemeine Zeitung.* Abgerufen 23. Dezember 2014 (www.faz.net/agenturmeldungen/unternehmensnachrichten/polizei-gewerkschaft-flugsicherheit-sollte-komplett-in-staatliche-hand-13336922.html).

Federal Register. 1999. „Security of Checked Baggage on Flights Within the United States (Proposed Rules).“ *Federal Register, Volume 64, Number 74 (Monday, April 19, 1999), Government Printing Office, DEPARTMENT OF TRANSPORTATION, Federal Aviation Administration FAA* 19220–40. Abgerufen 8. April 2015 (www.gpo.gov/fdsys/pkg/FR-1999-04-19/pdf/99-9635.pdf).

Fisher, Ronald Aylmer. 1936. „The use of multiple measurements in taxonomic problems.“ *Annals of Eugenics* 7(2):179–88.

Foucault, Michel. 1975. *Surveiller et punir: naissance de la prison*. Paris: Gallimard.

Fraport Security Services GmbH. o. J. „Jobbörse – Ihr neuer Arbeitsplatz im Flughafenumfeld Fraport.“ Abgerufen 11. April 2015 (http://karriere.fraport.de/recruso/ onbw?navigItem=fraport&action=showjob&jobID=4352&site=&language=).

Fraunhofer FKIE Presseinformationen. 2009. „Gefährliche Substanzen erschnüffeln (04.01.2009).“ Abgerufen 8. April 2015 (www.fraunhofer.de/de/presse/ presseinformationen/2010/01 /hochempfindlicher-geruchssensor.html).

Fraunhofer FKIE Presseinformationen. 2011. „Fraunhofer Institut FKIE mit vielen Innovationen auf der Hannover-Messe (02.04.2011).“ Abgerufen 8. April 2015 (www.fkie.fraunhofer.de/de/presse/ pressemitteilungen-2011/11-04-02-fkie-innovationen-auf-hannover-messe.html).

gamespot.com. 2010. „Kinect has problems recognizing dark-skinned users? (03.11.2010).“ *GameSpot News (CBS Interactive Inc.)*. Abgerufen 23. April 2014 (www.gamespot.com/articles/kinect-has-problems-recognizing-dark-skinned-users/1100-6283514/).

Gandy, Oscar. 1993. *The Panoptic Sort: A Political Economy of Personal Information. Critical Studies in Communication and in the Cultural Industries*. Boulder, CO: Westview Press.

Garrett Detectors. 2011. „Garrett CS 5000 Walk-Through Metal Detector.“ Abgerufen 9. November 2015 (www.youtube.com/watch?v=PC1luRwwiBU).

Garrett Electronics. 2014. „Garrett PD 6500i.“ Abgerufen 23. Januar 2015 (www.garrett.com/securitysite/pd_6500i_gallery_images/04_pd6500i_gallery.jpg).

Garrett/Regton Metal Detectors. 2009. „Garrett PD6500i security metal detector from Regton Ltd. Airport Style walk through scanner." Abgerufen 11. September 2015 (www.youtube.com/watch?v=uZ-biwHKeqQ).

gdp.de. 2014. „Luftsicherheitskontrolle zurück in die öffentliche Hand (22.12.2014)." *Gewerkschaft der Polizei - Bundesvorstand.* Abgerufen 12. Januar 2015 (www.gdp.de/gdp/gdp.nsf/ID/1AB3B879234B00EBC1257DB60029C9A2?Open).

Giddens, Anthony. 1984. *The Constitution of Society: Outline of the Theory of Structuration.* Berkeley und Los Angeles: University Of California Press.

Giddens, Anthony. 1996a. *Konsequenzen der Moderne.* Frankfurt am Main: Suhrkamp Verlag.

Giddens, Anthony. 1996b. „Leben in einer posttraditionalen Gesellschaft." S. 113–94 in *Reflexive Modernisierung. Eine Kontroverse,* herausgegeben von Ulrich Beck, Anthony Giddens, und Scott Lash. Frankfurt am Main: Suhrkamp Verlag.

Gillman, David. 2014. „Use SPSS Statistics direct marketing analysis to gain insight." *IBM developerWorks.* Abgerufen 12. Januar 2014 (www.ibm.com/developerworks/ library/ba-direct-marketing-spss/ba-direct-marketing-spss-pdf.pdf).

Glaser, Barney G. und Anselm L. Strauss. 1967. *The discovery of grounded theory: strategies for qualitative research.* Chicago: Aldine Pub. Co.

Gläser, Jochen und Grit Laudel. 2010. *Experteninterviews und qualitative Inhaltsanalyse als Instrumente rekonstruierender Untersuchungen.* Wiesbaden: VS Verlag.

Goffman, Erving. 1953. „Communication conduct in an island community (Dissertation)". University of Chicago.

Goffman, Erving. 1959. *The presentation of self in everyday life.* Anchor Boo. Garden City N.Y.: Doubleday.

Goffman, Erving. 1970. *Strategic interaction.* Oxford: Basil Blackwell.

Goffman, Erving. 1977. *Rahmen-Analyse - Ein Versuch über die Organisation von Alltagserfahrungen.* Frankfurt am Main: Suhrkamp Verlag.

Goffman, Erving. 1985. *Wir alle spielen Theater. Die Selbstdarstellung im Alltag*. München / Zürich: Piper Verlag.

Gordon, Alastair. 2008. *Naked Airport: A Cultural History of the World's Most Revolutionary Structure*. University Of Chicago Press.

Greenwald, Glenn. 2013. „XKeyscore: NSA tool collects' nearly everything a user does on the internet'." *The Guardian*. Abgerufen 22. August 2015 (www.theguardian.com/ world/2013/jul/31/ nsa-top-secret-program-online-data).

Gutwirth, Serge. 2002. *Privacy and the information age*. Lanham/Boulder/ New York/Oxford: Rowman & Littlefield Publishers.

Haggerty, Kevin D. und Richard V. Ericson. 2000. „The surveillant assemblage." *The British Journal of Sociology* 51(4):605–22.

Hand, David J., Gordon Blunt, Mark G. Kelly, und Niall M. Adams. 2000. „Data Mining for Fun and Profit." *Statistical Science* 15(2):111–31.

Hand, David, Heikki Mannila, und Padhraic Smyth. 2001. *Principles of data mining*. Cambridge, MA: MIT Press.

Hannam, Kevin, Mimi Sheller, und John Urry. 2006. „Editorial : mobilities, immobilities and moorings." *Mobilities* 1(1):1–22.

Heath, Christian, Hubert Knoblauch, und Paul Luff. 2000. „Technology and social interaction: the emergence of ‚workplace studies'." *The British Journal of Sociology* 51(2):299–320.

Heath, Christian und Paul Luff. 1992. „Collaboration and Control: Crisis Management and Multimedia Technology in London Underground Line Control Rooms." *Computer Supported Cooperative Work* 1(1-2):69–94.

Heath, Christian und Paul Luff. 1996. „Convergent activities: Line control and passenger information on the London Underground." S. 96–129 in *Cognition and Communication at Work*, herausgegeben von Y. Engeström und D. Middleton. Cambridge University Press.

Heath, Christian, Paul Luff, und Marcus Sanchez Svensson. 2002. „Overseeing organizations: configuring action and its environment." *The British journal of sociology* 53(2):181–201.

Hempel, Leon, Ronald Grau, Lars Ostermeier, Fabia Schäufele, Tobias Schaaf und Dagny Vedder. 2011. „SIAM - Security Impact Assessment Measures." *Oranienburger Schriften - Beiträge aus der Fachhochschule der Polizei des Landes Brandenburg* (6 (Dez)):33–44.

Hettlage, Robert. 1991. „Erving Goffman. Werk und Rezeption." S. 25–94 in *Erving Goffman, ein soziologischer Klassiker der zweiten Generation*, herausgegeben von Robert Hettlage und Karl Lenz. Bern / Stuttgart: P. Haupt.

Hildebrandt, Mireille. 2008. „Defining Profiling: A New Type of Knowledge?" S. 17–30 in *Profiling the European Citizen - Cross-Disciplinary Perspectives*. Springer.

Hildebrandt, Mireille und Bert-Jaap Koops. 2010. „The Challenges of Ambient Law and Legal Protection in the Profiling Era." *The Modern Law Review* 73(3):428–60.

Hitzler, Ronald. 2010. „Der Goffmensch. Überlegungen zu einer dramatologischen Anthropologie." S. 17–34 in *Fragile Sozialität: Inszenierungen, Sinnwelten, Existenzbastler*, herausgegeben von Anne Honer, Michael Meuser, und Michaela Pfadenhauer. Wiesbaden: VS Verlag für Sozialwissenschaften.

Hughes, Thomas P. 1989. „The Evolution of Large Technological Systems." S. 51–82 in *The Social Construction of Technological Systems: new directions in the sociology and history of technology*, herausgegeben von Wiebke E. Bijker, Thomas P. Hughes, und Trevor Pinch. Cambridge, MA: MIT Press.

IATA Press Release. 2011. „IATA Reveals Checkpoint of the Future (PR No.35, 07.06.2011)." *Webseite der International Air Transport Association IATA*. Abgerufen 10. August 2013 (www.iata.org/pressroom/pr/pages/2011-06-07-01.aspx).

IATA Press Release. 2013. „ACI and IATA Collaborate to Deliver Smart Security (PR No.70, 12.12.2013)." *Webseite der International Air Transport Association IATA*. Abgerufen 10. August 2013 (www.iata.org/pressroom/pr/Pages/2013-12-12-02.aspx).

IATA.org. 2011. „Checkpoint-of-the-Future." *Webseite der International Air Transport Association IATA*. Abgerufen 11. Dezember 2012 (http://training-www.iata.org/events/agm/2011/gallery/PublishingImages/checkpoint1-large.jpg).

IATA.org. 2014. „Checkpoint of the Future: Executive Summary (4th proof)." *Webseite der International Air Transport Association IATA*. Abgerufen 10. August 2014 (www.iata.org/whatwedo/security/Documents/cof-executive-summary.pdf).

IBM. 2012a. „IBM Analytics Optimization and SPSS." Abgerufen 9. September 2015 (www.mobilityeye.com/spss.pdf).

IBM. 2012b. „IBM SPSS Modeler 15 User's Guide." Abgerufen 15. April 2015 (www-01.ibm.com/support/docview.wss?uid=swg 27023172#en).

IBM. 2015. „SPSS Modeler - Features." Abgerufen 7. April 2015 (www-03.ibm.com/ software/products/de/spss-modeler).

IBM KnowledgeCenter. 2012a. „Arbeiten mit der Befehlssyntax Fenster - Fenster ‚Syntax-Editor'." Abgerufen 13. August 2015 (www-01.ibm.com/support/knowledge center/#!/SSLVMB_22.0.0/com.ibm.spss.statistics.help/spss/base/command_syntax.htm).

IBM KnowledgeCenter. 2012b. „Knoten für die automatisierte Modellierung – Algorithmuseinstellungen - Knoten ‚Automatischer Klassifizierer'." Abgerufen 3. September 2015 (www-01.ibm.com/support/knowledgecenter/api/content/ nl/de/SS3RA7_15.0.0/com.ibm.spss.modeler.help/binary_classifier_node.htm).

iflipr.com. o. J. „Fragenkatalog BPOL §5 LuftSiG." Abgerufen 11. April 2015 (http://iflipr.com/deck/cell_practice/28223).

Introna, Lucas D. und David Wood. 2004. „Picturing algorithmic surveillance: the politics of facial recognition systems." *Surveillance & Society* 2(2/3):177–98.

Johnigk, Sylvia und Kai Nothdurft. 2010. „INDECT – ein weiterer Schritt zum Orwellschen Überwachungsstaat?" *FIfF-Kommunikation* 2. Abgerufen 2. Januar 2015 (https://events.ccc.de/sigint/2010/wiki/Fahrplan/attachments/1542_Indect - ein weiterer Schritt zum Orwellschen ?berwachungsstaat.pdf).

Jonas, Jeff und Jim Harper. 2006. „Effective Counterterrorism and the Limited Role of Predictive Data Mining." *Policy Analysis* (584):1–12.

Jones, Richard. 2000. „Digital Rule: Punishment, Control and Technology." *Punishment & Society* 2(1):5–22.

Kaufmann, Franz-Xaver. 1973. *Sicherheit als soziologisches und sozialpolitisches Problem*. Stuttgart: Ferdinand Enke Verlag.

Kitchin, Rob. 2014. „Big Data, new epistemologies and paradigm shifts." *Big Data & Society* 1(1):1–12.

Kivisto, Peter und Dan Pittman. 2013. „Goffman's Dramaturgical Sociology." S. 297–318 in *Illuminating Social Life. Classical and Contemporary Theory Revisited*. Thousand Oaks Calif.: Sage Publications.

Knight, Frank. 1921. *Risk, uncertainty and profit*. Boston: Houghton Mifflin.

Knoblauch, Hubert. 2005. *Wissenssoziologie*. Konstanz: UTB Verlag.

Kraus, Theresa L. 2008. „A Historical Perspective, 1903-2008 ('five-volume agency history series')." *U.S. Federal Aviation Administration*. Abgerufen 2. Januar 2015 (www.faa.gov/about/history/historical_perspective/).

Kreditech Press Release. 2015. „Kreditech Secures USD 200m Credit Facility from Victory Park Capital." *Webseite von Kreditech*. Abgerufen 7. April 2015 (www.kreditech.com/press_release/kreditech-secures-usd-200m-credit-facility-victory-park-capital/).

kreditech.com. 2015. „‚what we do'." *Webseite von Kreditech*. Abgerufen 7. April 2015 (www.kreditech.com/what-we-do/).

Krücken, Georg. 1996. „Der soziologische Ansatz in der Risikoforschung." S. 185–92 in *Risikoforschung zwischen Disziplinarität und Interdisziplinarität. Von der Illusion der Sicherheit zum Umgang mit Unsicherheit*, herausgegeben von Gerhard Banse. Berlin: edition sigma.

L-3 Security & Detection Systems. 2013. „ProVision™ ATD." Abgerufen 23. Januar 2015 (www.sds.l-3com.com/forms/English-pdfdownload.htm?DownloadFile=PDF-21).

L-3 Security & Detection Systems. 2015. „ProVision 2 - Compact Advanced People Screening." Abgerufen 22. August 2013 (www.sds.l-3com.com/videos/video-ProVision2.htm).

Lackes, Richard und Markus Siepermann. 2012. „Expertenwissen (Lexikoneintrag)." in *Gabler Wirtschaftslexikon (online)*. Abgerufen 5. April 2015 (http://wirtschaftslexikon. gabler.de/Archiv/75635/knowledge-discovery-in-databases-v5.html).

Latour, Bruno. 1991. „Technology is Society Made Durable.“ S.103–31 in *A Sociology of monsters: essays on power, technology, and domination*, herausgegeben von John Law. London and New York: Routledge.

Latour, Bruno. 1992. „Where are the missing masses? The sociology of a few mundane artfacts.“ S. 225–58 in *Shaping Technology - Building Society*, herausgegeben von John Law und Wiebe E. Bijker. Cambridge, MA / London, UK: MIT Press.

Latour, Bruno. 1993. *La Clef de Berlin et autres leçons d'un amateur de sciences*. Paris: Editions La Découverte.

Latour, Bruno. 2001. *Das Parlament der Dinge: für eine politische Ökologie*. Frankfurt am Main: Suhrkamp.

Latour, Bruno. 2005. *Reassembling the social: an introduction to actor-network-theory*. Oxford & New York: Oxford University Press.

Linde, Hans. 1972. *Sachdominanz in Sozialstrukturen*. Tübingen: Mohr Siebeck.

Lindsey, Robert. 1973. „Air Riders Take Search in Stride.“ *The New York Times*, Januar 27. Abgerufen 1. Januar 2015 (http://query.nytimes.com/mem/archive/pdf?res= 9A00E7D91531EF34BC4F51DFB 7668388669EDE).

Lucchesi, Achim. 2011. *„Die Bombe is' eh im Koffer“. Geschichten aus dem Handgepäck*. München: Heyne.

Luckmann, Thomas. 1992. *Theorie des sozialen Handelns*. Berlin und New York: De Gruyter.

Luhmann, Niklas. 1991. *Soziologie des Risikos*. Berlin und New York: De Gruyter.

Lyon, David. 2001. *Surveillance society - Monitoring everyday life*. Buckingham / Philadelphia: Open University Press.

Lyon, David. 2002a. „Editorial. Surveillance Studies: Understanding visibility, mobility and the phenetic fix.“ *Surveillance Society* 1(1):1–7.

Lyon, David. 2002b. „Everyday Surveillance: Personal data and social classifications.“ *Information, Communication & Society* 5(2):242–57.

Lyon, David. 2003a. „Airports as data filters: Converging Surveillance Systems after September 11th.“ *Journal of Information, Communication and Ethics in Society* 1(1):13–20.

Lyon, David. 2003b. *Surveillance as Social Sorting: Privacy, Risk, and Digital Discrimination*. London and New York: Routledge.

Lyon, David. 2007. *Surveillance Studies: An Overview*. Cambridge, UK / Malden, MA: Polity Press.

Lyon, David und Elia Zureik. 1996. *Computers, surveillance, and privacy*. Minneapolis / London: University of Minnesota Press.

Marx, Gary T. 1988. *Undercover: police surveillance in America*. Berkeley: University of California Press.

Marx, Gary T. 2003. „A tack in the shoe: Neutralizing and resisting the new surveillance.“ *Journal of Social Issues* 59(2):369–90.

Marx, Gary T. 2004. „What's New About the ‚New Surveillance‘?: Classifying for Change and Continuity“. *Knowledge, Technology, & Policy* 17(1):18-37.

Marx, Gary T. 2009. „A Tack in the Shoe and Taking off the Shoe: Neutralization and Counter-neutralization Dynamics.“ *Surveillance and Society* 6(3):294–306.

Mayring, Philipp. 1983. *Qualitative Inhaltsanalyse. Grundlagen und Techniken*. Weinheim: Deutscher Studien Verlag.

McCahill, Michael. 2002. *The surveillance web: the rise of visual surveillance in an English city*. Cullompton, UK: Willan Pub.

Mead, George Herbert. 1934. *Mind, self & society: from the standpoint of a social behaviorist*. Chicago: University of Chicago Press.

Merton, Robert. 1938. *Science, technology and society in seventeenth century England*. Bruges: Saint Catherine press.

Minsky, Marvin. 1975. „A framework for representing knowledge.“ S. 211–77 in *The Psychology of Computer Vision*, herausgegeben von Patrick Winston. New York: McGraw-Hill.

Molotch, Harvey. 2012. *Against Security, How We Go Wrong at Airports, Subways, and Other Sites of Ambiguous Danger*. Princteton, New Jersey: Princeton University Press.

Monahan, Torin. 2011. „Surveillance as cultural practice.“ *The Sociological Quarterly* 52(4):495–508.

Moro Electronic System. 2012. „Rapiscan Systems en el Aeropuerto de Manchester, puesto de control del futuro.“ Abgerufen 17. Mai 2012 (www.youtube.com/watch?v=c3CuLi_XT6c).

Mowery, Keaton u. a. 2014. „Security Analysis of a Full-Body Scanner.“ S. 369–84 in *Proceedings of the 23rd USENIX Security Symposium, August 20–22*. San Diego, CA: USENIX Association. Abgerufen 10. Juli 2015 (www.usenix.org/conference/ usenixsecurity14/ technical-sessions/presentation/mowery).

Murakami-Wood, David. 2007. „Beyond the Panopticon? Foucault and Surveillance Studies.“ S. 245–63 in *Space, Knowledge and Power: Foucault and Geography*, herausgegeben von J. Crampton und S. Elden. Aldershot: Ashgate.

Murakami-Wood, David. 2009. „Situating Surveillance Studies (Review Article).“ *Surveillance and Society* 19(1):52–61.

Murakami-Wood, David und Stephen Graham. 2006. „Permeable Boundaries in the Software-Sorted Society: Surveillance and the Differentiation of Mobility.“ S. 177–91 in *Mobile Technologies of the City*, herausgegeben von Mimi Sheller und John Urry. London and New York: Routledge.

n-tv.de. 2010. „Fluggast-Stigmatisierung: Polizei gegen ‚Profiling‘ (29.12.2010)“. *n-tv.de*. Abgerufen 5. April 2015 (www.n-tv.de/ politik/Polizei-gegen-Profiling-article2248351.html).

National Defense Industrial Association. 2008. „Transportation Lab Seeks Radical Change at Airport Checkpoints.“ Abgerufen 8. April 2015 (www.nationaldefense magazine.org/archive/2008/March/Pages/ SecurityBeat2320.aspx).

Norris, Clive und Gary Armstrong. 1999. *The maximum surveillance society: the rise of CCTV*. Oxford & New York: Berg.

Nuggets Ortungstechnik + Security. 2015. „PD 6500i ‚Der‘ Pinpoint Walk-Through-Durchgangs-Metall-Detektor“. Abgerufen 23. Januar 2015 (www.nuggets.at/download/garrett-security/GARRETT-PD6500i.pdf).

Oracle Manual. 2008. „Oracle® Data Mining Concepts, 11g Release 1 (11.1), B28129-04." Abgerufen 14. April 2015 (http://docs.oracle.com/cd/B28359_01/datamine.111/ b28129.pdf).

Parsons, Talcott. 1937. *The structure of social action*. New York: McGraw-Hill Book Company Inc.

Parsons, Talcott. 1951. *The social system*. London/New York: Routledge / The Free Press.

Perrow, Charles. 1984. *Normal accidents: living with high-risk technologies*. New York: Basic Books.

Pinch, Trevor und Wiebke E. Bijker. 1984. „The Social Construction of Facts and Artefacts: or How the Sociology of Science and the Sociology of Technology might Benefit Each Other." *Social Studies of Science* 14(3):399–441.

Plungis, Jeff. 2013. „Naked-Image-Scanners to Be Removed From U.S. Airports." *BloombergBusiness*. Abgerufen 2. Januar 2015 (www.bloomberg.com/news/articles/ 2013-01-18/naked-image-scanners-to-be-removed-from-u-s-airports).

Poole, Robert W. Jr. und George Passantino. 2003. „A Risk-based Airport Security Policy (Policy Study 308)." *Webseite des Public Policy Institute REASON*. Abgerufen 6. April 2015 (http://research.policyarchive.org/5818.pdf).

Poster, Mark. 1990. *The mode of information: poststructuralism and social context*. Chicago: University of Chicago Press.

Potthast, Jörg. 2011. „Sense and Security. A Comparative View on Access Control at Airports." *Science, Technology & Innovation Studies* 7(1):87–106.

Public Surplus™. 2013. „Auction #864334 - Heimann HI-SCAN 6041i X-RAY Inspection System (CS)." Abgerufen 12. April 2015 (www.publicsurplus.com/sms/auction/ view?auc=864334).

Puppe, Frank. 2011. „Explizites Wissen versus Black Box Ansätze in der KI." *KI - Künstliche Intelligenz* 25(1):67–70.

Rammert, Werner. 2000. *Technik aus soziologischer Perspektive 2: Kultur – Innovation – Virtualität*. Wiesbaden: Westdeutscher Verlag.

Rammert, Werner. 2002. „Gestörter Blickwechsel durch Videoüberwachung? Ambivalenzen und Asymmetrien soziotechnischer Beobachtungsordnungen (TUTS-WP-9-2002).“ *Technical University Technology Studies Working Papers.*

Rammert, Werner. 2003. „Technik in Aktion: Verteiltes Handeln in soziotechnischen Konstellationen (TUTS-WP-2-2003).“ *Technical University Technology Studies Working Papers.*

Rammert, Werner. 2007. *Technik - Handeln - Wissen: zu einer pragmatistischen Technik- und Sozialtheorie.* Wiesbaden: VS Verlag für Sozialwissenschaften.

Rammert, Werner. 2009. „Hybride Handlungsträgerschaft: Ein soziotechnisches Modell verteilten Handelns.“ S. 23–33 in *INTELLIGENTE OBJEKTE: Technische Gestaltung - wirtschaftliche Verwertung - Gesellschaftliche Wirkung (acatech DISKUTIERT)*, herausgegeben von Otthein Herzog und Thomas Schildhauer. Berlin und Heidelberg: Springer.

Rammert, Werner. 2014. „Unsicherheit trotz Sicherheitstechnik? Das Kreuz mit komplexen Konstellationen (TUTS-WP-1-2014).“ *Technical University Technology Studies Working Papers.*

Rammert, Werner, Michael Schlese, Gerald Wagner, Josef Wehner, und Rüdiger Weingarten. 1998. *Wissensmaschinen - Soziale Konstruktion eines technischen Mediums. Das Beispiel Expertensysteme.* Frankfurt/New York: Campus Verlag.

Rammert, Werner und Ingo Schulz-Schaeffer. 2002. „Technik und Handeln. Wenn soziales Handeln sich auf menschliches Verhalten und technische Abläufe verteilt.“ S. 11–64 in *Können Maschinen handeln? Soziologische Beiträge zum Verhältnis von Mensch und Technik*, herausgegeben von Werner Rammert und Ingo Schulz-Schaeffer. Frankfurt am Main: Campus Verlag.

Rapiscan Systems. 2015a. „METOR 6E.“ Abgerufen 23. Januar 2015 (www.rapiscansystems.com/en/products/ps/metor_6e).

Rapiscan Systems. 2015b. „RAPISCAN 620DV – Advanced Technology Checkpoint Screening System.“ Abgerufen 23. Januar 2015 (www.rapiscansystems.com/en/products/bpi/productsrapiscan_620dv).

Rapiscan Systems. 2015c. „Rapiscan Threat image projection system.“ Abgerufen 2. September 2015 (www.rapiscansystems.com/en/products/bpi/ productsrapiscan_threat_image_projection).

reuters.com. 2007. „Amsterdam airport deploys body-scanning machines (15.05.2007).“ *Thomson Reuters*. Abgerufen 23. Januar 2015 (www.reuters.com/assets/print?aid=USL1569798620070515).

Rexer Analytics. 2013. „2013 Data Miner Survey– Summary Report.“ Abgerufen 6. April 2015 (www.rexeranalytics.com/Data-Miner-Survey-Results-2013.html).

Rophol, Günter. 1979. „Eine Systemtheorie der Technik: zur Grundlegung der Allgemeinen Technologie (Buchausgabe der Habilitationsschrift)“. Hanser.

Rotenberg, Marc, John Verdi, und Ginger McCall. 2010. „MEMORANDUM - RE: Preliminary Analysis: Documents obtained from Department of Homeland Security concerning Body Scanners (EPIC v. DHS, #1:09-cv- 02084 – FOIA) – Draft.“ Abgerufen 23. Januar 2015 (https://epic.org/privacy/body_scanners/EPIC_WBI_Memo_Final_Edit.pdf).

Rötzer, Florian. 2007. „TSA setzt auf Sicherheitskräfte zur Verhaltenserkennung (16.08.2007).“ *Telepolis / heise Online*. Abgerufen 27. August 2014 (www.heise.de/tp/artikel/25/25974/).

Rule, James. 1973. *Private lives and public surveillance*. London: Allen Lane.

Rumerman, Judy. 2003. „Airport Design.“ *Essays of U.S. Centennial of Flight Commission*. Abgerufen 2. Januar 2015 (http://centennialofflight.net/essay_cat/14.htm).

SAS Institute. 2013. „Building Credit Scorecards Using Credit Scoring for SAS Enterprise Miner, A SAS Best Practices Paper (White paper).“ Abgerufen 11. September 2015 (www.sas.com/en_us/whitepapers/building-credit-scorecards-using-credit-scoring-for-SAS-enterprise-miner-104182.html).

Schank, Roger C. und Robert P. Abelson. 1975. „Scripts, plans, and knowledge.“ S. 151–57 in *IJCAI'75 Proceedings of the 4th international joint conference on Artificial intelligence*. Morgan Kaufmann Publishers Inc.

Schauer, Frederick F. 2006. *Profiles, Probabilities and Stereotypes*. Cambridge, MA / London, UK: Belknap Press.

Schermann, Michael u. a. 2014. „Big Data - Eine interdisziplinäre Chance für die Wirtschaftsinformatik." *WI Wirtschaftsinformatik* (4):281–87.

Schneier, Bruce. 2006. „Why Data Mining Won't Stop Terror." *Wired magazine*. Abgerufen 27. August 2014 (http://archive.wired.com/politics/security/commentary/securitymatters/2006/03/70357?currentPage=all).

Schubert, Cornelius. 2006. *Die Praxis der Apparatemedizin: Ärzte und Technik im Operationssaal*. Frankfurt am Main: Campus Verlag.

SCHUFA Informationen für Firmenkunden. 2013. „SCHUFA-Score für Banken - mehr Sicherheit." *Webseite der SCHUFA*. Abgerufen 10. August 2013 (www.schufa4b.de/media/team_produkte/downloads_7/pibsneu/PIB_SSC_Banken_10_.pdf).

SCHUFA Lehrerfortbildung. 2012. „Die SCHUFA und ihre Rolle in der Volkswirtschaft, Scoring sowie ‚SCHUFA macht Schule'." *Landesbildungsserver Baden-Württemberg*. Abgerufen 10. August 2013 (www.schule-bw.de/ unterricht/faecher/wirtschaft/fortbildungen/mat_lfb_wi/finanzierung/schufa.pdf).

SCHUFA Pressemitteilung. 2012. „Was ist SCHUFALab@HPI?" *Webseite der SCHUFA*. Abgerufen 10. August 2013 (www.schufa.de/de/private/presse/aktuellepressemitteilungen/schufalab_hpi.jsp).

SCHUFA-Infoblatt. 2012. „Wie werden Scorekarten entwickelt?" *Webseite der SCHUFA*. Abgerufen 10. August 2013 (www.scoring-wissen.de/media/downloads/ zusatzmateriallernprogramm/infoblatt_scorekartenentwicklung.pdf).

Schulz-Schaeffer, Ingo. 2000. „Akteur-Netzwerk-Theorie. Zur Koevolution von Gesellschaft, Natur und Technik." S. 187–211 in *Soziale Netzwerke. Konzepte und Methoden der sozialwissenschaftlichen Netzwerkforschung*, herausgegeben von Johannes Weyer. München: Oldenbourg Wissenschaftsverlag.

Schulz-Schaeffer, Ingo. 2008a. „Deutung und Delegation: Handlungsträgerschaft von Technik als doppeltes Zuschreibungsphänomen." in *Die Natur der Gesellschaft: Verhandlungen des 33. Kongresses der Deutschen Gesellschaft für Soziologie in Kassel 2006*, herausgegeben von Karl-Siegbert Rehberg. Frankfurt am Main: Campus Verlag.

Schulz-Schaeffer, Ingo. 2008b. „Formen und Dimensionen der Verselbständigung.“ S. 29–53 in *Die Verselbständigung des Computers*, herausgegeben von Albert Kündig und Danielle Bütschi. vdf Hochschulverlag AG an der ETH Zürich.

Schütz, Alfred. 1971. *Gesammelte Aufsätze I – Das Problem der sozialen Wirklichkeit.* Den Haag: Nijhoff.

Seifert, Jeffrey W. 2008. „Data Mining and Homeland Security: An Overview (CRS Report, Prepared for Members and Committees of Congress, 03.04.).“ *Congressional Research Service.* Abgerufen 6. April 2015 (www.fas.org/sgp/crs/intel/RL31798.pdf).

siemens.com. 2011. „Sehen heißt verstehen.“ *Pictures of the Future, Online Magazin der Siemens AG* (Herbst):67–68. Abgerufen 6. April 2015 (www.siemens.com/ innovation/pool/de/Publikationen/Zeitschriften_pof/pof_herbst_2011/machine_learning/pof0211_ml_zeichenerkennung_de.pdf).

sita.aero. 2012. „Checkpoint reality.“ *Air Transport IT Review (SITA's external newsletter)* (3). Abgerufen 10. August 2013 (www.sita.aero/content/checkpoint-reality).

Smith, Gavin J. D. 2004. „Behind the Screens: Examining Constructions of Deviance and Informal Practices among CCTV Control Room Operators in the UK.“ *Surveillance & Society* 2(2/3):376–95.

Smith, Gavin J. D. 2007. „Exploring Relations between Watchers and Watched in Control(led) Systems: Strategies and Tactics.“ *Surveillance & Society* 4(4):280–313.

Smiths detection. 2008. „SMD600 Multi Zone - Very High Sensitivity Metal Detector.“ Abgerufen 11. April 2015 (https://smithsdetection-scio.com/AssetDownload.aspx?client=1).

Smiths detection. 2009. „HI-PE Multi Zone.“ Abgerufen 23. Januar 2015 (https://smithsdetection-scio.com/AssetDownload.aspx?client=1&task=Y92wuehu2tl=).

Smiths detection. 2013a. „eqo™ – People Screening Technology.“ Abgerufen 11. Februar 2015 (https://smithsdetection-scio.com/AssetDownload.aspx?client=1&task=Vkm4MSCQqVmw/ZUkt4ULnQ==).

Smiths detection. 2013b. „Introducing the Smiths Detection HI-SCAN 6040-2is Advanced Dual-View X-Ray Inspection System." Abgerufen 11. April 2015 (www.youtube.com/embed/BN6Tsq95Lzs?).

Smiths detection. 2014. „HI-SCAN 6040-2is." Abgerufen 23. Januar 2015 (www.smithsdetection.com/de/55-explosives-detection-liquids/361.html).

spiegel.de. 2010. „Controversial Idea: German Airports Mull Passenger Profiling (28.12.2010)." *Spiegel Online*. Abgerufen 5. April 2015 (www.spiegel.de/international/germany/controversial-idea-german-airports-mull-passenger-profiling-a-736886.html).

spiegel.de. 2013. „Der Mann, der uns die Schuhe auszog (30.01.2013)." *Spiegel Online*. Abgerufen 27. August 2014 (www.spiegel.de/einestages/schuhbomber-richard-reid-missglueckter-qaida-terroranschlag- a-951016.html).

spss.com. 2015. „SPSS Modeler - Overview." *IBM SPSS*. Abgerufen 7. April 2015 (www.spss.com.hk/software/modeler/).

stata.com. 2013. „What are the hardware requirements to run Stata?" Abgerufen 12. September 2015 (www.stata.com/support/faqs/windows/hardware-requirements/).

stata.com. 2015a. „Who uses Stata?" Abgerufen 11. September 2015 (www.stata.com/why-use-stata/who-uses-stata/).

stata.com. 2015b. „Why Stata?" Abgerufen 11. September 2015 (www.stata.com/why-use-stata/).

StataCorp. 2013. „STATA USER'S GUIDE, RELEASE 13." *A Stata Press Publication*. Abgerufen 11. September (/www.stata.com/manuals13/u.pdf).

stern.de. 2010. „„Profiling' an Flughäfen: Entschuldigung - sind Sie Terrorist? (28.12.2010)". *Stern.de*. Abgerufen 5. April 2015 (www.stern.de/politik/deutschland/profiling-an-flughaefen-entschuldigung-sind-sie-terrorist-1638180.html).

Streeck, Wolfgang. 2014. „Kunde oder Terrorist? (02.07.2014)." *Frankfurter Allgemeine Zeitung*. Abgerufen 5. April 2015 (www.mpifg.de/aktuelles/forschung/ standpunkt/streeck_kunde.asp?media=print&).

Strübing, Jörg. 2004. *Grounded Theory: Zur sozialtheoretischen und epistemologischen Fundierung des Verfahrens der empirisch begründeten Theoriebildung.* Wiesbaden: VS Verlag für Sozialwissenschaften.

süddeutsche.de. 2010. „„Profiling' an deutschen Flughäfen - Luftnummer zum Einstand (28.12.2010)". *Süddeutsche.de.* Abgerufen 5. April 2015 (www.sueddeutsche.de/politik/profiling-an-deutschen-flughaefen-luftnummer-zum-einstand-1.1040680).

tagesspiegel.de. 2014. „Sicherheitstechnik an Flughäfen - Körperscanner werden doch in Deutschland eingeführt (30.10.2014)." *Der Tagesspiegel.* Abgerufen 5. April 2015 (www.tagesspiegel.de/weltspiegel/sicherheitstechnik-an-flughaefen-koerperscanner-werden-doch-in-deutschland-eingefuehrt /10909506.html).

telegraph.co.uk. 2014. „Confessions of an airport security worker (05.02.2014)." *Telegraph.* Abgerufen 19. Januar 2015 (www.telegraph.co.uk/travel/travelnews/ 10619017/ Confessions-of-an-airport-security-worker.html).

theLocal.de. 2010. „Airports demand racial profiling to fight terror (28.12.2010)." *The Local.* Abgerufen 5. April 2015 (www.thelocal.de/20101228/32077).

Thiel, Peter. 2014. *Zero to One. Notes on Startups, or How to Build the Future.* New York: Crown Publishing Group.

Thoma, Klaus und et al. 2011. *European Perspectives on Security Research.* herausgegeben von Klaus Thoma. Berlin und Heidelberg: Springer Verlag.

Thomas, Lyn C., David B. Edelmann, und Jonathan N. Crook. 2002. *Credit scoring and its applications.* Philadelphia: Society for Industrial and Applied Mathematics.

TM1 Tutorials. 2013. „ARTICLE SPSS Modeler 15 - How to use the Auto Classifier Node." Abgerufen 18. April 2015 (www.tm1tutorials.com/article/SPSS_Modeler_15_-_How_to_use_the_Auto_Classifier_Node/).

Tom, Foster Fawcett und Provost. 1997. „Adaptive Fraud Detection." *Data Mining and Knowledge Discovery* 316(1):291–316.

Trist, Eric. 1981. „The evolution of socio-technical systems: a conceptual framework and an action research program." *Occasional paper* (2 (June)).

TSA Press Release. 2004. „TSA Announces Start of Registered Traveler Pilot Program (07.07.2004)." *Webseite des Department of Homeland Security DHS / der Transportation Security Administration TSA*. Abgerufen 10. August 2013 (www.tsa.gov/press/releases/2004/07/07/tsa-announces-start-registered-traveler-pilot-program).

TSA Press Release. 2011. „TSA Pre √ ™ Pilot Starts Today at Select Airports to Further Enhance Security (04.08.2011)." *Webseite des Department of Homeland Security DHS / der Transportation Security Administration TSA*. Abgerufen 10. August 2013 (www.tsa.gov/press/releases/2011/10/04/tsa-pre√™-pilot-starts-today-select-airports-further-enhance-security).

Tschiedel, Robert. 1988. „Empirische Methoden der Techniksoziologie: das Objektinterview." S. 501–3 in *24. Deutscher Soziologentag „Kultur und Gesellschaft"*, herausgegeben von Hans-Joachim Hoffmann-Nowotny und Deutsche Gesellschaft für Soziologie (DGS). Zürich: Seismo-Verlag. Abgerufen 26. September 2015 (http://nbn-resolving.de/urn:nbn:de:0168-ssoar-406826).

Tuma, Rene. 2014. „Vernacular Video Analysis - Zur Vielfalt der kommunikativen Video-Rekonstruktion (Dissertationsschrift)". Technische Universität Berlin.

Turing, Alan. 1950. „Computing Machinery and Intelligence." *Mind* 59(236):433–60.

U.S. Court of Appeals (11th Cir.). 1985. „United States v . Lopez-Pages - United States of America, plaintiff-appellee, v. Angel Lopez-Pages, defendant-appellant, No. 84-3772, (decided 02.08.1985)." Abgerufen 6. April 2015 (www.casetext.com/case/united-states-v-lopez-pages).

U.S. General Accounting Office. 2004. „AVIATION SECURITY. Computer-Assisted Passenger Prescreening System Faces Significant Implementation Challenges (Report to Congressional Committees, GAO-04-385)." Abgerufen 6. April 2015 (www.gao.gov/assets/250/241425.pdf).

U.S. General Accounting Office. 2014. „AVIATION SECURITY. Rapid Growth in Expedited Passenger Screening Highlights Need to Plan Effective Security Assessments (Report to Congressional Requesters, GAO-15-150).“ Abgerufen 6. April 2015 (www.gao.gov/assets/670/667463.pdf).

U.S. National Commission on Terrorist Attacks upon the United States. 2004. „The Aviation Security System and the 9/11 Attacks - Staff Statement No. 3 (Presented at Seventh Public Hearing, 26.-27.01.).“ Abgerufen 6. April 2015 (http://govinfo.library.unt.edu/911/staff_statements/staff_statement_3.pdf).

U.S. Senate Committe on Commerce Science and Transportation. 2011. „BEHAVIORAL SCIENCE AND SECURITY: EVALUATING TSA'S SPOT PROGRAM. Hearing before the Subcommittee on Investigations and Oversight, Committee on Science, Space, and Technology, House of Representatives, ONE HUNDRED TWELFTH CONGRESS, FIRST SESSION, APRIL 6, 2.“ *U.S. GOVERNMENT PRINTING OFFICE.* 6. April 2015 (www.gpo.gov/fdsys/pkg/CHRG-112hhrg65053/html/CHRG-112hhrg65053.htm).

Ullman, Ellen. 1997. „Disappearing into the code: A deadline brings programmers to the place of no shame (Excerpt).“ in *Close to the Machine.* San Francisco: City Lights Books. Abgerufen 5. April 2015 (www.salon.com/1997/10/09/ullman_2/).

Waever, Ole. 1998. „Securitization and Desecuritization.“ in *On Security,* herausgegeben von Ronnie D. Lipschutz. New York: Columbia University Press.

Waever, Ole. 2010. „Towards a Political Sociology of Security Studies.“ *Security Dialogue* 41(6):649–58.

Wagner, Daniel und James Bell. 2012. „What Israeli Airport Security Teaches the World (19.06.2012).“ *International Policy Digest* (June). Abgerufen 1. April 2015 (www.internationalpolicydigest.org/2012/06/19/what-israeli-airport-security-teaches-the-world/).

Walter, Bernd. 2004. „Das Lagebild – wesentliche Grundlage für professionelle Polizeiarbeit.“ *Deutsches Polizeiblatt für die Aus- und Fortbildung DPolBl* 1 (Bewältigung polizeilicher Lagen (Teil 1)): 6-9

Wan, Dylan. 2015. „Data Mining Scoring Development Process.“ *oracle blogs*. Abgerufen 14. April 2015 (https://blogs.oracle.com/dylanWan/entry/data_mining_scoring _development_process).

Weber, Max. 1922. „Soziologische Grundbegriffe.“ S. 1–30 in *Wirtschaft und Gesellschaft (Teil 1)*. Tübingen: Mohr Verlag.

Weinberger, Sharon. 2010. „Intent to deceive? Can the science of deception help to catch terrorists?“ *Nature* 465(May):412–15.

Weizenbaum, Joseph. 1966. „ELIZA - A Computer Program For the Study of Natural Language Communication Between Man And Machine.“ *Communications of the ACM* 9(1).

welt.de. 2009. „Dem perfekten Fön-Geräusch auf der Spur.“ *DIE WELT Wissenschaft*. Abgerufen 3. April 2015 (www.welt.de/wissenschaft/article3670430/Dem-perfekten-Foen-Geraeusch-auf-der-Spur.html).

welt.de. 2010. „Luftsicherheit: Polizeigewerkschaft lehnt Fluggast-‚Profiling‘ ab (28.12.2010)“. *DIE WELT*. Abgerufen 5. April 2015 (www.welt.de/politik/ deutschland/article11863954/Polizeigewerkschaft-lehnt-Fluggast-Profiling-ab.html?config=print).

Weyer, Johannes und Stephan Cramer. 2007. „Interaktion, Risiko und Governance in hybriden Systemen.“ S. 267–86 in *Gesellschaft und die Macht der Technik. Sozioökonomischer und institutioneller Wandel durch Technisierung*, herausgegeben von Ulrich Dolata und Raymund Werle. Frankfurt am Main: Campus Verlag.

White House Commission on Aviation Safety and Security. 1997. „FINAL REPORT TO PRESIDENT CLINTON (12.02.1997).“ Abgerufen 6. April 2015 (http://fas.org/irp/threat/212fin~1.html).

Wiesenthal, Helmut. 1994. „Lernchancen der Risikogesellschaft. Über gesellschaftliche Innovationspotentiale und die Grenzen der Risikosoziologie.“ *Leviathan* 22(1):135–59.

zeit.de. 2010. „Passagier-Profiling - Riskant, verfassungswidrig, sinnlos (28.12.2010).“ *ZEIT Online*. Abgerufen 5. April 2015 (www.zeit.de/politik/ausland/2010-12/flugverkehr-profiling).

zeit.de. 2011. „Unterhosenbomber bekennt sich schuldig (12.08.2011).“ *ZEIT Online*. Abgerufen 27. August 2014 (www.zeit.de/gesellschaft/zeitgeschehen/2011-10/unterhosenbomber-terror-prozess).

Zetter, Kim. 2014. „Hacked X-Rays Could Slip Guns Past Airport Security." *Wired magazine*, November. Abgerufen 14. November 2014 (www.wired.com/threatlevel/2014/02/tsa-airport-scanners/).

Zurawski, Nils. 2007. *Surveillance Studies: Perspektiven eines Forschungsfeldes*. Opladen: Verlag Barbara Budrich.

Zurawski, Nils. 2011a. „LOCAL PRACTICE AND GLOBAL DATA:Loyalty Cards, Social Practices,and Consumer Surveillance." *The Sociological Quarterly* 52(4):509–27.

Zurawski, Nils. 2011b. *Überwachungspraxen - Praktiken der Überwachung: Analysen zum Verhältnis von Alltag, Technik und Kontrolle*. Opladen: Budrich UniPress.

Anhang

Leitfäden

- *Leitfaden für Flughafen-Sicherheitsexperten:*

  Ausbildung Luftsicherheitsassistenten:

  - Wie sieht ein optimaler Kandidat aus? (Eigenschaften / Fähigkeiten)
  - Wie gestaltet sich die Ausbildung? Was lernt man? Wie? (Erfahrung / Praxis)
  - Wie sieht die Prüfung aus? Was wird geprüft? Wie? (Technikbedienung)

  Praxis Luftsicherheitsassistenten / Beamten:

  - Zu welchem Zweck / Mit welchem Ziel werden die Technologien eingesetzt? (Was können sie? / Bei was helfen sie?)
  - Beschreiben Sie mir, was Sie (am Checkpoint) machen. (Positionen, Techniken, Behavioral-Profiling, ...)
  - Unterschiede zwischen Bundespolizeibeamten und Luftsicherheitsassistenten (Was darf der Beamte, was darf der Luftsicherheits-Assistent / was NICHT? s.a. rechtliche / behördliche Vorgaben, Arbeitsvertrag, ...)
  - Freiheitsgrade / Einschränkungen / Umgehung
    - Wie genau müssen Sie sich an die Vorgaben halten?
    - Vertrauen Sie auf das Urteil der Technologien?
    - Haben Sie Möglichkeiten die Technik zu umgehen / zu „überstimmen“?
  - Kooperation / Feedback
    - Wie zeigt die Technik einen Fund an?
    - Vertrauen Sie auf das Urteil der Technologien?
  - Haben Sie früher noch mit anderen Technologien gearbeitet? Wenn ja:
    - Wo liegen die Unterschiede?
    - Was fanden Sie besser / was schlechter? Warum?
  - Probleme / Zufriedenheit mit Techniken:
    - Sind Sie mit ihrem „Handwerkszeug“ zufrieden? Warum / warum nicht? (bzgl. Ergebnisse, Bedienbarkeit, Feedback)
    - Was würden Sie verändern/einführen/abschaffen wollen? Warum?

- Wie werden Luftsicherheitsassistenten (und die richtige, d.h. vorgeschriebene Verwendung der Technik) in der Praxis überprüft? (Effizienz)
  - Wie nah an der Realität kann man testen? Wie gut sind die Tests?
  - Können Sie von Ihrer eigenen Erfahrung berichten?
- Gibt es Bemühungen, die Erfahrungen / das Wissen der Luftsicherheitsassistenten irgendwie zu nutzen? (Formalisierung)

Forschung und Entwicklung von Technologien:

- Was kann Ihre Technologie?
  - ... besser als andere?
  - Was soll sie einmal können? (eigene Wünsche; externe Erwartungen)
  - Wie / Wann wird festgelegt, was die Technologie können soll?
- Wie/Wann wird festgelegt, wie die Technologie eingesetzt werden soll?
  - Wie genau hat man die Anwendung (und den Nutzer) vor Augen? Denken Sie bei der Entwicklung schon an ein Einsatzszenario? / Wie entscheidet man sich für ein Einsatzszenario?
  - Wie ist der Informationsaustausch / Kontakt zu späteren Nutzern? (Flughafen, Polizei, ...) Woher bekommen Sie Anforderungen/Wünsche der späteren Nutzer?
  - Wie wichtig sind für Sie die Details des Anwendungs-Szenarios?
  - Inwiefern haben nicht-technische Anforderungen (Privatsphäre, ...) Sie beeinflusst? Woher kommen / erfahren Sie von diesen Anforderungen?
- Gibt/Gab es Schwierigkeiten bei der Kooperation unterschiedlicher Fachbereiche? (Übersetzungsprobleme von Intentionen an disziplinären Schnittstellen)
  - Wie stark ist der Austausch?
  - Wie behilft man sich da?
  - Kann das Auswirkungen auf das „Endprodukt“ (Sicherheit) haben?
- Beschreiben Sie den Einsatz Ihrer Technologie in der Laborumgebung. (Nutzung durch Experten in optimaler Umgebung)
  - Unterschiede zum späteren Einsatz?
  - Wie / Was wird getestet?
  - Was hat Sie überrascht? Probleme?
- Wohin geht die Reise?
  - An was wird gearbeitet? Automatisierung?

- *Leitfaden für Credit-Scoring-Experten:*
  - Was sind Scorekarten? (Sind das im Prinzip auch 'Profile'?)
    - Wofür braucht man sie?
  - Wie erstellt man neue Scorekarten?
    - Wer ist an der Erstellung beteiligt?
  - Wie häufig passen Sie die Scorekarten an? Ist das ein ständiger Prozess?
    - Werden Profile auch mal völlig „durcheinander geworfen“? (Warum/Wann)
  - Anwendung der Scorekarten:
    - Wer ist daran beteiligt?
    - Wie läuft das ab?
    - Was läuft automatisch?
    - An welchen Stellen kann / muss man eingreifen?

- *Leitfaden für Methodenexperten:*
  - Nach was sucht man? (Muster, Cluster, erklärende Variable, Abweichungen, ...)
    - Wissen Sie schon, was Sie suchen? Oder lassen Sie sich überraschen?
    - Was waren z.B. überraschende Ergebnisse? (Beispiel)
  - Wie geht man da vor, um die Muster zu finden? / Wie kommt man zu den Variablen?
    - Was ist die Ausgangsbasis?
    - Welche Methoden kommen infrage? (Statistik, Data Mining, ...)
    - Ist das bei großen Datenmengen anders?
    - Was kann mit den Methoden überhaupt gefunden werden?
    + Können Sie mir das an einem Beispiel verdeutlichen?
  - Automatisierung:
    - Welchen Teil übernimmt dabei die Technik und welchen der Mensch?!
    - Wie viel kann die Technik alleine? (Und was macht der Analyst?)
    - War das früher anders? / Hat sich das verändert?
    - Was muss man dem Algorithmus vorgeben? / Wie viel Vorgaben muss man dem Algorithmus machen, damit was „Sinnvolles“ herauskommt?
    - Wo kann man eingreifen? (Wie viel Einfluss hat man, wenn man will?)
    - Kann man „ohne Theorie“ zu sinnvollen Mustern / Kategorien kommen?

Was kann ich in Daten überhaupt finden, wenn ich „theoriefrei" arbeite? (Anspruch in der Data-Mining-Szene)

- Nachvollziehbarkeit / Transparenz:
  - Wie habe ich mir den „Output" der Algorithmen vorzustellen? (grafisch, Tabellen, ...)
  - Woher weiß man, was die Ergebnisse bedeuten?
    Wer kann die Ergebnisse „lesen"? (Vorwissen)
    Können die Daten „für sich sprechen"?
    Wer entscheidet, was ein „sinnvolles" Muster ist?
  - Wie gut kann man in diese Methoden reinschauen?
  - Kann ich mir ausspucken lassen: (die „Formel" / das „Modell")
    a) nach welcher Logik der Algorithmus einen Fall einer Klasse zuordnet
    b) wie der Algorithmus zu dieser Logik gekommen ist? (d.h. warum die Cluster/Klassen so erstellt wurden und nicht anders)
- Tests:
  - Woher weiß man, wie gut ein Algorithmus ist?
  - Wie testet man die Güte der Scorekarten / Modelle / Algorithmen?
- Zukunft: Wo wird die Reise hingehen? Wie werden sich die Prozesse vermutlich in Zukunft verändern?

▪ *Leitfaden für Analysesoftware-Experten:*

- Verwendungszweck:
  - Wofür setzt man die Software ein?
  - Was kann man alles damit machen?
  - Einsatzbereich (Konzern / Wissenschaft?)
- Vorbedingungen:
  - Was benötigt man, damit die Software läuft?
  - Woher weißt man, was man benötigt?
  - Ist Software kostenpflichtig?
  - Muss der Input eine bestimmte Form haben? Wie macht einem das Programm das klar? Wie reagiert das Programm auf falschen Input?
- Fähigkeiten / Eigenschaften (Wissen / Ausbildung):
  - Wie anspruchsvoll sind solche Programme?
  Was muss ich können bzw. welche Eigenschaften muss ich mitbringen?
  Ist die Software für Laien gemacht? Warum?
  - Sprache? Wie wichtig ist Englisch?
  - Wie erlangt man die Fähigkeiten?
  - Könnte man die Software (nicht die Methode) lediglich durch Trial-and-Error bedienen?

- Automatisierung, Interaktivität:
  - Wie läuft eine typische Nutzung ab?
  - Bei jedem Schritt fragen: Warum?
    - Was läutet die Phasen ein?
    - Woher weißt man, was man tun muss?
    - Wie sieht man, dass die Phase zu Ende ist?
  - Was muss / kann man einstellen / beeinflussen?
    - Und woher weiß man das?
  - Zur „Berechnung“ (dem Teil, den die Technik ‚alleine‘ macht):
    - Kann man dem Algorithmus „beim Arbeiten“ zuschauen? Wird das geloggt? Wird das visualisiert?
    - Wie lange dauert so etwas (bei großen Datensätzen)?
    - Wie sieht der Output aus? Wird eine Beschreibung mitgeliefert?
  - Woher weiß man, dass man „am Ziel“ angekommen ist? Zeigt das die Software an oder muss man das selbst erkennen?
- Zugänglichkeit, Nutzer-Typen:
  - Kann / muss jeder Nutzer alles machen oder gibt es spezielle ‚Rollen‘?
  - Von was ist das abhängig?
- Flexibilität:
  - Gibt es mehrere Wege, um ans Ziel zu kommen? Wo? Welche?
  - Wie tolerant / robust ist das System?
  - Gibt es automatische Fehlerkorrekturen?
  - Weist das System auf mögliche Fehler hin? Wie?
- Transparenz:
  - Inwieweit kann man „hinter die Kulissen“, d.h. in den Code schauen?
  - Kann man sich die Software selbst anpassen?
  - Proprietär vs. quelloffen?
  - Systembedingte Intransparenz (durch Komplexität)?
- Umnutzung:
  - Gibt es auch Beispiele, wo man sich über die „sachgemäße Nutzung“ hinwegsetzen muss, um zu einem korrekten Ergebnis zu kommen?
  - Hat ‚schlechtes’ Design schon mal zu Fehlern geführt?

Printed by Printforce, the Netherlands